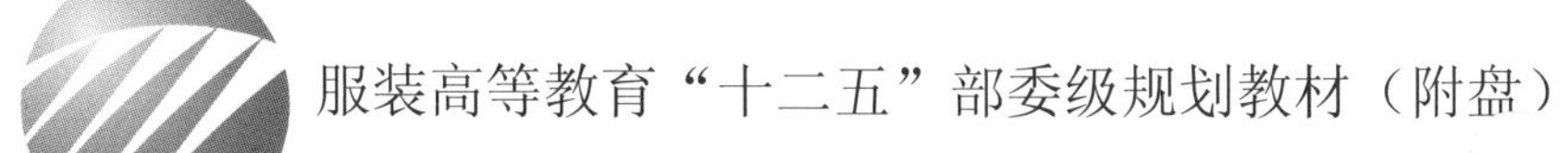

服装CAD制板基础
富怡V9.0从入门到精通

陈义华　陆红接　著

中国纺织出版社

内 容 提 要

本书为服装高等教育“十二五”部委级规划教材，也是一本技能应用型的教材。书中对服装CAD系统做了概述，简要介绍富怡服装CAD软件的基本操作，重点介绍在富怡服装CAD系统中进行服装部件结构设计、典型服装工业纸样设计、排料、纸样输入、纸样输出的具体流程、方法和技巧。为方便读者更为直观地学习，书中所有实践操作内容都配有相应的演示视频。

本书可作为高等服装院校CAD教学的教材，也可作为服装企业技术人员的技术培训与实践参考用书。

图书在版编目（CIP）数据

服装CAD制板基础：富怡V9.0从入门到精通/陈义华，陆红接著. --北京：中国纺织出版社，2016.1（2024.1 重印）

服装高等教育“十二五”部委级规划教材

ISBN 978-7-5180-1936-6

Ⅰ.①服… Ⅱ.①陈…②陆… Ⅲ.①服装设计—计算机辅助设计—AutoCAD软件—高等学校—教材 Ⅳ.①TS941.26

中国版本图书馆CIP数据核字（2015）第209266号

责任编辑：宗　静　　责任校对：寇晨晨

责任设计：何　建　　责任印制：王艳丽

中国纺织出版社出版发行

地址：北京市朝阳区百子湾东里A407号楼　邮政编码：100124

销售电话：010—67004422　传真：010—87155801

http://www.c-textilep. com

E-mail: faxing@c-textilep. com

中国纺织出版社天猫旗舰店

官方微博 http://weibo.com/2119887771

北京通天印刷有限责任公司印刷　各地新华书店经销

2016年1月第1版 2024年1月第9次印刷

开本：787×1092　1/16　印张：20

字数：337千字　定价：45.00元

出版者的话

全面推进素质教育，着力培养基础扎实、知识面宽、能力强、素质高的人才，已成为当今教育的主题。教材建设作为教学的重要组成部分，如何适应新形势下我国教学改革要求，与时俱进，编写出高质量的教材，在人才培养中发挥作用，成为院校和出版人共同努力的目标。2011年4月，教育部颁发了教高[2011]5号文件《教育部关于“十二五”普通高等教育本科教材建设的若干意见》（以下简称《意见》），明确指出“十二五”普通高等教育本科教材建设，要以服务人才培养为目标，以提高教材质量为核心，以创新教材建设的体制机制为突破口，以实施教材精品战略、加强教材分类指导、完善教材评价选用制度为着力点，坚持育人为本，充分发挥教材在提高人才培养质量中的基础性作用。《意见》同时指明了“十二五”普通高等教育本科教材建设的四项基本原则，即要以国家、省（区、市）、高等学校三级教材建设为基础，全面推进、提升教材整体质量，同时重点建设主干基础课程教材、专业核心课程教材，加强实验实践类教材建设，推进数字化教材建设；要实行教材编写主编负责制，出版发行单位出版社负责制，主编和其他编者所在单位及出版社上级主管部门承担监督检查责任，确保教材质量；要鼓励编写及时反映人才培养模式和教学改革最新趋势的教材，注重教材内容在传授知识的同时，传授获取知识和创造知识的方法；要根据各类普通高等学校需要，注重满足多样化人才培养需求，教材特色鲜明、品种丰富。避免相同品种且特色不突出的教材重复建设。

随着《意见》出台，教育部及中国纺织工业联合会陆续确定了几批次国家、部委级教材目录，我社在纺织工程、轻化工程、服装设计与工程等项目中均有多种图书入选。为在“十二五”期间切实做好教材出版工作，我社主动进行了教材创新型模式的深入策划，力求使教材出版与教学改革和课程建设发展相适应，充分体现教材的适用性、科学性、系统性和新颖性，使教材内容具有以下几个特点：

（1）坚持一个目标——服务人才培养。“十二五”普通高等教育本科教材建设，要坚持育人为本，充分发挥教材在提高人才培养质量中的基础性作用，充分体现我国改革开放30多年来经济、政治、文化、社会、科技等方面取得的成就，适应不同类型高等学校需要和不同教学对象需要，编写推介一大批符合教育规律和人才成长规律的具有科学性、先进性、适用性的优秀教材，进一步完善具有中国特色的普通高等教育本科教材体系。

（2）围绕一个核心——提高教材质量。根据教育规律和课程设置特点，从提高学生分析问题、解决问题的能力入手，教材附有课程设置指导，并于章首介绍本章知识点、重点、难点及专业技能，增加相关学科的最新研究理论、研究热点或历史背景，章后附形式多样的习题等，提高教材的可读性，增加学生学习兴趣和自学能力，提升学生科技素养和人文素养。

（3）突出一个环节——内容实践环节。教材出版突出应用性学科的特点，注重理论与生产实践的结合，有针对性地设置教材内容，增加实践、实验内容。

（4）实现一个立体——多元化教材建设。鼓励编写、出版适应不同类型高等学校教学需要的不同风格和特色教材；积极推进高等学校与行业合作编写实践教材；鼓励编写、出版不同载体和不同形式的教材，包括纸质教材和数字化教材，授课型教材和辅助型教材；鼓励开发中外文双语教材、汉语与少数民族语言双语教材；探索与国外或境外合作编写或改编优秀教材。

教材出版是教育发展中的重要组成部分，为出版高质量的教材，出版社严格甄选作者，组织专家评审，并对出版全过程进行过程跟踪，及时了解教材编写进度、编写质量，力求做到作者权威，编辑专业，审读严格，精品出版。我们愿与院校一起，共同探讨、完善教材出版，不断推出精品教材，以适应我国高等教育的发展要求。

中国纺织出版社

教材出版中心

前言

能够熟练应用服装CAD，已经成为现代服装企业对技术人员的基本要求。

在国内应用的众多服装CAD系统中，富怡无疑是最具代表性的，无论在企业、还是院校，都有广泛的客户群体。富怡采用点线结合的打板模式，代表了当今世界服装CAD发展的主流。富怡软件性能稳定，功能强大，界面友好，操作简便。基于以上原因，本书以富怡最新企业版V9.0为写作平台，通过典型案例的深入讲解和透彻分析，让读者在最短的时间内实现服装CAD打板从入门到精通。

本书的主要特色可具体归纳为以下几点：

（1）任务驱动。通过任务驱动，读者可在学习目标和学习提示的指引下开展自主学习，在任务实施过程中熟悉软件、掌握方法和技巧，在任务拓展过程中提升技能。

（2）多种形式提出并化解重点、难点。“学习目标”“学习提示”“教师指导”“操作提示”等多种形式有机贯穿于全书，使读者对实践应用过程中的重点、难点及其化解方法一目了然。

（3）图文并茂、深入讲解、细致分析。大量的操作过程示例图片配以详细的文字解释和过程分析，就像师傅带徒弟一样，手把手地教，读者可以轻松地跟着本书的讲解，层层深入，饶有兴趣地学下去。

（4）将软件功能与典型案例有机结合。本书的很多内容都源于作者多年的教学积累和企业实践，案例分析与工具应用有机结合，通过本书既可学习软件操作，还可以解决很多企业生产中的实际问题，因此，无论对企业技术人员，还是对院校师生，都有很好的借鉴作用。

（5）独辟一章，详细介绍纸样输入与输出的具体流程、方法和注意事项。由于条件所限，这一部分内容，在校学生一般很难涉及，但这部分内容却是服装企业每一个CAD技术人员都必须要掌握的，因此十分重要。

（6）书本内容与教学光盘紧密配合。为方便读者更为直观地学习，书中所有实践操作内容都配备了相应的演示视频。将视频观看与书本学习两相对照、有机结合，学习效果会更好。

本书内容全面翔实，案例典型实用，讲解深入浅出，重点、难点剖析到位，既便于初学者快速入门，也便于熟练者技能提升，不仅有很好的教学价值，更有非常好的企业实践应用价值。

由于编写时间仓促，书中难免存在疏漏与不足之处，敬请广大读者批评指正。

陈义华

2015年3月

教学内容及课时安排

章/课时	课程性质/课时	节	课程内容
第一章 （6课时）	基础理论 （12课时）		·服装CAD概述
		一	服装CAD的基本介绍、作用与发展趋势
		二	服装CAD的系统组成
		三	服装CAD的软件与硬件
第二章 （6课时）			·富怡服装CAD V9.0简介
		一	系统组成和软件安装、启动、关闭与卸载
		二	自由设计与放码系统
		三	公式设计与放码系统
		四	排料系统
第三章 （16课时）	基础实践 （16课时）		·自由设计与放码系统基本操作
		一	自由设计与放码的基本流程
		二	号型规格表编辑
		三	基本图形绘制与处理
		四	纸样提取、挖空与编辑处理
		五	纸样放码
第四章 （30课时）	应用实践 （70课时）		·服装部件结构设计
		一	领子结构设计
		二	袖子结构设计
		三	口袋结构设计
		四	省道转移设计
第五章 （24课时）			·典型服装工业纸样设计
		一	直筒裙工业纸样设计
		二	女衬衫工业纸样设计
		三	插肩袖夹克工业纸样设计
第六章 （8课时）			·服装CAD排料
		一	女衬衫单一排料
		二	女衬衫、直筒裙与插肩袖夹克混合分床排料
		三	男西服对条对格排料
第七章 （8课时）			·纸样输入与输出
		一	纸样输入
		二	纸样输出

注　各院校可根据自身的教学计划要求对课时数进行调整。

目录

基础理论——

服装CAD概述

课题名称： 服装CAD概述

课题内容： 服装CAD的基本介绍、作用与发展趋势
服装CAD的系统组成
服装CAD的软件与硬件

教学课时： 6课时

重点难点： 1. 服装CAD的系统组成和硬件配置。
2. 服装CAD各子系统和硬件的基本功能。

学习目标： 1. 简要概括服装CAD的发展历史、作用和发展趋势。
2. 解释服装CAD、CAM、CAPP、MTM和CIMS等相关概念。
3. 叙述服装CAD的系统组成，分析总结各子系统的基本功能。
4. 叙述服装CAD/CAM的基本硬件配置，说出常见设备的主要作用，简要归纳其工作原理。

学习提示： 应用服装CAD是现代服装产业发展的必然趋势，也是服装生产加工方式由传统向现代过渡的必要手段。服装CAD、CAM等概念要熟记，对服装CAD的主要作用和发展趋势有一个大致的了解即可，建议通过翻阅书本或上网查询等形式，尽可能多了解、记录和收集国内外常见服装CAD系统的更多信息，能够清楚说出服装CAD的系统组成和硬件配置，要重点梳理、归纳服装CAD各子系统和硬件的基本功能。

第一章　服装CAD概述

第一节　服装CAD的基本介绍、作用与发展趋势

科技改变生活，科技创造未来。人类在20世纪以来取得的辉煌成就，远远超过了之前所有年代的总和。这一切，都要归功于科技的力量。在众多的科技成就当中，CAD无疑是最具影响力的项目之一。

一、服装CAD的基本介绍

CAD是英文Computer Aided Design的缩写，即计算机辅助设计，它是应用计算机实现产品设计和工程设计的一门高新技术。20世纪60年代末，计算机图形处理技术的发明，为CAD技术的发展开辟了道路。CAD系统首先在机械、建筑、电子、航空、航天等技术密集型产业中研制成功，并得到深入和广泛应用。CAD技术的应用对加速传统产业向现代化产业过渡，以及改革产品的结构具有非常重要的战略意义，特别是对提高产品的设计水平，其意义显得尤为重要。

服装CAD系统（Computer Aided Garment Design）是计算机辅助设计技术与服装产业有机结合的产物，通过运用计算机运算速度快、信息存储量大、可靠性高，能快速处理图形、图像的特点，并结合人脑丰富的想象力和创造力，从而极大地提高了服装设计的质量和效率。

与其他CAD技术相比，服装CAD的起步相对较晚。1972年，世界上首套服装CAD系统——MARCON在美国研制成功。之后，美国格柏（Gerber）公司研制出一系列的服装CAD／CAM系统，并率先将其推向国际市场，为缓解当时服装批量化生产的瓶颈环节——服装工艺设计发挥了重要作用，因此受到服装企业的欢迎。继之而来，世界许多国家的公司都推出了类似的服装CAD／CAM系统。经过近半个世纪的改进与发展，服装CAD技术已经基本成熟，并为众多服装企业采用。有没有服装CAD，已成为衡量服装企业设计水平和产品质量的重要标志之一。

二、服装CAD的作用

应用服装CAD是现代服装工业发展的必然趋势，它带给服装企业的不仅是资源的节约，更重要的是设计水平和产品质量的提高，这两点都有助于增强服装企业的核心竞争

力。服装CAD具有速度快、绘图准确、管理方便、易于修改等优点，非常适合于多品种、小批量、短周期、变化快的服装行业。据国外统计表明，通过运用服装CAD，企业的设计成本可降低10%～30%，设计周期可缩短30%～60%，产品质量可提高2～5倍，设备利用率可提高2～33倍，面料利用率可提高2%～3%，节省人力或场地2/3。

服装CAD在工业生产中的作用主要表现在以下四个方面：

（1）提高工作效率，缩短产品设计和生产加工周期。

（2）改善工作环境，减轻劳动强度，提高设计质量。

（3）降低生产成本，提高经济效益。

（4）方便生产管理，利于资源共享。

服装CAD的成功应用，使得人类渴望轻轻松松地坐在电脑前面，用鼠标推动服装产业变革的伟大梦想变成了现实。从应用现状来看，目前的服装CAD，在服装企业用得比较多的、具备较高实用价值的，还是打板、放码和排料系统。

三、服装CAD的发展趋势

服装CAD技术的成功应用不仅拓展了计算机的应用领域，也加速了传统服装产业向现代化转型。随着计算机技术的不断发展、多媒体和网络技术的逐渐成熟、服装流行速度的加快、消费需求的多样化，服装CAD在服装行业的应用将越来越广泛，并深入渗透到设计、生产、管理、销售和服务的各个环节。服装CAD正朝着智能化、三维立体化、集成化、网络化、简易直观化、开放式与标准化的方向飞速发展。

1. 智能化

早期的服装CAD系统缺乏灵活的判断、推理和分析能力，使用者仅限于具有较高专业水平和丰富经验的技术人员，而且只是简单地用鼠标、键盘和显示器等现代工具取代传统的纸和笔。随着CAD应用人群的不断扩大和计算机技术的飞速发展，开发智能化专家系统已成为服装CAD发展的新方向。

服装款式千变万化，但万变不离其宗。利用人工智能技术开发的服装智能化系统，可以帮助设计师构思和设计更多新颖的服装款式，完成服装从款式设计、样片自动生成到三维立体展示修改的全过程，从而提高服装设计的水平与效率。

2. 三维立体化

最初的服装CAD系统都是基于平面图形学原理开发的，无论是款式设计、样片设计还是试衣系统，其中的基本数学模型都是二维平面的。随着人们对服装品质与合体性要求的不断提高，服装CAD迫切需要由当前的二维平面设计状态发展到三维立体设计状态。

随着三维人体测量技术的逐渐成熟，三维服装CAD也初步完成了由理论研究向实践应用的转变，基于3D技术的量身定制系统和虚拟试衣系统也已经走进了人们的生活。3D打印机的出现为三维服装CAD的应用扫清了前进途中的最大障碍，也翻开了服装制造业崭新的篇章。近年来，3D打印机打印的服装作品引起了业界的强烈关注。图1-1所示为用3D打

图1-1 3D打印机打印的服装

印机打印的服装作品。

虽然三维服装CAD技术有了突破性的进展，但服装是柔性的，它会随着人体的运动不断变化形态。服装CAD在实现从二维到三维的转化过程中，如何解决织物质感和动感的表现、三维重建、逼真灵活的曲面造型等问题，是三维服装CAD走向实用化、商品化的关键所在。3D打印的服装相比于传统工艺制造的服装在柔韧性、舒适性和真实感上还有所欠缺，三维服装CAD的未来发展也还有很长一段路要走，但这只是时间的问题。

衣、食、住、行，人类赖以生存的四大要素都可以用3D打印机打印，甚至连人体器官、武器等也不例外，3D打印几乎无所不能。只有想不到，没有做不到！对人类来讲，3D打印是推开了通向天堂的门，还是打通了去往地狱的路？恐怕只能留待时间去验证。

小贴士

3D（Three Dimensions）打印是一种通过材料逐层添加制造三维物体的变革性、数字化增材制造技术，将信息、材料、生物、控制等技术融合渗透，并对未来制造业生产模式与人类生活方式产生重要影响。

相比于传统制造，3D打印至少具备十大优势：

（1）制造复杂物品不增加成本。

（2）产品多样化不增加成本。

（3）无须组装。

（4）零时间交付。

（5）设计空间无限。

（6）零技能制造。

（7）不占空间，便携制造。

（8）减少废弃副产品。

（9）材料无限组合。

（10）精确的实体复制。

3. **集成化**

为在激烈的市场竞争中取得优势，服装企业必须建立快速反应机制，提高生产效率。实现整个服装生产的高度集成已成为当今服装业发展的必然趋势。

早在20世纪80年代，计算机集成制造的概念就已经被提出。计算机集成制造系统——CIMS（Computer Integrated Manufacturing System）是在信息网络技术、计算机技术、自动化技术和现代科学管理的基础上，将设计、生产、管理、营销、服务等各个环节，通过新的生产管理模式、工艺制造理论和计算机网络有机地集成起来，根据市场需求变化，随时做出相应的合理调整。由于是信息资源共享，企业内部各部门之间很容易协调，反应的速度也非常快，从而可以充分利用人力、物力资源，最大限度地降低生产成本，提高生产效率。典型的CIMS系统主要由四个部分组成：CAD、CAM（Computer Aided Manufacturing）、MIS（Manage Information System）和FMS（Flexible Manufacturing System），即计算机辅助设计系统、计算机辅助制造系统、管理信息系统和柔性加工系统。

计算机集成制造系统给工业自动化赋予了崭新的含义，是迄今为止计算机技术与设计、制造系统完美结合的最佳典范。计算机集成制造系统将在传统服装产业向现代化产业过渡中起到决定性作用，因而正在逐步被服装企业接纳和采用，并在不久的将来被整个服装行业广泛应用。

4. **网络化**

对一个现代化的服装企业来讲，能否建立高效、快速的反应机制是其在激烈的市场竞争中能否胜出的关键。而在接单、原料采购、设计、制定工艺到生产出货的全过程中的网络化运作，已成为服装企业在市场竞争中不可缺少的快速反应手段。近年来，随着国际互联网的高速发展，一个现代服装企业的计算机集成制造系统已成为国际信息高速公路上的一个网点，其产品信息可以在几秒之内传输到世界各地。随着专业化、全球化生产经营模式的发展，企业对异地协同设计、制造的需求也将越来越迫切。21世纪是网络的时代，基于网络的辅助设计系统可以充分利用网络的强大功能保证数据的集中、统一和共享，实现产品的异地设计和并行加工。因此，开发开放式、分布式的工作站或网络环境下的CAD系统将成为网络时代服装CAD发展的重要趋势。

5. 简易直观化

一套好的服装CAD系统，不仅要性能稳定、功能强大，还要界面友好、操作方便、易学易懂、快捷高效，只有这样，才能最大限度地激发设计者的创作灵感、简化操作过程、提高生产效率。而这，也是服装CAD系统在发展与完善过程中必然的选择。界面友好、易学易懂的最明显标志就是将原本很抽象的界面和工具图标变得非常直观形象化，对每一步操作都给出简洁明了的提示，让多数操作者通过只看提示就能饶有兴趣地做下去。在这个方面，所有服装CAD系统一直都在进行着不遗余力的改进。

6. 开放式与标准化

目前应用的服装CAD系统众多，所采用的计算机外部设备也是品牌繁多，因此宜采用开放式系统，以便用户根据需要灵活地选择、配置各种设备。开放式系统主要体现在开放的工作平台、用户接口、开发环境、应用系统以及各系统之间的信息交换和共享。在信息化时代，开放的标准是一个全球性的问题。制定和完善服装CAD技术标准并贯彻执行，不仅可以促进服装CAD技术进一步提高，而且能促进服装CAD技术在服装行业的普及应用，还能促进国际间的交流与合作。只有标准化的服装CAD系统才有利于计算机数据管理，便于查询和资源共享，才能加快信息传递的速度，减少等待的时间和重复劳动，从而更好地推广和应用。

第二节　服装CAD的系统组成

目前已经产品化的服装CAD系统主要由七部分组成：放码系统、排料系统、打板系统、款式设计系统、工艺设计系统、试衣系统和量身定制系统。

一、放码系统（Grading System）

在所有的服装CAD系统中，放码系统是最早研制成功并得到最广泛应用的子系统，也是最成熟、智能化最高的子系统，自20世纪70年代研制成功以来就在世界各国的服装企业中得到广泛应用。采用计算机放码可以把人从繁杂、重复的体力劳动中解放出来，还可以保证纸样推放的准确性，而且效率也会成倍地提高。最常用的计算机放码方式有手动放码和全自动放码两种。

1. CAD手动放码

首先通过大幅面数字化仪，把制板师用手工绘制好的标准纸样读入计算机，在计算机上建立原图1：1的数字模型，或在打板系统中直接打制基础板。计算机可自动生成纸样的放码基准点，然后建立各基准点的放码规则表，或者分别设定各点的放码量，计算机依此自动生成放码规则表，在此基础上即可进行放码。

2. CAD全自动放码

按照一定的号型档差，建立生成纸样所需的各码尺寸表，选择一个打板基准码，然后依据基准码的尺寸生成纸样。之后，计算机可根据先前建立的尺寸表自动生成各码的纸样，从而完成全自动放码。

图1-2所示为女衬衫大身纸样CAD放码示意图。

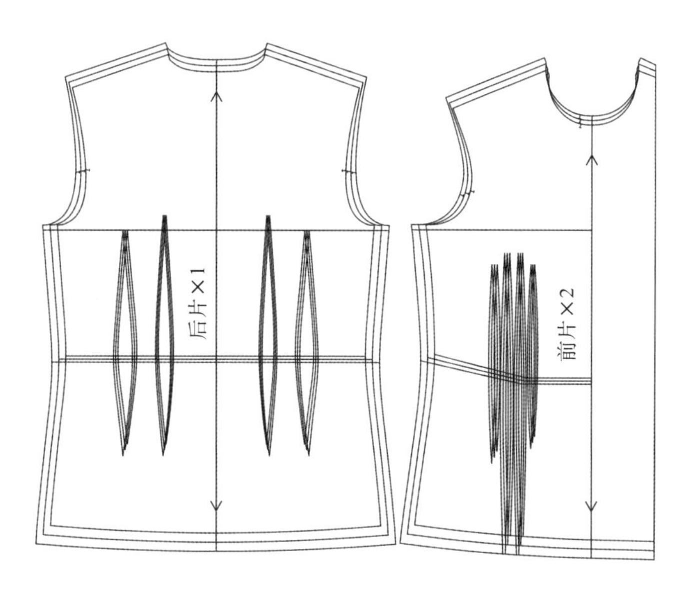

图1-2 女衬衫大身纸样CAD放码示意图

二、排料系统（Marking System）

计算机排料的方式有两种：一是交互排料，二是自动排料。

1. 交互排料

在交互排料的操作模式下，纸样调入排料系统并进行排板设定后，即可进行排料。排料时，只需用鼠标将纸样逐一从待排区拖放到排料区，放到合适的位置即可。排料过程中，可对纸样进行移动、旋转和翻转等调整。

交互式排料完全模拟了手工排料过程，充分发挥了排板师的智慧和经验。同时，由于是在屏幕上排板，纸样的排放位置可随意调整却不留痕迹，非常方便灵活；屏幕上一直显示的用布率为排板方案优劣的比较提供了准确的依据；可随时选择需要显示的排料区，避免了排板师在几十米长的裁台前面往来奔波，从而大大缩短了排板时间，提高了工作效率。

2. 自动排料

在自动排料的操作模式下，排板师完成了待排纸样的编辑，并进行了排板设定后，不需要再进行干预。在程序的控制下，计算机自动从待排区调取纸样，逐一在排料区进行优化排放，直到纸样全部排放完毕。通常，不同的优化方案，可得到不同的排料结果。

由于纸样数量众多，且形状复杂多变，排板的可选方案非常庞大，加上相比于交互式排料，全自动排料无法进行纸样的合理重叠与布纹的适度偏斜等人工干预，目前，多数服装CAD软件自动排料方式的用布率往往低于人机交互排料方式所能达到的用布率，因此，自动排料通常只用于布料估算或用料参考，实际操作过程中主要采用交互排料。也正是由于这个原因，研发超级排料系统或智能排料系统已成为所有服装CAD软件近年来完善与升级的重点。

小贴士

近年来，服装CAD智能排料在功能上有了很大的突破，不少服装CAD软件如B.K.R.、格柏、PGM、富怡等，其研发的智能排料系统或超级排料系统已经能够与工厂里有经验的排板师抗衡，甚至有所超越。计算机全自动排料取代手工排料已为时不远了。图1-3所示为PGM服装CAD系统智能排料设定与运行图。

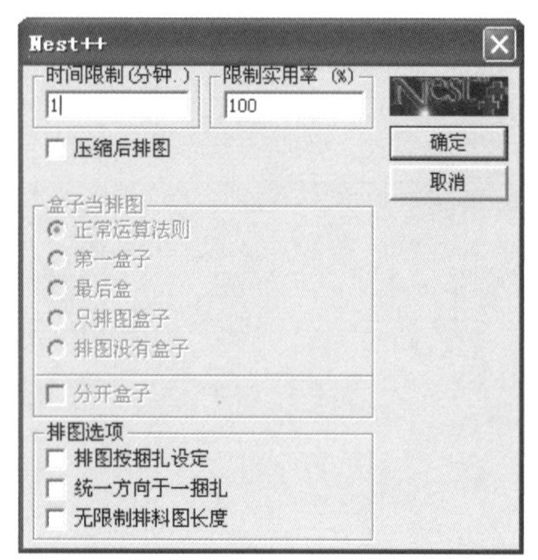

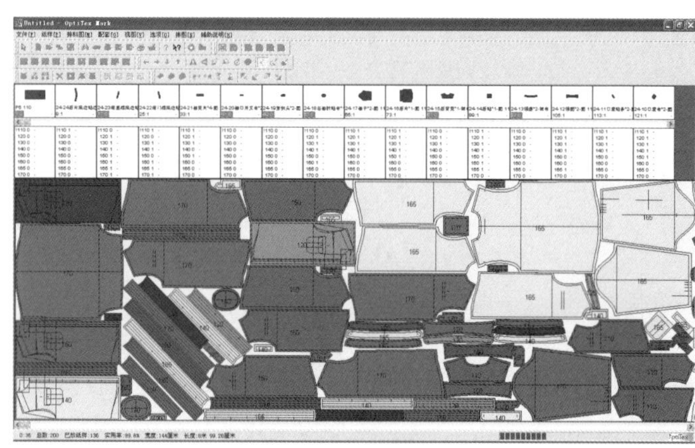

图1-3　PGM服装CAD系统智能排料设定与运行图

三、打板系统（Pattern Design System）

20世纪80年代末，随着计算机图形学和人机交互界面技术的高速发展，很多公司相继推出了各具特色的打板系统。打板系统的研制成功，使得打板这项科学与美学、技术与艺术紧密结合的工作终于摆脱了原本只能依靠纸和笔、凭借直觉和经验操作的模式，也使得计算机的科学、快速运算与制板师的丰富经验得到完美结合。打板系统所具有的强大的纸样变化功能更是为设计师发挥其无穷的想象力和创造力提供了快捷的手段和广阔的平台。

打板系统支持款式输入、尺码建立、结构设计、纸样生成、纸样变化和处理、纸样输出等功能。在打板系统中，制板师可以调用设计师设计好的款式图和效果图，以此作为打板的参考和依据，从而最大限度地体现设计者的真实设计意图。图1-4所示为在度卡系统

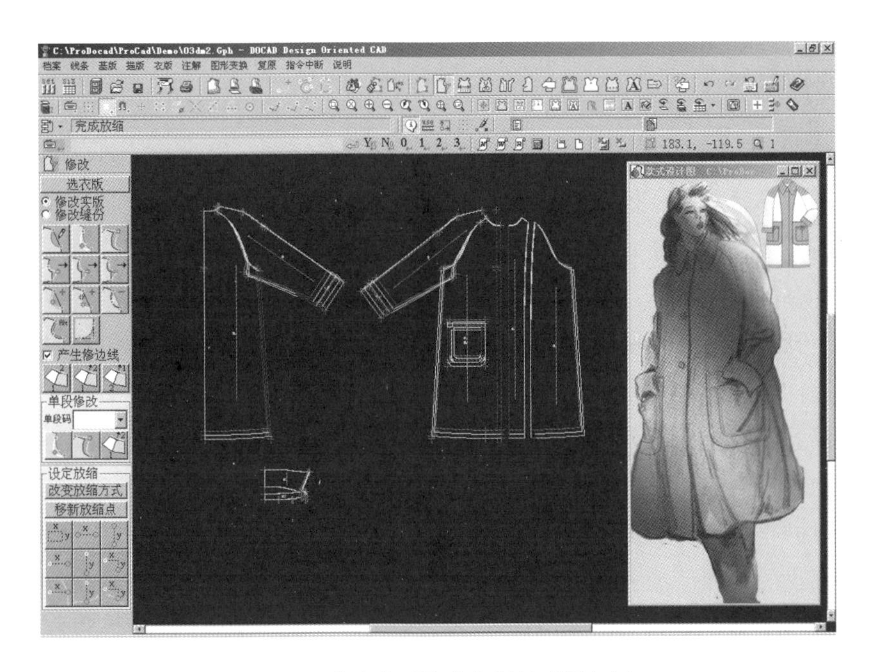

图1-4　在度卡系统中依据款式图打板

中依据款式图进行女式大衣打板。

另外，打板系统生成的纸样能永久保存，方便随时调用。制板师可以在已有的纸样上直接进行修改来生成新的纸样，或者只要对尺寸稍作修改，计算机即可重新生成新的纸样，既避免了很多重复性的工作，又极大地提高了设计的效率。

小贴士

目前，服装CAD系统打板的方法主要有四种：点生成法、线生成法、点线结合法、纸样移点法。

（1）点生成法，是在打板时先定出生成纸样所需的关键点，然后连点成板，再对纸样进行修改，最终得到所需的纸样。点生成法最有代表性的是台湾度卡服装CAD系统。

（2）线生成法，是完全模拟手工打板的习惯，打板时直接画线，不分辅助线和轮廓线，线条封闭的区域就是纸样。线生成法最有代表性的是北京日升天辰服装CAD系统。

（3）点线结合法，是在打板时辅助点和辅助线同时应用，然后在辅助线的基础上提取纸样，再对纸样进行修改，最终得到所需的纸样，纸样轮廓线与辅助线严格区分。多数服装CAD系统如格柏、力克、PGM、富怡、爱科、丝绸之路等都采用这种方式打板。

（4）纸样移点法，是先生成基础纸样，然后通过纸样移点修改的方式产生新纸样的打板方法。格柏、PGM、PAD等服装CAD系统采用这种方式打板。

从改进升级的总体趋势来看，点线结合打板、手动放码、智能排料是服装CAD发展的主流。

四、款式设计系统（Fashion Design System）

基于彩色图形、图像处理技术的款式设计系统一经问世，便受到很多设计师的青睐。借助于款式设计系统和数位板、数位屏，设计师的想象和灵感得到了淋漓尽致的发挥，其创作无论在质量上，还是在数量上都有了质的飞跃。

款式设计系统提供铅笔、麦克笔、水彩笔、油画棒等多种绘画工具，使得设计师可以随心所欲地进行创作。计算机中预存的以及从扫描仪和数码相机输入的各种服装图片，为设计师的创造构思提供参考和借鉴。

款式设计系统具有面料设计与处理功能，不仅能够进行各种面料设计，还能够对已有面料和扫描面料进行二次设计。对于织造面料，能够完成从纱线设计、经纬定义、组织定义到面料生成的全过程，从简单的机织面料到复杂的提花面料皆可。

计算机提供的各种色盘和颜色填涂模式，可以使设计师按照自己的品位和意愿，在很短的时间内完成服装的填色、换色、配色等工作，最终达到满意的着色效果。图1-5所示为换色处理效果图。

图1-5　换色处理效果图

纹理映射和图案填充功能使设计师可以从资料库内提取真实面料图样，填充到所设计的款式或效果图上，并加上皱褶和阴影，模拟真实的着装效果。另外，款式设计系统提供的各种效果工具，可以完成许多充满艺术情调而用手工又难以完成的变幻无穷的效果。

五、工艺设计系统（Process Planning System）

CAPP是英文Computer Aided Process Planning的缩写，即计算机辅助工艺设计。它是依据产品的款式特点、加工要求和企业的生产条件，对产品的加工方法、制造流程、工艺编排等进行系统设计，并具有各种辅助决策功能的系统。款式设计系统与打板系统解决做什么类型服装的问题，而服装CAPP系统则需要解决如何做的问题。

CAPP系统不仅能有效地管理大量信息数据，进行快速、准确的计算和各种形式的比较与选择，而且能自动绘图、编制表格文件、提供便利的编辑手段和模拟加工方法，实现服装工艺设计自动化，还能把生产实践中行之有效的工艺设计原则及方法转换成工艺决策模型，并建立科学的决策逻辑，从而编辑出最优的制造方案。图1-6所示为智尊宝纺服装CAPP系统界面。

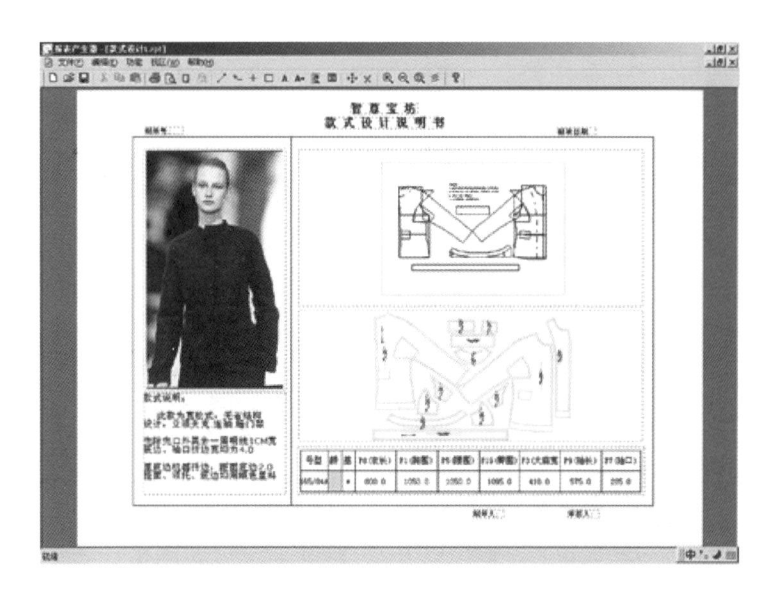

图1-6 智尊宝纺服装CAPP系统界面

服装CAPP系统比较有代表性的有美国格柏公司的IMRACT-900系统和法国力克（Lectra）公司与日本兄弟公司联合推出的服装CAD / CAM / CIMS系统BL-100等。其中，IMRACT-900系统可根据确立的设计款式，进行工艺分析、工序分解，将作业要素转化为动作要素，利用系统提供的动作要素和标准工时库，计算该产品的总工时及劳动成本；并可根据面料的厚度、针迹形态及缝纫长度、设备性能、机器类型，计算缝纫线消费量，记入该产品的原料成本，从而快速准确地完成产品的工序、工时分析及成本分析；还可将此分析结果下传FMS（Flexible Manufacturing System）系统，为吊挂生产系统提供调度信息。BL-100系统则可以自动编制生产流程、自动控制生产线平衡，并能参照企业现有的设备重新组织生产线、编排新的生产工艺。

虽然服装CAPP技术得到了一定范围的应用，个别系统甚至取得了较好的经济效益，但由于服装产品的多元化、服装标准的多样化以及技术人员水平的参差不齐等原因，真正能实际推广应用的商品化服装CAPP系统不多，很多实际生产过程中出现的问题也未能得到有效的解决，CAPP系统的未来发展之路仍将任重道远。

六、试衣系统（Fitting Design System）

20世纪90年代，随着具备实时图像采集和处理能力的微机系统的出现，基于图像处理和多媒体技术的计算机试衣系统应运而生。

计算机试衣的基本原理：通过连接在视频卡上的数码相机，为模特或顾客摄像，并将其照片显示在计算机屏幕上，在对其进行测量后，即可调用系统款式库中已有服装款式对模特或顾客进行试衣。试衣款式可连续在计算机屏幕上显示，供顾客浏览和挑选，只需轻轻一按鼠标，顾客即可在计算机屏幕上看到自己的着装效果，如果对细节部位不满意还可以随时修改，从而帮助其挑选和设计服装。

除系统本身提供的款式以外，设计师还可以自己用扫描仪或数码相机输入想要的服装图片，并为其建库，建库后的图片同样可以用来试衣。试衣效果如图1–7所示。

图1–7　试衣效果

早期的计算机试衣系统是基于二维平面的。近年来，随着三围人体测量技术的逐渐成熟和服装网购的兴起，三维立体试衣成为研发和应用的主流，并受到越来越多的关注。

七、量身定制系统（MTM，Made To Measure System）

近年来，基于三维人体测量和网络技术的MTM系统已被成功开发并推向市场。通过三维扫描，系统可测量特定客户的人体参数并据此生成人体模型。结合客户对服装款式的具体要求和面料的具体特性，在系统生成的形体齐全的客户三维立体模特上，设计师只需通过简单的勾勒，就可以设计出逼真的服装效果图。在立体服装效果图上，设计师可以任意更换面料，充分利用系统提供的线条、自然阴影和褶皱、花边、纹样、肌理等，使服装效果图呈现出良好的自然褶皱效果、面料垂坠感和真实质感。而且服装效果图设计好了，经客户确认下单以后，可自动生成二维平面的纸样，直接用于裁剪。这样，借助于三维人体测量和网络传输，从接单到生成裁剪纸样，在短短几分钟之内就可完成，这对于追求短、频、快、个性化、时尚性需求十分明显的服装行业来讲，其重要性自是不言而喻。图1-8所示为格柏公司的MTM系统界面。

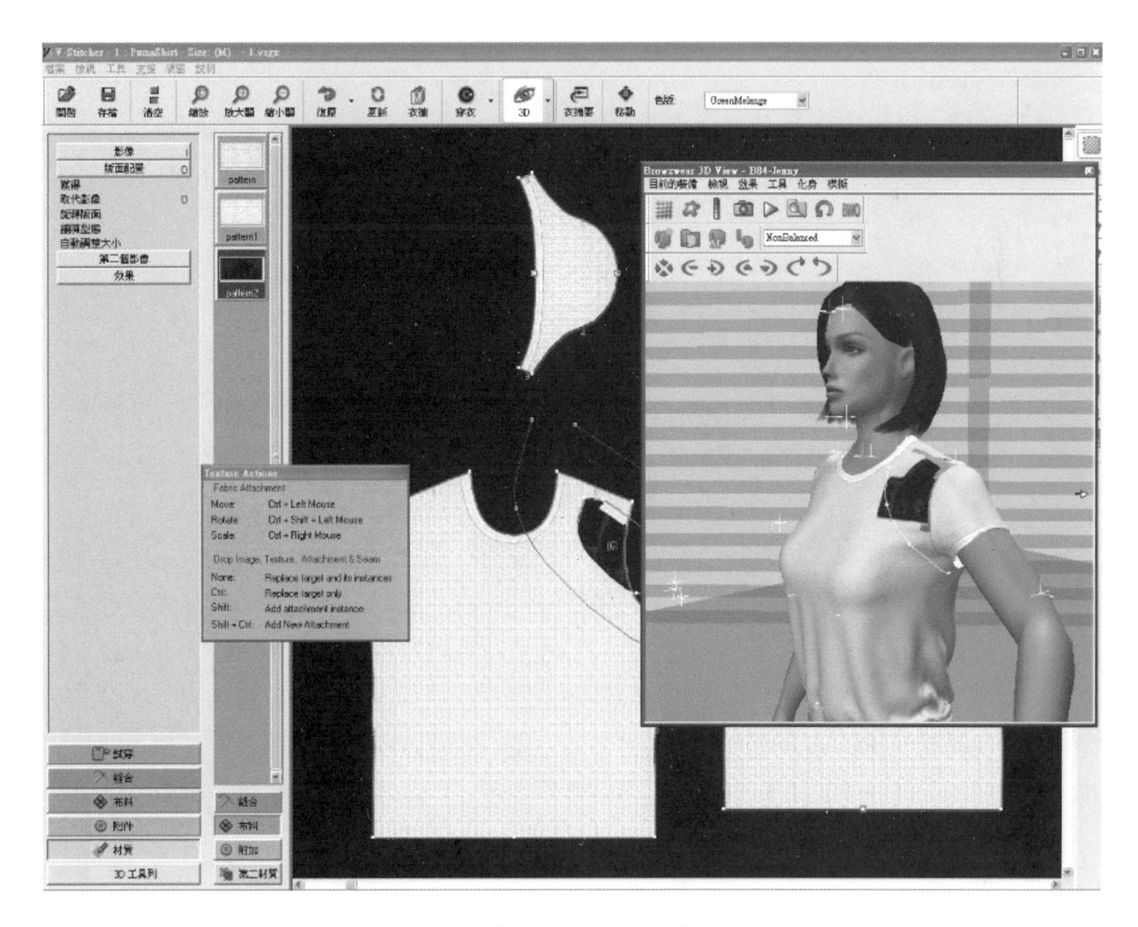

图1-8 格柏公司的MTM系统界面

第三节　服装CAD的软件与硬件

服装CAD系统以计算机为核心，由硬件和软件两部分组成。硬件（Hardware），指可见的实际物理设备如计算机、打印机和扫描仪等，其中计算机是核心控制的硬件，也是软件运行的基础。软件（Software），指为服装设计应用而专门编制的程序。软件是整个服装CAD系统的灵魂，只有在软件的控制下，计算机和外部设备才能够按照设计师的想法和意图，完成设计、打板、放码、排料、打印、绘图、裁剪等各项工作。

一、软件

目前在国内市场中常见的服装CAD系统不下30种，国内国外的都有，且各具特点。我国服装企业对服装CAD的旺盛需求由此可见一斑。

国外服装CAD系统主要有：美国格柏（Gerber）、匹基姆（PGM）、Style、法国力克（Lectra）、德国艾斯特奔马（Assyst Bullmer）、西班牙爱维（Investronic）、日本优卡（YUKE/SUPER ALPHA PLUS）、东丽（Toray）、旭化成（AGMS）、意大利B.K.R.、加拿大派特（PAD）等。

国内服装CAD系统主要有：度卡（DOCAD）、日升天辰（NAC2000）、丝绸之路（Silk Road）、智尊宝纺（Modasoft）、航天（ARISA）、比力（BILI）、爱科（ECHO）、富怡（Rich-peace）、布易ET、佑手（Right-hand）、时高、樵夫、其士曼、盛装、突破(Tupo)、博克(Boke)、服装大师等。

二、硬件

服装 CAD/CAM的硬件设备主要包括计算机、打印机、绘图机、切割机、自动裁床、读图板、扫描仪、数码相机和光笔等。

1. 计算机（Computer）

计算机按照其体积、结构和性能的不同可以分为巨型机、大型机、中型机、小型机和微机。1980年，IBM公司正式推出了IBM—PC（Personal Computer）机，也就是现在意义上的微机（Microcomputer）。微机的诞生引起了电子计算机领域的一场革命，大大扩展了计算机的应用领域。微机的一个最显著的特点是它的CPU（Central Processing Unit）的全部功能都由一块高度集成的超大规模集成电路芯片完成。随着Pentium、Core等一系列处理器的推出，微机的处理能力已非常强大，选用微机作为服装CAD系统的主机已成为国内外服装CAD的主流。

典型的计算机至少由四部分组成：主机、显示器、键盘和鼠标，如图1-9所示。

图1-9 台式计算机

近年来，随着计算机技术的发展，将主机和显示器合二为一的大屏幕一体机成为服装CAD从业人员的新宠；而出于携带方便的考虑，很多服装专业人士，尤其是自由职业者，则更多地会选择笔记本电脑。一体机和笔记本电脑如图1-10、图1-11所示。

图1-10 一体机

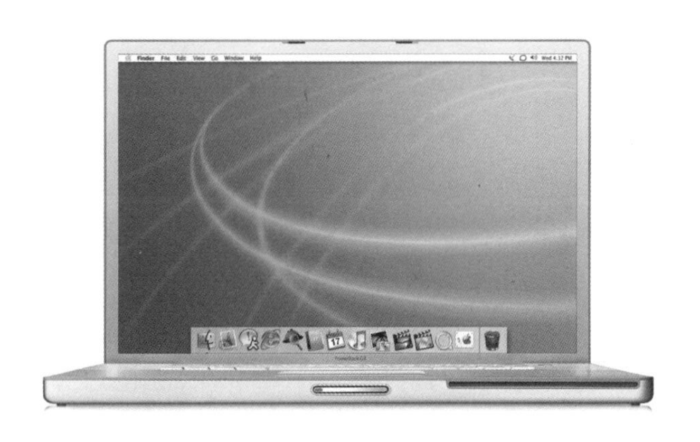

图1-11 笔记本电脑

2. **打印机**（Printer）

打印机是应用最广泛的一种计算机输出设备，利用它可以完成文字、图形、图像等的打印。根据工作原理的不同，打印机一般分为四种：针式打印机、喷墨打印机、激光打印机和热感应打印机。其中，喷墨打印机是服装行业应用最广泛的打印机。

喷墨打印机具有价格适中、打印速度快、噪声小、体积小、重量轻、打印品质较高等优点。高分辨率的彩色喷墨打印机打印出来的图片已达到照片的分辨率。图1-12所示为爱普生（EPSON）喷墨打印机。

随着计算机三维技术的逐渐成熟和CAD研究应用的深入，立体打印成为必然的选择，

3D打印机也就应运而生。用3D打印机打印的服装也已成功问世。当人们还在沉醉于平面打印的逼真效果时，3D打印的浪潮已经奔涌而至，且势不可当！3D打印彻底颠覆了传统的制造模式，将给人类的生产、生活方式带来深远的影响和巨大的变革。图1–13所示为3D服装打印机。

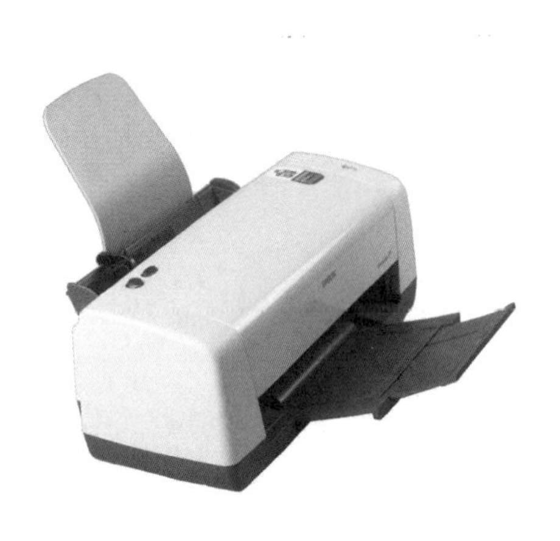

图1–12　爱普生喷墨打印机

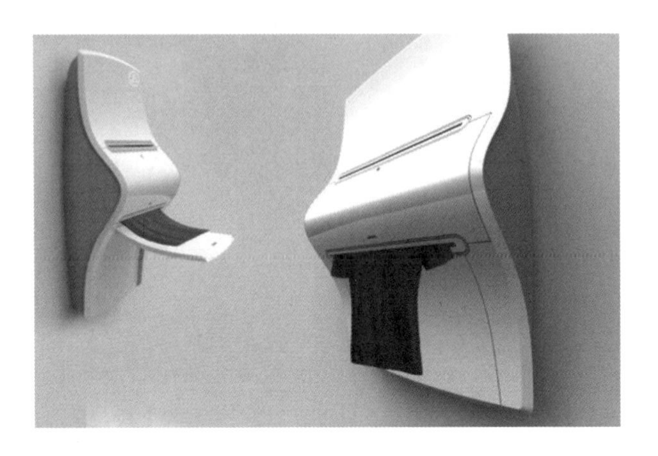

图1–13　3D服装打印机

3. **绘图机**（Plotter）

绘图机是服装CAD系统中必不可少的输出设备，纸样设计系统生成的样片，放码系统产生的放码图，排板系统生成的排料图都可以用绘图机绘出。绘图机一般分为两种：笔式绘图机、喷墨式绘图机。

目前的笔式绘图机以滚筒式为主，绘图时卷纸装在滚筒上沿着*Y*方向作快速运动，笔装在绘图笔架上沿着*X*方向运动，从而产生图形轨迹。笔式绘图机由于结构简单，操作方便，价格便宜，且绘图精度较高，被广泛应用于机械、电子、建筑、工程绘图等多个领域，成为通用的绘图设备。图1–14所示为笔式绘图机。

喷墨式绘图机具有如下特点：由于是扫描式逐点绘制，因而能绘制和输出复杂的图形和图像，且在进行超长绘图时不存在幅与幅之间的对接问题，与笔式绘图机相比，上纸简便，对纸张的规格和质量要求也不是太高，价格也低于笔式绘图机，只是目前在绘图精度上还低于笔式绘图机，速度也慢一些。图1–15所示为喷墨式绘图机。

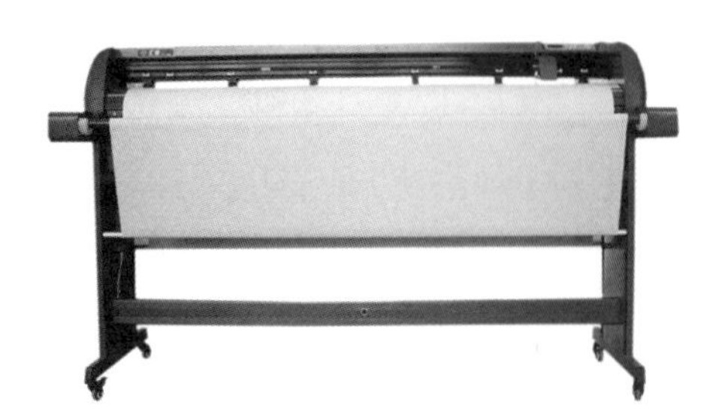

图1–14　笔式绘图机

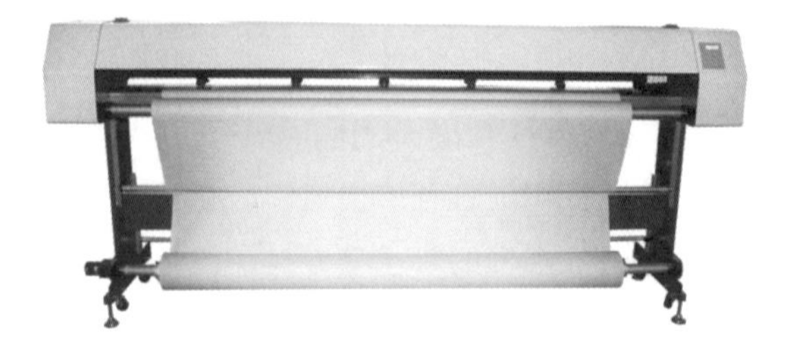

图1–15　喷墨式绘图机

4. **切割机/切绘一体机**（Cutting Machine）

为避免手工剪切的不精确，也为了降低劳动强度、提高效率，在绘图机的基础上，技术人员研发出切割机，可以做到切绘一体，用于纸板、皮革、塑料和橡胶等材料的切割。目前采用服装CAD系统的企业，一般都同时配备宽幅面绘图机和切绘一体机，其中宽幅面绘图机主要用于1：1排料图的输出，切绘一体机则主要用于裁剪纸样和工艺纸样的切割。

切绘一体机按产品结构和工作原理的不同可分为两种：立式切绘一体机、板式切绘一体机。立式切绘一体机的结构和工作原理与绘图机完全相同，只是在笔架上比绘图机多装了一把切刀。机器工作时，笔架能按照设定，在刀和笔之间自动选择，不需要手工干预。目前的立式切绘一体机都配备完善的测控装置，可以自动测试纸张宽度、长度，防止缺纸，并有自动检测故障功能，操作安全，维护简便。与立式切绘一体机通过压脚和滚轴的密切配合控制纸张前后移动不同，板式切绘一体机在工作时纸张是固定不动的，吸风装置将其牢牢吸附在工作台面上，通过横梁的前后运动与笔架的左右运动配合实现纸样的绘图与切割。板式切绘一体机的笔架系统也带双重工具头，工作时能自动转换绘图笔与切刀。图1-16所示为板式切绘一体机，图1-17所示为立式切绘一体机。

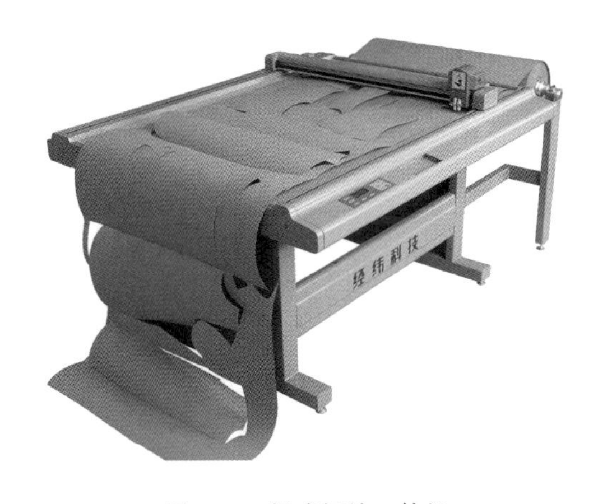

图1-16　板式切绘一体机

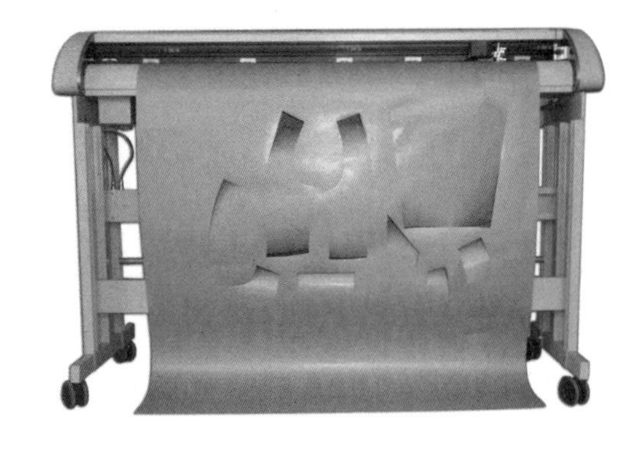

图1-17　立式切绘一体机

5. **自动裁床**（Auto Cutter）

自动裁床是服装CAM的主要输出设备，主要用于面料的自动裁剪。自动裁床与板式切绘一体机的工作原理基本相同，但在设备精度、复杂性和功能上则远远胜出。自动裁床自带计算机控制系统，实现裁剪的全程控制。设备自带的自动磨刀装置不仅能提高裁刀的使用寿命，而且确保裁剪效果；高效低噪的真空发生器能强力吸附紧固面料，确保裁剪品质；飞絮自动过滤装置能及时有效吸取裁剪过程中产生的布屑和粉尘，确保环境卫生。目前的自动裁床，其裁剪面料的厚度可从一层到百层以上，几乎所有类型的面料都可以裁剪。图1-18所示为博客高速自动裁床。

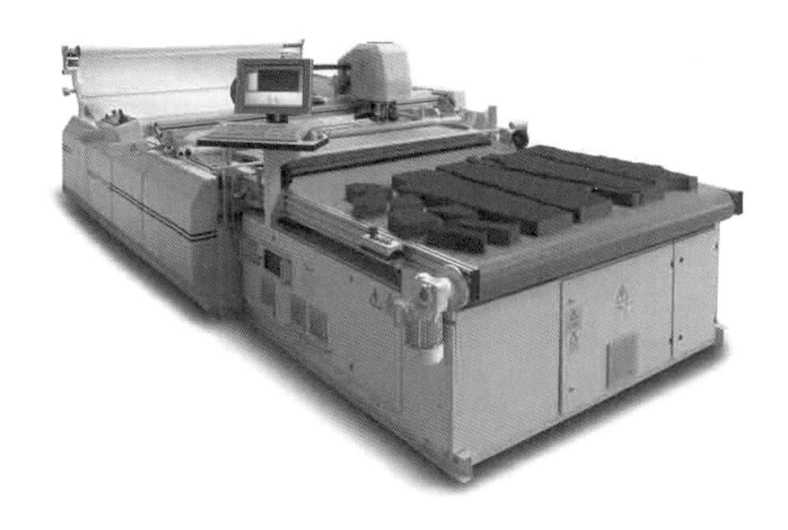

图1-18　博客高速自动裁床

6. 读图板（Digitizer）

读图板也叫数字化仪，是服装CAD重要的图形输入设备，它能将手工打制的服装纸样读入计算机储存起来，从而可以保存大量有价值的服装纸样。用于服装CAD的读图板的常用规格有A00、A0和A1。

读图板由图形板和游标两部分组成。它利用电磁感应原理，在图形板下面沿X和Y方向分布多条印刷线，这样就将图形板分成很多小的方块，每一小方块对应一个像素。在游标中装有一个线圈，当线圈中有交流信号时，小方块的中心就会产生一个电磁场，因此，当游标在图形板上移动时，面板上的印刷线就会产生感应电流，从而将游标线十字交叉中心点的位置信息输入计算机。用读图板输入服装纸样时，首先要把纸样平铺在图形板上，然后定出纸样的布纹方向，再沿纸样的轮廓线移动游标，这样就可以把纸样轮廓上各点的坐标输入到计算机内。同样，利用游标定位器上的小键盘也可以把纸样内的附加点如省尖点、对位点、打孔点、扣位点等输送到计算机内。输入到计算机内的纸样可以修改、放码和保存。图1-19所示为富怡读图板。

图1-19　富怡读图板

7. 扫描仪与数码相机（Scanner and Camera）

在服装CAD系统中，扫描仪与数码相机是专门为试衣和款式设计系统配备的。利用扫描仪和数码相机，设计师可以将顾客的照片或已有的服装图片和款式图、效果图扫描进计算机，为顾客进行试衣，并进行各种各样的设计变化，从而成倍地提高设计效率。近些年一些高档次配置的计算机自带数码摄像头，顾客坐在计算机前就可以试衣了。随着数码技术和存储技术的快速发展，手机也成为重要的图形、图像输入设备。图1-20所示为惠普扫描仪，图1-21所示为爱国者数码相机。

图1-20　惠普扫描仪

图1-21　爱国者数码相机

8. **光笔**（Light Pen）

光笔也叫压感笔，是近些年出现的专门为图形、图像处理而设计的一种光电绘图笔。

光笔在外形上与普通铅笔差不多，用它在计算机上进行绘图，正好符合了人们长期以来形成的绘图习惯，且手感非常相似。绘图时，设计师可以随时通过施加不同的压力来调节笔触的粗细浓淡，操作简单、方便，设计效果好，效率也比鼠标高得多。另外，光笔具有鼠标的一切功能。所以，在图形、图像设计领域，光笔取代鼠标是发展的必然趋势。光笔一般由笔和数位板两部分组成，如图1-22所示。

近年来，集电脑主机、显示器和数位板于一身的数位屏成为数字艺术行业创作的新宠。利用光笔，设计师在显示器屏幕上就可以实现创作。图1-23所示为汉王数位屏。

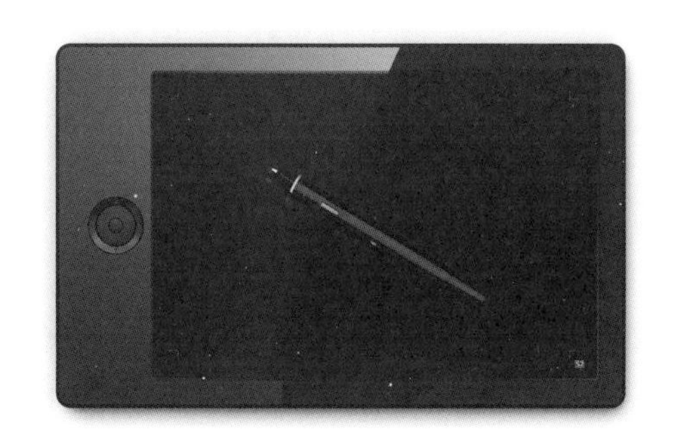

图1-22　绘影光笔

图1-23　汉王数位屏

另外，CAD应用必然会涉及文件存储和转移，目前较常见的移动存储设备主要有U盘、移动硬盘、移动存储卡和手机等，如图1-24所示。

图1-24 常见移动存储设备（从左向右：U盘、移动硬盘、移动存储卡、手机）

本章小结

主要分析了服装CAD的作用、发展趋势、系统组成和硬件配置，简要介绍了目前国际、国内常见的服装CAD系统，重点是服装CAD的系统组成和硬件配置，难点是服装CAD各系统和硬件的基本功能。

思考与练习题

1．什么是服装CAD？服装CAD系统主要由哪几部分组成，各有什么功能？

2．服装CAD/CAM的输入和输出设备主要有哪些，各有哪些功能？

3．服装CAD的优势主要有哪些？

4．目前国际、国内的服装CAD系统主要有哪些？

5．服装CAD的发展趋势是什么？

基础理论——

富怡服装CAD V9.0简介

课题名称：富怡服装CAD V9.0简介

课题内容：系统组成和软件安装、启动、关闭与卸载

自由设计与放码系统

公式设计与放码系统

排料系统

教学课时：6课时

重点难点：1. 软件安装与卸载。

2. 工具图标与快捷键。

学习目标：1. 参照本书，完成软件的安装、启动、关闭以及卸载。

2. 依据本书，对照软件，说出每个子系统的工作画面组成和主要图标工具的名称。

3. 对照本书内容，写出各子系统中的常用快捷键，简要说出其对应的图标工具或快捷功能，并在软件中进行初步的实践操作。

学习提示：了解软件、熟悉画面与工具是熟练应用服装CAD的基础。软件的安装、启动、关闭与卸载一定要掌握，系统的工作画面组成、图标工具名称能大致说出即可，快捷键不要指望一下子就能理解并记住，这需要一个很长的实践过程，积极尝试最重要。限于篇幅，本章没有对功能快捷键、图标工具和菜单命令做详细介绍，关于其功能与操作方法参见光盘中的相关介绍，或登录富怡官网http://www.richpeace.com.cn，下载富怡服装CAD V9.0的软件和操作说明书。

第二章　富怡服装CAD V9.0简介

第一节　系统组成和软件安装、启动、关闭与卸载

富怡服装CAD由深圳市盈瑞恒科技有限公司研发，目前的最新版本为9.0。该软件界面友好、功能齐全、性能优越、用户众多，是国内服装CAD软件中的佼佼者，既便于初学者上手，也便于专业人员从事各种服装纸样的设计处理工作。

一、系统组成

富怡V9.0服装CAD系统由三个模块组成：自由设计与放码系统、公式设计与放码系统、排料系统。其中，自由设计与放码系统主要用于手动打板、纸样变化、加缝、纸样标注和手动放码等工作；公式设计与放码系统主要用于交互打板、纸样编辑和全自动放码等工作；排料系统主要用于排料和算料工作。不管是自由设计与放码系统，还是公式设计与放码系统，其生成的纸样文件都可以在排料系统中进行排料和算料，只不过文件的格式有所不同。自由设计与放码系统中生成的纸样文件是．dgs格式的，而公式设计与放码系统中生成的纸样文件是．fgs格式的；在自由设计与放码系统中可以打开．fgs格式的文件，但在公式设计与放码系统中不可以打开．dgs格式的文件。

二、软件安装、启动、关闭与卸载

（1）找到图2–1所示的富怡服装CAD安装程序所在的文件夹，双击安装图标，弹出【安装程序】界面和【安装程序】对话框，如图2–2所示。

（2）单击【是（Y）】按钮，弹出【安装程序】对话框，选择安装程序的类型和所使用的绘图仪类型，单击【Next>】按钮，弹出【安装程序】对话框，单击【浏览】按钮，选择安装目标文件夹，之后回到【安装程序】对话框，如图2–3所示。

（3）单击【下一步】按钮，弹出安装进度条，开始安装，如图2–4所示。

（4）程序安装完成后，弹出如图2–5所示的加密狗安装对话框；单击【Next>】按钮，然后按照提示操作，最后弹出如图2–6所示的【安装程序】对话框；单击【完成】按钮，软件安装结束。

（5）软件安装结束后，Windows桌面上会出现程序的快捷图标。双击快捷图标可进入自由设计与放码系统；双击快捷图标可进入公式设计与放码系统；双击

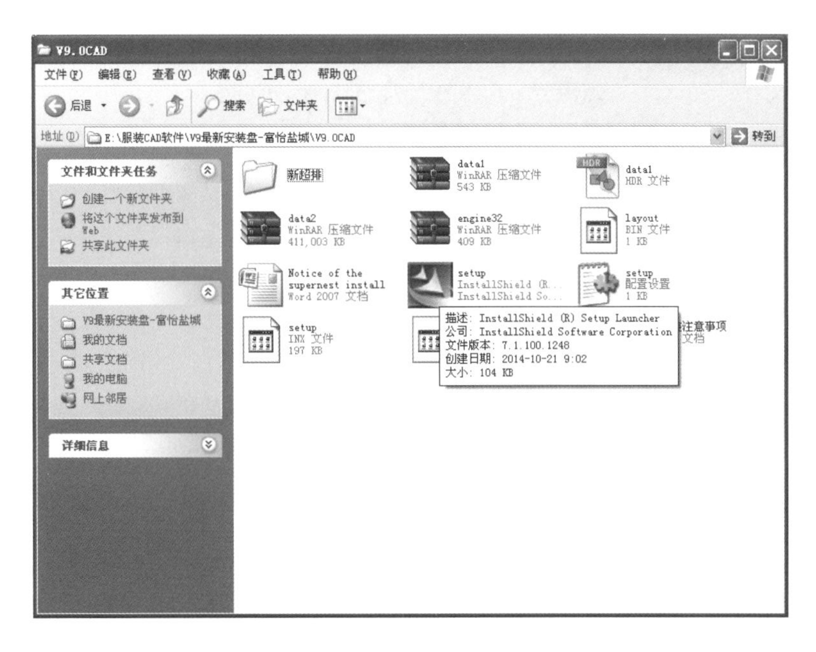

图2-1 安装程序所在的文件夹

图2-2 【安装程序】界面和【安装程序】对话框

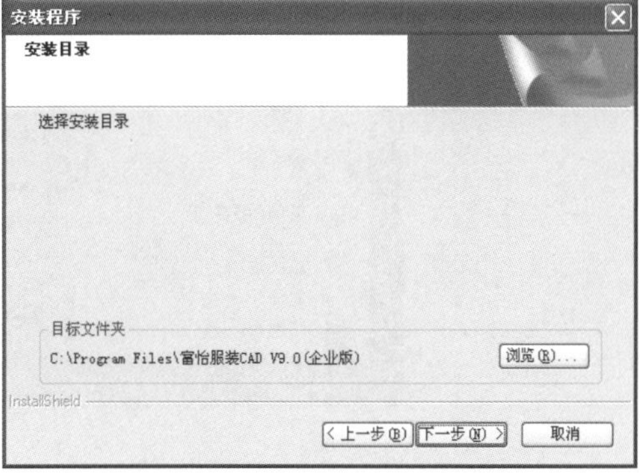

图2-3 选择安装程序的类型、所使用的绘图仪类型和安装目标文件夹

图2-4 安装进度条

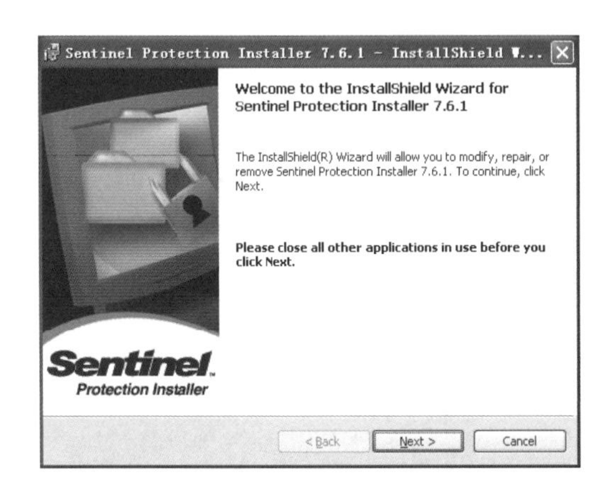

图2-5 加密狗安装对话框

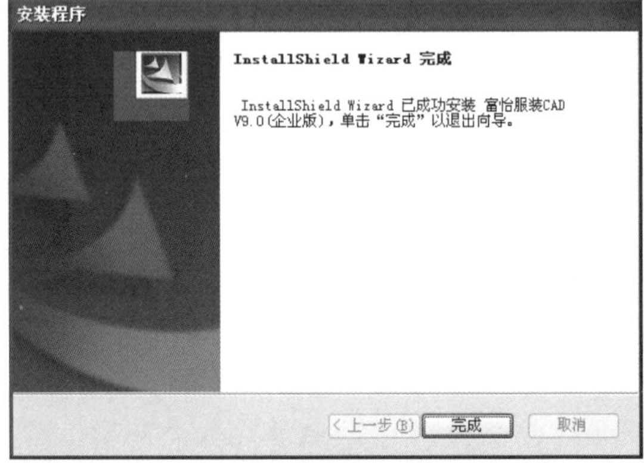

图2-6 安装结束对话框

快捷图标可进入排料系统。进入系统后，单击【标题栏】右上角的【关闭】按钮，可退出程序。

（6）如果要卸载软件，可打开Windows【开始】菜单，在【程序】→【富怡服装CAD V9.0（企业版）】菜单下选中【Uninstall】命令即可。如图2-7所示。

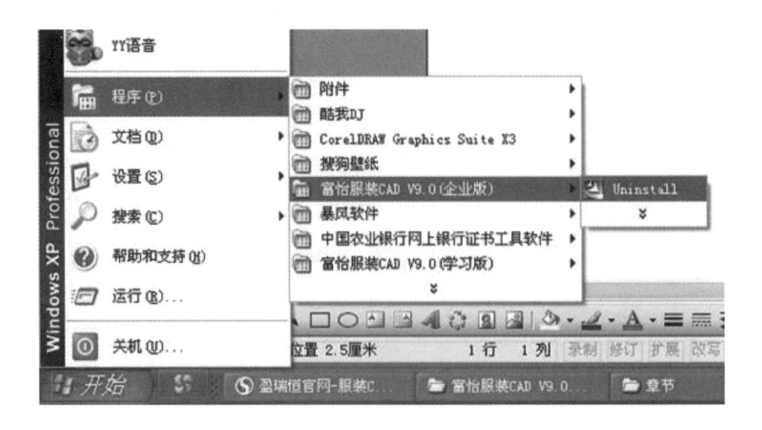

图2-7 选中【Uninstall】命令

第二节　自由设计与放码系统

自由设计与放码系统是富怡服装CAD系统中极具特色的一个子系统，也是服装制板师进行电脑打板、纸样设计和放码的主要工具。

一、工作画面

双击Windows桌面上的快捷图标，出现图2-8所示的启动画面，进入富怡服装CAD自由设计与放码系统的工作画面。工作画面主要由标题栏、菜单栏、快捷工具栏、衣片列表框、设计工具栏、纸样工具栏、放码工具栏和工作区等组成，如图2-9所示。

1. 标题栏

【标题栏】位于自由设计与放码系统工作画面的顶部，通常为蓝色。【标题栏】的左侧显示软件名称和文件保存的路径，右侧有三个按钮，分别是【最小化】按钮，【向下还原】按钮和【关闭】按钮。鼠标移到【标题栏】上右键单击，会弹出快捷菜单，能进行窗口移动、还原和关闭等操作。

2. 菜单栏

【菜单栏】位于【标题栏】的下方，共有7个菜单，分别是【文档】、【编辑】、【纸样】、【号型】、【显示】、【选项】和【帮助】，如图2-10所示。

图2-8　启动画面

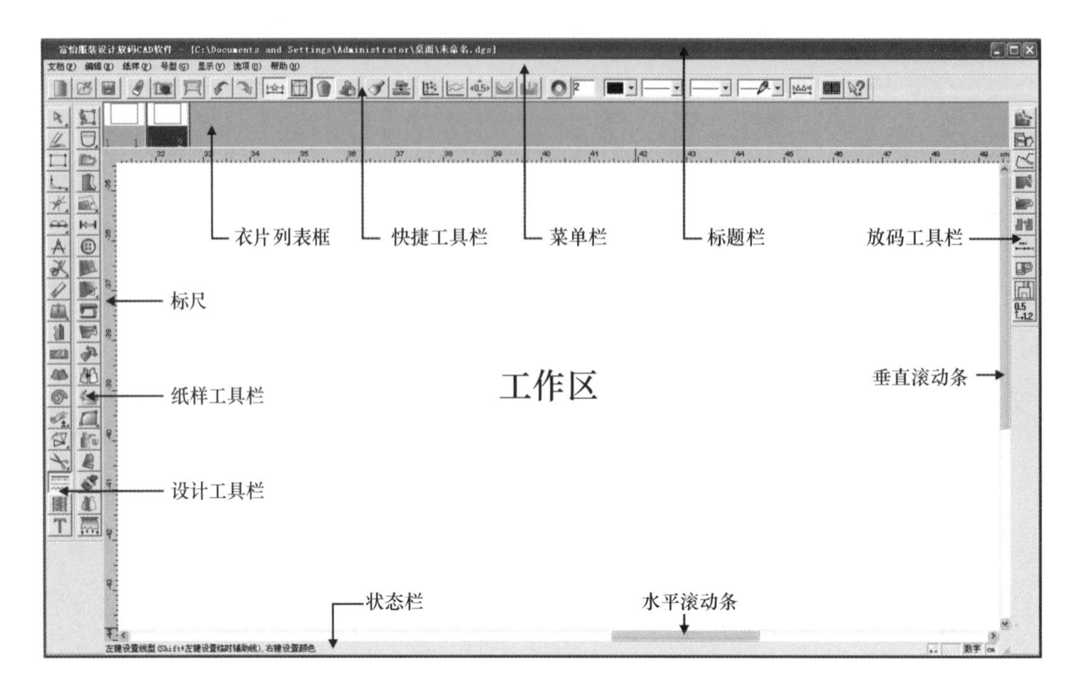

图2-9　自由设计与放码系统的工作画面

文档(F)　编辑(E)　纸样(P)　号型(G)　显示(V)　选项(O)　帮助(H)

图2-10　菜单栏

每个菜单下面又分若干个子菜单。单击一个主菜单时，会弹出相应的子菜单。在自由设计与放码系统中，很多菜单命令被定义了快捷键，如【删除当前选中纸样】命令的快捷键为【Ctrl+D】，【号型编辑】命令的快捷键为【Ctrl+E】等。熟记快捷键会大大提高工作效率。

教师指导

在自由设计与放码系统中，可以用鼠标单击选择打开子菜单，也可以先按住键盘上的【Alt】键，再按菜单命令后面括号内的字母来选择打开这个子菜单。如按住键盘上的【Alt】键，再按键盘上的【P】键，即可打开【纸样】子菜单。

3. **快捷工具栏**

【快捷工具栏】位于【菜单栏】的下方，放置了新建、保存、撤消、显示样片、点放码表、颜色设置等常用命令的快捷图标，如图2-11所示。

4. **衣片列表框**

【衣片列表框】可放置在工作区的上、下、左、右位置，用来摆放【剪刀】工具裁剪生成的服装纸样，每一块纸样单独放置在一小格衣片显示框中，纸样名称、份数和次序号都显示在这里，且不同的布料显示不同的背景色。鼠标单击选中纸样后，可通过【纸

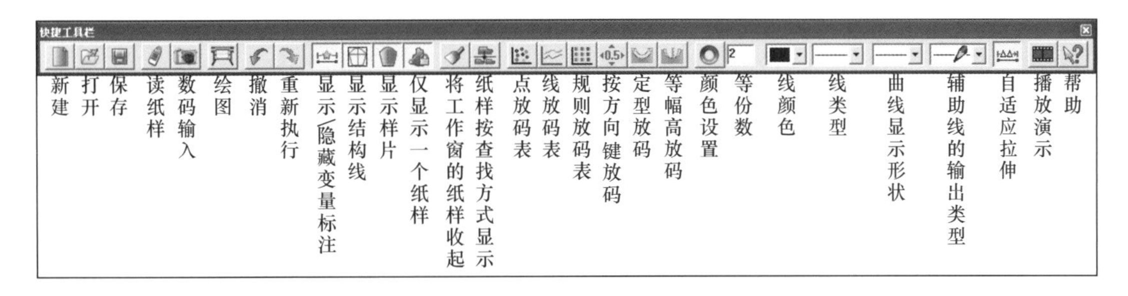

图2-11　快捷工具栏

样】菜单命令进行复制、删除等操作；鼠标按住纸样在【衣片列表框】中拖动，可调整纸样的排放顺序；鼠标双击纸样，会弹出【纸样资料】对话框。在【纸样资料】对话框中，可对纸样的名称、份数和布纹方向等进行设置。

操作提示

左键单击打开【选项】菜单栏，选择下拉菜单中的【系统设置】命令，在弹出的【系统设置】对话框中选中【界面设置】选项卡，可设置【衣片列表框】在界面上的摆放位置。

5. 设计工具栏

【设计工具栏】位于界面的最左边，上面存放着服装CAD结构制图、线条修改、尺寸测量、线条设定、文字标注和纸样生成等操作需要用到的常用工具，如图2-12所示。

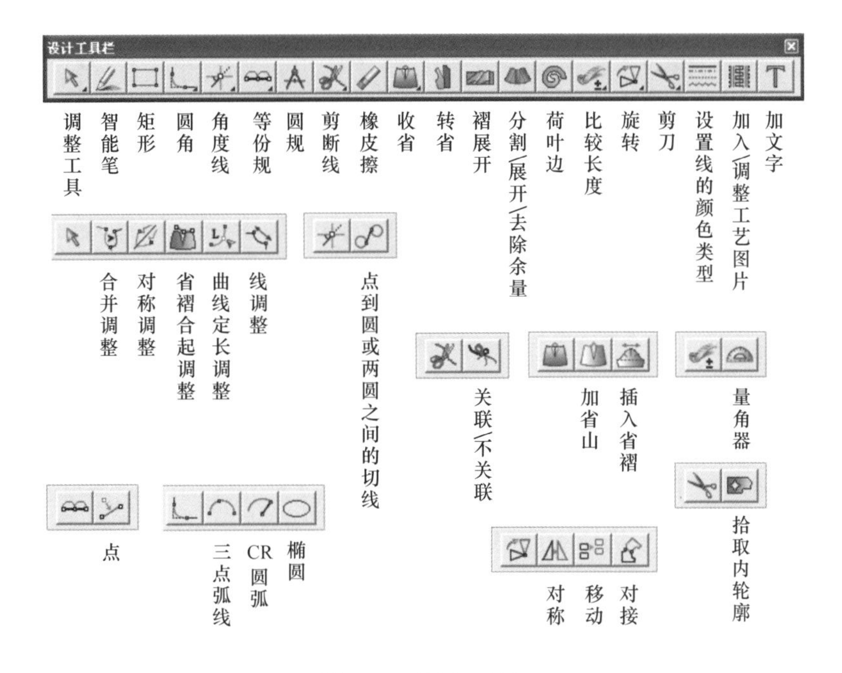

图2-12　设计工具栏

6. 纸样工具栏

【纸样工具栏】位于【设计工具栏】的右侧，提供了对裁片进行处理的常用工具，如加缝份、做衬、打剪口、做褶、分割纸样、合并纸样等，如图2-13所示。

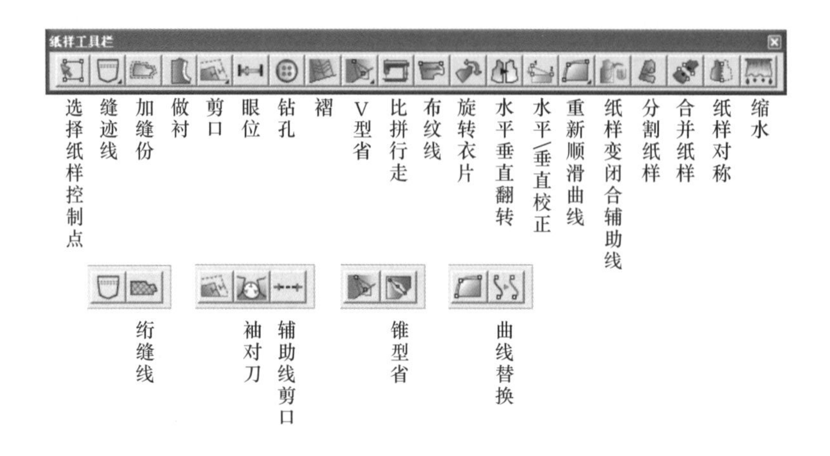

图2-13　纸样工具栏

7. 放码工具栏

【放码工具栏】位于【纸样工具栏】的右侧，上面存放着放码所需的常用工具，可用来对纸样进行多种形式的放码，如图2-14所示。

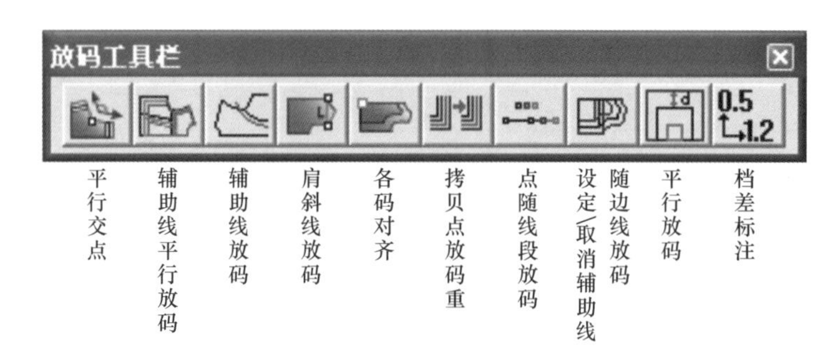

图2-14　放码工具栏

8. 自定义工具栏

在富怡V9.0服装CAD自由设计与放码系统中，共设计了118个可供选择的快捷图标，其中75个常用图标分布在【快捷工具栏】、【设计工具栏】、【纸样工具栏】和【放码工具栏】中，其余43个快捷图标用户可根据需要自行定义，其名称如图2-15所示。

另外，软件默认，在工作区右键单击，会弹出由【移动纸样】工具 等六个工具组成的【快捷工具栏】，如图2-16所示。

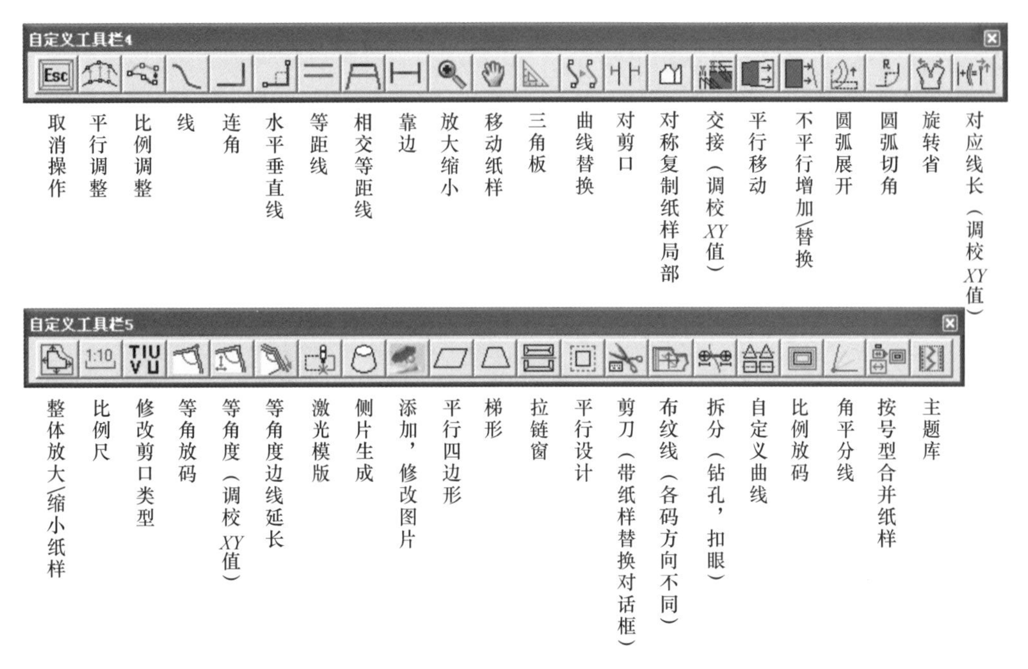

图2-15 自定义工具栏

9. 状态栏

【状态栏】位于界面的最底部，用来显示当前选择工具的名称以及该工具在使用过程中的一些操作提示。

10. 工作区、滚动条、标尺

工作区就像一张带有坐标的无限大的纸，设计结构线、纸样变化、纸样放码、绘图时显示纸张边界、纸样排板等操作都可以在上面完成。当工作区内的图形被放大不能全屏幕显示时，其下方和右侧会出现滚动条，用来控制图形的显示。用鼠标按住滚动条移动，可控制图形在工作区内左、右或上、下移动显示。

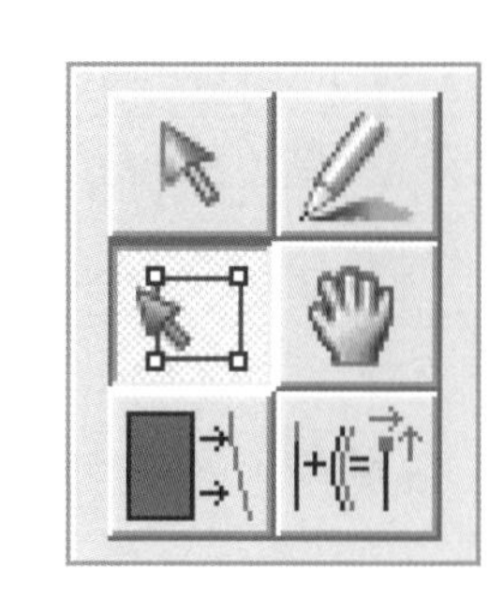

图2-16 快捷工具栏

工作区的上方和左侧显示有标尺，可使操作更为精确。

操作提示

在富怡V9.0服装CAD自由设计与放码系统中，提供了多种工作区的显示与变换方式。

- 可以通过向后、向前滚动鼠标左、右键中间的滚轮，上、下滚动显示工作区内的图形；按住【Shift】键，可左、右滚动显示工作区内的图形；单击滚轮为全屏显示。
- 按住【空格键】，向前滚动滚轮，可以鼠标所在位置为中心，缩小显示；向后滚动滚轮，可以鼠标所在位置为中心，放大显示；鼠标右键单击为全屏显示。
- 按住数字键盘区的【－】键，可以鼠标所在位置为中心，逐级缩小显示；按住数字键盘区的【＋】键，可以鼠标所在位置为中心，逐级放大显示。

●按住小键盘区的上、下、左、右方向键【↑】、【↓】、【←】、【→】，工作区的图形可向相反的方向移动。

二、快捷键

在富怡V9.0服装CAD自由设计与放码系统中，定义了大量的快捷键。如果能牢记并熟练运用快捷键，就可实现在打板时左右开弓，不仅效率大大提高，有时甚至还能迅速发现问题所在，并及时化解。快捷键具体如表2-1、表2-2所示。

表2-1 图标工具选择快捷键

序号	工具名称	图标	快捷键	序号	工具名称	图标	快捷键
1	调整工具		A	15	比较长度		R
2	相交等距线		B	16	矩形		S
3	圆规		C	17	靠边		T
4	等份规		D	18	连角		V
5	橡皮擦		E	19	剪刀		W
6	智能笔		F	20	旋转		Ctrl+B
7	移动		G	21	新建		Ctrl+N
8	对接		J	22	打开		Ctrl+O
9	对称		K	23	保存		Ctrl+S
10	角度线		L	24	重新执行		Ctrl+Y
11	对称调整		M	25	撤消		Ctrl+Z
12	合并调整		N	26	剪断线		Shift+C
13	点		P	27	线调整		Shift+S
14	等距线		Q				

表2-2 功能快捷键

序号	快捷键	功能
1	F2	切换影子与纸样边线
2	F4	显示所有号型/仅显示基码（连续按，在两种显示方式之间来回切换）
3	F5	切换缝份线与纸样边线（连续按，在缝份线与纸样边线之间来回切换）
4	F7	显示/隐藏缝份线（连续按，在显示与隐藏之间来回切换）
5	F8	依次显示每个号型（连续按即可）
6	F9	捕捉就近的交点/捕捉线的端点（连续按，在选择交点与端点之间来回切换）

续表

序号	快捷键	功能
7	F10	显示/隐藏绘图纸张宽度（连续按，在显示与隐藏之间来回切换）
8	F11	匹配一个码/所有码（连续按，在匹配一个码与匹配所有码之间来回切换）
9	F12	工作区所有纸样放回衣片列表框
10	Ctrl+F7	显示/隐藏缝份量（按住Ctrl，连续按F7，在显示与隐藏之间来回切换）
11	Ctrl+F10	一页里打印时显示页边框（按住Ctrl，连续按F10，在显示与隐藏之间来回切换）
12	Ctrl+F11	1∶1 显示
13	Ctrl+F12	衣片列表框所有纸样放入工作区
14	Ctrl+A	另存为
15	Ctrl+C	复制纸样
16	Ctrl+X	剪切纸样
17	Ctrl+V	粘贴纸样
18	Ctrl+D	删除纸样
19	Ctrl+G	清除纸样放码量
20	Ctrl+E	号型编辑
21	Ctrl+F	显示/隐藏放码点（按住Ctrl，连续按F，在显示与隐藏之间来回切换）
22	Ctrl+K	显示/隐藏非放码点（按住Ctrl，连续按K，在显示与隐藏之间来回切换）
23	Ctrl+J	颜色填充/不填充纸样（按住Ctrl，连续按J，在显示与隐藏之间来回切换）
24	Ctrl+H	调整时显示/隐藏弦高线（按住Ctrl，连续按H，在显示与隐藏之间来回切换）
25	Ctrl+Q	生成影子
26	Ctrl+R	重新生成布纹线
27	Ctrl+T	做规则纸样
28	Ctrl+U	显示临时辅助线与掩藏的辅助线
29	Shift+U	掩藏临时辅助线与部分辅助线
30	Ctrl+Shift+Alt+G	删除全部基准线
31	Esc	取消当前操作
32	Shift	（1）曲线与折线间相互转换 （2）转换结构线上的直线点与曲线点（连续按，在直线点与曲线点之间来回切换）
33	Enter	（1）文字编辑的换行操作 （2）更改当前选中的点的属性 （3）弹出光标所在关键点移动对话框
34	U	辅助将工作区纸样逐一放回衣片列表框
35	X	与【各码对齐】工具结合使用，放码量在X方向上对齐
36	Y	与【各码对齐】工具结合使用，放码量在Y方向上对齐
37	Z	各码对齐
38	Alt+F4	关闭系统

第三节　公式设计与放码系统

公式设计与放码系统可实现公式打板、全自动放码，适合一些款式相对简单、系列号型较少的服装的打板与自动放码。

一、工作画面

双击Windows桌面上的快捷图标，进入富怡服装CAD公式设计与放码系统的工作画面。工作画面主要由标题栏、菜单栏、快捷工具栏、衣片列表框、设计工具栏、纸样工具栏、标尺和工作区等组成，如图2-17所示。

图2-17　公式设计与放码系统的工作画面

1. **标题栏**

【标题栏】位于系统工作画面的顶部，通常为蓝色。标题栏的左侧显示软件名称和文件保存的路径，右侧有三个按钮，分别是【最小化】按钮、【向下还原】按钮和【关闭】按钮。鼠标移到【标题栏】上右键单击，会弹出快捷菜单，能进行窗口移动、还原和关闭等操作。

2. **菜单栏**

【菜单栏】位于【标题栏】的下方，共有七个菜单，分别是【文件】、【编辑】、【纸样】、【表格】、【显示】、【选项】和【帮助】。按住键盘上的【Alt】键，再按菜单命令后面括号内的字母即可打开其子菜单。

3. 快捷工具栏

【快捷工具栏】位于【菜单栏】的下方，放置了新建、保存、撤消、绘图、规格表等常用命令的快捷图标，如图2-18所示。

图2-18　快捷工具栏

4. 衣片列表框

【衣片列表框】位于【快捷工具栏】的下方，用来放置用【剪刀】工具裁剪生成的服装纸样，每一块纸样单独放置在一小格衣片显示框中。

5. 设计工具栏

【设计工具栏】位于界面的最左边，包括了公式打板模式下服装CAD打板需要用到的基本工具，如图2-19所示。

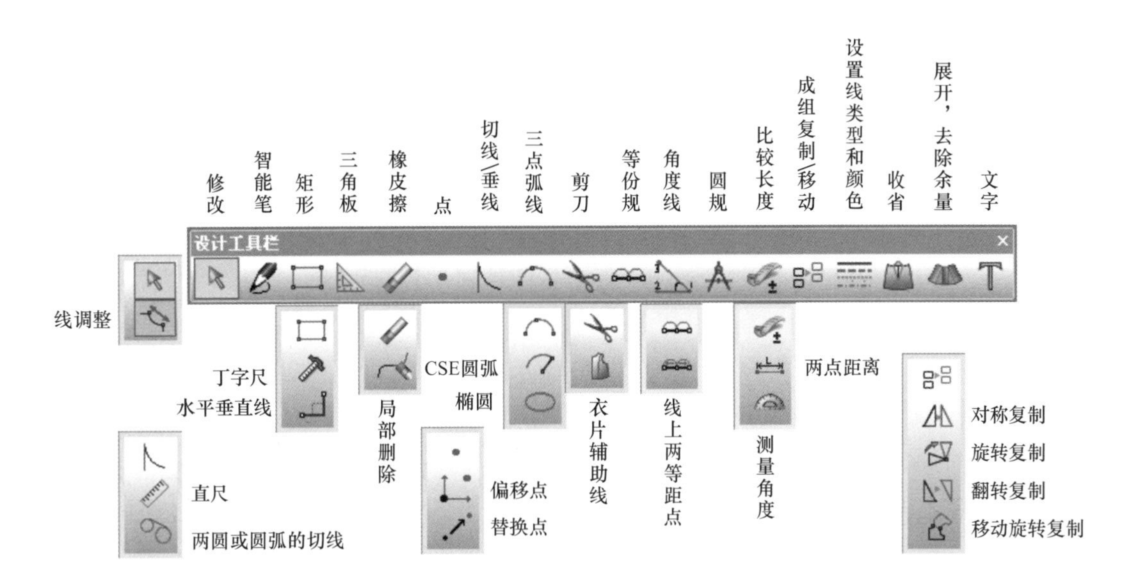

图2-19　设计工具栏

6. 纸样工具栏

【纸样工具栏】位于【设计工具栏】的右边，提供了对裁片进行细部加工的常见工具，如打剪口、加省、做褶、加缝份等，如图2-20所示。

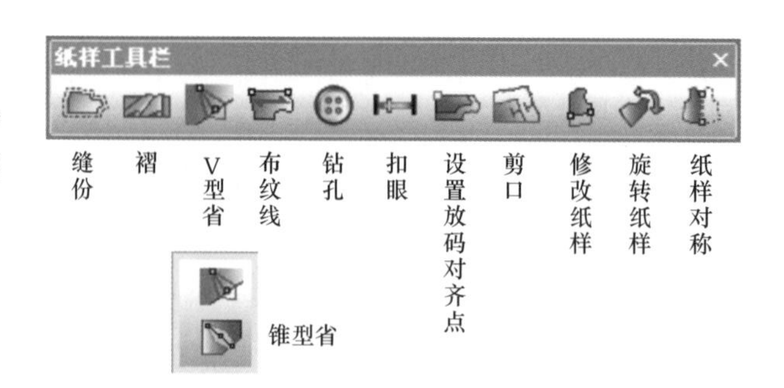

图2-20 纸样工具栏

7. 参照表栏与长度比较栏

【参照表栏】与【长度比较栏】位于界面的右侧，如图2-21、图2-22所示。其中，在【参照表栏】中，可将【规格表】中建立的号型规格表导入，进行参照打板。单击【编辑】按钮，弹出【参照公式】对话框，如图2-23所示，输入参照名称，加参数，即可将【规格表】中参数对应的号型规格导入；单击【Excel】按钮，可将号型规格表以.xls格式保存。在【长度比较栏】中，可显示用【比较长度】工具测量的各码线段长度。

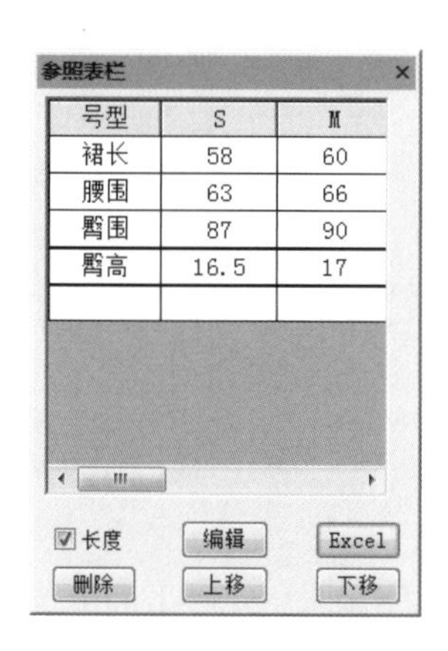

图2-21 参照表栏

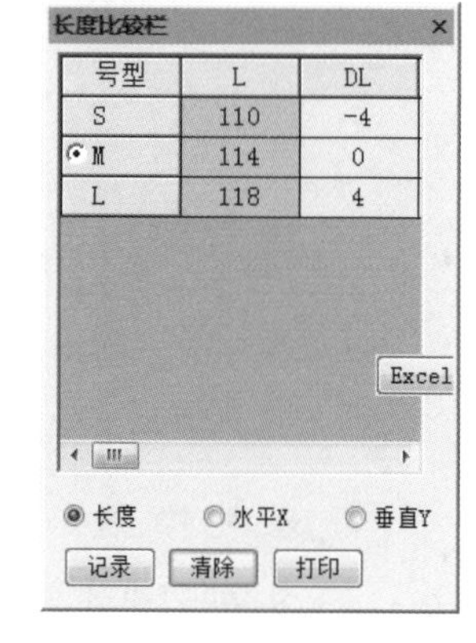

图2-22 长度比较栏

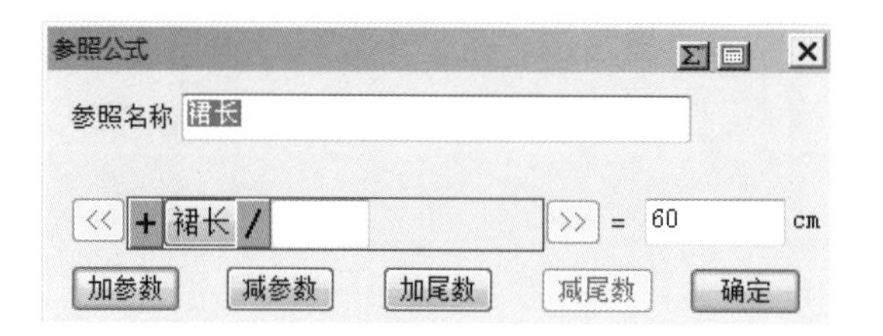

图2-23 【参照公式】对话框

8. 状态栏

【状态栏】位于界面的最底部，用来显示当前选择工具的名称以及该工具在使用过程中的一些操作提示。

9. 工作区、滚动条、标尺

工作区就像一张带有坐标的无限大的纸，所有的打板、纸样变化、排图等工作都是在这上面进行的。

当工作区上的图形被放大不能全屏幕显示时，其下方和右侧会出现滚动条，用来控制图形的显示。用鼠标按住滚动条移动，可控制图形在工作区内左、右或上、下移动显示。

工作区的上方和左侧显示有标尺，可使操作更为精确。

操作提示

●可以通过滚动鼠标左、右键中间的滚轮，上下滚动显示工作区的图形。按住【Shift】键，可以左、右滚动显示工作区内的图形；单击滚轮为全屏显示。

●按住数字键盘区的【-】键，可以鼠标所在位置为中心，逐级缩小显示；按住数字键盘区的【+】键，可以鼠标所在位置为中心，逐级放大显示。

●按住小键盘区的上、下、左、右方向键【↑】、【↓】、【←】、【→】，工作区的图形可向相反的方向移动。

●选中任何工具状态下按住【空格键】，光标可切换为放大 状态。

二、快捷键

在富怡V9.0服装CAD公式设计与放码系统中，也定义了一定数量的快捷键，具体如表2-3所示。

表2-3 图标工具或功能快捷键

序号	工具或功能名称	图标	快捷键	序号	工具或功能名称	图标	快捷键
1	修改		A	17	剪刀		W
2	三角板		B	18	新建		Ctrl+N
3	圆规		C	19	打开		Ctrl+O
4	等份规		D	20	另存为		Ctrl+A
5	橡皮擦		E	21	删除选中纸样		Ctrl+D
6	智能笔		F	22	保存		Ctrl+S
7	成组复制/移动		G	23	重做		Ctrl+Y
8	水平垂直线		I	24	撤消		Ctrl+Z
9	移动旋转复制		J	25	规格表		Ctrl+E
10	对称复制		K	26	尺寸变量		Ctrl+B
11	角度线		L	27	显示/隐藏线段长度		F3
12	开口曲线		O	28	显示所有号型/仅显示基码		F4
13	点		P	29	等高放码		F6
14	比较长度		R	30	显示/隐藏缝份线		F7
15	矩形		S	31	在显示各码之间切换		F8
16	丁字尺		T	32	显示/隐藏绘图纸张宽度		F10

续表

序号	工具或功能名称	图标	快捷键	序号	工具或功能名称	图标	快捷键
33	移出工作区全部纸样		F12	37	移动纸样		空格
34	全部纸样进入工作区		Ctrl+F12	38	取消操作	Esc	ESC
35	放大/缩小		空格	39	删除选中的点、线		Delete
36	关闭系统		Alt+F4				

第四节　排料系统

富怡服装CAD排料系统主要用于排唛架和用料核算，可进行手工、人机交互、全自动排料和智能超级排料。唛架排完后，可自动计算出用料长度、布料利用率、纸样总片数和放置片数。另外，富怡服装CAD排料系统实现了对不同布料的唛架自动分床，并具有对条、对格功能。

根据款式的要求及布料幅宽，将整件衣服各部件的纸样以最省料的形式，经过精密的排列标画于纸上，这种列有整件衣服各部件的纸张称为“唛架”（Marker）。

一、工作画面

双击Windows桌面上的快捷图标，进入富怡服装CAD排料系统的工作画面。

工作画面主要由标题栏、菜单栏、主工具匣、纸样窗、尺码列表框、唛架区和状态条等组成，如图2-24所示。

1. 标题栏

【标题栏】位于富怡服装CAD排料系统工作画面的顶部，其作用和操作方法与设计与放码系统的标题栏完全相同，在此不赘述。

2. 菜单栏

【菜单栏】位于【标题栏】的下方，共有10个菜单，分别是【文档】、【纸样】、【唛架】、【选项】、【排料】、【裁床】、【计算】、【制帽】、【系统设置】和【帮助】，如图2-25所示。按住键盘上的【Alt】键，再按菜单命令后面括号内的字母即可打开其子菜单。

3. 主工具匣

【主工具匣】位于【菜单栏】的下方，放置了新建、打开、保存、打印唛架、绘图唛架、后退、参数设定、定义唛架、分割纸样、删除纸样等常用命令的快捷图标，如图2-26所示。

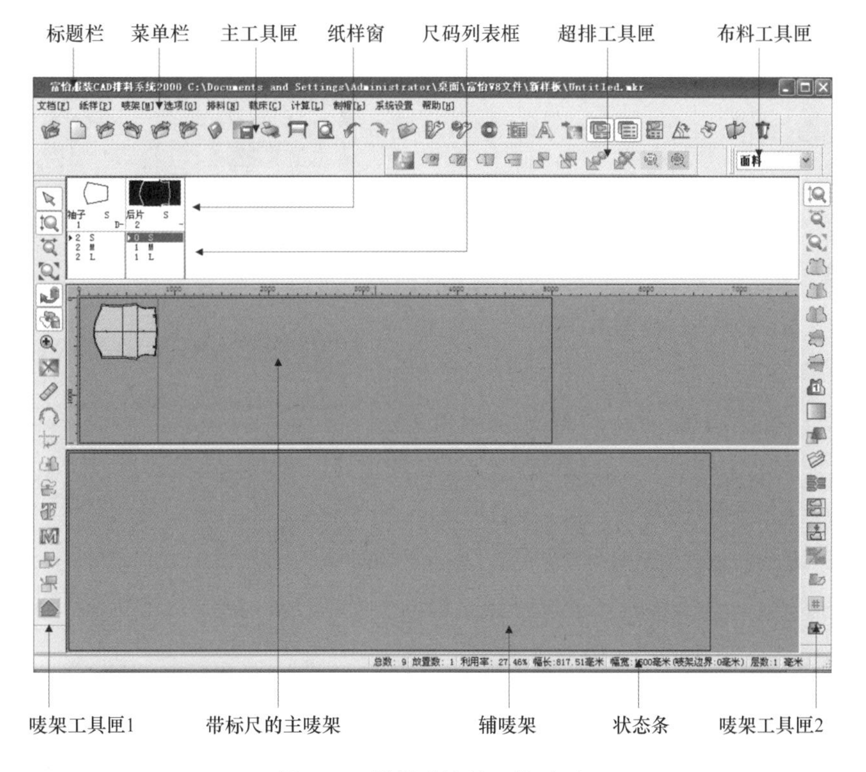

图2-24 排料系统的工作画面

文档[F] 纸样[P] 唛架[M] 选项[O] 排料[N] 裁床[C] 计算[L] 制帽[k] 系统设置 帮助[H]

图2-25 菜单栏

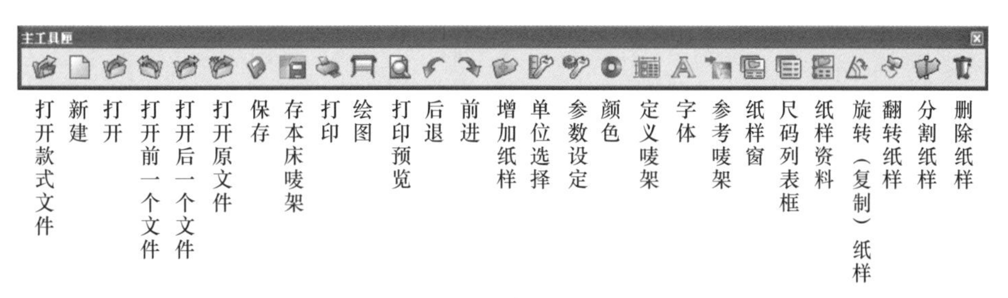

图2-26 主工具匣

4. **布料工具匣**

【布料工具匣】位于【主工具匣】的下方，用来选择显示当前排料文件中不同布料对应的纸样，如图2–27（a）所示。

单击布料选择框右边的三角形下拉按钮，会显示当前排料文件中所有布料的种类，如图2–27（b）所示。选择其中任意一种布料，【纸样窗】里就会显示该布料对应的所有纸样。

5. **超排工具匣**

【超排工具匣】位于【主工具匣】的下方，用来对载入的纸样文件实施超级排料，如

图2-28所示。超级排料通过全自动排料，可在短时间内产生比手工排料利用率更高的排料方案。

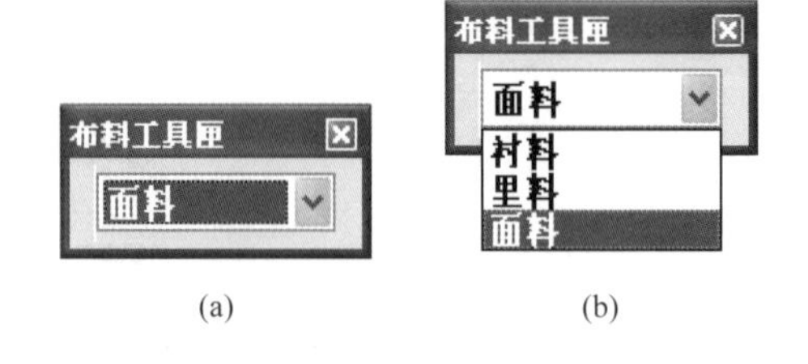

(a) (b)

图2-27 布料工具匣

6. 唛架工具匣1

【唛架工具匣1】位于工作画面窗口的左侧，该工具条的工具主要用于对主唛架上的纸样进行选择、移动、旋转、翻转、放大、尺寸测量和添加文字等操作，如图2-29所示。

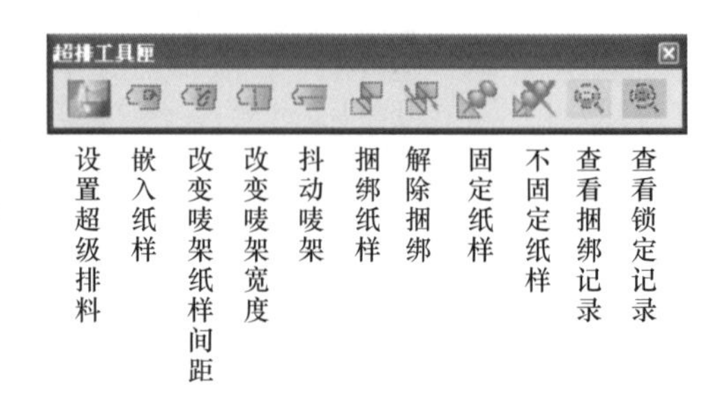

图2-28 超排工具匣

7. 唛架工具匣2

【唛架工具匣2】位于工作画面窗口的右侧，该工具条的工具主要用于对辅唛架上的纸样进行折叠、展开和缩放等操作，如图2-30所示。

8. 自定义工具栏

在富怡服装CAD排料系统中，允许用户根据自己排料的特殊喜好和要求自定义工具栏。系统允许用户最多设定5个自定义工具栏，分别是【自定义工具栏1】~【自定义工具栏5】，图2-31所示为作者设定的【自定义工具栏1】。

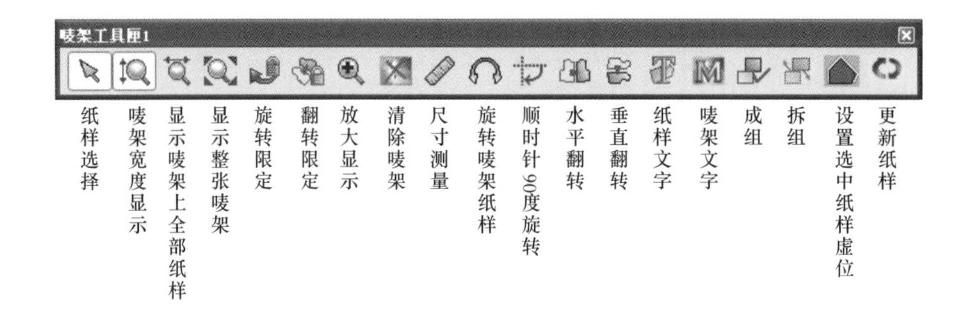

图2-29 唛架工具匣1

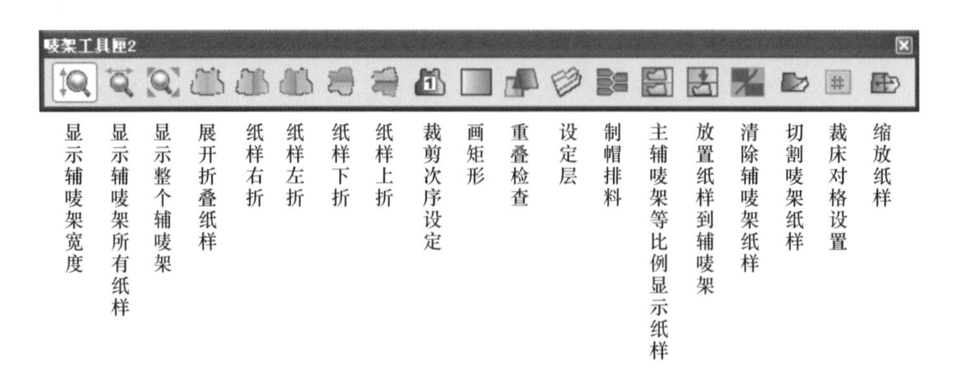

图2-30 唛架工具匣2

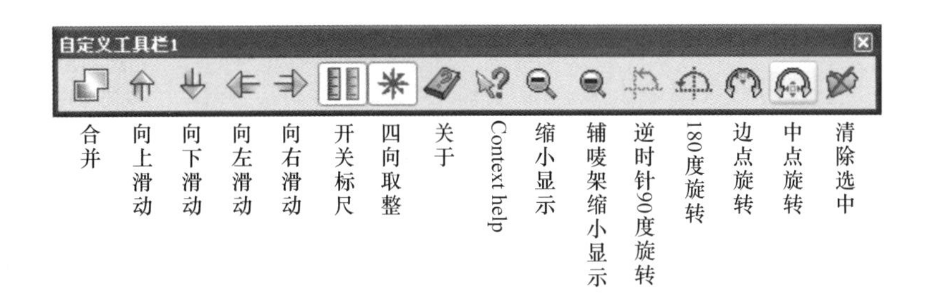

图2-31 自定义工具栏1

操作提示

选中【选项】菜单下的【自定义工具匣】命令，即可弹出图2-32所示的【自定义工具】对话框。对话框中共有96个快捷图标工具，其中有76个被分布到相应的工具匣中，余下的20个可根据需要，自行设定在【自定义工具栏】中。

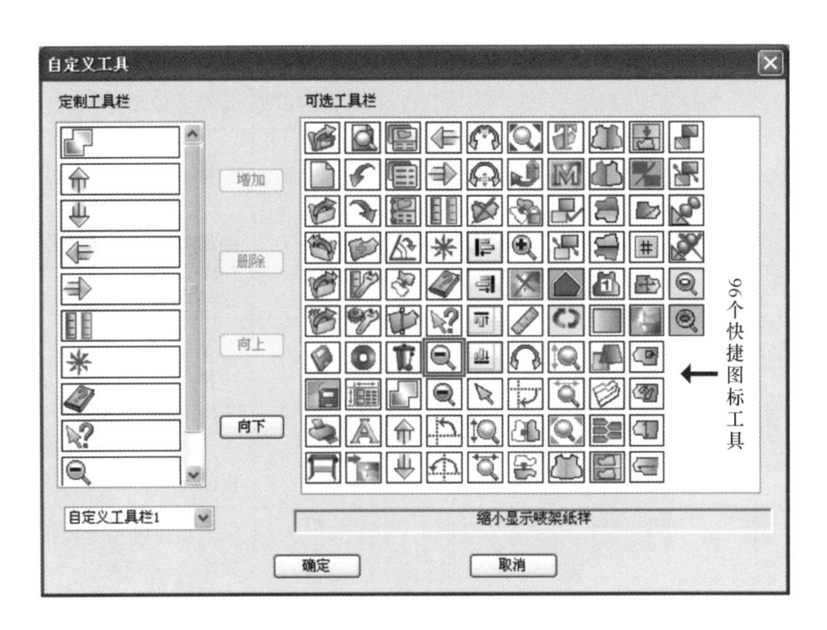

图2-32 【自定义工具】对话框

9. **纸样窗**

【纸样窗】位于【主工具匣】的下方，用来放置当前面料对应的纸样，每一块纸样单独放置在一小格纸样显示框中。

10. **尺码列表框**

【尺码列表框】位于【纸样窗】下方，用来显示对应纸样的所有尺码、每个尺码的片数、已排片数和未排片数。

11. **主唛架**

主唛架位于【尺码列表框】下方，是电脑排料的工作区，可在上面进行多种方式的排料。

12. **辅唛架**

辅唛架位于主唛架下方，排料时，可将纸样按码数分开排列在辅唛架上，然后按照需要将其调入主唛架工作区排料。

13. **状态条**

【状态条】位于工作画面窗口的下方，可显示一些排料的重要信息，如当前光标的位置、纸样总数、已排纸样数量、布料用布率、幅长和幅宽等。

二、快捷键

在富怡V9.0服装CAD排料系统中，也定义了大量的快捷键，具体如表2-4所示。

表2-4 功能快捷键

序号	快捷键	功能	序号	快捷键	功能
1	Ctrl + A	另存唛架文档	12	Alt + 3	显示/隐藏唛架工具匣2
2	Ctrl + D	将主唛架区纸样全部放回到尺寸表中	13	Alt + 4	显示/隐藏纸样窗和尺码列表框
3	Ctrl + I	编辑纸样资料	14	Alt + 5	显示/隐藏尺码列表框
4	Ctrl + M	定义唛架	15	Alt + 0	显示/隐藏状态条
5	Ctrl + N	新建	16	空格键	（1）在【纸样选择】工具 选中状态下，空格键为放大工具与纸样选择工具的切换 （2）在其他工具选中状态下，空格键为该工具与纸样选择工具的切换
6	Ctrl + O	打开	17	F3	重新按号型套数排列辅唛架上的样片
7	Ctrl + S	保存	18	F4	将选中样片的整套样片旋转180°
8	Ctrl + Z	后退	19	F5	刷新
9	Ctrl + X	前进	20	Delete	移除所选纸样
10	Alt + 1	显示/隐藏主工具匣	21	双击	（1）双击唛架上选中纸样，可将选中纸样放回到尺码列表框中 （2）双击尺码列表框中某一纸样，可将其放于主唛架上
11	Alt + 2	显示/隐藏唛架工具匣1	22	1	将唛架上选中的纸样进行顺时针旋转

续表

序号	快捷键	功能	序号	快捷键	功能
23	2	将唛架上选中的纸样向下滑动，直至碰到其他纸样	29	8	将唛架上选中的纸样向上滑动，直至碰到其他纸样
24	3	将唛架上选中的纸样进行逆时针旋转	30	9	将唛架上选中的纸样进行水平翻转
25	4	将唛架上选中的纸样向左滑动，直至碰到其他纸样	31	↑	将唛架上选中的纸样向上移动一个步长，无论纸样是否碰到其他纸样
26	5	将唛架上选中的纸样进行水平、垂直翻转	32	↓	将唛架上选中的纸样向下移动一个步长，无论纸样是否碰到其他纸样
27	6	将唛架上选中的纸样向右滑动，直至碰到其他纸样	33	→	将唛架上选中的纸样向右移动一个步长，无论纸样是否碰到其他纸样
28	7	将唛架上选中纸样进行垂直翻转	34	←	将唛架上选中的纸样向左移动一个步长，无论纸样是否碰到其他纸样

操作提示

- 表2-4中的数字键是指数字键盘区的数字键。
- 9 个数字键与键盘最左边的9 个字母键相对应，有相同的功能，其对应关系如表2-5所示。

表2-5 数字键与字母键对应表

数字键	1	2	3	4	5	6	7	8	9
字母键	Z	X	C	A	S	D	Q	W	E

- 【8】&【W】、【2】&【X】、【4】&【A】、【6】&【D】、【↑】、【↓】、【→】、【←】键的功能与【Num Lock】键有关，当【Num Lock】键打开时，【8】&【W】、【2】&【X】、【4】&【A】、【6】&【D】键移动纸样是一步一步滑动的，【↑】、【↓】、【→】、【←】键的移动则是将纸样直接移至唛架的最上、最下、最左或最右端；当【Num Lock】键关闭时，其功能正好对调。
- 只有当【旋转限定】按钮按起时，按【1】&【Z】、【3】&【C】才能旋转纸样。
- 只有当【翻转限定】按钮按起时，按【5】&【S】、【7】&【Q】、【9】&【E】才能翻转纸样。

本章小结

对富怡服装CAD V9.0做了简要的介绍，对其中系统的工作画面组成、图标工具名称有一个大致的了解即可，重点是软件的安装与卸载、工具图标与快捷键，难点是功能快捷键。

思考与练习题

1. 富怡服装CAD主要由哪几个模块组成，每个模块各有什么功能？
2. 富怡服装CAD的每个子系统的工作画面各由哪些部分组成？每部分的功能是什么？
3. 每个子系统的工具图标各有多少，其名称是什么？
4. 在电脑上将富怡服装CAD软件的安装、启动、关闭与卸载过程反复练习3遍。
5. 在软件中将工具图标快捷键和功能快捷键反复练习3遍。

基础实践——

自由设计与放码系统基本操作

课题名称： 自由设计与放码系统基本操作

课题内容： 自由设计与放码的基本流程

号型规格表编辑

基本图形绘制与处理

纸样提取、挖空与编辑处理

纸样放码

教学课时： 16课时

重点难点： 1. 基本图形绘制与处理。

2. 纸样提取与编辑处理。

3. 纸样放码。

学习目标： 1. 说出自由设计与放码的基本流程。

2. 依据书中介绍，对照软件，完成号型规格表编辑、基本图形绘制与处理、纸样提取与编辑处理等基本操作。

3. 依据书中介绍，对照软件，完成纸样放码基本操作。

学习提示： 鉴于公式设计与放码系统和自由设计与放码系统的操作相似，排料系统相对比较简单，加之篇幅所限，本章仅对自由设计与放码系统基本操作进行介绍。对自由设计与放码的基本流程要清楚，号型规格表能编辑就行，要将重点放在基本图形绘制与处理、纸样提取与编辑处理和纸样放码上，难点与关键在于实践。另外，在本书操作中，无论是单击，还是双击或框选，只要没有强调右键的，均为左键操作。

第三章 自由设计与放码系统基本操作

第一节 自由设计与放码的基本流程

熟悉软件操作基本流程是快速入门的有效途径。自由设计与放码的基本流程如下。

一、新建或打开文件

1. 双击桌面上的快捷图标，进入自由设计与放码系统的工作画面，即可新建一个.dgs格式文件（也可以单击【快捷工具栏】上的【新建】工具，或选择【文档】菜单下的【新建】命令，还可以按【Ctrl+N】组合键）。

2. 如果要在已有的文件上进行编辑，可在进入工作画面后，单击【快捷工具栏】上的【打开】工具（也可以选择【文档】菜单下的【打开】命令，或按【Ctrl+O】组合键），弹出【打开】对话框，选择需要打开的文件，单击【打开】按钮即可。

二、设定制图单位

单击打开【选项】菜单，选择下拉菜单中的【系统设置】命令，弹出【系统设置】对话框，选中【长度单位】选项卡，选择制图的度量单位和显示精度，单击【确定】按钮即可。

教师指导

软件有四种制图单位可供选择：厘米（cm）、毫米（mm）、英寸（in）、市寸。默认的制图单位是厘米。如果想用英寸、市寸等制图单位打板，可以在这里进行选择设置（也可以在【设置号型规格表】对话框中通过单击【cm】按钮，在弹出的【设置单位】对话框中进行设置）。如果以“厘米”为单位打板，可直接跳过这一步，因为系统默认的制图单位就是厘米。

完成的设置可一直保留，直到下一次重新修改设置为止。

三、建号型规格表

选择【号型】菜单下的【号型编辑】命令，弹出【设置号型规格表】对话框，在对话框中建好号型规格表，将其以.siz格式保存。回到【设置号型规格表】对话框，单击【确定】按钮，关闭该对话框，即可开始打板。

四、结构制图

依据款式图和基准码尺寸或结构图，用【设计工具栏】中的【矩形】工具、【智能笔】工具和【点】工具等画线定点，用【调整工具】和【合并调整】工具等调整结构线，用【移动】工具和【对称】工具等移动、复制和对称结构线，用【收省】工具、【转省】工具、【褶展开】工具、【分割、展开、去除余量】工具和【荷叶边】工具等处理结构图，用【比较长度】工具和【量角器】工具进行长度和角度测量，最终完成结构制图。

五、提取并处理纸样

结构图绘制好以后，用【设计工具栏】中的【剪刀】工具提取纸样，生成的纸样会自动出现于【衣片列表框】。之后可用【纸样工具栏】中的【分割纸样】工具、【合并纸样】工具和【纸样对称】工具等对纸样进行分割、合并和对称等相关处理，也可以用【褶】工具和【V型省】工具等对纸样进行加褶和开省处理，还可以用【旋转衣片】工具和【水平垂直翻转】工具对纸样进行旋转和翻转处理、用【缩水】工具对纸样进行缩水处理。

六、纸样编辑

纸样处理完成后，可用【纸样工具栏】中的【布纹线】工具、【钻孔】工具、【眼位】工具和【剪口】工具等修改纸样布纹线，为纸样打上钻孔、纽扣位、眼位和剪口等标记，也可以用【加缝份】工具修改纸样缝份，用【缝迹线】工具和【绗缝线】工具为纸样标注明线和绗缝线，还可以选中【纸样】菜单中的【款式资料】命令和【纸样资料】命令，编辑款式基本信息和纸样基本信息。

七、纸样放码

纸样编辑完成后，如果要对纸样进行点放码或按方向键放码，则先选中【纸样工具栏】中的【选择纸样控制点】工具，再选中需要放码的点，之后单击【快捷工具栏】中的【点放码表】工具或【按方向键放码】工具，打开【点放码表】对话框或【按方向键放码】对话框，可在对话框中设置选中点的放码量并放码；如果要对纸样进行线放码，可单击【快捷工具栏】中的【线放码表】工具，打开【线放码表】对话框，通过绘制切割线，设置放码量完成线放码；如果要完成特定要求的放码，则需选择【放码工具栏】中的相关工具。放码完成后，可用【放码工具栏】中的【各码对齐】工具将各码以某一放码点为基准点对齐，用【档差标注】工具标注各放码点的放码档差。

八、保存或另存文件

以上操作结束后，单击【快捷工具栏】中的【保存】工具（也可以选择【文档】菜单下的【保存】命令，或按【Ctrl+S】组合键），将文件保存即可。如果是第一次保存，则会弹出【文档另存为】对话框，选择文件保存的文件夹，输入文件名，单击【保存】按钮即可。如果要另存文件，则要选中【文档】菜单下的【另存为】命令（或按【Ctrl+A】组合键），余下的操作与第一次保存完全相同。至此，自由设计与放码全过程结束。

第二节　号型规格表编辑

这里以图3-1所示的裙子号型规格表为例，具体介绍号型规格表编辑的方法。

号型名	☑S	⊙M	☑L
裙长	58	60	62
腰围	63	66	69
臀围	87	90	93
臀高	16.5	17	17.5

图3-1　裙子号型规格表

（1）选择【号型】菜单下的【号型编辑】命令，弹出【设置号型规格表】对话框，如图3-2所示。

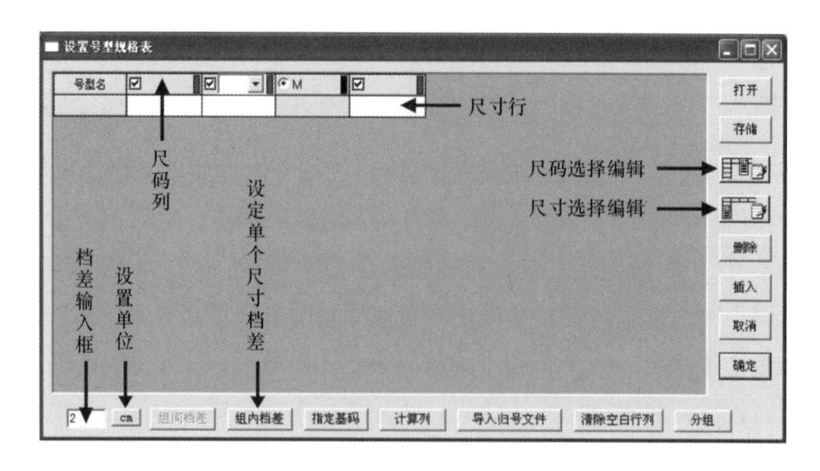

图3-2　【设置号型规格表】对话框

（2）鼠标单击输入表格第一列的第二空格，空格被激活，出现输入提示符，该表格行的下方自动添加一行新的表格，按键盘上的【Ctrl+空格】，切换到中文输入法，然后在空格中输入尺寸名称“裙长”。采用同样方法，依次在第二、第三、第四空格中输入尺寸名称“腰围”、“臀围”和“臀高”。

（3）鼠标单击第二列第一空格，选择尺码代号“S”，再单击第四列第一空格，选择尺码代号“L”。然后在M码规格列与各尺寸名称对应的空格内填入具体的数值。

（4）鼠标在“裙长”行对应的任一空格内单击，在【档差输入框】中输入数值“2”，再单击【组内档差】按钮，系统会按所设定的档差，自动生成裙长基准码以外的其他各码的尺寸。采用同样方法生成其他尺寸名称所对应的系列号型尺寸。所有号型尺寸建好后，单击【清除空白行列】按钮，将空白的行列清除。

（5）鼠标单击【存储】按钮，弹出【另存为】对话框，如图3-3所示。选择文件保存的目标文件夹，起文件名，单击【保存】按钮，将尺寸文件保存。再单击【确定】按钮，将【设置号型规格表】对话框关闭，按【Ctrl+空格】组合键，切换到英文输入法，即可开始打板。

图3-3 【另存为】对话框

☞ 教师指导

在【设置号型规格表】对话框中：

（1）单击【cm】按钮，会弹出【设置单位】对话框，如图3-4所示。选择一个度量单位并设置它的显示精度，单击【确定】按钮即可。【设置单位】对话框的功能与【系统设置】对话框中【长度单位】选项卡的功能完全相同。

（2）选中一个尺寸，单击【删除】按钮，可将该行全部删除；单击【插入】按钮，可在该行的上方添加一个空白行。选中一个尺码，单击【指定基码】按钮，可将该列的尺码设为打板的基准码；单击【删除】按钮，可将该列全部删除；单击【插入】按钮，可在该列的左方添加一列。

（3）单击【打开】按钮，会弹出【打开】对话框，选中需要打开的尺寸表文件（其

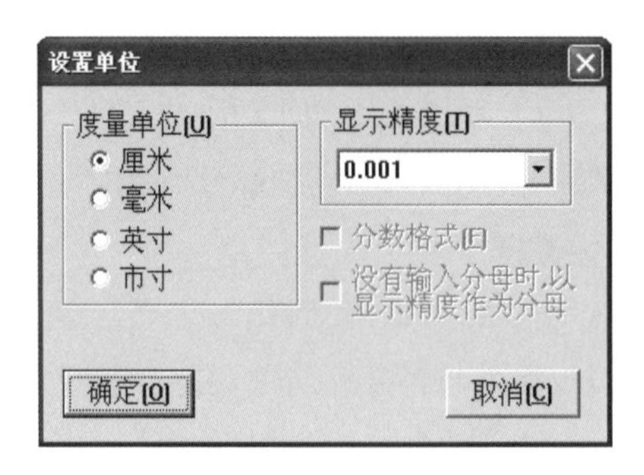

图3-4 【设置单位】对话框

扩展名为.siz），单击【打开】按钮，会弹出【号型规格库】对话框，如图3-5所示，单击【确定】按钮，即可打开已有的规格表文件。

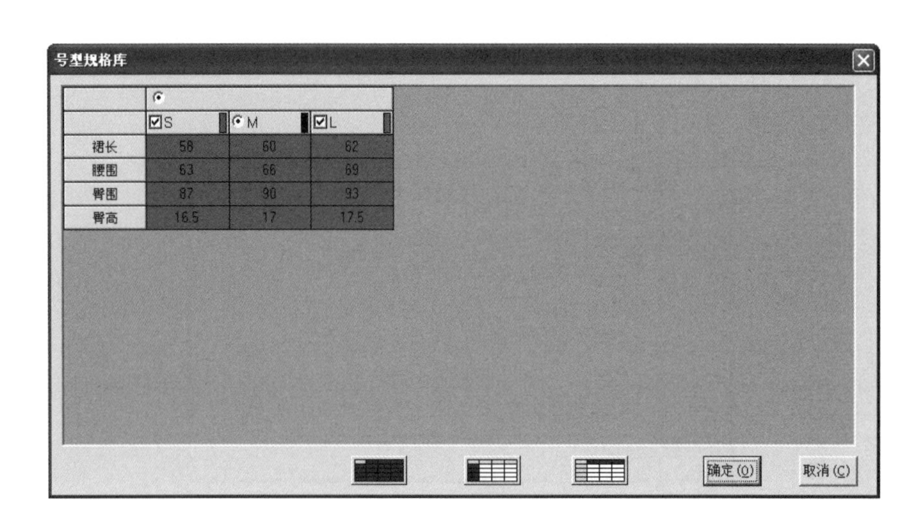

	S	M	L
裙长	58	60	62
腰围	63	66	69
臀围	87	90	93
臀高	16.5	17	17.5

图3-5 【号型规格库】对话框

（4）单击【尺码选择编辑】按钮，会弹出【编辑词典】对话框，可对尺码代号进行选择或编辑，如图3-6所示；单击【尺寸选择编辑】按钮，也会弹出【编辑词典】对话框，可对尺寸名称进行选择或编辑，如图3-7所示。在【编辑词典】对话框中选择的尺码和尺寸类型可在【设置号型规格表】中直接选用。

（5）在【设置号型规格表】中还可以进行号型分组，具体方法如下：

①单击【分组】按钮，分别建立每个组的组名，设置每个组下面的号型名，此时默认B组的M码为所有组的基码（灰色）。鼠标单击A组的10码，再单击【指定基码】按钮，将10码设定为A组的基码（淡蓝色）。采用同样方法将XXL码指定为C组的基码。

②输入M的号型名和胸围尺寸，在【档差输入框】中输入档差值“8”，单击【组间档差】按钮，完成各组基码尺寸的设定，如图3-8所示。

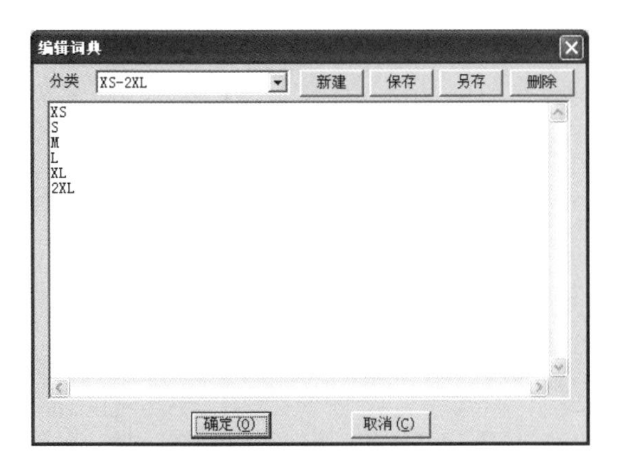

图3-6 【编辑词典】(尺码)对话框

图3-7 【编辑词典】(尺寸)对话框

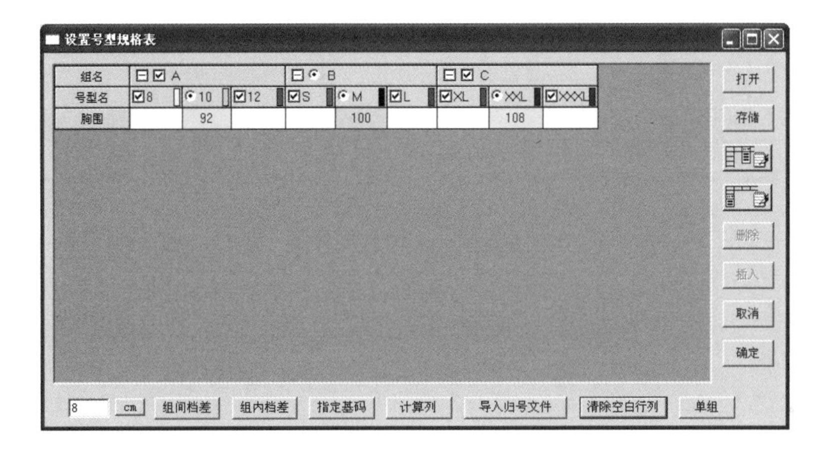

图3-8 设定组名、号型名和各组基码尺寸

③鼠标单击选中M码的尺寸，输入档差“3”，再单击【组内档差】按钮，完成B组各码尺寸的设定；然后单击A组10码的尺寸，输入档差“4”，再单击【组内档差】按钮，完成A组各码尺寸的设定；采用同样方法完成C组各码尺寸的设定。设定好的各组各码尺寸如图3-9所示。

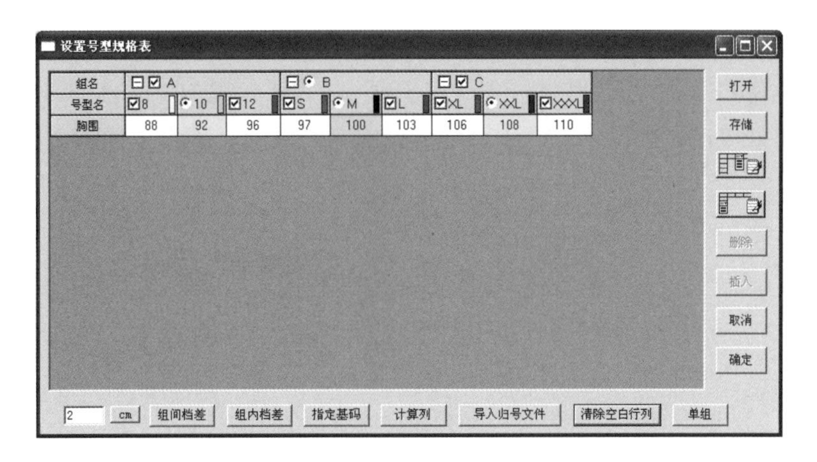

图3-9 设定各组各码尺寸

④只有在【设置号型规格表】中进行了号型分组，【点放码表】中的【所有组】工具按钮 和【只显示组基码】工具按钮 才起作用。号型分组后，【只显示组基码】按钮 按起和按下时，【点放码表】对话框显示如图3-10、图3-11所示。

点放码表

相对档差

	号型	dX	dY
A	8	5	0
	10	1	0
	12	-5	0
B	S	5	0
	M	0	0
	L	-5	0
C	XL	5	0
	XXL	-1	0
	XXXL	-5	0

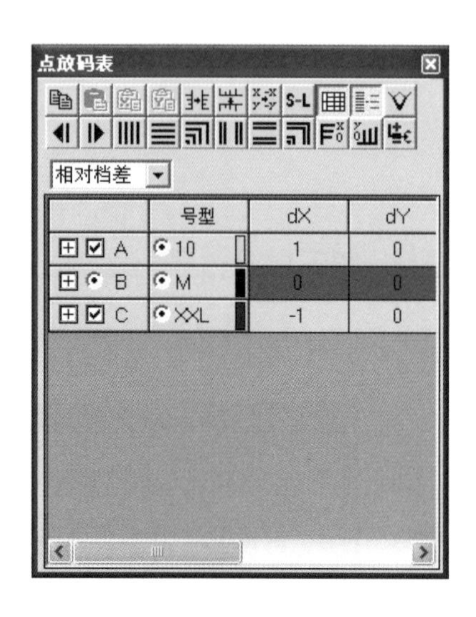

图3-10 按起时的【点放码表】对话框　　图3-11 按下时的【点放码表】对话框

第三节 基本图形绘制与处理

再复杂的结构图也是由基本图形组成的，再巧妙的结构设计也是由基本图形变化处理得到的。要灵活应用【设计工具栏】工具，高效完成结构制图，基本图形的熟练绘制与处理是关键。

一、画水平线、竖直线和45°斜线

选中【线】工具 ，光标变为 形，鼠标在工作区空白位置单击，然后右键单击，将光标由【曲线】 状态切换到【丁字尺】 状态，松开鼠标移动，以单击点为原点，可选择画0°、45°、90°、135°、180°、225°、270°、315°共8种线，选中一种线，空白处单击，弹出【长度】对话框，输入长度值，单击【确定】按钮，画出线段，如图3-12所示。

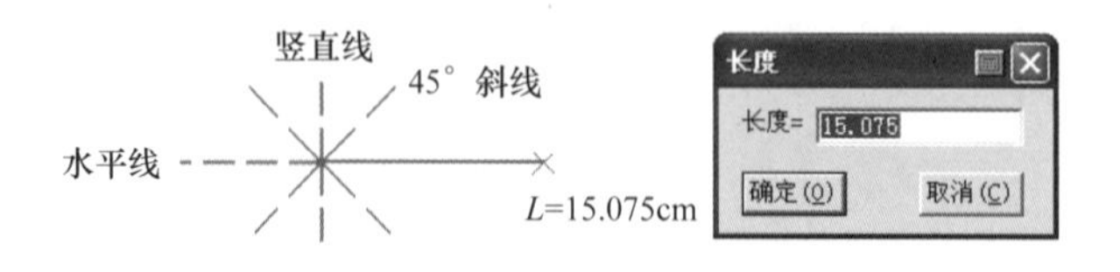

图3-12 选择线的种类并设定长度

教师指导

【线】工具默认不在工具栏上，如果需要，可选中【选项】菜单下的【系统设置】命令，在弹出的【系统设置】对话框中单击【工具栏配置】按钮，弹出图3–13所示的【设置自定义工具栏】对话框。选择【自定义工具栏4】，然后单击选中右侧的工具，再单击【添加】按钮，即可将工具图标添加到左侧的【自定义工具栏4】中。图3–13设定的【自定义工具栏4】如图3–14所示。

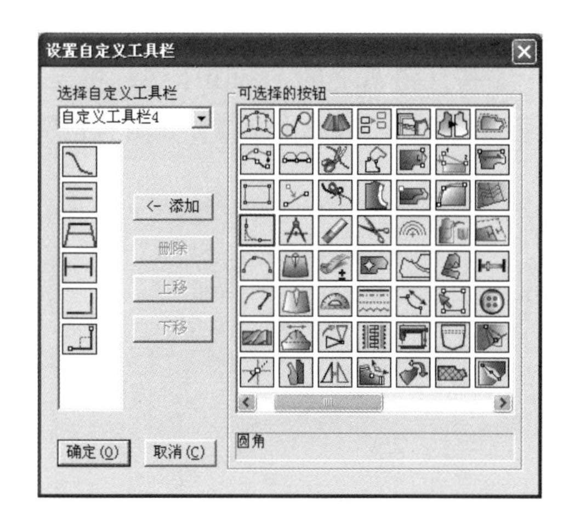

图3–13　【设置自定义工具栏】对话框

图3–14　【自定义工具栏4】

二、画任意角度斜线、曲线和折线

1. 画任意角度斜线

选中【线】工具，鼠标在工作区空白位置单击，然后右键单击，将光标由【丁字尺】状态切换到【曲线】状态，鼠标移到空白位置再单击，再右键单击，弹出【长度和角度】对话框，输入长度和角度值，单击【确定】按钮即可，如图3–15所示。

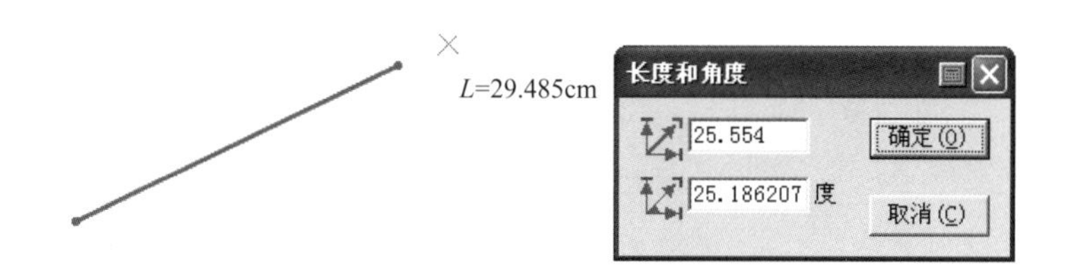

图3–15　设定线的长度和角度

2. 画曲线

【线】工具在【曲线】状态下，鼠标依次在空白位置单击，画出曲线，右键单击结束，如图3-16所示。

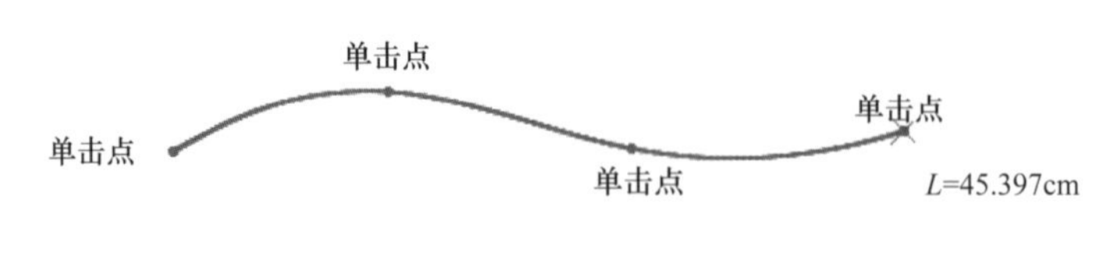

图3-16 画曲线

3. **画折线**

【线】工具在【曲线】状态下，按住键盘上的【Shift】键，将光标切换到【折线】状态，依次在空白位置单击，画出折线，右键单击结束，如图3-17所示。

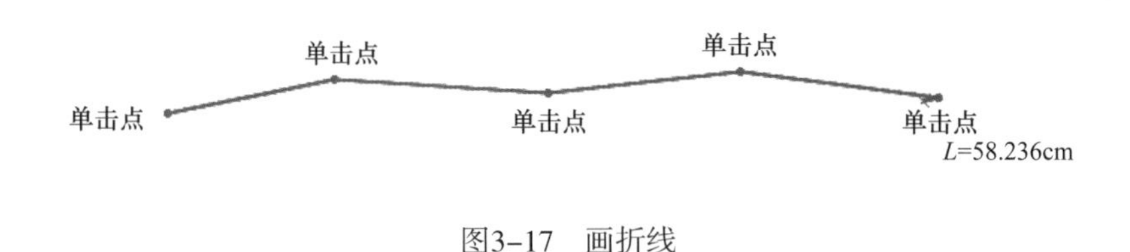

图3-17 画折线

三、画平行线、垂直线、曲线切线、夹角线和角平分线

1. **画平行线**

选中【等距线】工具，鼠标在基础线上单击，松开拖动再单击，弹出【平行线】对话框，输入平行距离，单击【确定】按钮即可画平行线。或选中【三角板】工具，单击直线的两端，然后在线外任意位置单击，松开鼠标沿选择线方向拖动再单击，弹出【长度】对话框，输入长度，单击【确定】按钮即可，如图3-18所示。

图3-18 画平行线

2. **画相交平行线**

选中【相交等距线】工具，鼠标单击平行基础线，再依次单击与基础线两端相连的线，松开鼠标移动到相连的线一侧单击，弹出【平行线】对话框，输入平行距离，单击【确定】按钮即可，如图3-19所示。

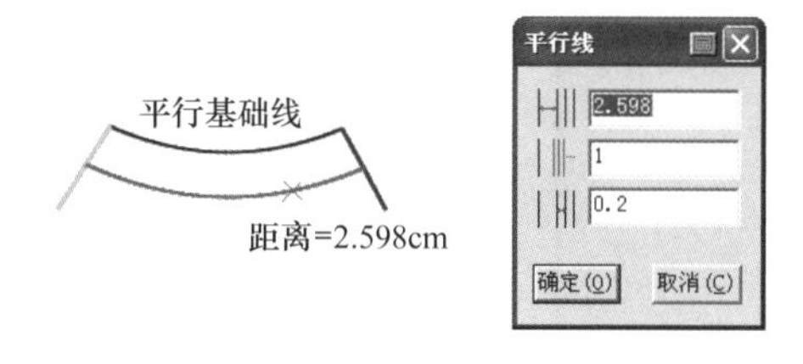

图3-19　画相交平行线

3. **画直线垂直线**

选中【三角板】工具，单击直线的两端，然后在线外任意位置单击，松开鼠标向选择线垂直方向拖动再单击（或在线上单击，松开鼠标向线外垂直方向拖动，再单击），会弹出【长度】对话框，输入长度，单击【确定】按钮即可，如图3-20所示。

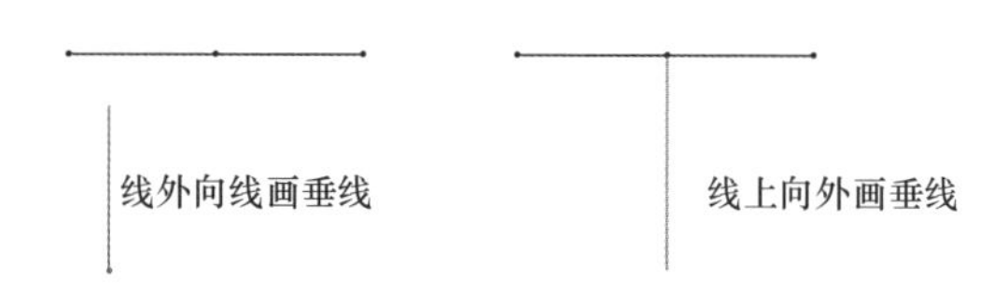

图3-20　画直线垂直线

4. **画曲线垂直线**

选中【角度线】工具，鼠标在曲线上单击，然后在线外任意位置单击，出现坐标线，松开鼠标沿坐标线拖动，找到坐标线与曲线的交点，单击（或在线上单击，松开鼠标沿着与曲线垂直的坐标线向外拖动再单击），会弹出【角度线】对话框，输入长度，单击【确定】按钮即可，如图3-21所示。

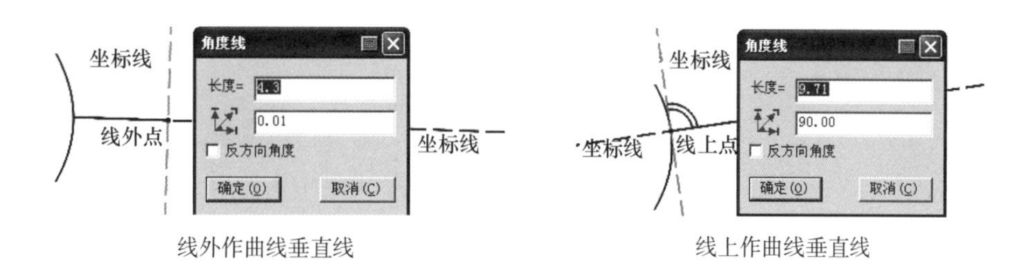

图3-21　画曲线垂直线

5. **画曲线切线**

选中【角度线】工具，鼠标在曲线上单击，然后在曲线上任意位置再单击，弹出【点的位置】对话框，输入距离端点的长度值，单击【确定】按钮，在线上找到相切点，鼠标移到切线坐标线上再单击，弹出【角度线】对话框，输入长度，单击【确定】按钮即可，如图3-22所示。

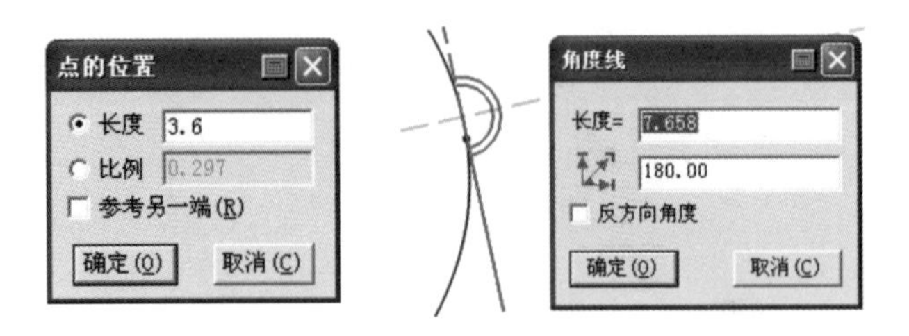

图3-22 画曲线切线

6. **画夹角线**

选中【角度线】工具，鼠标在直线的两端分别单击，选择起点和旋转点，松开鼠标拖动，出现夹角线再单击，弹出【角度线】对话框，输入长度和角度，单击【确定】按钮即可，如图3-23所示。

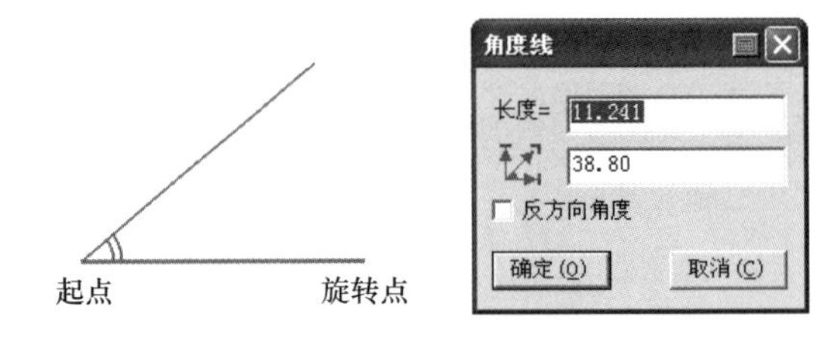

图3-23 画夹角线

教师指导

（1）【角度线】工具也可以画直线的平行线和垂直线。

（2）坐标线默认是绿色，选中后是红色。坐标线出现后，按【Shift】键，可在水平垂直坐标线和与基础线平行垂直的坐标线之间切换。

7. **画角平分线**

选中【角平分线】工具，在【快捷工具栏】的【等份数】输入框中输入等份值，鼠标分别单击两条夹角线，松开鼠标拖动，出现角平分线再单击，弹出【角平分线】对话框，设定长度，单击【确定】按钮即可，如图3-24所示。

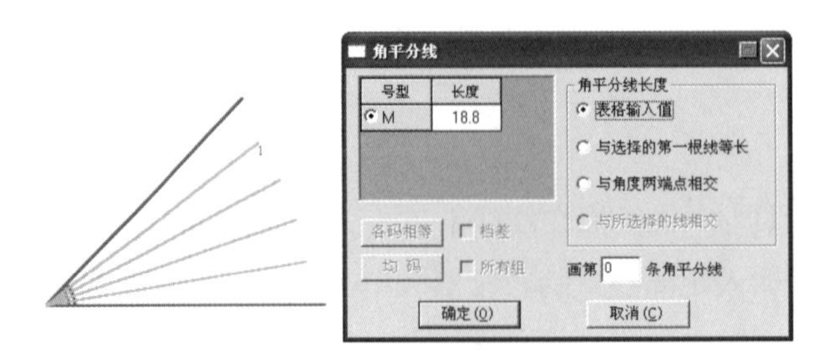

图3-24 画角平分线

四、画任意点、偏移点、线上点、等份点和反向等份点

1. 画任意点、偏移点、线上点

选中【设计工具栏】中的【点】工具，鼠标在工作区空白位置单击即可任意画点。鼠标移到点或线上，按【Enter】键，弹出【偏移】对话框，输入水平、垂直偏移距离，单击【确定】按钮，即可画出偏移点。鼠标移到线上端点或等份点处单击，可定出端点和等份点；鼠标移到线上非端点和等份点处单击，弹出【点的位置】对话框，输入点与就近端点的长度，单击【确定】按钮，可画出线上点。

2. 画等份点

选中【设计工具栏】中的【等份规】工具，在【快捷工具栏】的【等份数】输入框中输入等份值，之后鼠标分别单击等份的起点和终点，即可画出等份点。或直接在线上单击，可在线上画出等份点。

教师指导

（1）选中工具后，鼠标移到等份线上，出现拱桥等份线；右键单击则出现等份点，如图3-25所示，光标由变成。

图3-25　拱桥线等份与点等份

（2）选中工具后，按键盘上的数字键，即是线段的等份数，若数值超过9，则在【快捷工具栏】的【等份数】输入框中输入等份数即可。

3. 画反向等份点

【等份规】工具选中状态下，按【Shift】键，光标由切换为，鼠标在线的点上单击（该点必须是用【点】工具在线上定出的点，或与其他线的交点），松开在线上拖动，出现反向等份点，再单击，弹出【线上反向等份点】对话框，如图3-26所示，输入单向长度或双向总长度，单击【确定】按钮即可。

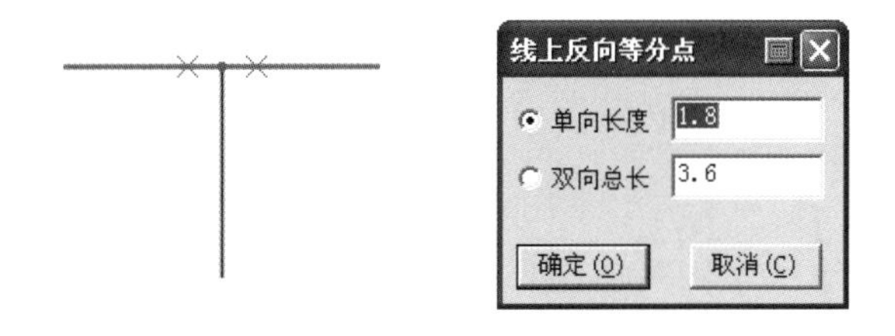

图3-26　线上反向等份点

五、点、线调整与删除

1. 点的调整与删除

选中【设计工具栏】中的【调整】工具，鼠标移到点上单击，松开拖动点到新的位置再单击，可移动点的位置。或鼠标放到点上，按【Enter】键，弹出【偏移】对话框，输入水平、垂直偏移距离，单击【确定】按钮也可移动点。鼠标单击选中点，按键盘上的【Delete】键，则可将点删除。

2. 线的调整与删除

选中【调整】工具，鼠标单击选中线，松开鼠标移动到控制点上，如果按键盘上的【Delete】键，可将点删除，按【Shift】键，可转换点形；如果单击选中控制点，松开鼠标拖动，到合适位置再单击，可移动线上点的位置。如果选中线后在线上非控制点上单击可加点并移动。

教师指导

（1）鼠标单击选中曲线，按数字键盘区的数字键，可更改线上控制点个数，空白处再单击，结束操作（该操作的前提是曲线，直线、折线和曲折线都无效。曲线上的控制点不包括端点，其个数是键入数值减1，可在1~18个之间，因此，数字键盘区键入的数字可为2~19，超过9的数值，先按1，再按后面的数字，如10，则先按1，再按0）。

（2）如果鼠标在曲线的起点按下拖动到终点松开，可将线上的所有控制点都选中，此时可对曲线进行平行调整或按比例调整，其对应的光标分别是和，二者之间的切换按【Shift】键。

3. 纸样和结构线的合并调整

选中【设计工具栏】中的【合并调整】工具，对纸样和结构线进行合并调整，具体过程如下。

（1）鼠标依次单击选择或框选要圆顺处理的曲线A、B、C（选中的线为绿色），右键单击；再依次单击或框选与曲线连接的线1、线2、线3、线4（选中的线为蓝色），右键单击，弹出【合并调整】对话框，如图3–27所示。

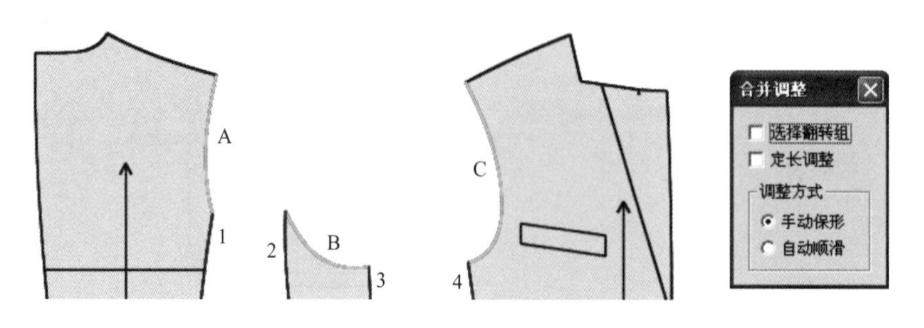

图3–27 选择调整线与对接线

（2）弹出【合并调整】对话框的同时，袖窿拼合在一起，如图3–28所示，此时可用鼠标调整曲线上的任意控制点。如果调整公共点，则会沿着拼合线延长或缩短的方向移动，按【Shift】键，则该点在水平方向或垂直方向移动。如果要控制拼合曲线的尺寸，则要勾选【定长调整】选项。如果出现图3–29所示圆顺处理的曲线同边现象，则要勾选【选择翻转组】选项，然后鼠标单击选择翻转的调整线（A线），则选择的调整线和与之连接的线同时翻转，如图3–30所示。

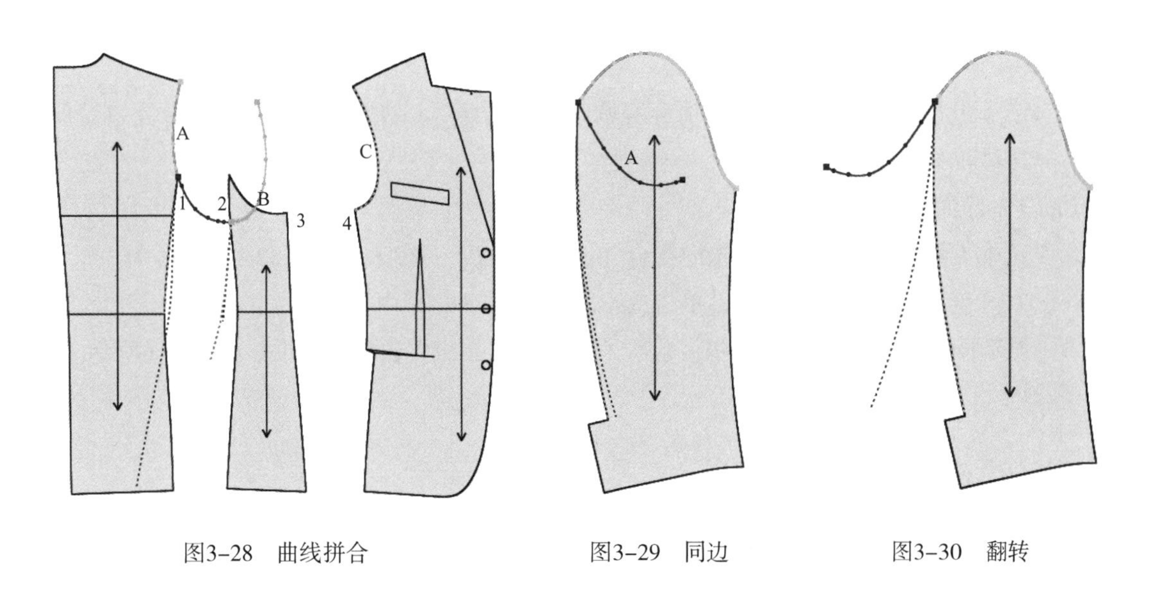

图3–28　曲线拼合　　图3–29　同边　　图3–30　翻转

4. **纸样和结构线的对称调整**

选中【设计工具栏】中的【对称调整】工具，对纸样和结构线进行对称调整，具体过程如下。

（1）鼠标分别单击对称轴的起点、终点，轴线被选中呈蓝色。

（2）再单击选择要翻转的线，线被对称复制呈绿色，右键单击结束选择。

（3）鼠标移到对称复制线上或被对称复制的线上，单击选中线，再单击，添加调整点，松开鼠标拖动点，将线调圆顺，可加多个点，右键单击结束，如图3–31所示。

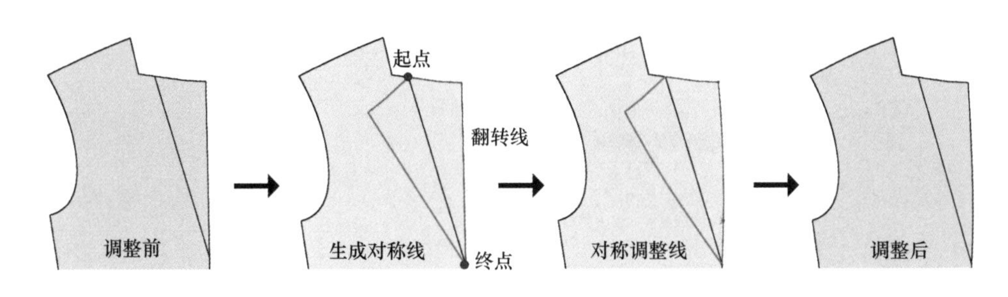

图3–31　对称调整示意图

教师指导

（1）合并调整曲线时，在有点的位置单击拖动鼠标为调整，光标移到点上按【Delete】为删除该点（纸样上两线相接点不删除），在无点的位置单击则为增加点。

（2）调整结构线时，光标移到点上按【Shift】键可更改点的类型。按住【Shift】键不松手，在两线相接点上调整，会“沿线修改”。

5. 省、褶的合并调整

选中【设计工具栏】中的【省褶合起调整】工具，对纸样上的省、褶合并进行调整，具体过程如下。

（1）省合并调整：

①选中工具后，鼠标依次单击需要合并的省1、省2、省3，如图3-32（a）所示。

②右键单击，省合并，再左键单击选中线4，如图3-32（b）所示。

③移动调整并省后的腰线上的控制点，圆顺腰线，右键单击结束，如图3-32（c）所示。

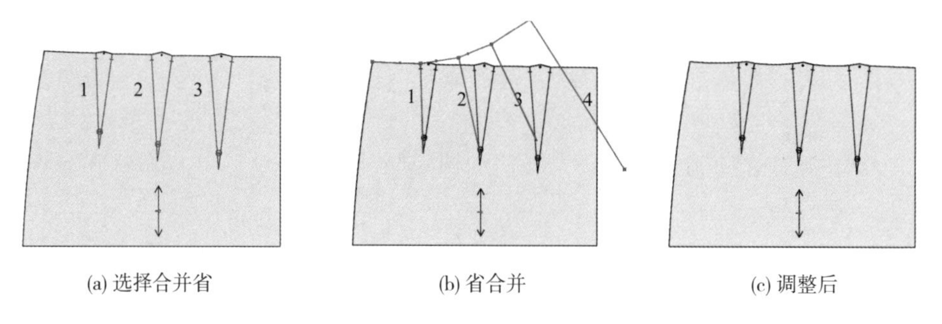

(a) 选择合并省　　(b) 省合并　　(c) 调整后

图3-32　省合并调整示意图

（2）合并省：

①选中工具后，按【Shift】键，将光标由形变为形，鼠标依次单击固定点*A*、省起点*B*，松开鼠标拖动到空白位置再单击，弹出【合并省】对话框。

②在对话框中输入省的新宽度，单击【确定】按钮即可。

③如果选中*B*点后，直接移动到*C*点单击，可将该省全部合并，如图3-33所示。

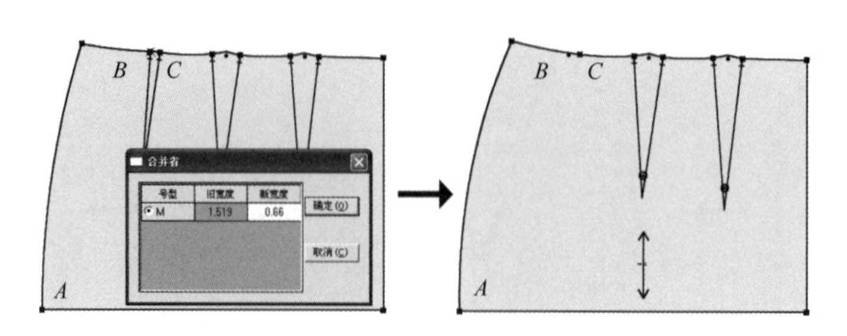

图3-33　合并省示意图

教师指导

（1）【省褶合起调整】工具既可以合并调整省，也可以合并调整褶。褶合并调整效果如图3-34所示。

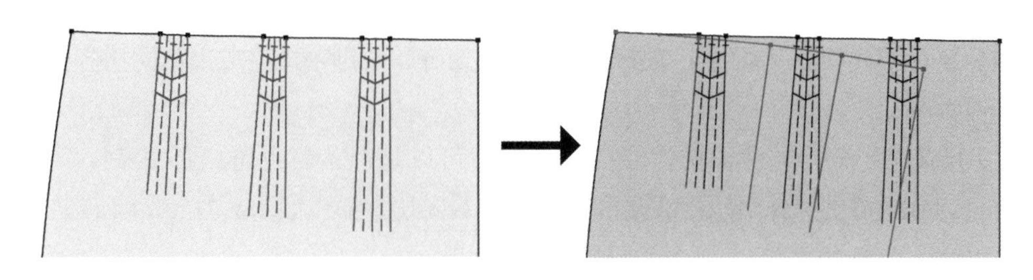

图3-34　褶合并

（2）该工具只对纸样上用【V型省】工具或【褶】工具做成的省元素或褶元素有效。在结构线上做出的省、褶形成纸样后，使用该工具之前，需要用【纸样工具栏】中的【V型省】工具或【褶】工具将其做成省元素或褶元素。

（3）该工具默认操作是省褶合起调整，按【Shift】键可切换成合并省。

6. 删除点、线、剪口、文字等

选中【设计工具栏】中的【橡皮擦】工具，鼠标在需要删除的点、线、剪口、文字等上单击即可。如果要一次性删除多个点、线、剪口、文字等，只需将其框选即可。

六、线剪断、线连接、线伸缩、切齐线段

1. 线剪断

选中【设计工具栏】中的【剪断线】工具，鼠标移到线上单击，弹出【点的位置】对话框（如果在线上单击的是两线交点或线上已有的点，则不弹出该对话框），输入长度值，单击【确定】按钮即可。

2. 线连接

【剪断线】工具选中后，鼠标依次单击需要连接的线，然后在空白处右键单击即可，如图3-35所示。

3. 线伸缩

选中【设计工具栏】中的【智能笔】工具，按住【Shift】键，鼠标移到线上右键

图3-35　线连接

单击，弹出【调整曲线长度】对话框，输入新长度或长度增减值，单击【确定】按钮即可伸缩线段（正值伸长，负值缩短）。

4. 切齐线段

选中【靠边】工具，可将结构线切齐，具体如下。

（1）单向切齐：左键框选需要切齐的线（可以是一条，也可以是多条），右键单击，然后鼠标移到切齐基准线上单击，所有线被切齐，右键单击完成。单向切齐操作如图3-36(a)所示。

（2）双向切齐：左键框选需要切齐的线（可以是一条，也可以是多条），右键单击，再左键分别单击选择两条切齐基准线即可。双向切齐操作如图3-36（b）所示。

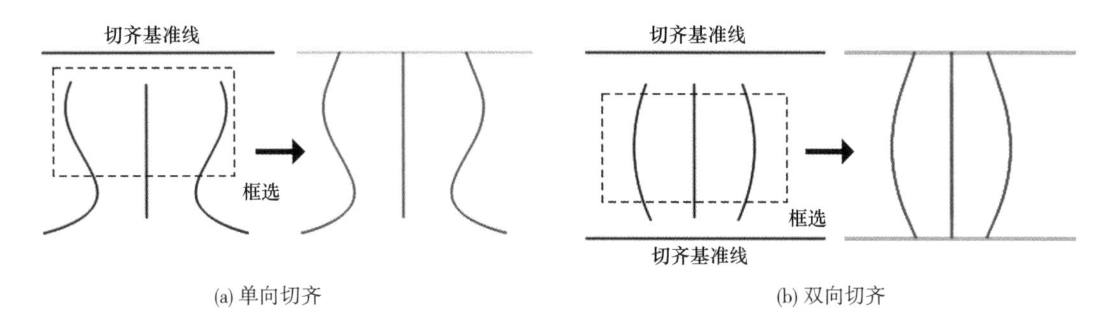

(a) 单向切齐　　(b) 双向切齐

图3-36　单向切齐与双向切齐

七、画基本几何形

1. 画矩形

选中【设计工具栏】中的【矩形】工具，鼠标在空白位置或点上单击，松开拖动到另一位置再单击，弹出【矩形】对话框，输入长、宽值，单击【确定】按钮即可画矩形。或鼠标在空白位置或点上单击定一点，松开鼠标拖动，键盘输入X的值，按【Enter】键，再输入Y的值，按【Enter】键结束。如图3-37所示。

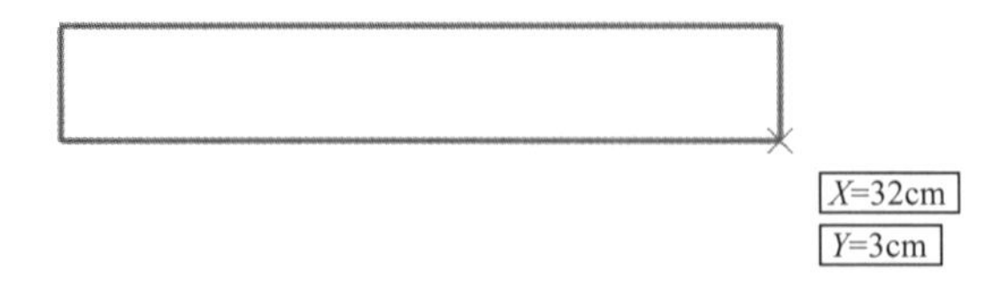

图3-37　键入X、Y的值

2. 画圆

选中【设计工具栏】中的【三点弧线】工具，按【Shift】键，光标由形变为形，依次单击三个点位，即可画出以这三个点为圆上点的一个圆。或者选中【设计工具栏】中的【CR圆弧】工具，按【Shift】键，将光标由形变为形，鼠标单击定出圆心点，拖动鼠标出现圆形线，再单击，会弹出【半径】对话框，在输入框中输入半径或周长数值，单击【确定】按钮即可画一个圆。

3. 画椭圆

选中【设计工具栏】中的【椭圆】工具，鼠标在空白位置单击，松开拖动到另一位置再单击，弹出【椭圆】对话框，输入长、宽值，单击【确定】按钮即可。或选中工具，鼠标在空白位置单击定一点，松开鼠标拖动，键盘输入*X*的值，按【Enter】键，再输入*Y*的值，按【Enter】键，也可以画椭圆。

4. 画平行四边形

选中【平行四边形】工具，鼠标在空白位置或点上单击，松开拖动到另一位置再单击，弹出【平行四边形】对话框，输入边长和角度值，单击【确定】按钮即可画平行四边形。

5. 画梯形

选中【梯形】工具，鼠标在空白位置或点上单击，松开拖动到另一位置再单击，弹出【梯形】对话框，输入上边长、下边长和梯形高，选择梯形类型，单击【确定】按钮即可画梯形。

6. 画三角形

选中【梯形】工具，鼠标在空白位置或点上单击，松开拖动到另一位置再单击，弹出【梯形】对话框，输入上边长“0”，输入底边和高的值，选择三角形类型，单击【确定】按钮即可画三角形。

八、复制旋转、复制对称、复制移动、复制对接

1. 复制旋转

选中【设计工具栏】中的【旋转】工具，鼠标单击或框选旋转的点、线，右键单击完成选择，之后左键单击选中的点、线上的一点，以该点为轴心点，再单击选中的点、线上另一点为参考点，拖动鼠标旋转到目标位置单击即可完成复制旋转（或到空白位置单击，弹出【旋转】对话框，输入旋转角度或宽度，单击【确定】按钮即可）。

教师指导

（1）该工具默认为复制旋转，光标为，按【Shift】键切换为旋转，旋转光标为。旋转时，可自动被吸附到45°位置、水平位置和垂直位置。

（2）此方法可用于省道转移与合并。

2. 复制对称

选中【设计工具栏】中的【对称】工具，鼠标单击两点定出对称轴线，再单击或框选需要复制对称的点、线或纸样，右键单击完成复制对称。

教师指导

该工具默认为复制对称，光标为，按【Shift】键切换为对称，对称光标为。对称轴默认画出的是水平线、垂直线或45° 方向的线，右键单击可以切换成任意方向。

3. 复制移动

选中【设计工具栏】中的【移动】工具，鼠标框选需要复制移动的点、线，右键单击结束选择，之后左键单击两点定移动距离即可完成复制移动。

教师指导

（1）该工具默认为复制移动，光标为，按【Shift】键切换为移动，移动光标为。按下【Ctrl】键，可控制选中的点、线在原位置的水平方向或垂直方向上移动。复制或移动时按【Enter】键，会弹出【偏移】对话框。

（2）对纸样边线只能复制，不能移动，即使在移动功能下移动边线，原来纸样的边线也不会被删除。

4. 复制对接

选中【设计工具栏】中的【对接】工具，可实现点、线的对接。该工具默认为复制对接，光标为，按【Shift】键切换为对接，对接光标为。点对接与线对接主要用于纸样结构线合并。

（1）线对接：鼠标先单击前肩斜线AC靠近A点一端，再单击后肩斜线BD靠近B点一端，然后左键单击或框选需要对接的线，右键单击完成操作，如图3-38所示。

（2）点对接：鼠标依次单击A、B、C、D四点，出现对接线，然后左键单击或框选需要对接的线，右键单击完成操作，如图3-39所示。

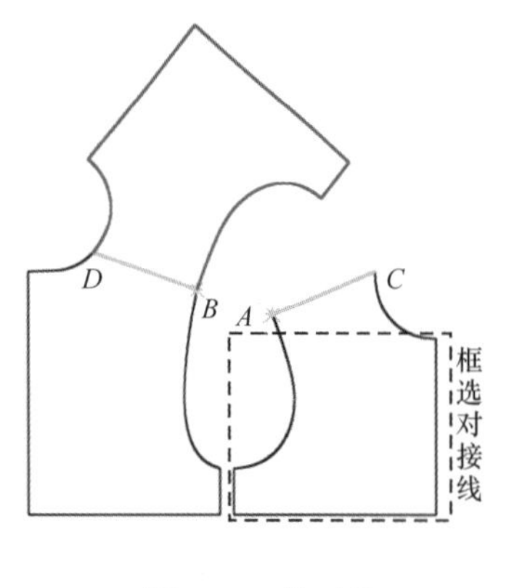

图3-38　线对接

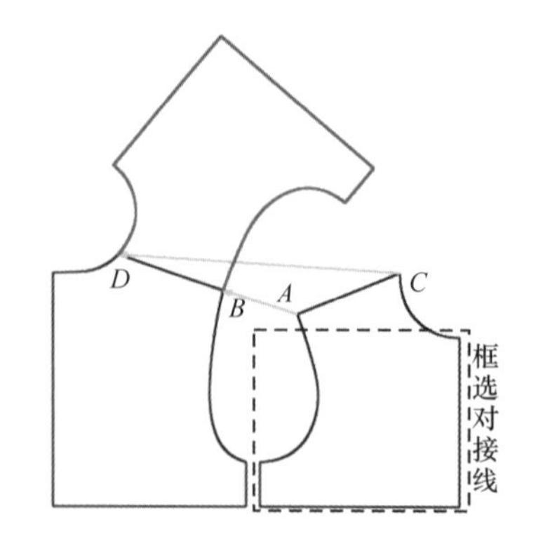

图3-39　点对接

九、省褶处理

1. 开省

选中【设计工具栏】中的【收省】工具，左键单击开省线*A*，再单击省中线*B*，弹出【省宽】对话框，输入省宽值，省打开，单击【确定】按钮，省口闭合，左键在省倒向侧单击，省模拟闭合，开省线连成一根整线，用鼠标左键移动开省线上的控制点，将其圆顺，右键单击结束，省道开出，如图3–40所示。

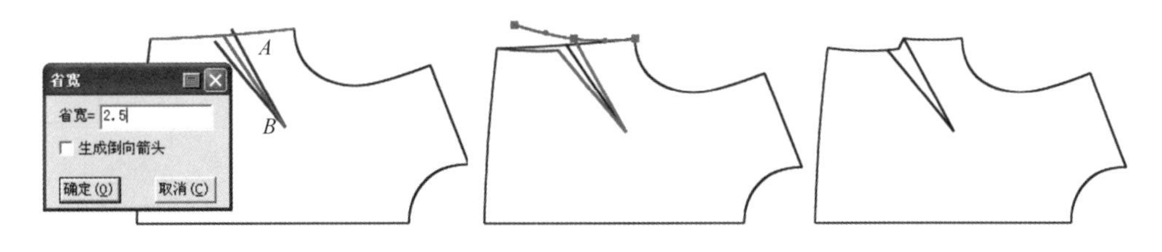

图3–40　开省

2. 加省山

选中【设计工具栏】中的【加省山】工具，鼠标依次单击图3–41中倒向一侧的曲线和折线1、2，再单击另一侧的折线和曲线3、4，加出省山，如图3–42所示。如果几个省的倒向一致（假设全部向右），如图3–43所示，则依次单击线段1、2、3、4、5、6、7、8、*a*、*b*、*c*、*d*即可。

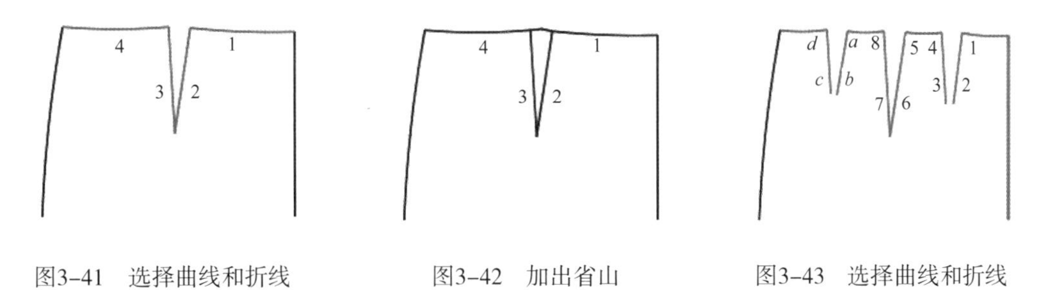

图3–41　选择曲线和折线　　图3–42　加出省山　　图3–43　选择曲线和折线

3. 插入省褶

选中【设计工具栏】中的【插入省褶】工具，鼠标单击选择袖山曲线，再依次单击展开线，右键单击，弹出【指定线的插入省】对话框，选择展开方式、处理方式和倒向，输入展开量，单击【确定】按钮，省插入，具体过程如图3–44所示。常用于制作泡泡袖。

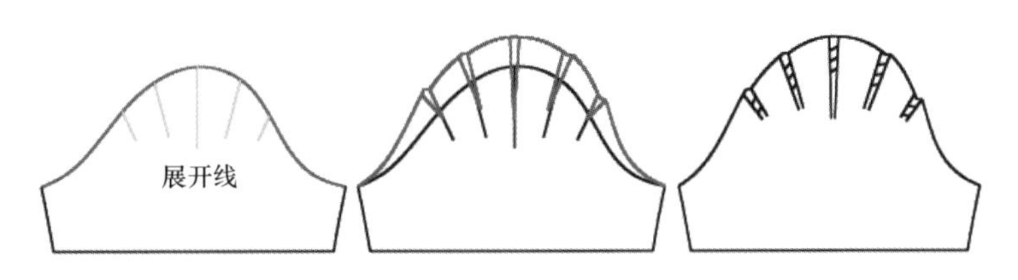

图3–44　插入省褶

4. **省道转移**

选中【设计工具栏】中的【转省】工具，鼠标左键依次单击或框选所有结构线，选中的线显示为红色，右键单击，结束选择；之后单击新省位置的剪开线，线段显示为绿色，右键单击完成选择；接着单击合并省的起始边，线段显示为蓝色；再单击合并省的终止边，线段显示为紫色，转省结束。

采用同样方法完成第二个省道转移。具体操作过程如图3-45所示。

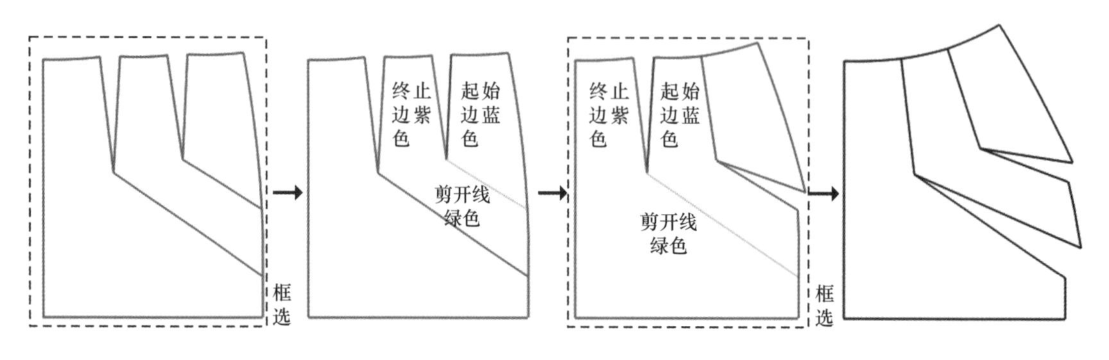

图3-45 省道转移

操作提示

- 省道转移时，如果在单击合并省的终止边时按住键盘上的【Ctrl】键，会弹出【转省】对话框，可实现省道的部分转移或全部转移。
- 【收省】工具、【加省山】工具和【转省】工具只适用于结构线，【插入省褶】工具既适用于结构线，也适用于纸样。

十、分割与展开处理

1. **褶展开**

选中【设计工具栏】中的【褶展开】工具，对结构线进行开褶处理，具体过程如下。

（1）均匀展开褶：

①选中工具，鼠标框选操作线，选中的线显示为红色，右键单击，结束选择。

②鼠标在靠近固定侧上段折线上单击（多条可框选），线段显示为绿色，右键单击完成选择；鼠标在靠近固定侧下段折线上单击（多条可框选），线段显示为蓝色，右键单击，弹出【结构线 刀褶/工字褶展开】对话框，输入褶线条数、褶展开量等内容，单击【确定】按钮，褶均匀展开，具体过程如图3-46所示。

（2）指定位置展开褶：

①选中工具，鼠标框选操作线，选中的线显示为红色，右键单击，结束选择。

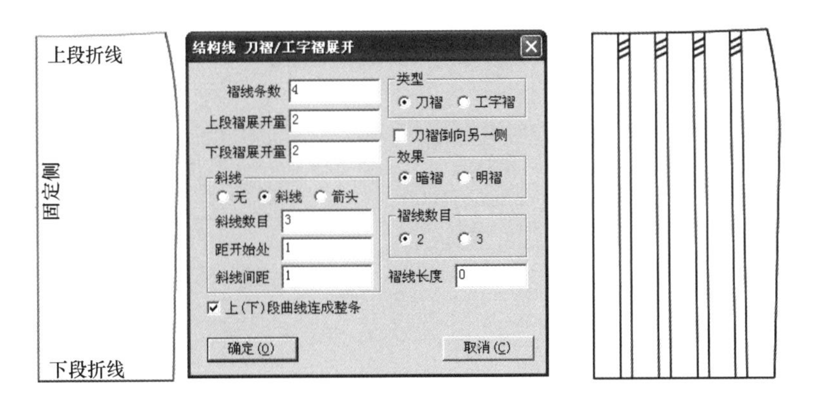

图3-46　褶均匀展开

②鼠标在靠近固定侧上段折线上单击（多条可框选），线段显示为绿色，右键单击完成选择；鼠标在靠近固定侧下段折线上单击（多条可框选），线段显示为蓝色，再依次单击选择展开线（多条可框选），线段显示为灰色，右键单击，弹出【结构线 刀褶/工字褶展开】对话框，输入褶展开量等内容，单击【确定】按钮，褶展开，具体过程如图3–47所示。

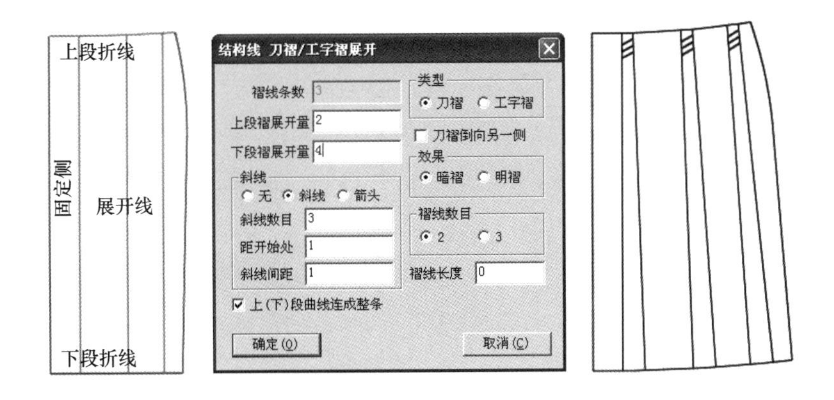

图3–47　指定位置展开褶

2. **结构线展开**

选中【设计工具栏】中的【分割/展开/去除余量】工具，对结构线和纸样进行分割展开处理，具体过程如下。

（1）均匀展开结构线：

①选中工具，鼠标框选操作线，右键单击，结束选择。

②鼠标依次单击不伸缩线和伸缩线，右键单击，弹出【单向展开或去除余量】对话框，输入分割线条数和伸缩量，选择处理方式，单击【确定】按钮即可，具体过程如图3–48所示。

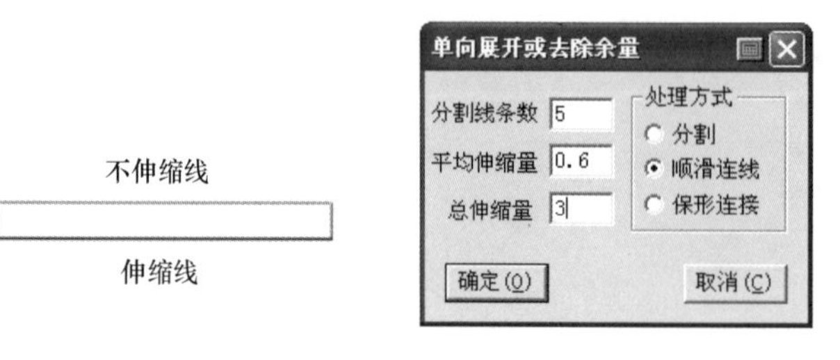

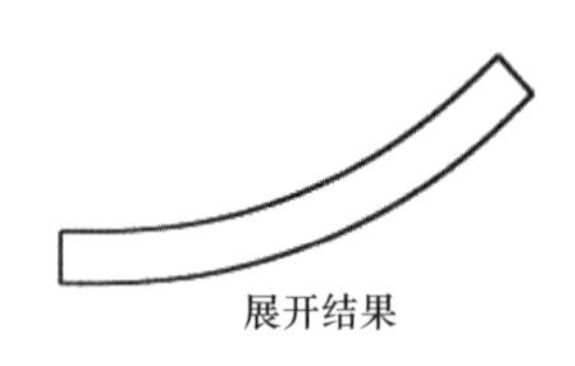

图3-48 均匀展开结构线

（2）指定位置展开结构线：

①选中工具，鼠标框选操作线，右键单击，结束选择。

②鼠标依次单击不伸缩线、伸缩线和展开线，右键单击，弹出【单向展开或去除余量】对话框，输入分割线条数和伸缩量，选择处理方式，单击【确定】按钮即可。

教师指导

如果是对纸样进行操作，则不需要执行步骤①，直接按照步骤②操作就可以了。

3. **荷叶边展开**

选中【设计工具栏】中的【荷叶边】工具，对荷叶边结构线进行展开处理，具体过程如下。

（1）自动做荷叶边：选中工具，鼠标在工作区的空白处单击，弹出【荷叶边】对话框，如图3-49所示，输入新的数据或移动滑块，将荷叶边调整到位，单击【确定】按钮即可。

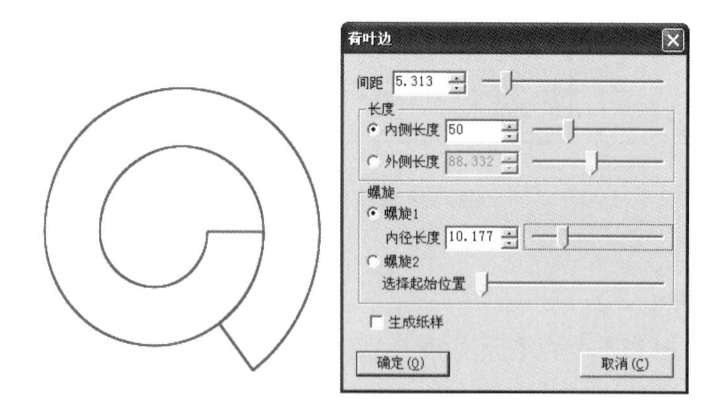

图3-49 自动做荷叶边

（2）依据形状做荷叶边：

①选中工具，鼠标框选操作线，右键单击，结束选择。

②鼠标在靠近固定侧上段折线上单击（多条可框选），线段显示为绿色，右键单击完

成选择；鼠标在靠近固定侧下段折线上单击（多条可框选），弹出【荷叶边】对话框，输入褶的数量和展开量，或移动滑块，如图3-50所示，单击【确定】按钮即可。

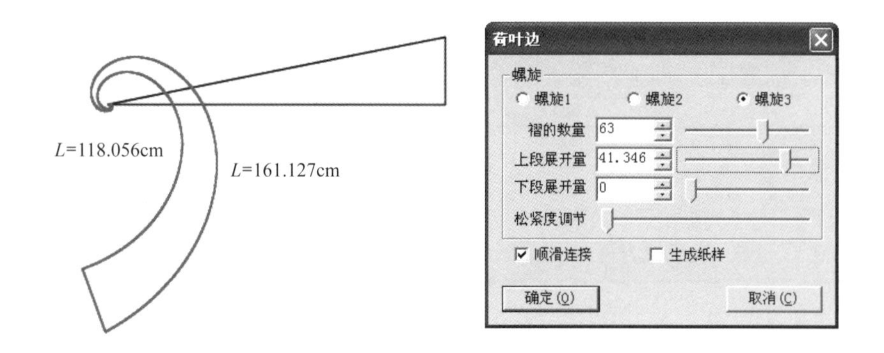

图3-50　依据形状做荷叶边

十一、长度、距离与角度测量

1. 长度测量

选中【设计工具栏】中的【比较长度】工具，对线段长度和点距进行测量，具体过程如下。

（1）测量一段线长度或多段线长度之和：

①选中工具，鼠标在需要测量的线段1上单击，弹出【长度比较】对话框，并显示测量的线段长度。测量线段的长度显示方式有三种：长度、水平X、垂直Y。

②继续单击线段，可显示每一段线的长度和累加线段的长度，如图3-51所示。

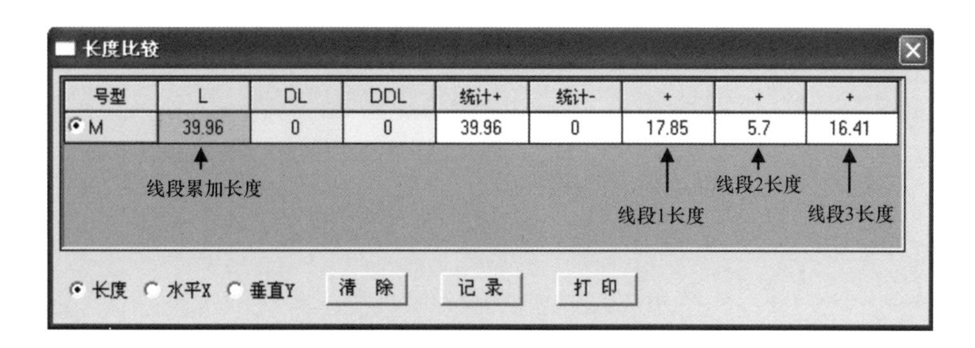

图3-51　显示线段长度测量结果

（2）比较多段线的长度差值（以比较袖山弧线长度与袖窿弧线长度的差值为例）：

①选中工具，鼠标在需要测量的后片袖窿弧线上单击，弹出【长度比较】对话框，并显示测量的线段长度，继续单击侧片和前片上的袖窿弧线，对话框中可显示每一段线的长

度和累加线段的长度。

②右键单击，按照与测量袖窿弧线相同的方法，测量袖山弧线的长度，测量结果如图3–52所示，测量如图3–53所示。

长度比较

号型	L	DL	DDL	统计+	统计-	+	+	+	-	-
S	-3.67	0.08	0.08	53.63	57.3	16.52	13.17	23.94	36.74	20.55
M	-3.75	0	0	55.59	59.34	17.03	13.84	24.72	37.9	21.44
L	-3.84	-0.09	-0.09	57.55	61.39	17.53	14.51	25.51	39.06	22.34

长度　水平X　垂直Y　清除　记录　打印

图3–52　袖窿弧线与袖山弧线的测量结果

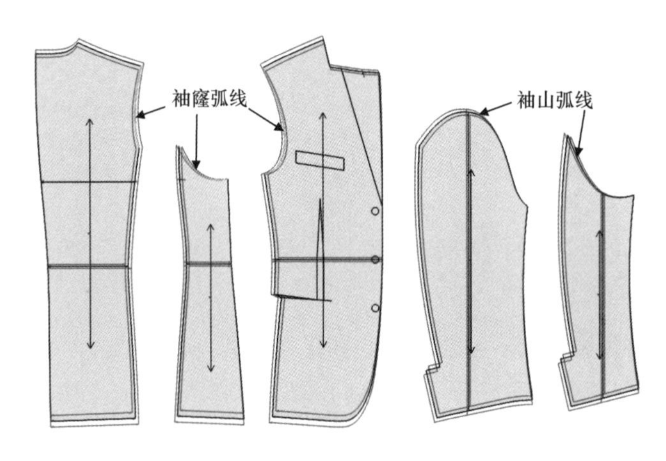

图3–53　测量

教师指导

（1）在【长度比较】对话框中，L、DL、DDL、统计+、统计–、+和–的具体含义如下：

①L：表示统计+与统计–的差值。

②DL（绝对档差）：表示L中各码与基码的差值。

③DDL（相对档差）：表示L 中各码与相邻码的差值。

④统计+：表示单击右键前选择的线长总和。

⑤统计–：表示单击右键后选择的线长总和。

⑥+：表示单击右键前测量的每一段线的长度。

⑦–：表示单击右键后测量的每一段线的长度。

（2）单击 记录 按钮，可把L下边的差值记录在【尺寸变量】对话框中（选中【尺码】菜单下的【尺寸变量】命令，打开【尺寸变量】对话框，即可看到记录的数据），当记录两段线（包括两段线）以上的数据时，会自动弹出【尺寸变量】对话框，如图3-54所示。

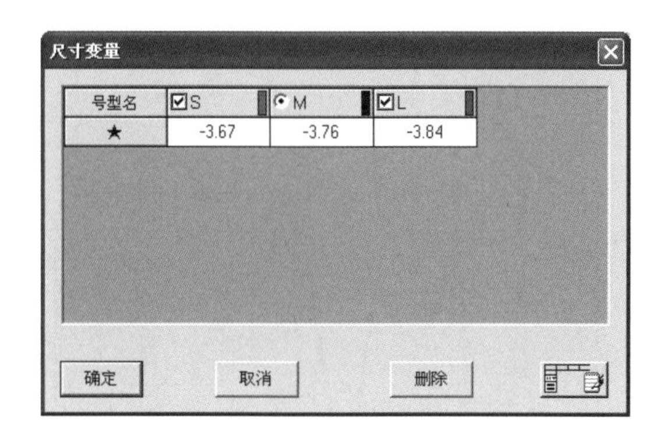

图3-54　【尺寸变量】对话框

（3）测量两点间、点到线的距离：

①两点间的距离：选中工具，按【Shift】键，光标由形变成形，鼠标分别单击两点，弹出【测量】对话框，显示两点距离、水平距离和垂直距离等，如图3-55所示。

测量

号型	距离	水平距离	垂直距离	+
M	9.242	9.242	0.021	9.242

档差　记录(R)

图3-55　【测量】对话框

②点到线的距离：选中工具，光标在测量两点距离状态下，鼠标分别单击点和线，弹出【测量】对话框，如图3-55所示。

（4）比较多点距离的差值（以比较西装的前后腰围差值为例）：选中工具，鼠标依次单击点1、2、3、4，右键单击，再依次单击点5、6、7、8，【测量】对话框显示前后两组距离差值和各测量点距，如图3-56所示。测量如图3-57所示。

测量

号型	距离	水平距离	垂直距离	+	+	-	-
S	-2.731	-2.731	0.021	8.75	8.742	12.425	7.798
M	-2.633	-2.633	0.021	9.25	9.242	12.925	8.2
L	-2.535	-2.535	0.021	9.75	9.742	13.425	8.602

档差　记录(R)

图3-56　【测量】对话框

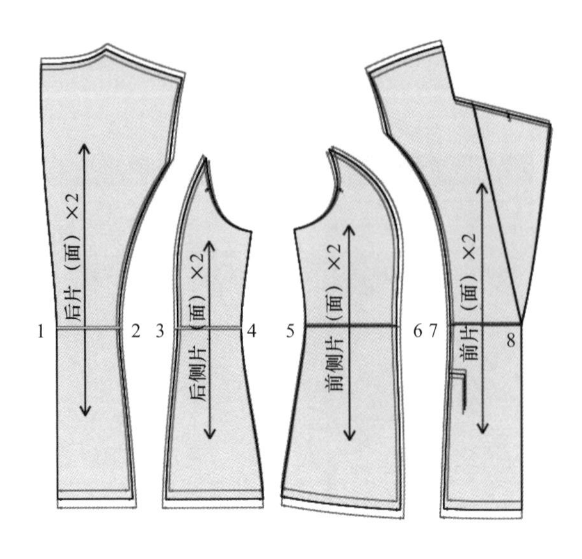

图3-57　测量

2. **角度测量**

选中【设计工具栏】中的【量角器】工具，可测量多种角度，具体过程如下。

（1）测量一条线的水平夹角、垂直夹角：选中工具，鼠标在线上单击，再右键单击，弹出【角度测量】对话框，单击【确定】按钮即可。

（2）测量两条线的夹角：选中工具，鼠标分别单击两条线，再右键单击，弹出【角度测量】对话框，单击【确定】按钮即可。

（3）测量三点形成的角：选中工具，鼠标分别单击角度顶点和两边点，弹出【角度测量】对话框，单击【确定】按钮即可。

（4）测量两点形成的水平角、垂直角：选中工具，按住【Shift】键，鼠标分别单击两点，弹出【角度测量】对话框，单击【确定】按钮即可。

十二、线的颜色与类型设置

选中【设计工具栏】中的【设置线的颜色类型】工具，【快捷工具栏】中的【曲线显示形状】工具和【辅助线的输出类型】工具显示。鼠标在【线颜色】、【线类型】、【曲线显示形状】和【辅助线的输出类型】这4个工具中单击下拉按钮，选择合适的颜色、线型、曲线形状和辅助线输出类型，之后移到线上，右键单击或框选为设置颜色，左键单击或框选为设置其他内容。

操作提示

- 选中纸样，按住【Shift】键，再用该工具在纸样的辅助线上单击，可将辅助线变成临时辅助线。临时辅助线可不参与绘图。
- 当线类型为时，【曲线显示形状】工具无效，此时光标形状

为 或 ；当光标形状为 时，【曲线显示形状】工具 有效，三种光标状态下，按键盘上的数字键，可输入L、R或W的值，按【Enter】键，可输入D或H的值。

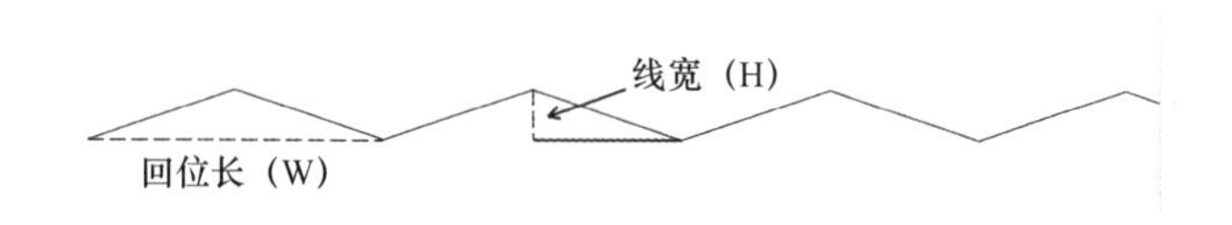

图3-58 回位长与线宽示意图

- L、R、D所指见线类型图标，W指曲线的回位长，H指线宽，如图3-58所示。

十三、终止、撤消与重新执行操作

1. 终止操作

操作执行时，按键盘上的【Esc】键，可终止操作。

2. 撤消操作

按【快捷工具栏】中的【撤消】工具（或按【Ctrl+Z】组合键），可撤消已完成的操作。

3. 重新执行操作

按【快捷工具栏】中的【重新执行】工具（或按【Ctrl+Y】组合键），可复原被撤消的操作。

教师指导

在富怡V9.0自由设计与放码系统中，基本图形绘制与处理的很多工具都可以用【智能笔】工具取代，这些工具主要包括：、、、、、、、、、、、、、、。【智能笔】工具可以画结构线，也可以画纸样辅助线，其操作主要有以下7类：

（1）左键单击：

①画水平线、竖直线和45°斜线：选中工具，光标变为形，左键在空白处、点上、线的端点或默认等份点、两线交点上单击定第一点，光标变为，此时的【智能笔】工具具有了【线】工具在【丁字尺】状态下的功能，松开鼠标拖动，可选择画水平、垂直或45°直线，单击鼠标，弹出图3-59所示的【长度】对话框，输入长度，单击【确定】按钮即可（如果起点单击在线的除端点和等份点之外的任意位置，会弹出图3-60所示的【点的位置】对话框，输入单击点距离就近端点的长度或比例，单击【确定】按钮，余下的操作完全相同）。

图3-59 【长度】对话框

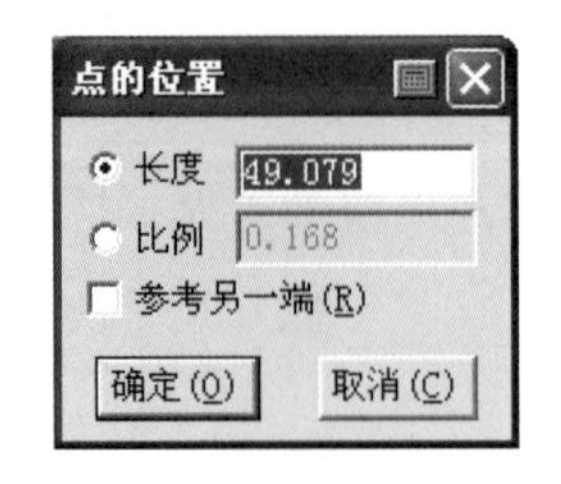

图3-60 【点的位置】对话框

另外，【智能笔】工具选中后，将光标移到线上，会出现捕捉点距离最近端点的长度显示框，如图3-61所示，在键盘上直接输入距离值，按【Enter】键，即可在线上距端点为输入值，定出画线的起点，如图3-62所示。

图3-61 长度显示框

图3-62 定出画线的起点

②画任意角度斜线：选中工具，鼠标单击定起点，右键单击，光标变为，此时【智能笔】工具具有【线】工具在【曲线】状态下的功能，空白位置再单击，然后右键单击，弹出图3-63所示的【长度和角度】对话框，输入线的长度和角度，单击【确定】按钮即可。

图3-63 【长度和角度】对话框

③画曲线、折线、曲折线：选中工具，鼠标单击定起点，右键单击，将光标变为，连续单击定点，可画曲线；按住【Shift】键，将光标变为，连续单击定点，可画折线；在画曲线时，按住【Shift】键画折线，松开【Shift】键继续画曲线，右键单击结束，如图3-64所示。

④画矩形：选中工具，按住【Shift】键，此时【智能笔】工具具有【矩形】工具的功能，鼠标单击定起点，松开拖动到空白位置再单击，弹出【矩形】对话框，输入长、宽值，单击【确定】按钮即可。

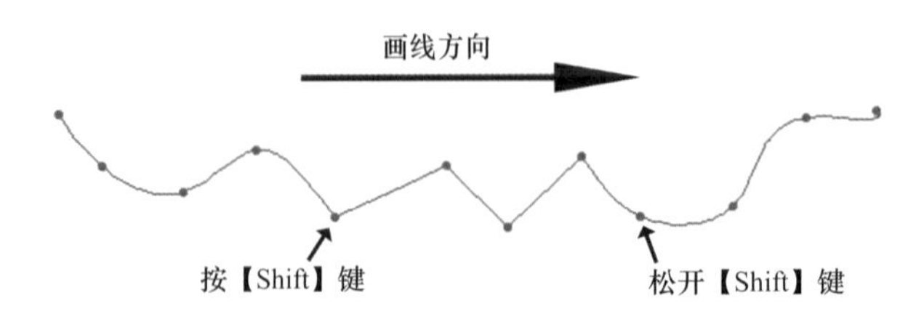

图3-64 画曲折线

（2）右键单击：

①调整线条：选中工具，鼠标移到线上右键单击，此时【智能笔】工具具有【调整工具】的功能，操作方法也完全相同。

②调整线的长度：选中工具，按住【Shift】键，鼠标移到线上右键单击，弹出图3-65所示的【调整曲线长度】对话框，输入新长度或长度增减值，单击【确定】按钮即可（如果在线的中间击右键为两端不变，调整曲线长度，如图3-66所示；如果在线的一端击右键，则在这一端调整线的长度，如图3-67所示）。

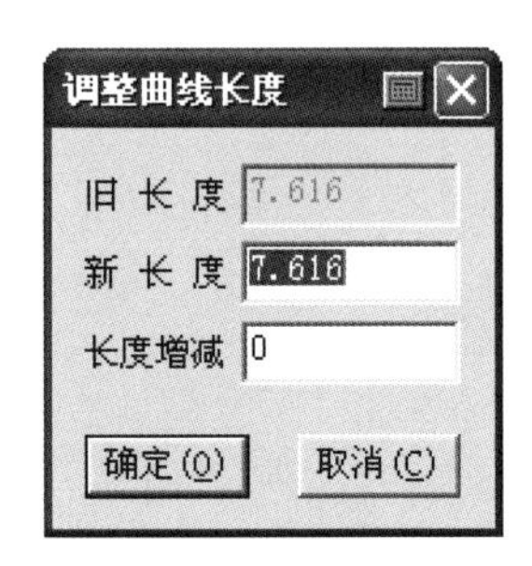

图3-65　【调整曲线长度】对话框

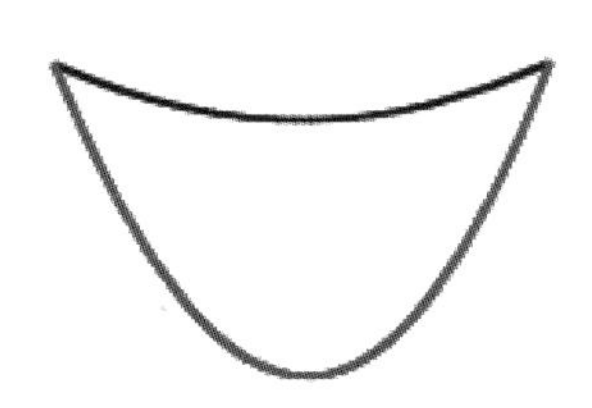

图3-66　中间调整曲线

图3-67　一端调整曲线

（3）左键框选：

①角连接：左键框选两条线的就近端（可依次框选，如果两线中间没有其他线，可同时框选），鼠标移到两线夹角的内侧右键单击，完成角连接，如图3-68所示。此功能与【连角】工具的功能相同。

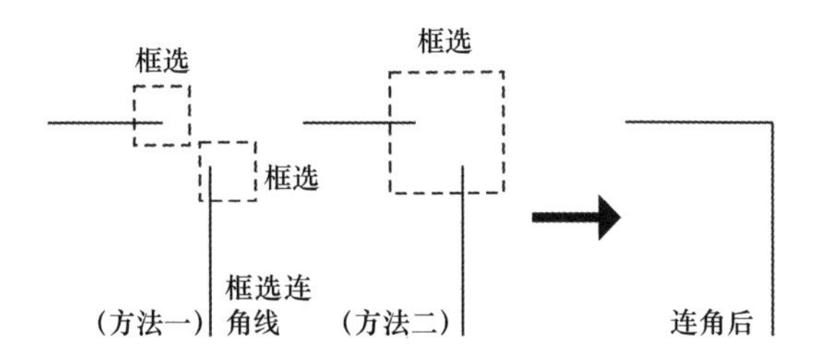

图3-68　角连接示意图

②删除所选点、线（结构线、辅助线）：左键框选需要删除的点、线，按键盘上的【Delete】键即可。此功能与【橡皮擦】工具的功能相同。

③加省山：左键框选四条线后，右键单击（在省的哪一侧右键单击，省底就向哪一侧倒），加出省山，如图3-69所示。此功能与【加省山】工具的功能相同。

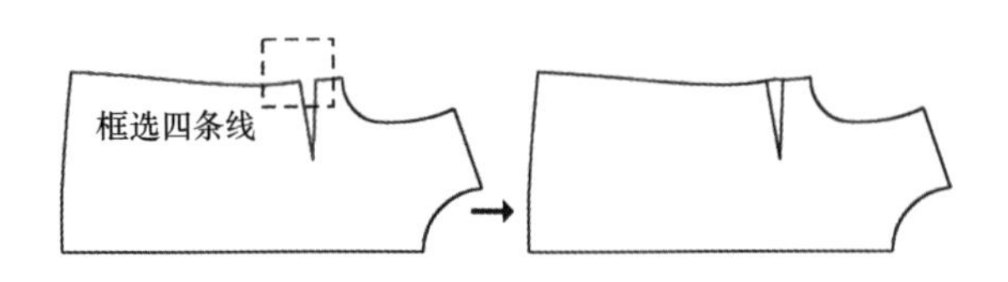

图3-69　加省山示意图

④单向靠边：鼠标左键框选需要靠边的线（可以是一条，也可以是多条），再单击选择被靠边的基准线，所有线靠边，右键单击完成，如图3-70所示。

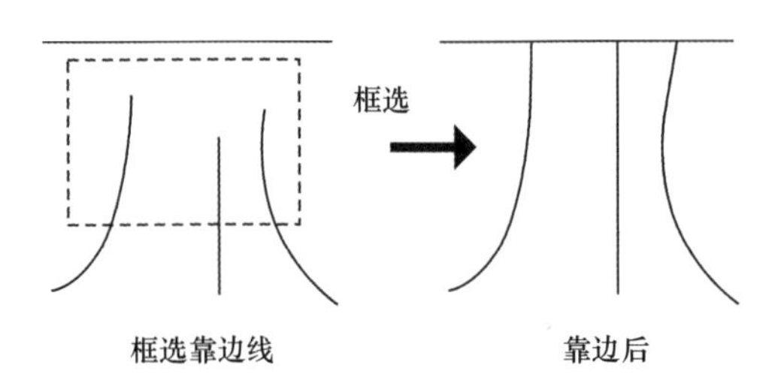

图3-70　单向靠边示意图

⑤双向靠边：鼠标左键框选需要靠边的线（可以是一条，也可以是多条），再分别单击选择被靠边的两条基准线即可，如图3-71所示。【智能笔】工具的靠边功能与【靠边】工具的功能相同。

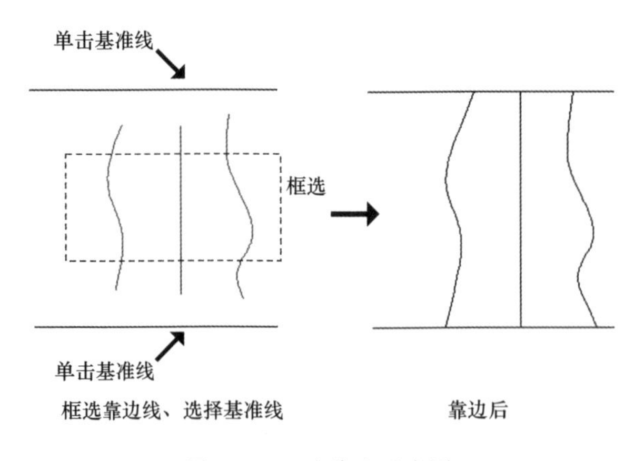

图3-71　双向靠边示意图

⑥画矩形：选中工具，鼠标左键在空白处框选，弹出【矩形】对话框，输入长、宽值，单击【确定】按钮即可。此功能和操作方法与【矩形】工具的功能完全相同。

⑦移动或复制移动点、线：选中工具，按住【Shift】键，鼠标左键框选需要移动或复制移动的点、线，右键单击，松开【Shift】键，左键分别单击移动的起点和终点即可（松

开【Shift】键后，可通过按【Shift】键在移动与复制移动之间切换；如果按住【Ctrl】键，可控制点、线在原位置的上下、左右方向移动）。此功能与【移动】工具的功能相同。

⑧转省：选中工具，按住【Shift】键，之后：

a. 鼠标左键依次单击或框选需要转移的线，选中的线显示为红色。

b. 单击新省位置的剪开线，线段显示为绿色，光标变为，右键单击完成选择。

c. 单击合并省的起始边，线段显示为蓝色。

d. 单击合并省的终止边，线段显示为紫色，转省结束，如图3-72所示。

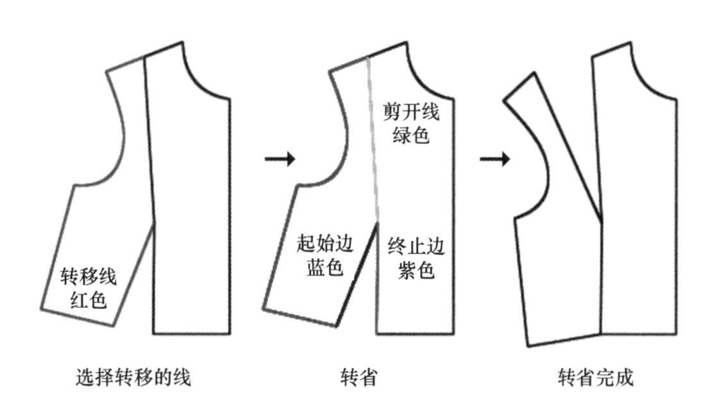

图3-72 转省示意图

此功能和操作方法与【转省】工具基本相同。另外：

a. 如果在单击合并省的终止边时按住键盘上的【Ctrl】键，会弹出【转省】对话框，省道会自动模拟闭合，如图3-73所示，在【按比例】或【按距离】输入框中输入数值，单击【确定】按钮即可。

b. 通过在【旋转】对话框中对转移的省宽进行设置，可实现省道的部分或全部转移。图3-74所示为按50%比例转省的效果。

（4）右键框选：【智能笔】工具 的剪断、连接功能和操作方法与【剪断线】工

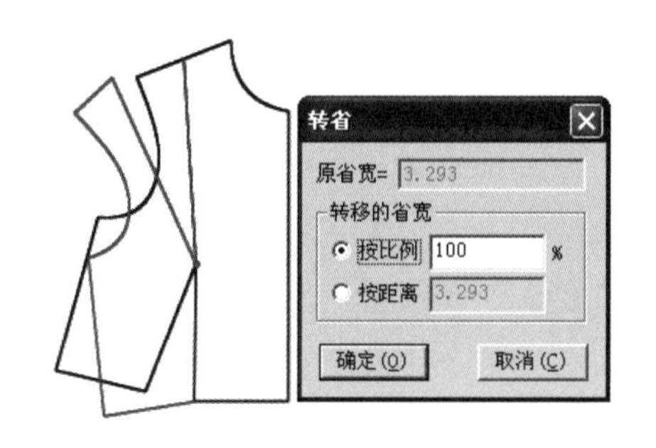

图3-73 【转省】对话框

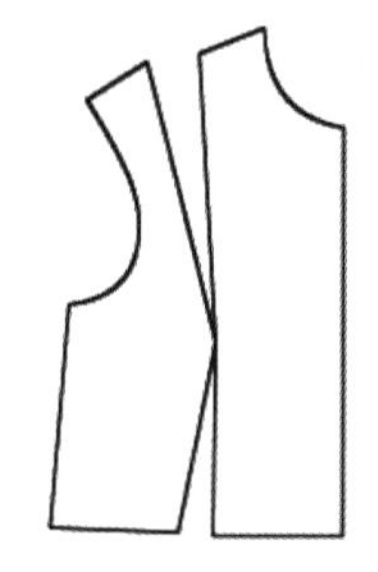

图3-74 按50%比例转省

具 完全相同。

①剪断线：选中工具，右键框选需要剪断的线，鼠标移到线上单击，弹出【点的位置】对话框，输入长度值，单击【确定】按钮即可。

②连接线：选中工具，鼠标右键框选一条线，再左键单击需要连接的另一条线，鼠标在空白处右键单击，两线连接。

③收省：选中工具，按住【Shift】键，右键框选腰线A，光标变为 ，左键单击省中线B，弹出【省宽】对话框，输入省宽值，省打开，单击【确定】按钮，省口闭合，左键在省倒向侧单击，省闭合，用鼠标左键移动腰线上的控制点，圆顺腰线，右键单击结束，具体如图3-75所示。【智能笔】工具 的收省功能和操作方法与【收省】工具 完全相同。

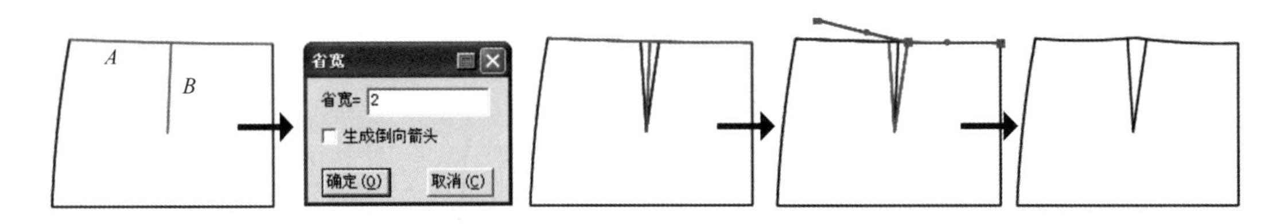

图3-75 收省示意图

（5）左键拖动：

①不相交等距线：选中工具，鼠标移到需要平行的线上按下左键拖动，拖出平行线，在空白位置单击，弹出图3-76所示的【平行线】对话框，在【平行距离】输入框中输入距离值，单击【确定】按钮，不相交等距线画出，如图3-77所示。该功能与【等距线】工具 的功能完全相同。

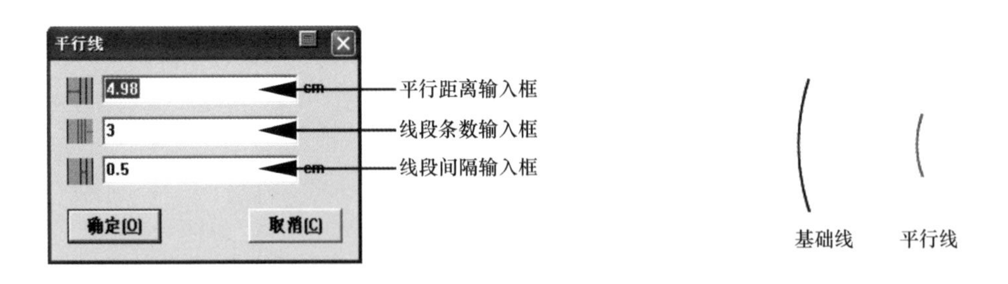

图3-76 【平行线】对话框　　　　图3-77 画不相交等距线

②相交等距线：选中工具，按住【Shift】键，鼠标移到需要平行的线上按下左键拖动，然后分别单击左、右两端的线，拖出平行线，在空白位置单击，弹出图3-76所示的【平行线】对话框，在【平行距离】输入框中输入距离值，单击【确定】按钮，相交等距线画出，如图3-78所示。该功能与【相交等距线】工具 的功能完全相同。

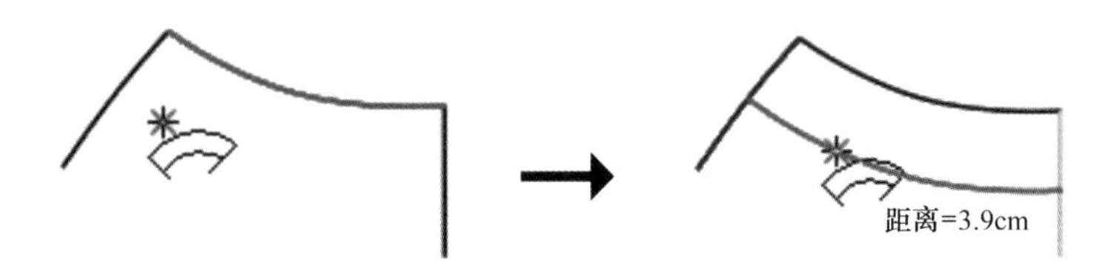

图3-78　画相交等距线

③单圆规：选中工具，在关键点上按下左键拖动到一条线上放开，弹出图3-79所示的【单圆规】对话框，输入长度值，单击【确定】按钮即可。

④双圆规：选中工具，在关键点上按下左键拖动到另一点上放开，松开鼠标拖动到空白位置再单击，弹出图3-80所示的【双圆规】对话框，输入长度值，单击【确定】按钮即可。

这两个功能与【圆规】工具的功能完全相同。

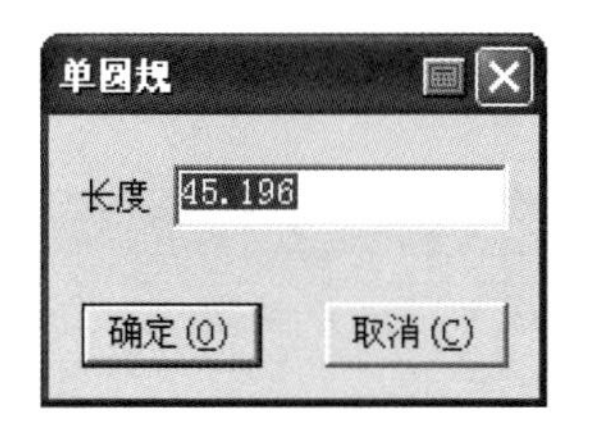

图3-79　【单圆规】对话框

图3-80　【双圆规】对话框

⑤做两点连线的平行线或垂直线：选中工具，按住【Shift】键，鼠标移到第一点上按下左键拖动到第二点松开，光标变成，再单击第三点，松开鼠标拖动，可画两点连线的平行线或垂直线，如图3-81所示。该功能与【三角板】工具的功能完全相同。

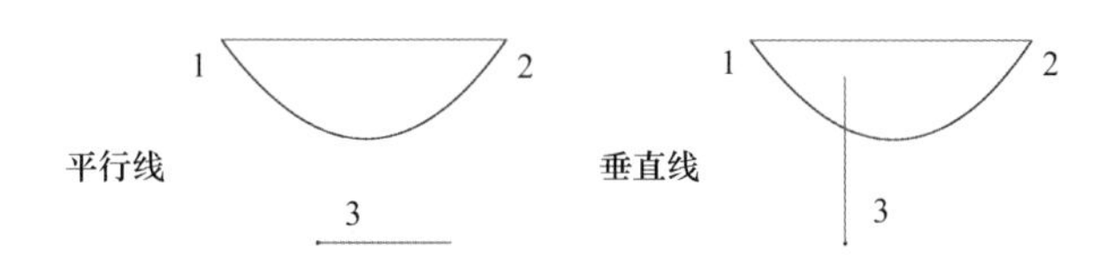

图3-81　做两点连线的平行线或垂直线

（6）右键拖动：

①水平垂直线：选中工具，鼠标移到点上，按下右键拖动，拖出水平垂直线（右键切换方向，如图3-82所示），在空白处单击，弹出【水平垂直线】对话框，如图3-83所示，输入水平、垂直距离数值，单击【确定】按钮即可。该功能与【水平垂直线】工具的功能完全相同。

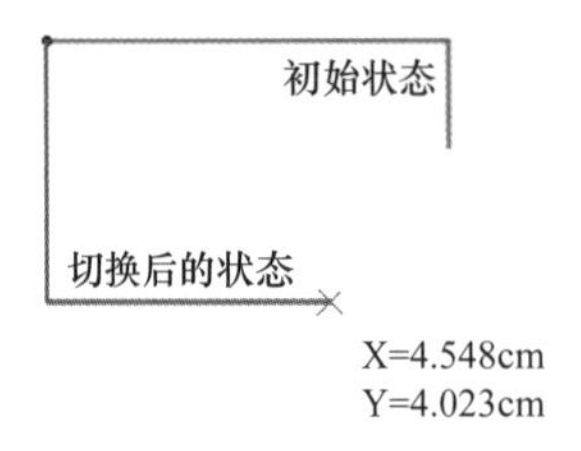

图3-82 切换方向

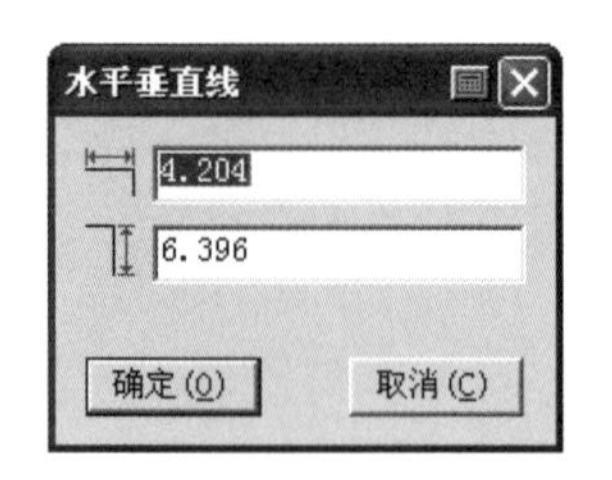

图3-83 【水平垂直线】对话框

②偏移点/偏移线：选中工具，按住【Shift】键，鼠标移到点上，按下右键拖动，拖出水平垂直线（右键将光标在偏移线与偏移点之间切换），在空白处单击，弹出【偏移】对话框，如图3-84所示，输入水平、垂直偏移距离数值，单击【确定】按钮即可。

（7）回车：

取偏移点：选中工具，鼠标移到点上，按【Enter】键，弹出【移动量】对话框，如图3-85所示，输入水平移动量、垂直移动量，单击【确定】按钮即可。

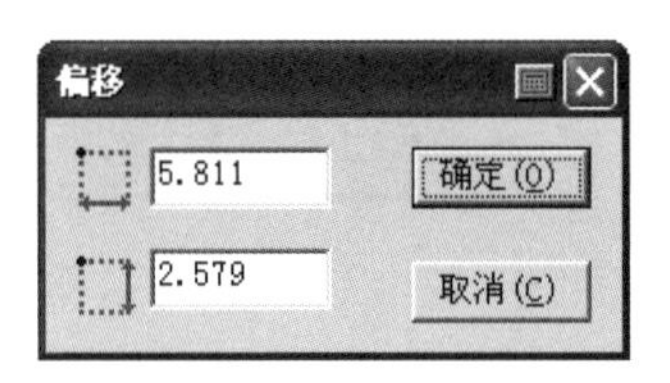

图3-84 【偏移】对话框

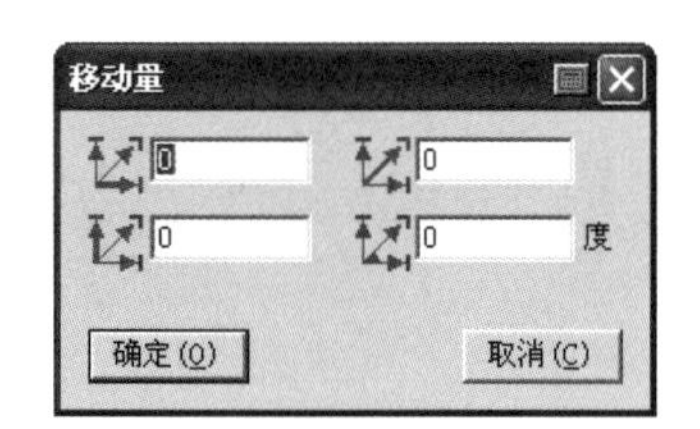

图3-85 【移动量】对话框

第四节 纸样提取、挖空与编辑处理

一、纸样提取

选中【设计工具栏】中的【剪刀】工具，可在结构线的基础上提取纸样。提取纸样的方法有4种。

1. 逐线提取纸样

选中工具，鼠标单击或框选生成纸样轮廓的线，选中的线变成红色，轮廓封闭的区域即会被填充成玫红色，右键单击，轮廓线变成蓝色，纸样被填充为粉色，光标由形变成形，左键单击选择内线（如果内线超出轮廓线，则单击内线与轮廓线的交点；如果是曲线，则在曲线中间任意位置单击追加一点），右键单击，内线由红色变为绿色，再次右键单击，纸样提取完成，光标由形变成形，鼠标移到纸样上，按【空格】键，光标变成形，松开鼠标拖动，可将纸样放到任意位置，具体如图3-86所示。

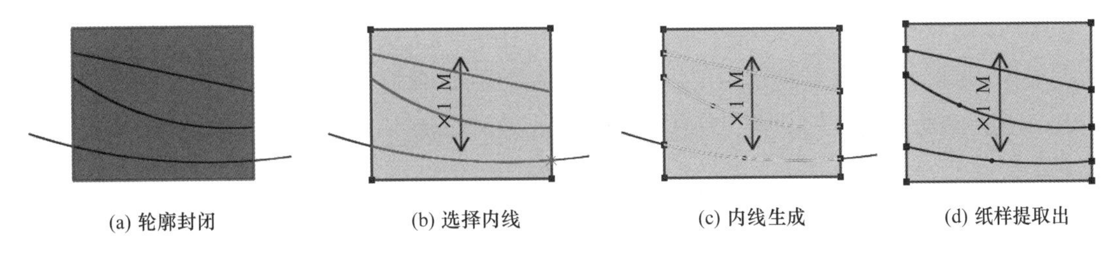

(a) 轮廓封闭　(b) 选择内线　(c) 内线生成　(d) 纸样提取出

图3-86　逐线提取纸样（M—中间号型）

2. 逐点提取纸样

选中工具，鼠标单击用于生成纸样的任一结构线的端点为起点，然后按顺时针或逆时针的顺序，依次单击用于生成纸样轮廓线的结构线的端点，如果是曲线则在曲线上任意位置单击追加一点，回到起始端点再单击，纸样生成，光标由形变成形，如图3-87所示，余下的操作与逐线提取纸样方法完全相同。

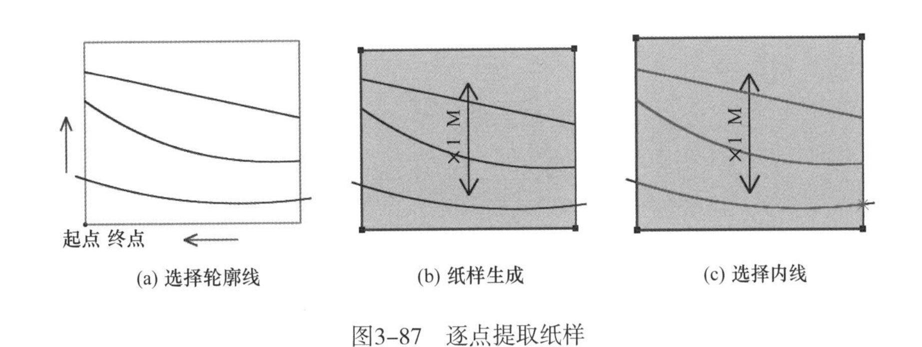

(a) 选择轮廓线　(b) 纸样生成　(c) 选择内线

图3-87　逐点提取纸样

3. 逐块提取纸样

选中工具，按住【Shift】键，鼠标左键在线条封闭的区域内单击，即可被填成玫红色，选择第一块填充区域，以同样方法依次生成相邻的区域，直到生成纸样的区域全部被填充，如图3-88所示，右键单击，纸样生成，光标由形变成形，余下的操作与逐线提取纸样方法完全相同。

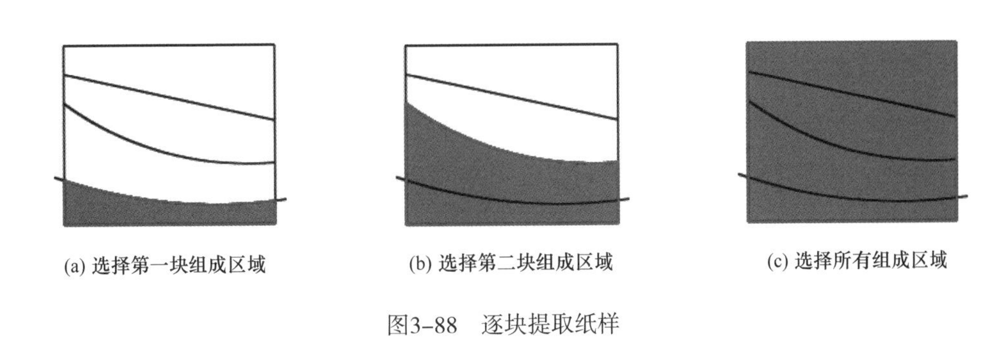

(a) 选择第一块组成区域　(b) 选择第二块组成区域　(c) 选择所有组成区域

图3-88　逐块提取纸样

4. 整块提取纸样

选中工具，鼠标左键框选生成纸样轮廓的结构线，右键单击，生成纸样，内线自动被选择，之后在纸样内右键单击，按【空格】键，松开鼠标拖出纸样，如图3-89所示。

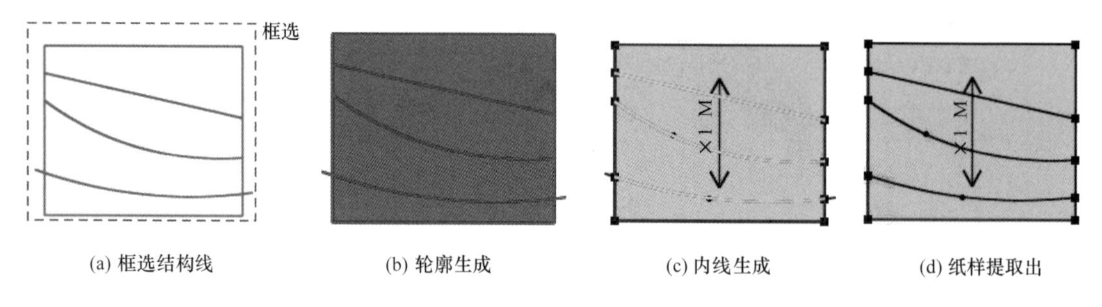

(a) 框选结构线　(b) 轮廓生成　(c) 内线生成　(d) 纸样提取出

图3-89　整块提取纸样

教师指导

（1）单击线、按住【Shift】键单击区域填色，第一次操作为选中，再次操作为取消选中。4种方法操作时，按【Esc】键为取消操作。

（2）逐线提取纸样、逐块提取纸样、整块提取纸样都是在最后右键单击形成纸样，光标即可变成【衣片辅助线】工具形式。

（3）鼠标在纸样上右键单击，可切换【剪刀】工具和【衣片辅助线】工具。

（4）在【衣片辅助线】工具状态下，按住【Shift】，右键单击，会弹出【纸样资料】对话框。

（5）细小部位提取纸样不方便时，可将该部分先放大，然后通过移动屏幕，选取用于生成纸样的细小线段即可。

（6）如果希望一条整线上的多个点都是放码点，则在造取轮廓线时要先将这条整线在需要设为放码点的位置断开、再提取样板。或通过逐点提取样板的方式，将这些点都选为线段的端点。样板生成后，系统默认线的端点为放码点。

二、纸样挖空

选中【设计工具栏】中的【拾取内轮廓】工具，可在结构线上拾取内轮廓或在辅助线形成的区域挖空纸样。在用切割机切割纸样时，内轮廓会被挖空。

1. 在结构线上拾取内轮廓

选中工具，鼠标在工作区纸样上右键单击，纸样的原结构线变成蓝色，单击或框选要生成内轮廓的线，轮廓封闭后被填充为玫红色，之后右键单击，内轮廓生成，如图3-90所示。

2. 辅助线形成的区域挖空纸样

选中工具，鼠标单击或框选纸样内的辅助线，轮廓封闭后被填充为灰色，之后右键单击，内轮廓生成，如图3-91所示。

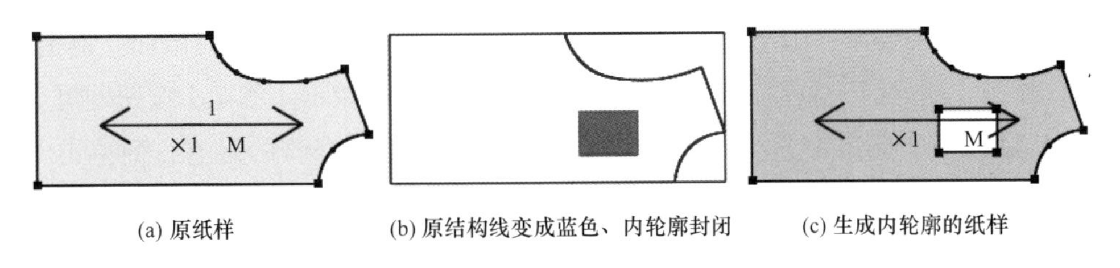

图3-90 在结构线上拾取内轮廓

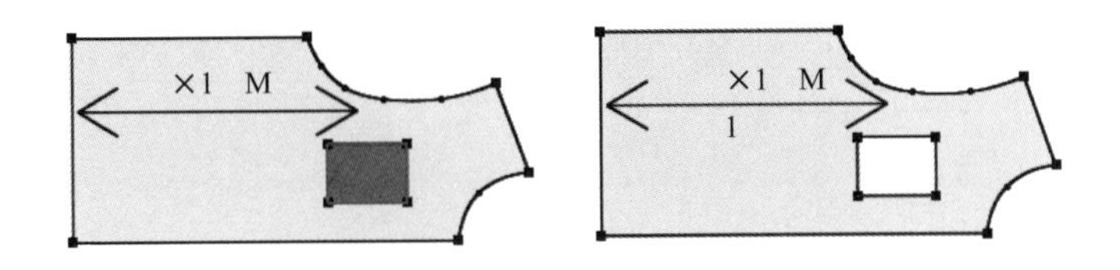

图3-91 辅助线形成的区域挖空纸样

三、纸样编辑处理

1. 加缝份

选中【纸样工具栏】中的【加缝份】工具，可对生成的纸样加缝份。加缝份的方式主要有以下7种：

（1）纸样所有边加（修改）相同缝份：选中工具，鼠标在任一纸样的边线点上单击，弹出【衣片缝份】对话框，选择加缝份的纸样，输入缝份量，单击【确定】按钮即可。

（2）多段边线上加（修改）相同缝份：鼠标同时框选或单独框选需加相同缝份的线段，右键单击，弹出【加缝份】对话框，输入缝份量，选择适当的切角，单击【确定】按钮即可。

（3）先定缝份量，再加（修改）纸样边线缝份量：选中工具后，按数字键，设定缝份量，再按【Enter】键，然后在纸样边线上单击，缝份量即被更改。

（4）单边加不同缝份：鼠标在纸样的一条边线上单击，弹出【加缝份】对话框，如图3-92所示，输入起点和终点的缝份量，单击【确定】按钮即可。

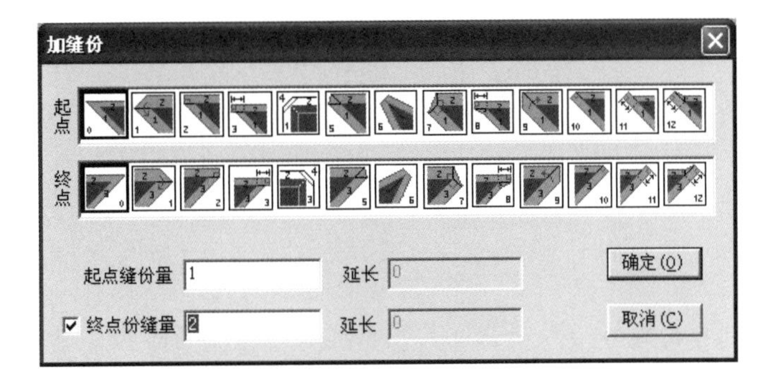

图3-92 单边加不同缝份

（5）拖选边线点加（修改）缝份量：选中工具，鼠标在点1上按住鼠标左键拖至点2上松开，弹出【加缝份】对话框，在对话框中输入缝份量，单击【确定】按钮即可。

（6）修改单个角的缝份切角：选中工具，鼠标在需要修改的点上右键单击，弹出【拐角缝份类型】对话框，如图3-93所示，选择恰当的切角，单击【确定】按钮即可。

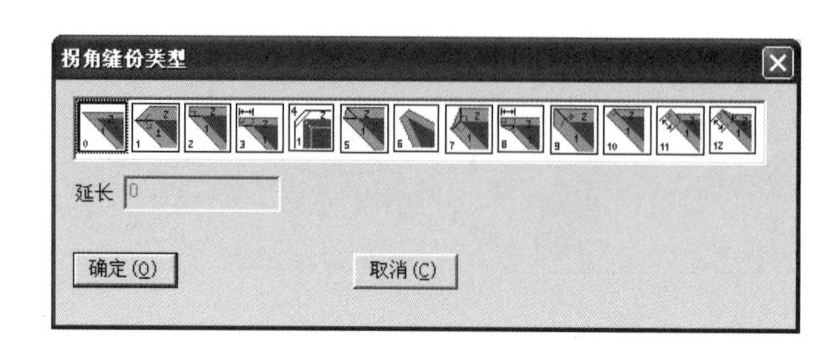

图3-93　【拐角缝份类型】对话框

（7）修改两边线等长的切角：选中工具，按【Shift】键，弹出【关联缝份】对话框，光标由变为后，选择一种切角类型，分别在靠近切角的两边（线1和线2）上单击即可，如图3-94所示。

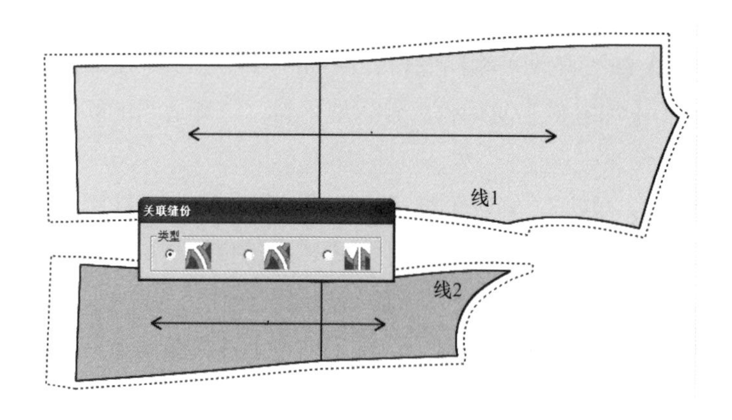

图3-94　修改两边线等长的切角

操作提示

富怡服装CAD自由设计与放码系统共提供13种缝份拐角类型，具体图标和加缝份效果如表3-1所示。

表3-1 缝份拐角类型

缝份拐角类型	图标	加缝份效果
拐角类型0		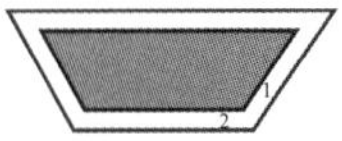
拐角类型1		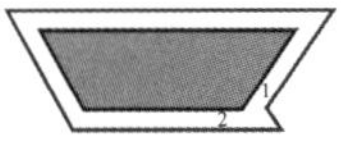
拐角类型2		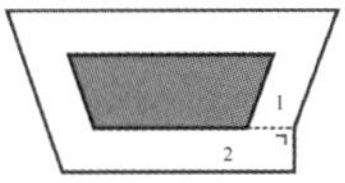
拐角类型3		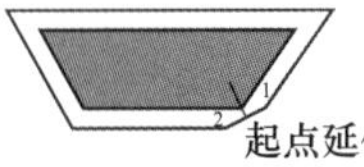 起点延伸量
拐角类型4		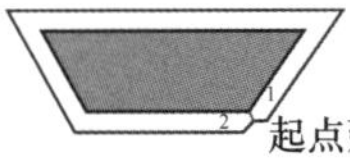 起点延伸量
拐角类型5		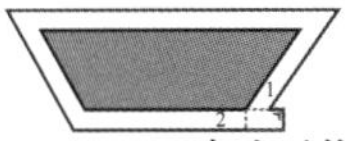 起点延伸量
拐角类型6		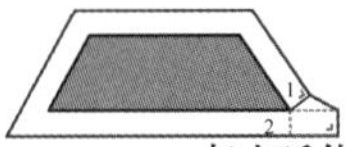 起点延伸量
拐角类型7		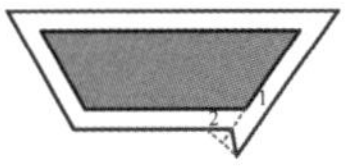
拐角类型8		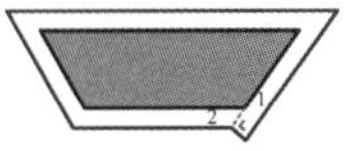
拐角类型9		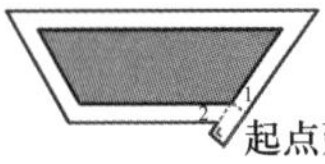 起点延伸量
拐角类型10		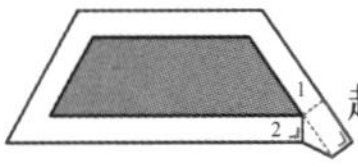 起点延伸量
拐角类型11		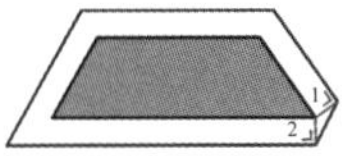
拐角类型12		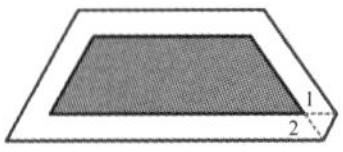

2. 做衬

选中【纸样工具栏】中的【做衬】工具，可在纸样上做衬板或贴边，具体方式有3种。

（1）单个纸样做衬板或贴边：

①单边做衬板或贴边：选中工具，鼠标单击需要做衬板或贴边的边线（或框选，然后右键单击），弹出【衬】对话框，输入折边距离和缝份减少量，选择相关选项，单击【确定】按钮即可。

②多边做衬板或贴边：选中工具，鼠标框选需要做衬板或贴边的边线，然后右键单击，弹出【衬】对话框，余下操作与单边做衬板或贴边的方法完全相同，具体如图3-95所示。

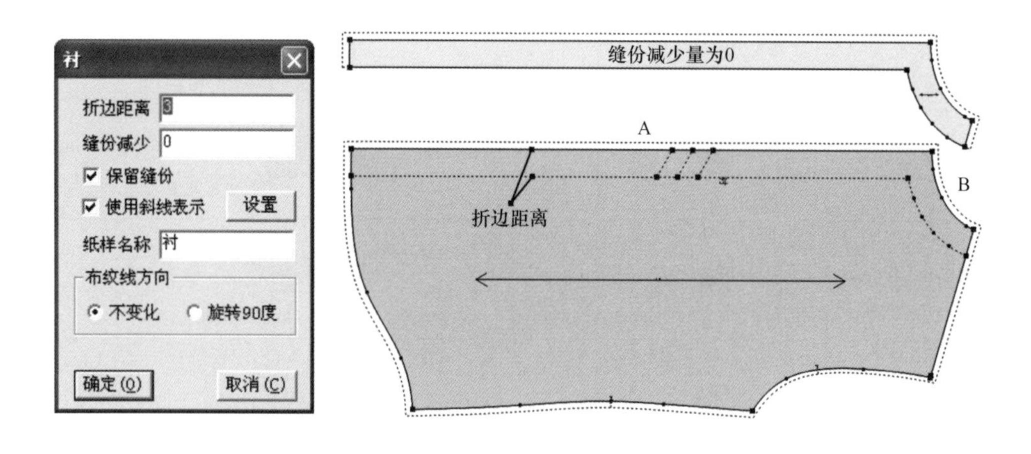

图3-95　多边做衬板或贴边

（2）多个纸样做距离边线宽度相等的衬板或贴边：选中工具，鼠标框选多个纸样需要做衬板或贴边的边线，右键单击，余下操作与多边做衬板或贴边的方法完全相同。

（3）纸样做全衬：选中工具，鼠标在纸样上单击，弹出【衬】对话框，余下操作与其他方法相同。

教师指导

（1）衬板或贴边生成后，原板上会保留衬板线或贴边线。

（2）在【衬】对话框中，如果在【纸样名称】输入框中输入“衬”，而原纸样名称为“前片”，则新纸样的名称为“前片衬”，并且在原纸样的加衬位置显示“衬”字。

3. 打剪口

选中【纸样工具栏】中的【剪口】工具，可在纸样边线上添加剪口或调整剪口，具体方式有8种。

（1）在控制点上加剪口：选中工具，鼠标在纸样边线控制点上单击即可。

（2）在一条边线上加剪口：选中工具，鼠标单击线（或框选线，然后右键单击），弹出【剪口】对话框，选择适当的选项，输入剪口距端点的距离，单击【确定】按钮即可。

（3）在多条线上同时加等距剪口：选中工具，鼠标框选需加剪口的线，右键单击，弹出【剪口】对话框，选择适当的选项，输入剪口距端点的距离，单击【确定】按钮即可。图3-96所示为距离端点2cm的打剪口效果。

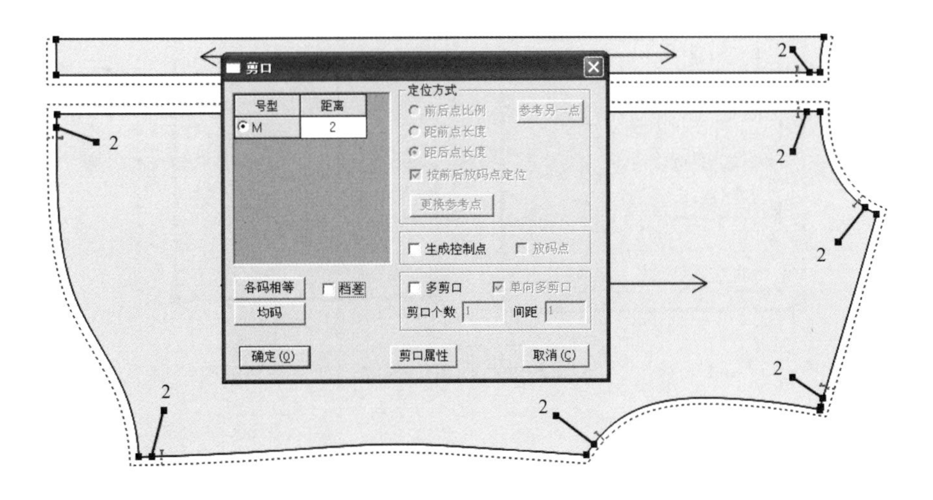

图3-96 在多条线上同时加等距剪口

（4）在两点间等份加剪口：选中工具，鼠标在起点按下拖动到终点，弹出图3-97所示的【比例剪口、等份剪口】对话框，选择等份剪口，输入等份数目，单击【确定】按钮即可。

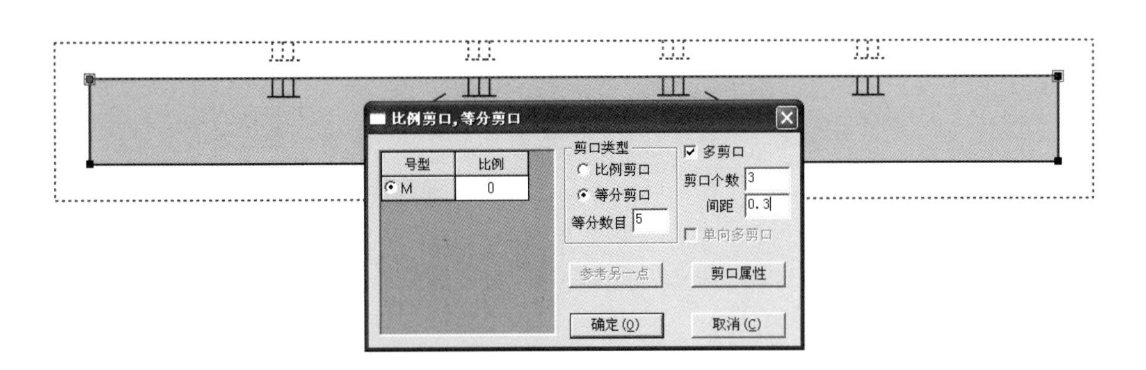

图3-97 【比例剪口、等份剪口】对话框

（5）拐角加剪口：选中工具，按【Shift】键，光标由形变成形，单击纸样上的拐角点，弹出【拐角剪口】对话框，输入正常缝份量，单击【确定】按钮，缝份不等于正常缝份量的边线的两端都统一加上剪口，如图3-98所示。如果框选拐角点，则只在该点加拐角剪口；如果单击或框选边线中部，则在边线的两端加剪口；如果单击或框选边线一端，则在边线的就近端加剪口。

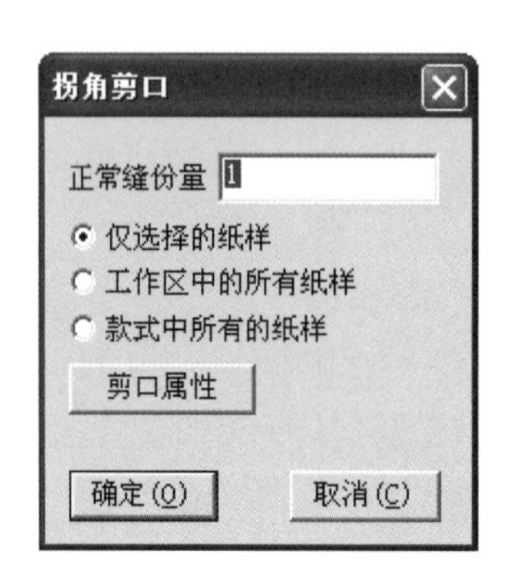

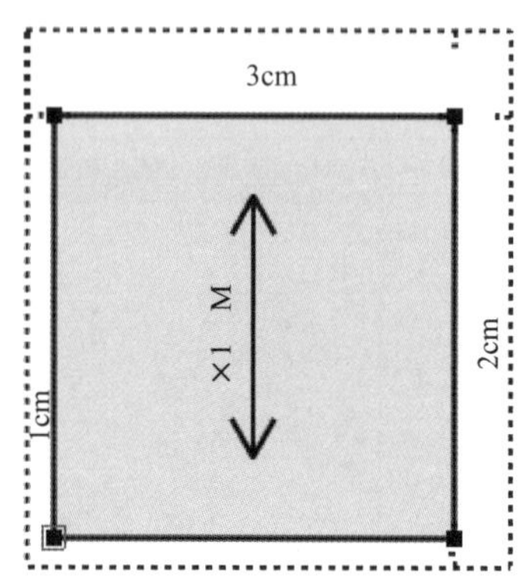

图3-98 拐角加剪口

（6）辅助线指向边线的位置加剪口：选中工具，鼠标框选辅助线的一端，则只在靠近这端的边线上加剪口；如果框选辅助线的中间段，则两端同时加剪口。

（7）调整剪口的角度：鼠标在剪口上单击会出现一条线，拖至需要的角度单击即可（对拐角剪口无效）。

（8）修改剪口的定位尺寸及属性：鼠标在剪口上右键单击，弹出【剪口】对话框，可输入新的剪口尺寸，选择剪口类型，单击【确定】按钮即可。

教师指导

对上衣来讲，可用【纸样工具栏】中的【袖对刀】工具在袖窿弧线与袖山弧线上同时打对位剪口，具体过程如下：

选中工具，鼠标在靠近前袖窿弧线*A*端位置单击或框选，右键单击；接着在靠近前袖山弧线*C*端位置单击或框选，右键单击；然后在靠近后袖窿弧线*E*端位置单击或框选，右键单击；最后在靠近后袖山弧线*G*端位置单击或框选，右键单击，弹出【袖对刀】对话框，在对话框中输入前、后袖窿的长度和前、后袖山弧线的容量，如图3-99所示，单击【确定】按钮即可。

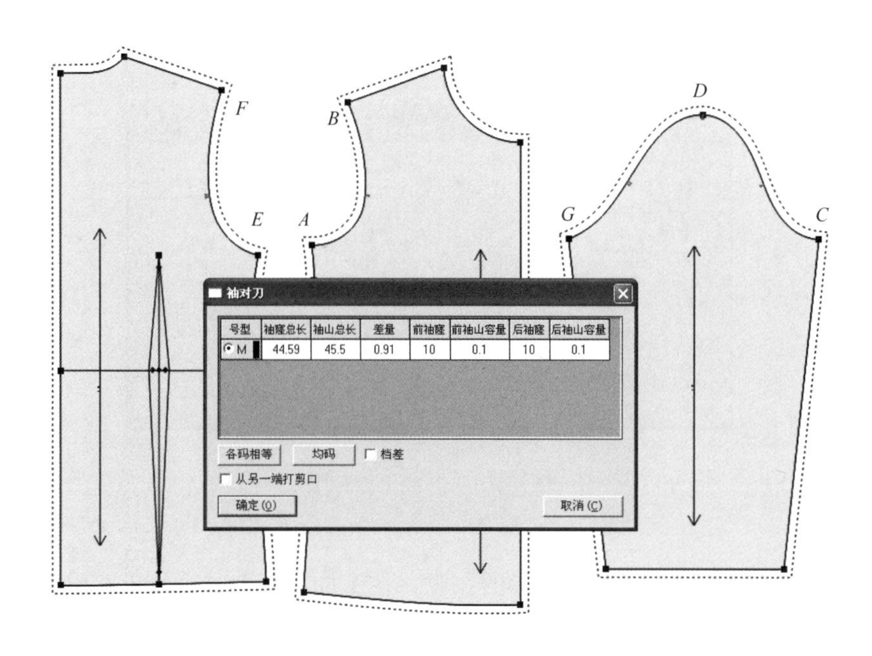

图3-99　【袖对刀】对话框

4. **加眼位**

选中【纸样工具栏】中的【眼位】工具 ，可在纸样上添加、修改眼位，具体方式有4种。

（1）根据眼位的个数和距离自动画出扣眼位置：鼠标单击前领深*A*点，弹出【加扣眼】对话框，选择扣眼类型，设置扣眼大小、角度、起始扣眼位置和扣眼个数、间距，单击【确定】按钮即可，具体如图3-100所示。

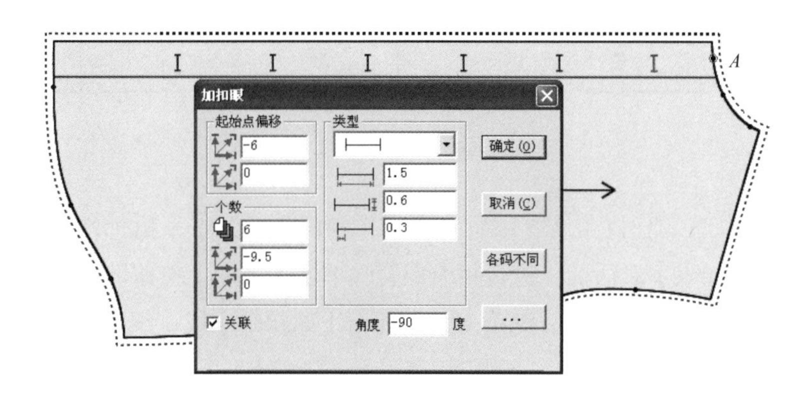

图3-100　根据眼位的个数和距离自动画出扣眼位置

（2）在线上加扣眼：鼠标单击纸样内辅助线，弹出【线上扣眼】对话框，选择扣眼类型，设置扣眼大小、角度、扣眼个数、距首尾点距离，单击【确定】按钮即可，具体如图3-101所示。

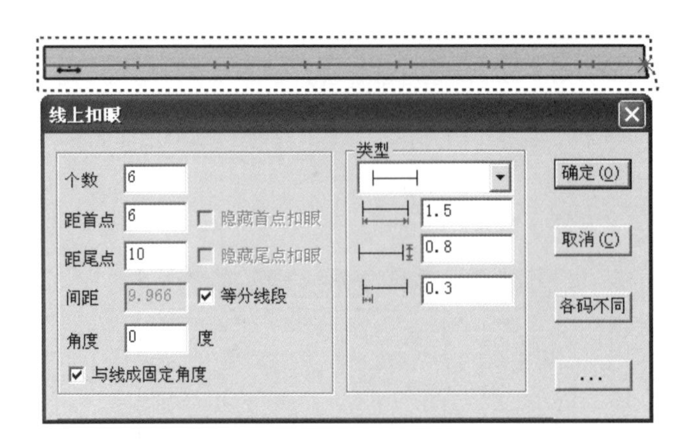

图3-101　在线上加扣眼

（3）在不同的码上，加数量不等的扣眼：在【加扣眼】或【线上扣眼】对话框中单击【各码不同】按钮，弹出相应的【各号型】对话框，如图3-102所示。在对话框中进行相关设置，单击【确定】按钮，回到上一级对话框，单击【确定】按钮即可。

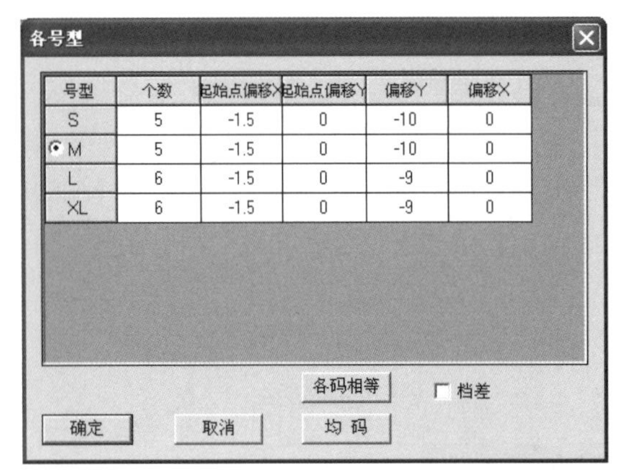
各号型

号型	个数	起始点偏移X	起始点偏移Y	偏移Y	偏移X
S	5	-1.5	0	-10	0
M	5	-1.5	0	-10	0
L	6	-1.5	0	-9	0
XL	6	-1.5	0	-9	0

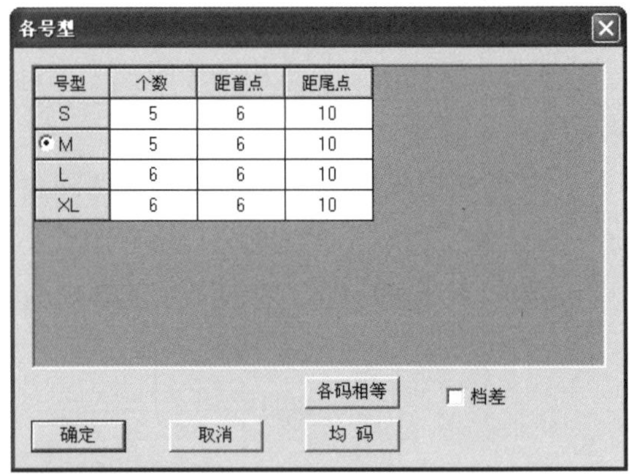
各号型

号型	个数	距首点	距尾点
S	5	6	10
M	5	6	10
L	6	6	10
XL	6	6	10

图3-102　【各号型】对话框

（4）任意位置、任意角度画眼位：在纸样内任意位置按下鼠标左键拖动到另一位置松开，弹出【加扣眼】对话框，进行相关设置，单击【确定】按钮即可。

另外，鼠标放到眼位上，右键单击，会弹出【加扣眼】或【线上扣眼】对话框，可重新设置扣眼相关参数。

5. **打钻孔与扣位**

选中【纸样工具栏】中的【钻孔】工具，可在纸样上打钻孔与扣位，具体方式有4种。

（1）根据钻孔的个数和距离自动画出钻孔位置：鼠标单击前领深*A*点，弹出【钻孔】对话框，单击【钻孔属性】按钮，弹出【属性】对话框，选择钻孔操作方式，设定半径；

单击【确定】按钮，回到【钻孔】对话框，设置起始钻孔位置和钻孔个数、间距，单击【确定】按钮即可，具体如图3-103所示。

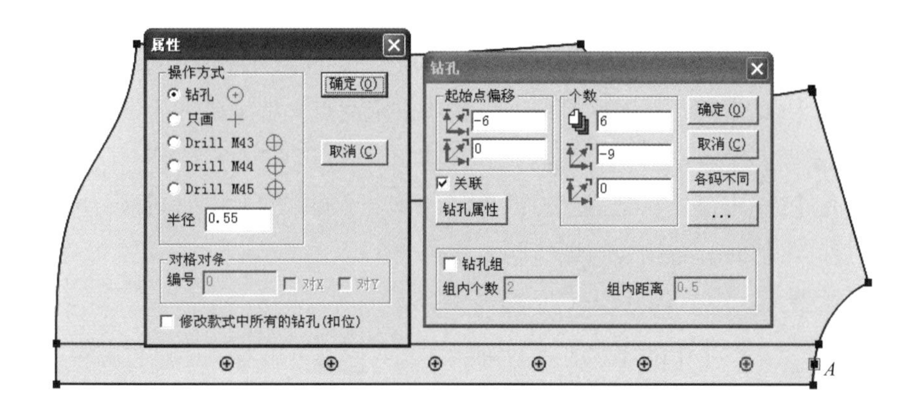

图3-103　根据钻孔的个数和距离自动画出钻孔位置

（2）在线上加钻孔：与在线上加扣眼的操作方法完全相同。

（3）在不同的码上加数量不等的钻孔：与在不同的码上，加数量不等的扣眼的操作方法完全相同。

（4）任意位置画钻孔：在纸样内任意位置单击即可。

另外，鼠标在钻孔上单击，会弹出【线上钻孔】或【钻孔】对话框，可修改相关设置。线上加钻孔或扣位后，如果用【调整工具】调整该线的形状，钻孔或扣位的间距依然是等距的，且距首尾点距离也不变。

6. **调整布纹线**

选中【纸样工具栏】中的【布纹线】工具，可对纸样布纹线进行调整。

（1）鼠标单击纸样上的两点，布纹线与指定两点连线平行。

（2）鼠标在布纹线上右键单击，布纹线以45°角旋转。

（3）鼠标在纸样（不是布纹线）上先左键单击，再右键单击，弹出【旋转布纹线】对话框，可任意角度旋转布纹线。

（4）鼠标在布纹线的中间位置单击，松开拖动可平移布纹线。

（5）鼠标移在布纹线的端点上单击，松开拖动可调整布纹线的长度。

（6）按住【Shift】键，光标会变成形，右键单击，布纹线上下的文字信息旋转90°。

（7）按住【Shift】键，光标会变成形，在纸样上任意两点单击定方向，布纹线上的文字信息以指定的方向旋转。

7. **旋转纸样**

选中【纸样工具栏】中的【旋转衣片】工具，可对纸样做任意方向和角度的旋转。

（1）如果布纹线是水平或垂直的，用该工具在纸样上右键单击，纸样按顺时针90°旋转。如果布纹线不是水平或垂直的，用该工具在纸样上右键单击，纸样旋转到布纹线水平方向或垂直方向。

（2）左键单击选中两点，移动鼠标，纸样以选中的两点在水平或垂直方向上旋转。

（3）按住【Ctrl】键，左键在纸样上依次单击定两点，移动鼠标，纸样可以第一点为旋转中心随意旋转。

（4）按住【Ctrl】键，在纸样上右键单击，弹出【旋转衣片】对话框，可按指定角度旋转纸样。旋转纸样时，布纹线与纸样同步旋转。

8. 翻转纸样

选中【纸样工具栏】中的【水平垂直翻转】工具，可对纸样进行翻转。

（1）按【Shift】键，在水平翻转与垂直翻转之间切换，对应的光标分别为和。

（2）鼠标在纸样上单击即可。

9. 分割纸样

选中【纸样工具栏】中的【分割纸样】工具，可对纸样进行剪开处理，具体操作方法有两种。

（1）沿辅助线剪开纸样：选中工具，鼠标左键单击辅助线，弹出【加缝份】对话框，输入缝份量，单击【确定】按钮即可。

（2）沿两点连线剪开纸样：鼠标分别单击纸样边线上的两个关键点，右键单击，弹出【加缝份】对话框，输入缝份量，单击【确定】按钮即可。

10. 纸样对称

选中【纸样工具栏】中的【纸样对称】工具，可对称复制纸样。选中工具，弹出【纸样对称】对话框。对话框中有3种对称方式可供选择：关联对称、只显示一半、不关联对称。选择一种对称方式，再单击对称轴即可，具体如图3-104所示。

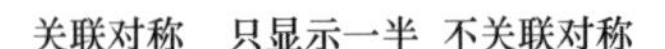

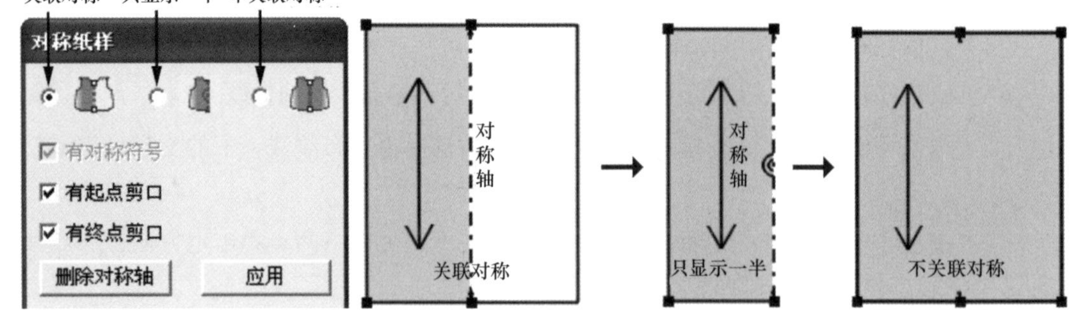

图3-104　纸样对称

教师指导

（1）关联对称后的纸样，在其中被对称一半的纸样上修改时，另一半也联动修改；不关联对称后的纸样，在其中一半的纸样上修改时，另一半不会跟着改动。

（2）如果纸样两边不对称，选择对称轴后默认保留面积大的一边，如图3-105所示。

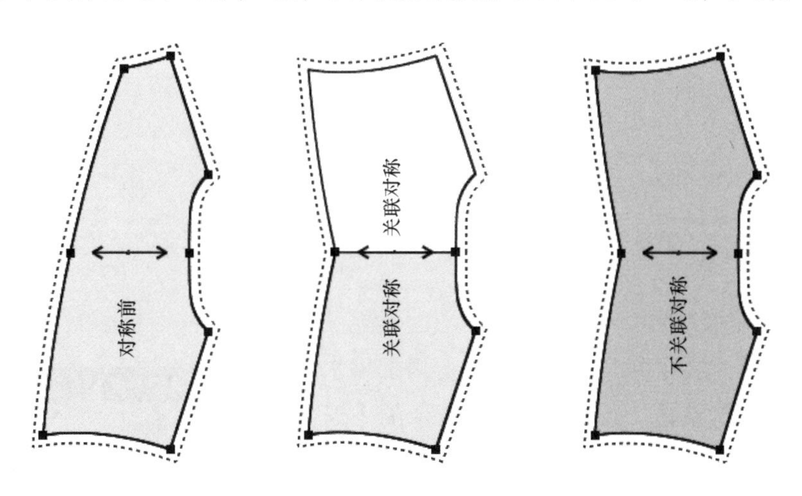

图3-105　不对称纸样的对称结果

11. 纸样缩水

选中【纸样工具栏】中的【缩水】工具，可对纸样进行缩水处理，具体操作方法有两种。

（1）整体缩水：

①选中工具，鼠标在空白处单击（或纸样上单击，右键单击），弹出【缩水】对话框，如图3-106所示。

②选择缩水纸样与面料，输入纬向与经向的缩水率，单击【确定】按钮即可。

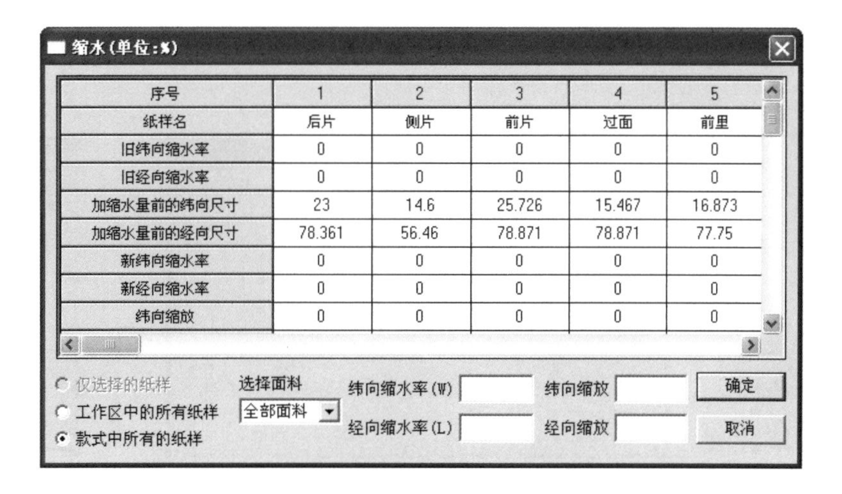

序号	1	2	3	4	5
纸样名	后片	侧片	前片	过面	前里
旧纬向缩水率	0	0	0	0	0
旧经向缩水率	0	0	0	0	0
加缩水量前的纬向尺寸	23	14.6	25.726	15.467	16.873
加缩水量前的经向尺寸	78.361	56.46	78.871	78.871	77.75
新纬向缩水率	0	0	0	0	0
新经向缩水率	0	0	0	0	0
纬向缩放	0	0	0	0	0

图3-106　【缩水】对话框

教师指导

（1）如果要对指定纸样加缩水，则要先单击选中纸样，再右键单击。

（2）整体缩水能记忆旧缩水率，并且可以更改或去掉原缩水率。例如，原先加了3%的缩水率，换新布料后，缩水率为5%，则直接输入“5”；如果要清除缩水率，则输入“0”即可。

（3）更改或清除缩水率时，表格框会填充颜色，警示做了更改。

（4）缩水与缩放两者之间是联动的，在缩水率输入框中输入数值，缩放输入框中会自动计算出相应值；同理，缩放输入框中输入数值，缩水率输入框中也有对应值，两者中只需输入其一即可。

（2）局部缩水：

①选中工具，鼠标单击或框选要进行局部缩水的边线或辅助线，右键单击，弹出图3-107所示的【局部缩水】对话框。

②输入缩水率，选择端点移动方式，单击【确定】按钮即可（局部缩水没有记忆旧缩水率功能）。

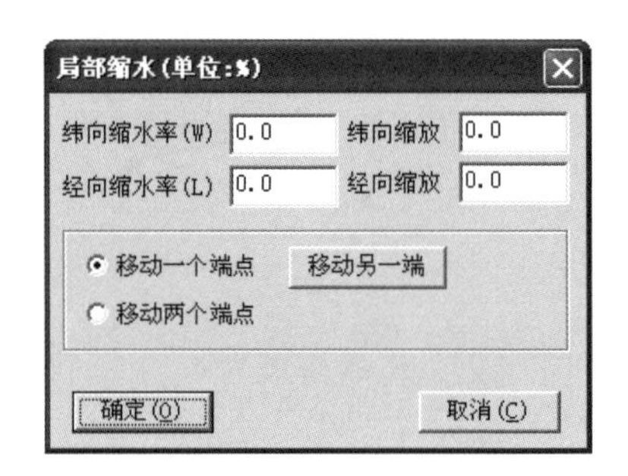

图3-107 【局部缩水】对话框

12. ***加褶***

选中【纸样工具栏】中的【褶】工具，可在纸样边线上增加或修改刀褶、工字褶，或把在结构线上加的褶用该工具变成褶图元。

（1）指定位置加褶：选中工具，鼠标框选或依次单击做褶的内线*A*和*B*，右键单击，弹出【褶】对话框，输入上、下褶宽，设定相关属性，选择褶类型、效果及与选择内线的位置关系，单击【确定】按钮，光标由形变为形，调整褶底，右键单击结束，具体如图3-108所示。

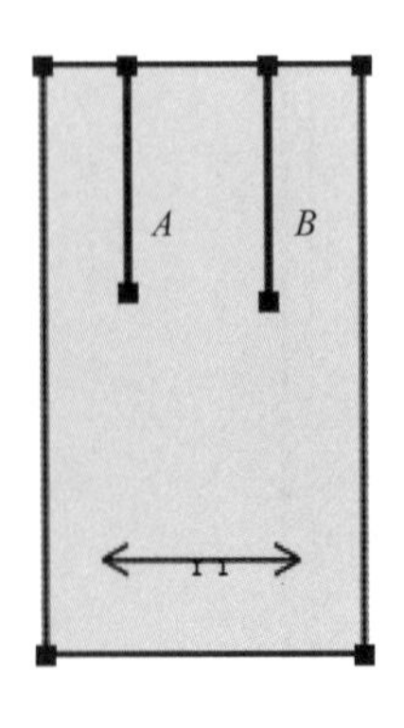

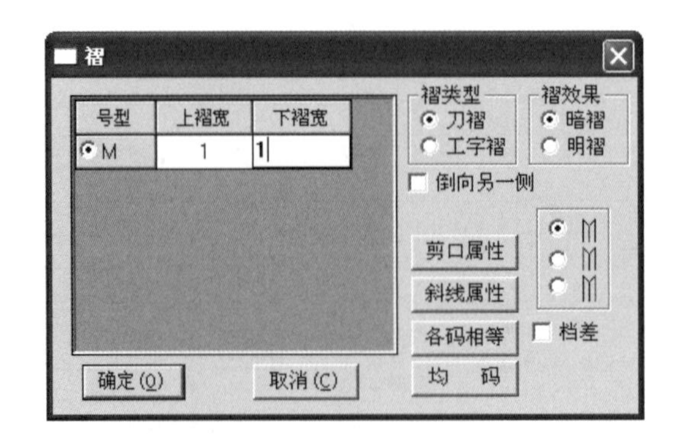

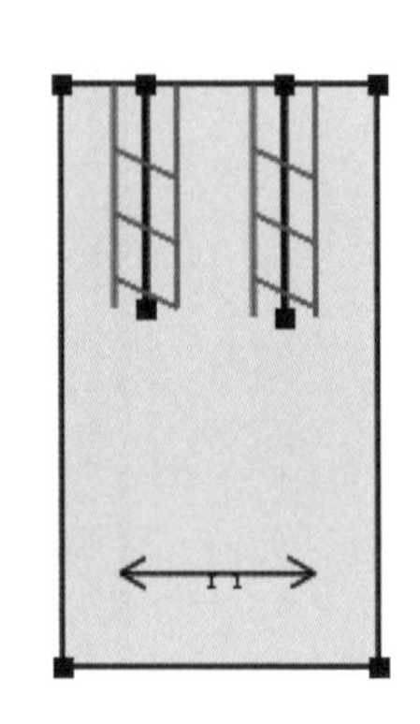

图3-108 指定位置加褶

（2）平均加褶：

①平均加半褶：选中工具，鼠标单击做褶的边线，右键单击，弹出【褶】对话框，输入上、下褶宽和褶长，如图3–109所示，接下来的操作与指定位置加褶完全相同。

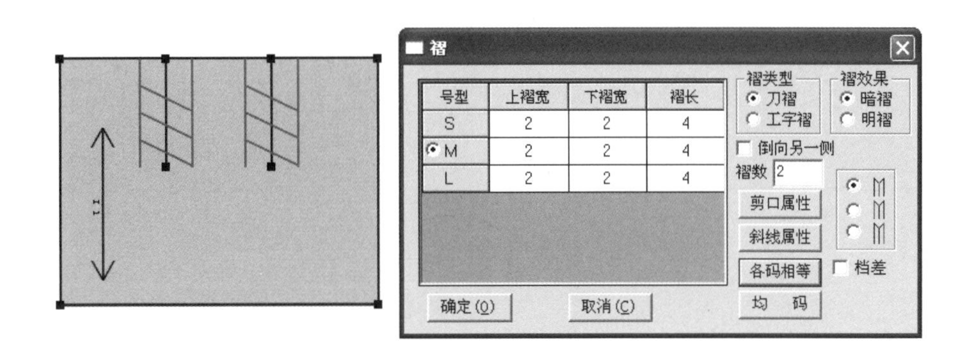

图3–109　平均加褶

②平均加通褶：选中工具，鼠标依次单击做褶的两条边线*A*和*B*，右键单击［右键单击的位置决定了褶展开的方向，同时也决定褶的上下段（靠近右键点击位置的为固定位置，同时也是上段）］，弹出【褶】对话框，输入上、下褶宽，如图3–110所示，接下来的操作与指定位置加褶完全相同。

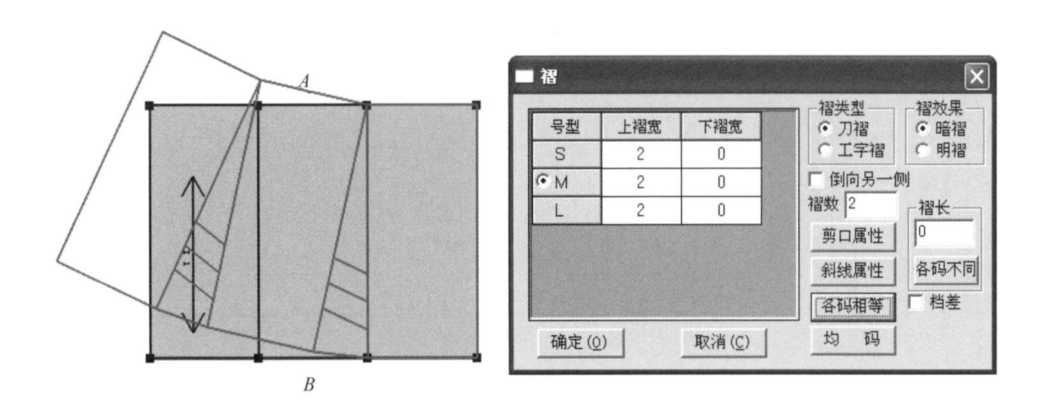

图3–110　平均加通褶

（3）修改褶：

①修改一个褶：选中工具，鼠标移至褶上，褶线变红色后右键单击，弹出【褶】对话框，重新设定相关内容即可（也可选中【调整工具】，在褶上右键单击）。

②同时修改多个褶：选中工具，鼠标分别单击选中需要修改的褶，右键单击，弹出【褶】对话框，重新设定相关内容即可（所选择的褶必须在同一个纸样上）。

（4）辅助点转褶图元（该方法只能做通褶）：选中工具，鼠标在点*A*上按住左键拖至点*B*上松开，然后放在点*C*上按住左键拖至点*D*上松开，弹出【褶】对话框，单击【确定】

按钮，原辅助点就变成褶图元，褶图元上自动带有剪口，具体如图3-111所示。

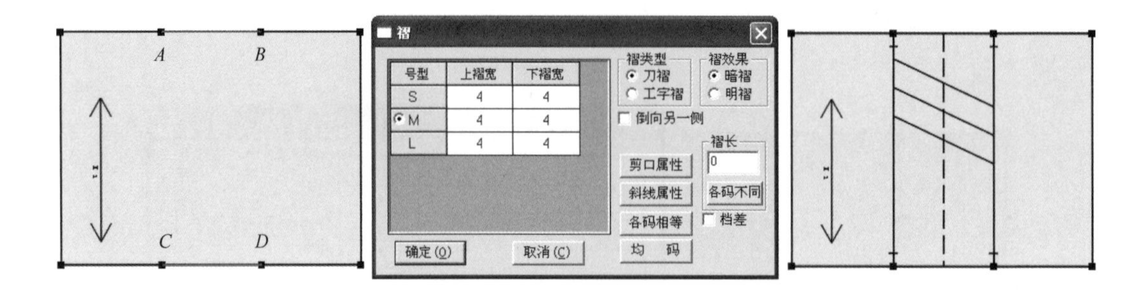

图3-111 辅助点转褶图元

13. 加V型省

选中【纸样工具栏】中的【V型省】工具，可在纸样边线上增加或修改V型省，也可以把在结构线上加的省用该工具变成省图元。

（1）指定省中线加省：选中工具，鼠标在省中线上单击，弹出【尖省】对话框，输入省量，设置相关属性，选择开省方式和处理方式，单击【确定】按钮，省合并起来，光标由形变为形，调整省口合并线圆顺，右键单击结束，具体如图3-112所示。

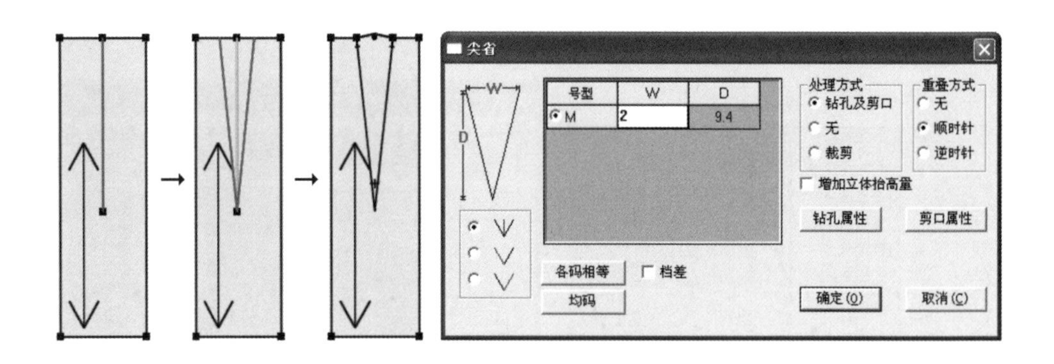

图3-112 指定省中线加省

（2）无省中线加省：选中工具，鼠标在边线上单击，先定好开省的位置，松开鼠标拖出省中线，再单击，弹出【尖省】对话框，余下的操作与指定省中线加省完全相同。

（3）修改V型省：选中工具，鼠标移至V型省上，省线变红色后右键单击，弹出【尖省】对话框，重新设置相关数值与方式即可。

（4）辅助线、边线转省图元：选中工具，鼠标分别在省口A点、B点上单击，再在省尖C点上单击，弹出【省】对话框，单击【确定】按钮，省合并起来，光标由形变为形，调整省口合并线圆顺，右键单击，生成省图元。省图元上自动带有剪口、钻孔，具体如图3-113所示。

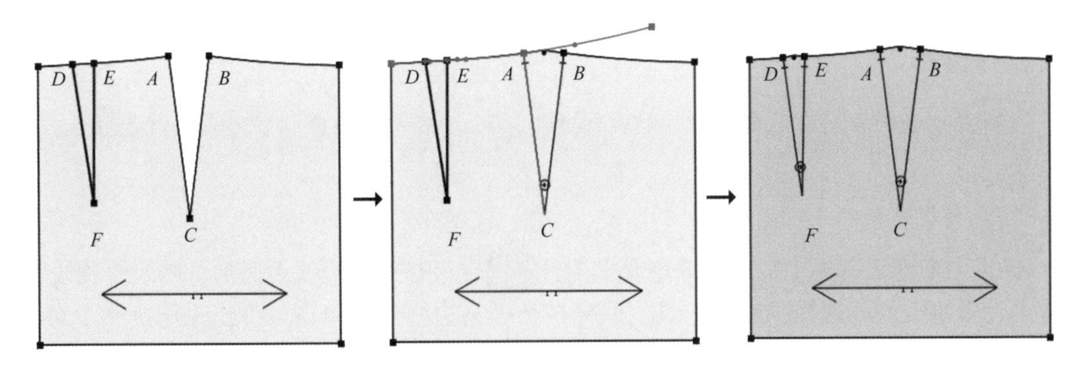

图3-113　辅助线、边线转省图元

操作提示

●辅助线、边线转省图元时，省口点要在轮廓线的放码点或非放码点上，且点一定要显示。

●加省后，如果需要修改省量及剪口、钻孔属性，可在省上右键单击，弹出【尖省】对话框，按需要进行修改即可（也可选中【调整工具】，在省上右键单击）。

14. **加锥型省**

选中【纸样工具栏】中的【锥型省】工具，可在已知省口中点、省尖点和省腰点的情况下，为纸样添加锥型省或菱型省。

选中工具，鼠标分别在省口点*A*、省尖点*B*上单击，松开鼠标拖动到点*C*再单击，弹出【锥型省】对话框，设置相关属性，选择处理方式，输入W1的值，单击【确定】按钮，生成锥型省。如果W1的值为0，则生成菱型省，具体如图3-114所示。

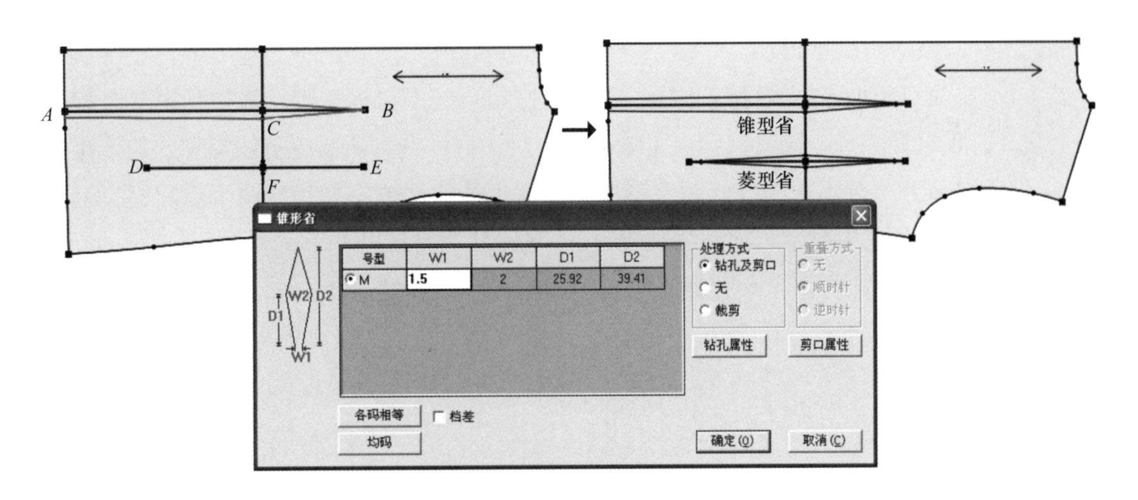

图3-114　加锥型省

操作提示

如果A、B两点定在空白位置，则W1、W2、D1、D2都会被激活，可自行设置数值。

15. 加缝迹线

选中【纸样工具栏】中的【缝迹线】工具，可在纸样边线上添加、修改缝迹线。

（1）加定长缝迹线：选中工具，鼠标在纸样某边线点上单击，弹出【缝迹线】对话框，如图3-115所示，选择所需缝迹线类型，输入缝迹线间距及长度，单击【确定】按钮即可。如果该点已有缝迹线，会在对话框中显示当前的缝迹线数据，修改即可。

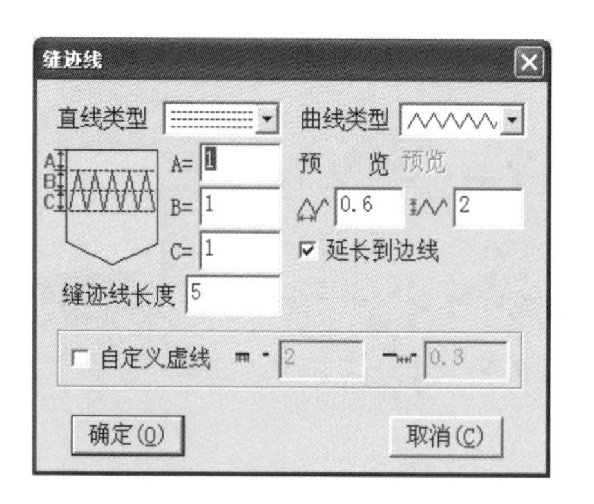

图3-115 设定加定长缝迹线

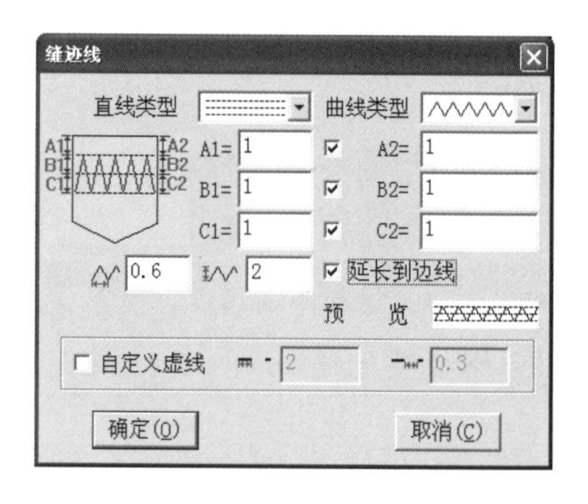

图3-116 设定在一段线或多段线上加缝迹线

（2）在一段线或多段线上加缝迹线：鼠标单击或框选一段或多段边线后右键单击，在弹出的如图3-116所示的【缝迹线】对话框中选择所需缝迹线类型，输入缝迹线间距，单击【确定】按钮即可。

（3）在整个纸样边线上加相同的缝迹线：鼠标单击纸样的一个边线点，在弹出的【缝迹线】对话框中选择所需缝迹线类型，在【缝迹线长度】输入框中输入“0”即可，或框选所有的线后右键单击。

（4）在两点间加不同宽的缝迹线：在第一控制点按下鼠标左键，拖动到第二个控制点上松开，顺时针选择一段线，弹出【缝迹线】对话框，选择所需缝迹线类型，勾选【间距2】选项，输入两端不同的线间距，单击【确定】按钮即可。如果这两个点间已有缝迹线，那么会在对话框中显示当前的缝迹线数据，修改即可。

（5）删除缝迹线：用【橡皮擦】工具单击即可删除。也可以在直线类型与曲线类型中选第一种无线型。

操作提示

在【缝迹线】对话框中：

- 【A1】【A2】：A1 大于0 表示缝迹线在纸样内部，小于0 表示缝迹线在纸样外部，A1、A2表示第一条线距边线的距离。

- 【B1】【B2】：表示第二条线与第一条线的距离，计算的时候取其绝对值。
- 【C1】【C2】：表示第三条线与第二条线的距离，计算的时候取其绝对值。
- 这3条线要么在边界内部，要么在边界外部。在两点之间添加缝迹线时，可做出起点、终点距边线不相等的缝迹线，并且缝迹线中的曲线高度都是统一的，不会进行拉伸。
- 如果只加边线上指定两点之间的缝迹线，需将【延长到边线】选项取消勾选。

16. **加绗缝线**

选中【纸样工具栏】中的【绗缝线】工具，可在纸样上添加、修改绗缝线。

（1）加相同的绗缝线：

①选中工具，鼠标单击纸样，纸样边线变成红色，再分别单击参考线的起点、终点（可以是边线上的点，也可以是辅助线上的点），弹出【绗缝线】对话框，如图3–117所示。

②选择合适的绗缝线类型，输入合适的绗缝线间距，单击【确定】按钮，绗缝线画出，如图3–118所示。

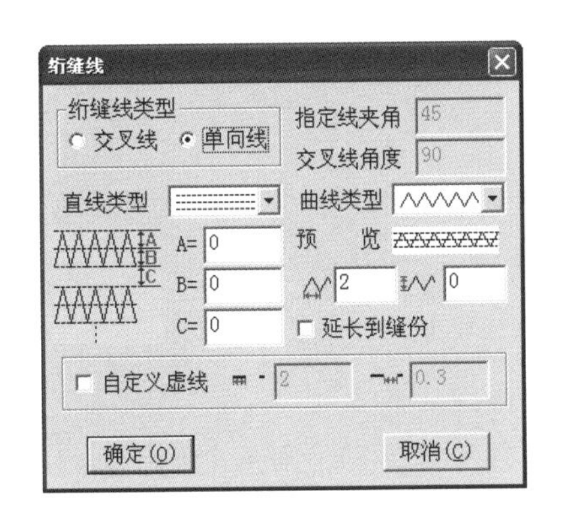

图3–117　【绗缝线】对话框

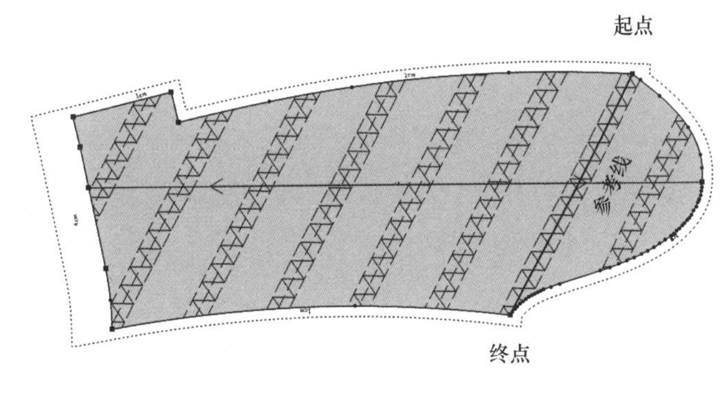

图3–118　画出绗缝线

（2）加不同的绗缝线：

①选中工具，按顺时针方向选中$ABCD$，线变成红色，再单击E、F两点选择参考线EF，弹出【绗缝线】对话框，在对话框中进行设置，单击【确定】按钮，绗缝线画出。

②以同样方法选中$GHIJ$，选择参考线LM，弹出【绗缝线】对话框，在对话框中进行相应设置，单击【确定】按钮，绗缝线画出，具体如图3–119所示。

（3）修改绗缝线：鼠标在纸样的绗缝线上右键单击，会弹出相应的【绗缝线】对话框，修改参数后，单击【确定】按钮即可。

（4）删除绗缝线：可用【橡皮擦】工具单击删除；也可以鼠标在纸样的绗缝线上右键单击，在弹出的【绗缝线】对话框的直线类型与曲线类型中选第一种无线型。

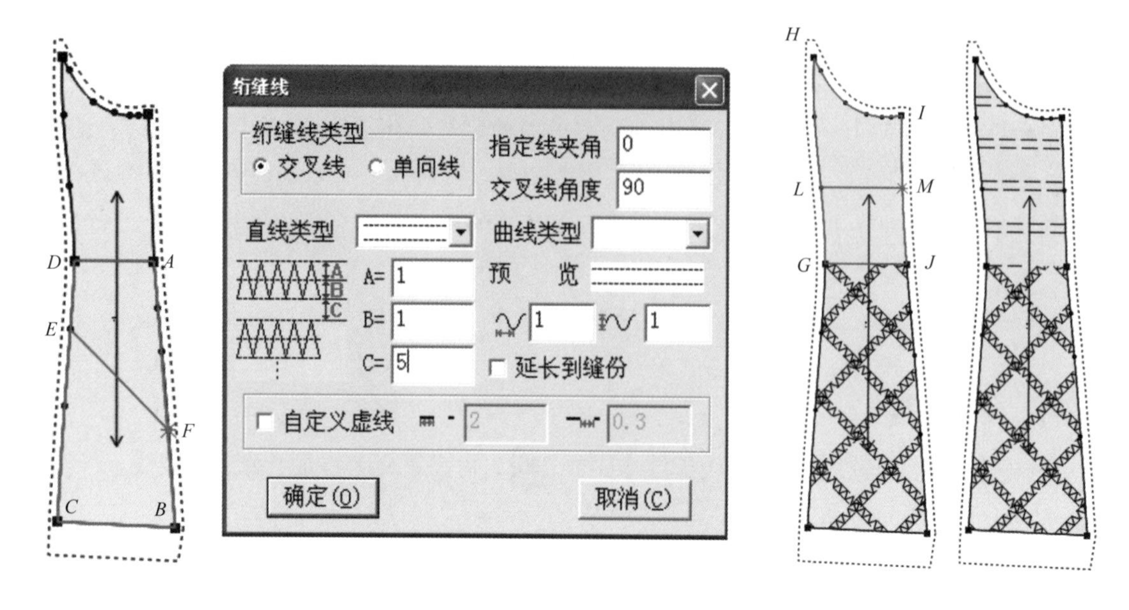

图3-119　加不同的绗缝线

操作提示

在【绗缝线】对话框中：

- 绗缝线类型：选择交叉线时，角度在【交叉线角度】输入框中输入；选择单向线时，做出的绗缝线都是平行的。
- 直线类型：选三线时，*A*表示第二条线与第一条线间的距离；*B*表示第三条线与第二条线间的距离；*C*表示两组绗缝线间的距离。选两线时，*B*中的数值无效；选单线时，*A*与*B*中的数值都无效。
- 曲线类型：[图标]表示曲线的宽度，[图标]表示曲线的高度。
- 延长到缝份：选项勾选时，绗缝线会延长到缝份上；不勾选时，则不会延长到缝份上。

17. **编辑款式资料**

选中【纸样】菜单下的【款式资料】命令，弹出【款式信息框】对话框，如图3-120所示。对话框中会显示当前文件的纸样数。单击[...]按钮，可选择当前文件对应的款式图（此处选择款式图后，在【显示】菜单中勾选【款式图】选项，即可显示【款式图】对话框，如图3-121所示）。

之后可选择或输入款式名、款式简述、客户名和定单号等信息。选择或输入布料的种类与颜色，单击下方对应的【设定】按钮，可设定不同布料在【衣片列表框】中以设定的颜色显示，如图3-122所示。单击[图标]按钮，弹出【编辑词典】对话框，可输入并保存使用频率较高的文字。选择一种布纹方向，并单击右侧对应的【设定】按钮，可设定布纹线的类型。如果需要的话，裁剪的【最大倾斜角】和【刀损耗】也可一并设定，最后单击【确定】按钮，即可完成款式资料的编辑。

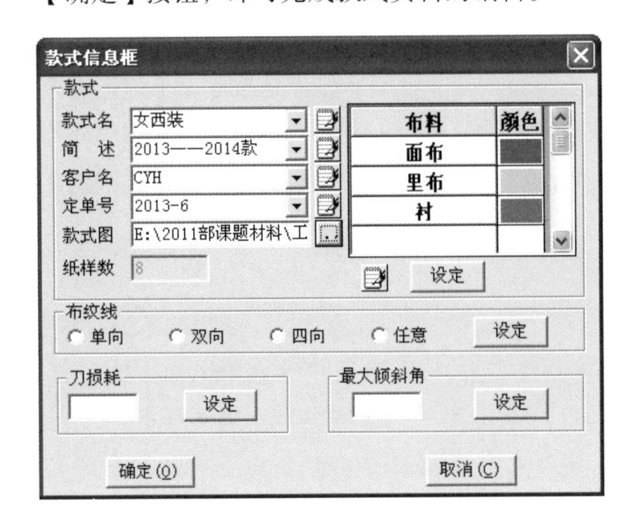

图3-120　【款式信息框】对话框

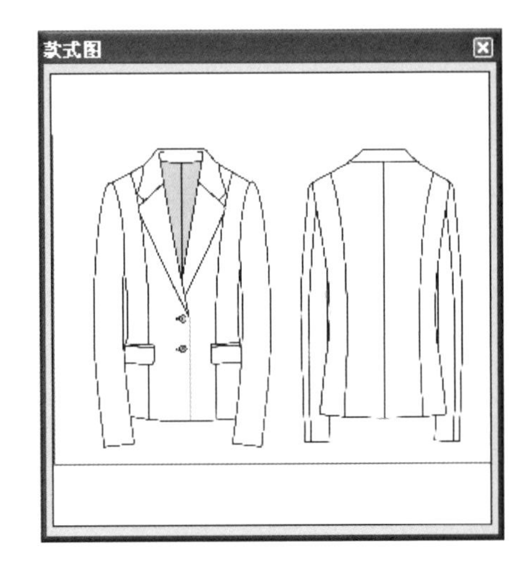

图3-121　【款式图】对话框

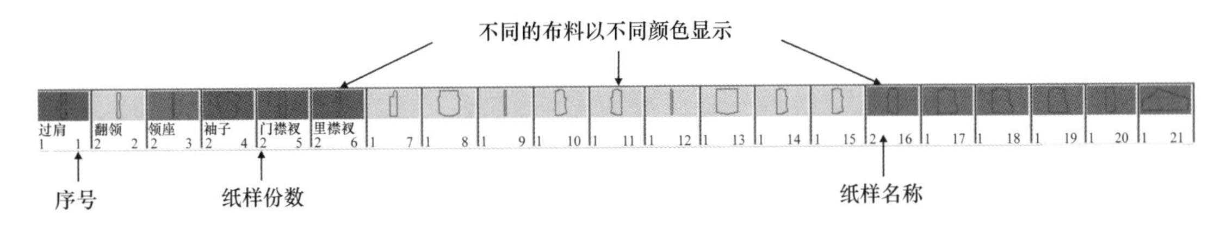

图3-122　设定不同布料以不同颜色显示

18. *编辑纸样资料*

鼠标在【衣片列表框】中左键单击，选中一块纸样，之后选中【纸样】菜单下的【纸样资料】命令，弹出【纸样资料】对话框，如图3-123所示。在对话框中可设置纸样名

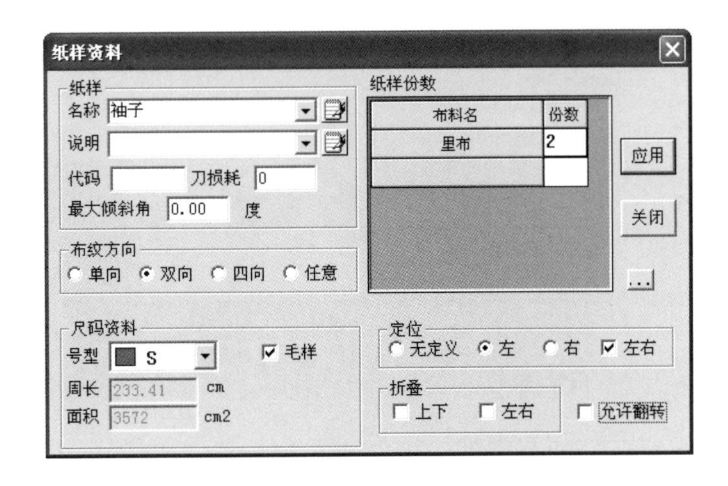

图3-123　【纸样资料】对话框

称、选择纸样所属布料类型、设定纸样份数，这些设定的信息都可在衣片列表框中显示。如果设定的纸样份数为偶数，且在【定位】栏下选择当前纸样是左，再勾选【左右】复选框，则另一份纸样为右片，否则两份都是左片。当纸样定位为无定义时，不管勾选或不勾选【允许翻转】（勾选，则排料系统中的【翻转限定】工具默认按起，不勾选则按下），在排料时纸样都可水平翻转、垂直翻转；当纸样定位为左右对称时，不管勾选或不勾选【允许翻转】，在排料时纸样都不能水平翻转、垂直翻转，【翻转限定】工具不起作用。

教师指导

（1）默认【款式信息框】与【纸样资料】对话框中的各项设置不直接显示在工作区纸样上，只有进入排料系统，载入文件，在弹出的图3-124所示的【纸样制单】对话框中才可以看到相关设置。当然，这些信息也可以在【纸样制单】对话框中直接设置。

（2）如果一定要在纸样上显示【款式信息框】与【纸样资料】对话框中的各项设置，可选中【选项】菜单下的【系统设置】命令，在弹出的【系统设置】对话框中选择

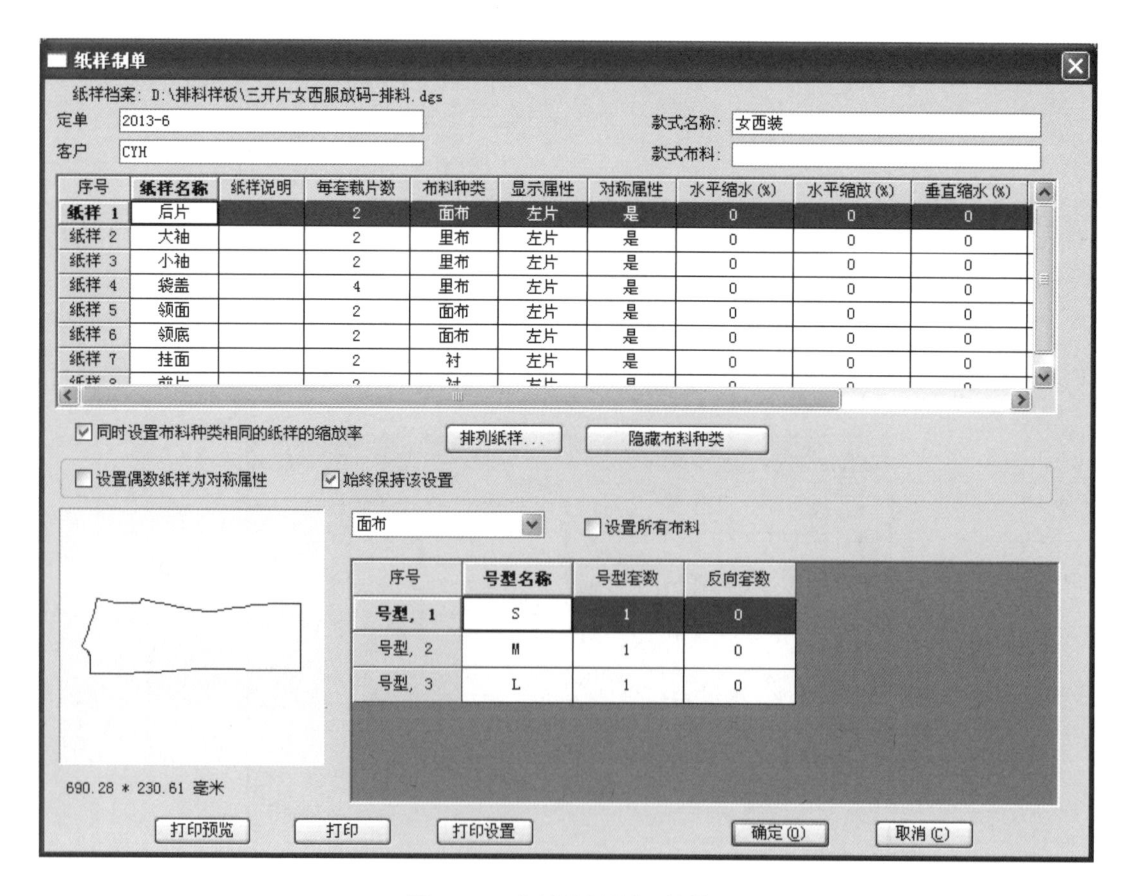

图3-124 【纸样制单】对话框

【布纹线信息格式】选项卡进行设置。

（3）不同的布料在排料系统中会自动分床。图3–125所示为共分三床，面布、里布和衬各排一床。

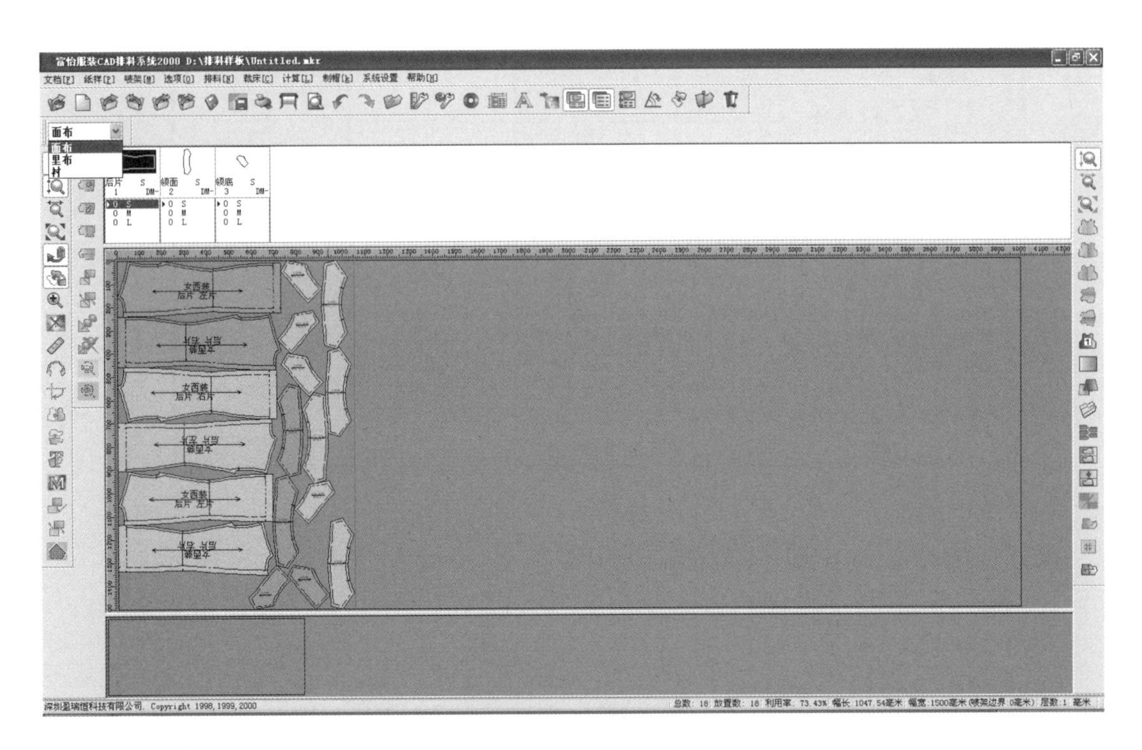

图3–125 自动分床示意图

19. **编辑布纹线信息**

选中【选项】菜单下的【系统设置】命令，弹出【系统设置】对话框，如图3–126所示。选中【布纹设置】选项卡，可设置布纹线的缺省方向和大小，勾选【在布纹线上或下显示纸样信息】选项，再单击▶，弹出【布纹线信息】对话框，如图3–127所示。

在对话框中可勾选在布纹线上或下需要显示的相关信息。【布纹线信息】对话框中设置的显示信息与具体效果如图3–128所示。【布纹线信息】对话框中各信息名与代号的对应关系如表3–2所示。

表3–2 信息名与代号对应表

号型名	款式名	纸样名	客户名	布料类型	定单名	纸样说明	纸样代码	纸样份数	纸样规格	经向缩水率	纬向缩水率	净样面积	毛样面积	净样周长	毛样周长	日期	左右片份数
&S	&T	&P	&U	&M	&O	&C	&D	&N	&W	&X	&Y	&A	&E	&G	&H	&R	&L

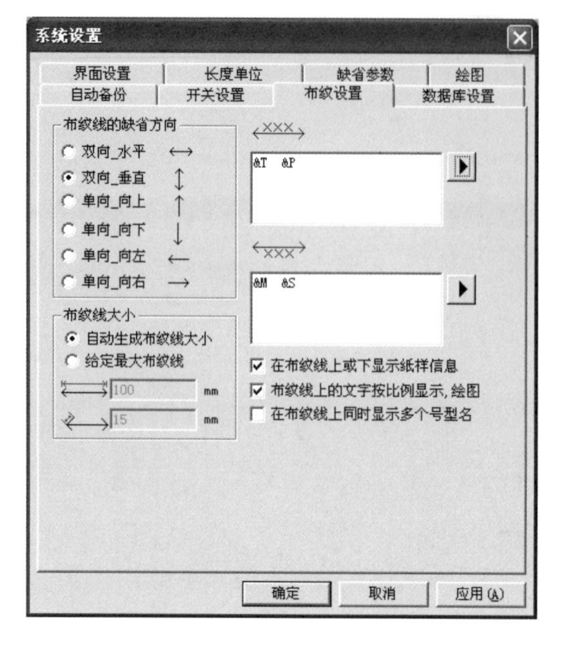

图3-126 【系统设置】对话框

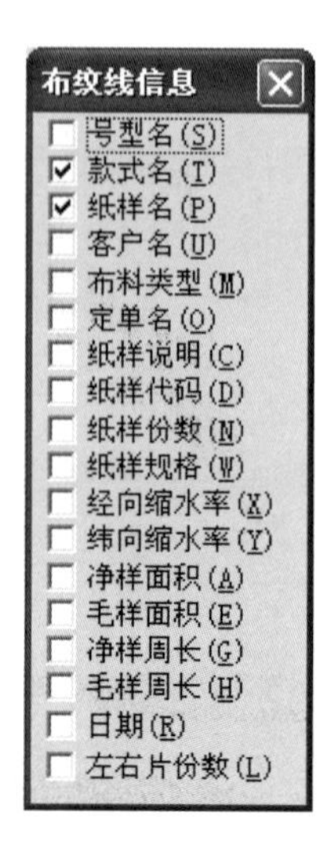

图3-127 【布纹线信息】对话框

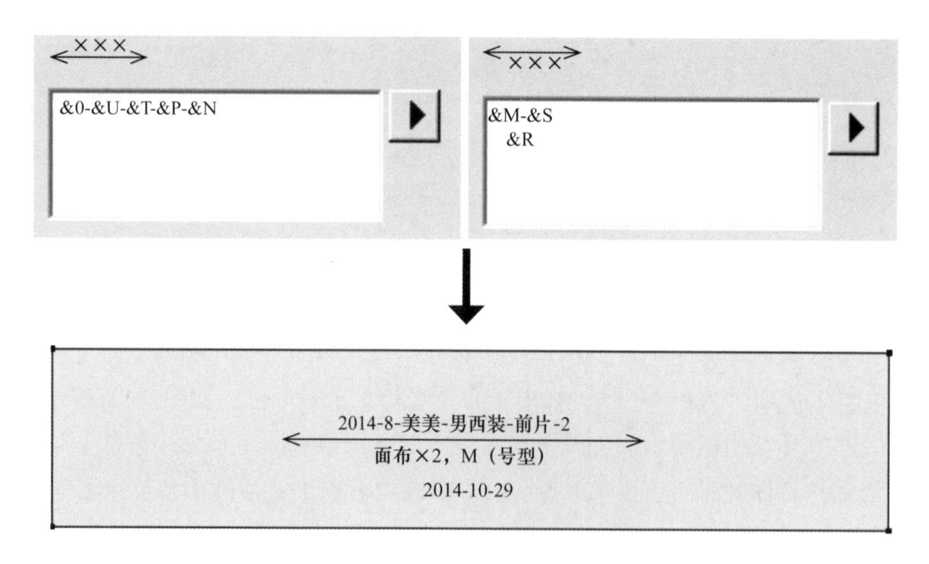

图3-128 设置显示信息与具体对应效果

勾选【布纹线上的文字按比例显示，绘图】，布纹线上或下的文字大小按布纹线的长短显示，否则以同样大小显示。

勾选【在布纹线上同时显示多个号型名】，在显示所有码或绘制放码网状图时，各个码的号型都可显示在布纹线上或下。

第五节 纸样放码

在富怡V9.0自由设计与放码系统中提供4种放码方式：点放码、线放码、规则放码和按方向键放码。

一、点放码

（1）在【设置号型规格表】对话框中建好系列号型规格，纸样生成后，鼠标单击【快捷工具栏】中的【点放码表】工具，弹出如图3-129所示的【点放码表】对话框。

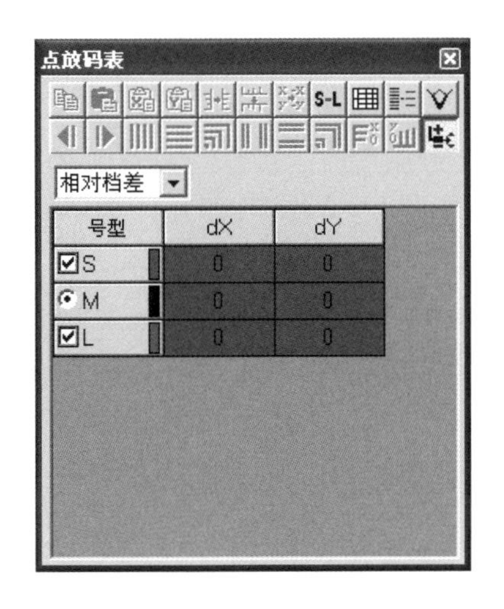

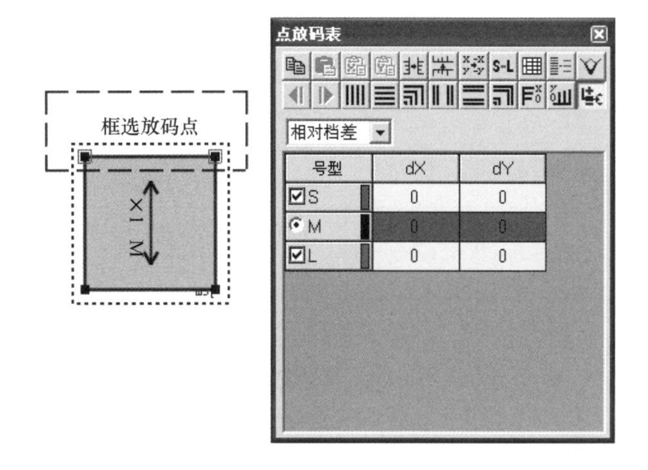

图3-129 【点放码表】对话框　　图3-130 框选放码点、激活输入框

（2）选中【纸样工具栏】上的【选择纸样控制点】工具，鼠标单击或框选需要放码的点，【点放码表】中的【*dx*】、【*dy*】输入框及相关的功能按钮被激活，如图3-130所示。如果要规则放码，在S码的【*dx*】、【*dy*】输入框中输入档差值，再单击【*X*相等】工具、【*Y*相等】工具或【*XY*相等】工具等相关放码按钮即可完成放码；如果要不规则放码，则在各码的【*dx*】、【*dy*】输入框中输入档差值，再单击【*X*不等距】工具、【*Y*不等距】工具或【*XY*不等距】工具等相关放码按钮即可完成放码。单击【*X*等于零】工具，可将【*dx*】输入框中的放码量归零；单击【*Y*等于零】工具，可将【*dy*】输入框中的放码量归零。

教师指导

（1）框选放码点可累加。单击只能选择一个放码点，如果要通过单击选择多个放码点，要按住【Shift】键。

（2）放码点被框选中，设置放码量后，一定要在空白处单击，取消对该点的选择，之后再框选其他放码点进行放码量设置，否则，后面设置的放码量会自动替换前面设置的放码量。这一点一定要特别注意。

（3）点放码的关键是要熟悉【点放码表】中各工具按钮的功能和用法，具体如表3-3所示。

表3-3 【点放码表】中各图标工具的名称、功能与操作方法

图标	名称	功能	操作方法
	复制放码量	复制已放码的一个或一组点的放码值	用【选择纸样控制点】工具单击或框选已放码的点，再单击该按钮即可
	粘贴XY	将被复制点X和Y两方向上的放码值粘贴在指定的放码点上	复制放码量后，用【选择纸样控制点】工具单击或框选要放码的点，再单击该按钮即可
	粘贴X	将被复制点X方向上的放码值粘贴在指定的放码点上	复制放码量后，用【选择纸样控制点】工具单击或框选要放码的点，再单击该按钮即可
	粘贴Y	将被复制点Y方向上的放码值粘贴在指定的放码点上	复制放码量后，用【选择纸样控制点】工具单击或框选要放码的点，再单击该按钮即可
	X取反	将被复制点X方向上的放码值的相反值粘贴在指定的放码点上	复制放码量后，用【选择纸样控制点】工具单击或框选要放码的点，再单击该按钮即可
	Y取反	将被复制点Y方向上的放码值的相反值粘贴在指定的放码点上	复制放码量后，用【选择纸样控制点】工具单击或框选要放码的点，再单击该按钮即可
	XY取反	将被复制点X和Y两方向上的放码值的相反值粘贴在指定的放码点上	复制放码量后，用【选择纸样控制点】工具单击或框选要放码的点，再单击该按钮即可
S-L	根据档差类型显示号型名称	控制号型的显示方式	号型 XS S M L XL 按起该按钮的显示 号型 XS-M S-M M L-M XL-M 按下该按钮的显示
	所有组	显示所有组各码	默认的显示方式。均匀放码时，如果未按下该按钮，放码指令只对本组有效。如果按下该按钮，在任一分组内输入放码量，再用放码指令，所有组全部放码 在该工具按钮模式下，既可以设定各组基码之间的档差，也可以设定每组各码之间的档差
	只显示组基码	只显示每个组的基码	按下该按钮即可 在该工具按钮模式下，只能设定各组基码之间的档差

续表

图标	名称	功能	操作方法
	角度放码	按照设定的坐标方向放码	按下该按钮，选中的放码点上出现绿色的坐标轴，单击角度设定框 0.00 中的上、下箭头，可旋转坐标轴，单击 >> 按钮，弹出快捷菜单，可选择特殊的坐标定位方式。具体如图例所示
	前一放码点	选择前一放码点（只能选择轮廓线上的放码点）	单击该按钮即可。可连续单击
	后一放码点	选择后一放码点（只能选择轮廓线上的放码点）	单击该按钮即可。可连续单击
	*X*相等	使选中的放码点在*X* 方向（即水平方向）上均等放码	选中放码点，在【*dx*】任意输入框中输入档差，单击该按钮即可
	*Y*相等	使选中的放码点在*Y* 方向（即垂直方向）上均等放码	选中放码点，在【*dy*】任意输入框中输入档差，单击该按钮即可
	*XY*相等	使选中的放码点在*XY*方向（即水平和垂直方向）上均等放码	选中放码点，在【*dx*】、【*dy*】任意输入框中输入档差，单击该按钮即可
	*X*不等距	使选中的放码点在*X*方向上不均等放码	选中放码点，在各码【*dx*】输入框中输入档差，单击该按钮即可
	*Y*不等距	使选中的放码点在*Y*方向上不均等放码	选中放码点，在各码【*dy*】输入框中输入档差，单击该按钮即可
	*XY*不等距	使选中的放码点在*XY* 方向上不均等放码	选中放码点，在各码【*dx*】、【*dy*】输入框中输入档差，单击该按钮即可
	*X*等于零	使选中的放码点在*X* 方向上放码量归零	选中放码点，单击该按钮即可
	*Y*等于零	使选中的放码点在*Y* 方向上放码量归零	选中放码点，单击该按钮即可
	自动判断放码量正负（建议不用）	选中该图标后，不论放码量输入是正数还是负数，采用放码命令后计算机都会自动判断出正负	按下该按钮即可
相对档差	档差显示方式	选择档差显示方式	单击下拉按钮，有3种档差显示方式可供选择：相对档差、绝对档差、从小到大
0.00	选择坐标角度	设定放码点任意角度的坐标轴	与【角度放码】按钮配套使用。单击角度设定框 0.00 中的上、下箭头，可旋转坐标轴，也可直接输入角度值
>>	选择特殊放码坐标	设定放码点特殊角度的坐标轴	与【角度放码】按钮配套使用。单击该按钮，弹出快捷菜单，可选择特殊的坐标角度

二、线放码

（1）系列号型规格建好，纸样生成后，鼠标单击【快捷工具栏】中的【线放码表】工具，弹出如图3-131所示的【线放码表】对话框。

（2）单击选中，可输入垂直放码线；单击选中，可输入水平放码线；单击选中，可输入任意放码线。

（3）选中，鼠标在输入的放码线上单击，各码的【q1】、【q2】、【q3】输入框被激活，如图3-132所示。鼠标在S码的【q1】输入框内单击，输入数值（放大为正，缩小为负），其他输入框中的放码量会按照均码的方式自动生成。鼠标单击【应用】按钮，完成选择线放码量的输入。所有放码线的放码量输入完成后单击【放码】按钮，完成纸样的放码。

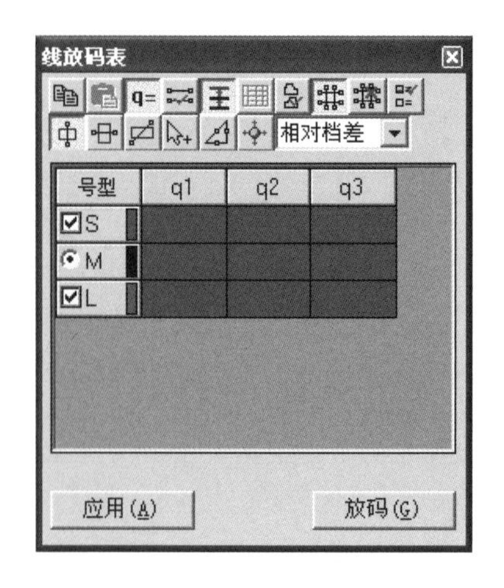

图3-131 【线放码表】对话框

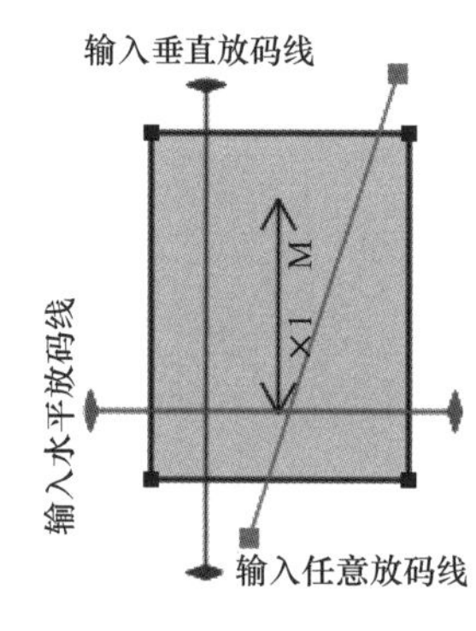

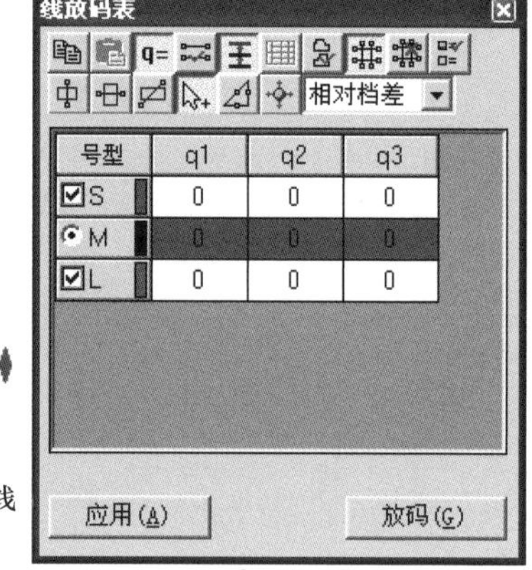

图3-132 选中放码线、激活输入框

教师指导

（1）输入放码线时，线一定要避开放码点。

（2）一些复杂的纸样放码，可能需要点放码与线放码结合起来才能解决。

（3）线放码的关键也是要熟悉【线放码表】各工具按钮的功能和用法，具体如表3-4所示。

表3-4 【线放码表】中各图标工具的名称、功能与操作方法

图标	名称	功能	操作方法
	复制	复制放码量	选中放码线，单击该按钮，即可复制所选放码线的放码量
	粘贴	粘贴放码量	选择放码线，单击该按钮，即可粘贴被复制的放码量
q=	q1、q2、q3数据相等	控制放码线的起点、中间点和终点采用相同放码量	按下该按钮即可（默认为按下）

续表

图标	名称	功能	操作方法
	工作区全部放码线	控制工作区全部放码线采用相同的放码量	按下该按钮，选中任意一条放码线，输入放码值，单击【应用】按钮，工作区全部放码线被设定相同的放码量。按起该按钮，只能设定当前选中放码线的放码量
	均码	控制均匀放码	按下该按钮即可（默认为按下）
	所有组	当号型分组时，控制放码量生成时，是单组生成，还是所有组一起生成	按下该按钮对所有组操作，按起该按钮对单组操作
	对工作区全部纸样放码	对工作区全部纸样放码	按下该按钮，单击【放码】按钮，可对工作区全部纸样放码；按起该按钮，单击【放码】按钮，只对当前选中纸样放码
	显示/隐藏放码线	显示或隐藏放码线	按下为显示，按起为隐藏（默认为按下）
	清除放码线	删除所有的放码线（如果要删除一条放码线，只需用【选择放码线】工具将放码线选中，按【Delete】键即可）	单击该按钮，弹出【盈瑞恒设计与放码CAD系统】对话框，单击【是】按钮即可
	线放码选项	打开【线放码选项】对话框	单击该按钮，打开【线放码选项】对话框，可选择线放码时需要处理的图元
	输入垂直放码线	输入垂直放码线	按下该按钮，在纸样上画出垂直放码线
	输入水平放码线	输入水平放码线	按下该按钮，在纸样上画出水平放码线
	输入任意放码线	输入任意放码线	按下该按钮，在纸样上画出任意放码线
	选择放码线	选择放码线	按下该按钮（默认为按下），鼠标在放码线上单击，可将放码线选中，按住【Shift】键单击可多选，也可以框选
	输入中间放码点	在放码线的中间加入放码点（q2点）	按下该按钮，鼠标在放码线上单击即可
	输入基准点	设定纸样放码的基准点	按下该按钮，鼠标在纸样放码点上单击即可
绝对档差	相对档差/绝对档差	切换相对档差或绝对档差显示方式	单击下拉按钮，选择显示方式即可

三、规则放码

（1）纸样生成后，鼠标单击【快捷工具栏】中的【规则放码表】工具，弹出【规则放码表】对话框。

（2）选中【选择纸样控制点】工具，鼠标单击或框选需要放码的点，【规则放码表】中【*dx*】、【*dy*】下的放码值被激活，如图3-133所示。在X、Y输入框中输入新的放码值，单击【放码】按钮即可。

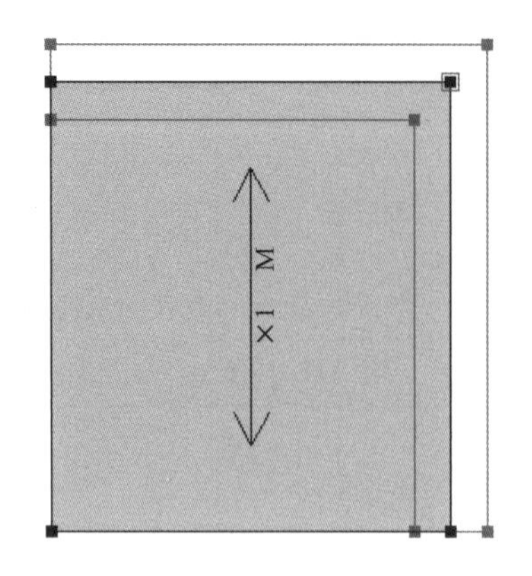

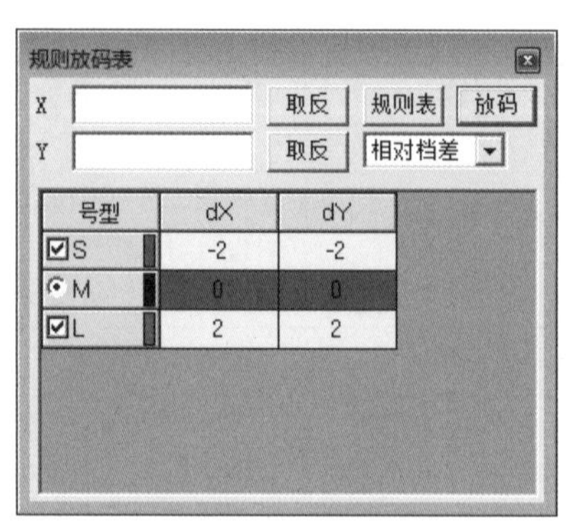

图3-133 选中放码点、激活放码值

四、按方向键放码

（1）系列号型规格建好，纸样生成后，鼠标单击【快捷工具栏】中的【按方向键放码】工具，弹出【按方向键放码】对话框。

（2）选中【选择纸样控制点】工具，鼠标单击或框选需要放码的点，【按方向键放码】中的【*dx*】、【*dy*】输入框被激活。在【档差选择框】中选择档差，根据需要单击按钮、、、，设定所选点的放码量，系统会自动完成放码，具体如图3-134所示。

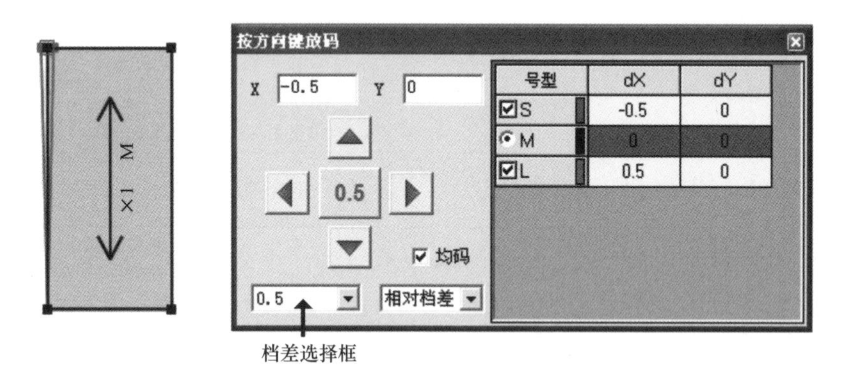

图3-134 选中放码点、设定放码量并放码

五、特殊放码

在富怡V9.0自由设计与放码系统中，可以完成很多特殊要求的放码，具体如下。

1. 轮廓线平行交点放码

选中【放码工具栏】上的【平行交点】工具，鼠标在放码点*A*上单击即可完成平行交点放码，具体如图3-135所示（该方式常用于西服领口或圆领的保型放码）。

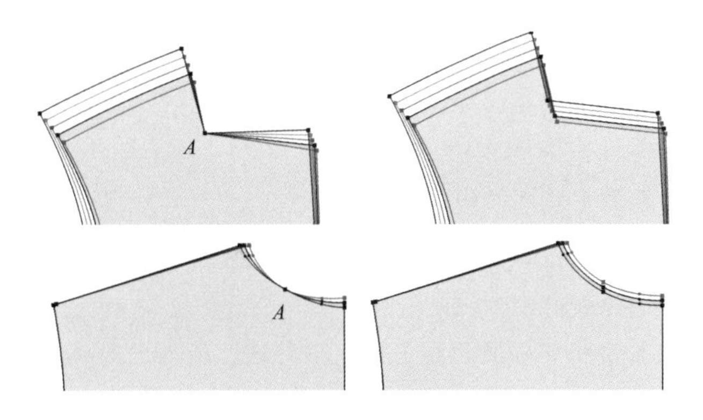

图3-135 选中放码点、设定放码量并放码

2. **辅助线平行放码**

选中【放码工具栏】上的【辅助线平行放码】工具，鼠标单击或框选辅助线*A*，再单击靠近移动端的线*B*即可，具体如图3-136所示（针对纸样内部线放码，使用该工具后，内部线各码间会平行且与辅助线或边线相交）。

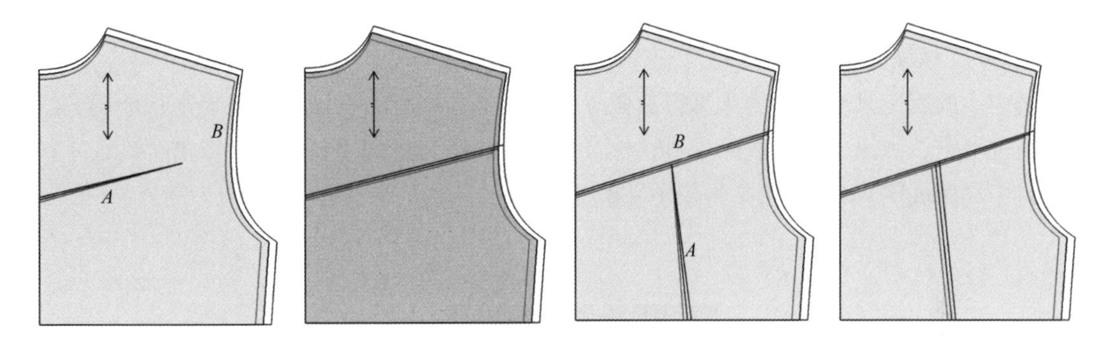

图3-136 辅助线平行放码

3. **辅助线放码**

选中【放码工具栏】上的【辅助线放码】工具，鼠标在辅助线的端点*A*双击，弹出【辅助线点放码】对话框，选择定位方式，输入长度值，单击【应用】按钮即可。具体如图3-137所示。

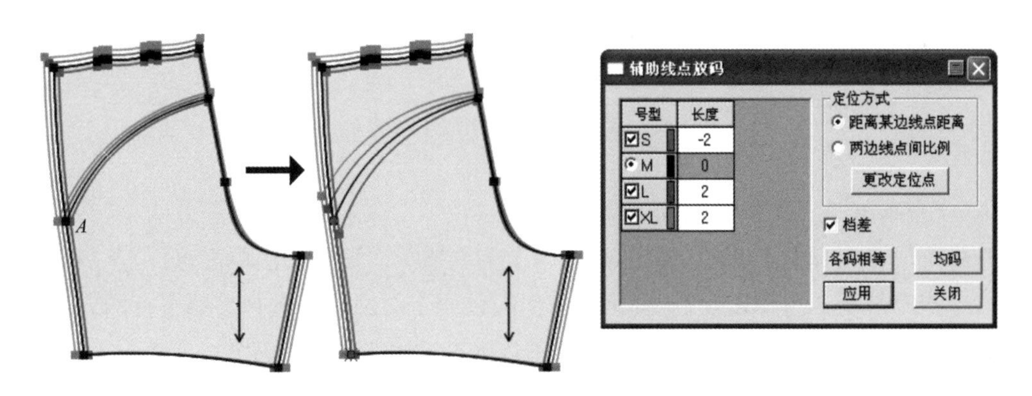

图3-137 辅助线放码

操作提示

在【辅助线点放码】对话框中：

- 长度：指选中点至参照点的曲线长度。
- 定位方式：有两种定位方式。如果单击【更改定位点】按钮，光标由 变成 ，此时可单击选择新的参照点。
- 档差：勾选，显示相邻码间的档差值；不勾选，输入的数据为指定点到参照点的距离。
- 各码相等：在任意号型的长度输入框中输入数据，再单击该按钮，所有号型以该号型的数据放码。
- 勾选【档差】，无论在哪个码中输入档差量，单击 均码 ，各码以光标所在码数据均等跳码。未勾选【档差】，在基码之外码中输入数值，单击 均码 ，各码以该号型与基码所得差再“均等跳码”。

4. **平行放码**

选中【放码工具栏】上的【平行放码】工具 ，鼠标单击或框选需要平行放码的线段，右键单击，弹出【平行放码】对话框，输入各放码线各码平行距离，单击【确定】按钮即可，具体如图3-138所示（常用于文胸放码）。

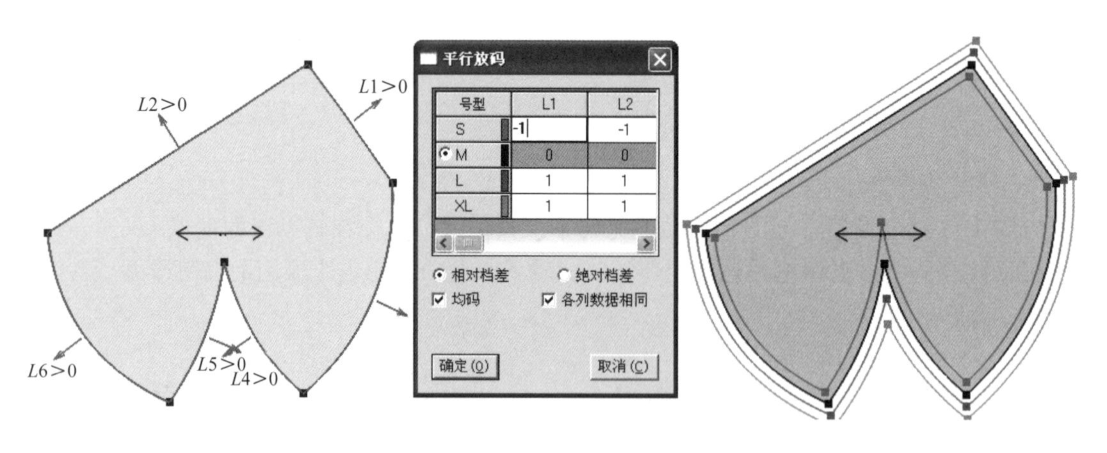

图3-138　平行放码

5. **肩斜线放码**

选中【放码工具栏】上的【肩斜线放码】工具 ，鼠标依次单击点1、点2和点3，或者先单击布纹线，再单击点3，弹出【肩斜线放码】对话框，选择参照平行的方式，单击【确定】按钮即可，具体如图3-139所示（常用于斜线的平行放码）。

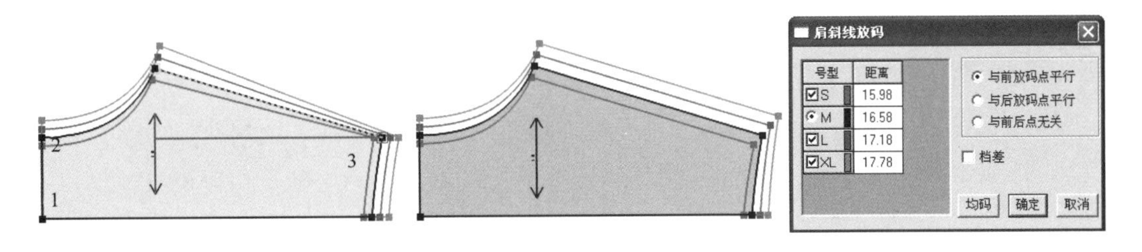

图3-139 肩斜线放码

另外，选中【放码工具栏】上的【各码对齐】工具，能实现各个号型的纸样按照选择的点或线对齐，具体如下：

（1）鼠标在纸样上的一个点上单击，纸样以该点按水平、垂直方向对齐。

（2）鼠标在一段线的一个端点上按下，拖动到另一端点松开，纸样以线的两端连线对齐。

（3）鼠标单击点之前按住*X*为水平对齐。

（4）鼠标单击点之前按住*Y*为垂直对齐。

（5）鼠标在纸样上右键单击，为恢复原状。

操作提示

用【选择纸样控制点】工具选中放码点以后，每按一下键盘上的【Z】键，纸样就会以该点在*XY*方向对齐、*Y*方向对齐、*X*方向对齐、初始状态之间循环切换。这样检查放码点的放码量更方便。

选中【放码工具栏】上的【档差标注】工具，能给放码纸样加档差标注，具体如下：

●勾选【显示】菜单下的【显示放码标注】命令。

●按【Ctrl+F】组合键，显示放码点。

●选中该工具，鼠标在空白位置单击，弹出【生成档差标注】对话框，选择一个选项，单击【确定】按钮，即可显示各放码点的放码量标注，如图3-140所示。

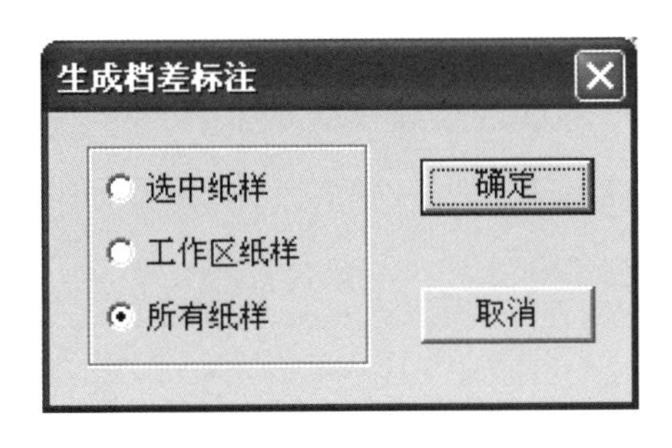

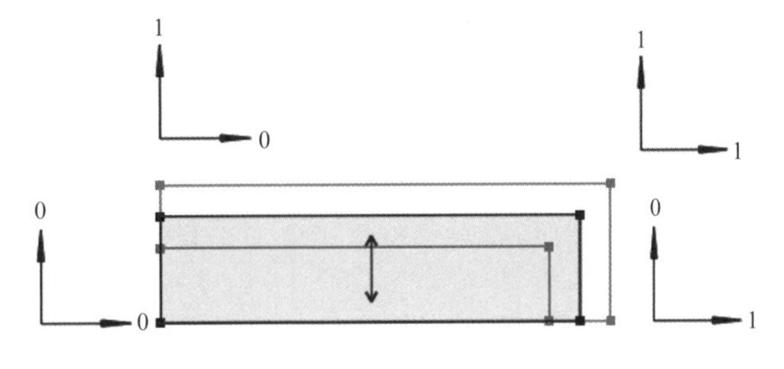

图3-140 放码档差标注

教师指导

（1）只有在【设置号型规格表】中设置了两个以上号型，才会显示档差标注。

（2）按住【Shift】键，鼠标在空白位置单击，会弹出【删除档差标注】对话框，可将档差标注删除。鼠标移到档差标注上，单击可移动其位置。按住【Shift】键，鼠标移到放码点上单击，可将该放码点的档差标注删除。鼠标移到档差标注上，按【Delete】键也可将其删除。

（3）隐藏放码点后，档差标注也会跟着一起隐藏。

本章小结

对富怡服装CAD V9.0自由设计与放码系统的基本操作做了简要介绍。自由设计与放码的基本流程要熟记，号型规格表能编辑就可以，重点是基本图形绘制与处理、纸样提取与编辑处理和纸样放码，难点与关键是实践。

思考与练习题

1．自由设计与放码的基本流程是什么？

2．写出在自由设计与放码系统中号型规格表编辑的基本流程和方法，并在软件中完成基本操作。

3．本章介绍的基本图形绘制与处理主要有哪些内容？结合书中介绍，在软件中完成基本操作。

4．本章介绍的纸样提取与编辑处理主要有哪些内容？结合书中介绍，在软件中完成基本操作。

5．本章介绍的纸样放码主要有哪些方式，各有什么特点？结合书中介绍，在软件中完成基本操作。

6．写出【智能笔】工具 的主要功能，在软件中完成其基本操作。

7．在结构线和纸样上开省与做褶需要用到哪些工具，具体操作方法与要求有何不同，是如何做的？

8．袖对刀具体是如何做的？

9．纸样提取的方法共有几种，具体是如何做的？

10．纸样放码的一些特殊处理主要有哪些，具体用到哪些工具，是如何做的？

应用实践——

服装部件结构设计

课题名称：服装部件结构设计

课题内容：领子结构设计

袖子结构设计

口袋结构设计

省道转移设计

教学课时：30课时

重点难点：1. 服装部件CAD结构设计的基本流程。

2. 图标工具与快捷键的灵活应用。

学习目标：1. 通过观看视频操作，结合本书介绍，在教师的必要指导下，完成本章介绍的所有服装部件的结构设计。

2. 在完成本章内容实践操作的基础上，通过独立探究或小组讨论的方式，完成类似服装款式CAD结构设计的拓展训练。

3. 归纳定点、画线、修改、调整、剪开、移动、复制、对称、旋转、拼合、对接、开省、做褶的基本方法和技巧。

学习提示：熟悉软件的最好方式莫过于实践。按照书中介绍的顺序逐款训练下去是学好本章的前提，将看书与观看对应的操作视频有机结合是学好本章的关键。操作过程中，左键、右键一定要分清，【Shift】、【Ctrl】、【空格】、【F9】、【F7】和【Ctrl+F】等键的功能一定要记牢并灵活应用。另外，本章的重点是通过具体的服装部件CAD结构设计实例，系统介绍【设计工具栏】与【纸样工具栏】中的工具，因此，对涉及工具的功能与操作方法一定要注意，尤其是对一个工具的多种用法以及重要工具的使用更要留心。

第四章　服装部件结构设计

第一节　领子结构设计

领子按结构的不同可大致分为立领、翻领、平领和驳领四大类，每一类根据造型结构的不同又可细分出很多种式样。

一、中式立领结构设计

1. **中式立领款式图**（图4-1）

图4-1　中式立领款式图

2. **中式立领制图规格**（表4-1）

表4-1　中式立领的制图规格

单位	领围	领宽
cm	36	6

3. **中式立领结构图**（图4-2）

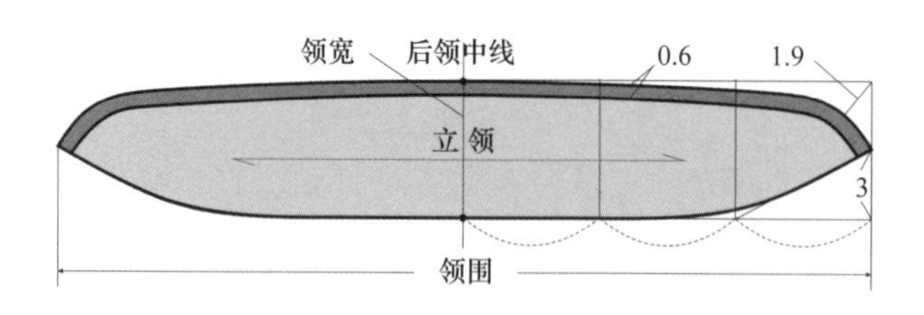

图4-2　中式立领结构图

4. **中式立领CAD结构设计**

（1）双击桌面上的快捷图标，进入自由设计与放码系统的工作画面。

（2）选择【号型】菜单下的【号型编辑】命令，弹出【设置号型规格表】对话框。

（3）鼠标单击【尺寸选择编辑】按钮，弹出【编辑词典】对话框，在对话框中单击【分类】选择框中的下拉按钮，选择“上衣”，如图4-3所示。在紧靠列出的词条正下方单击，分行输入“领围”和“领宽”，单击【保存】按钮，再单击【确定】按钮，回到【设置号型规格表】对话框。

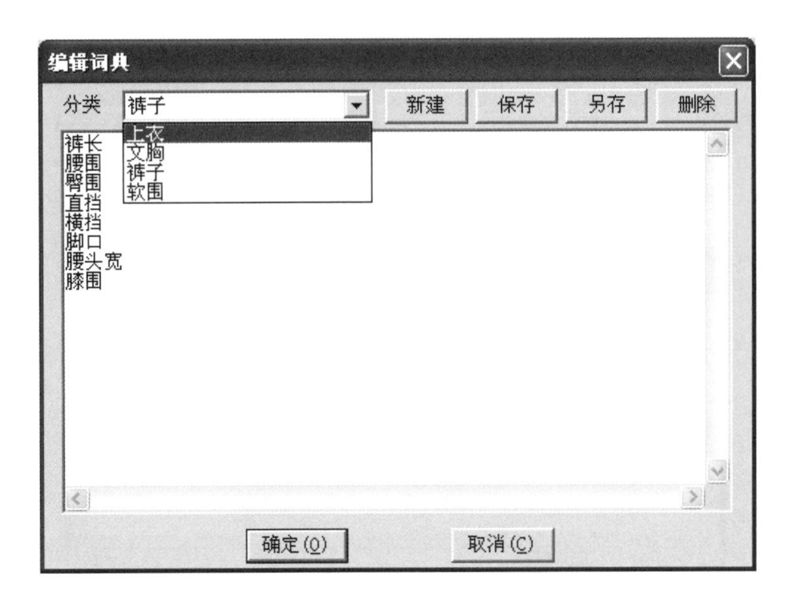

图4-3 【编辑词典】对话框

（4）鼠标单击【号型名】下方的输入框，输入框被激活，单击下拉按钮，然后单击选中尺寸名称“领围”，如图4-4所示。再单击【领围】下方的输入框，输入尺寸名称“领宽”。

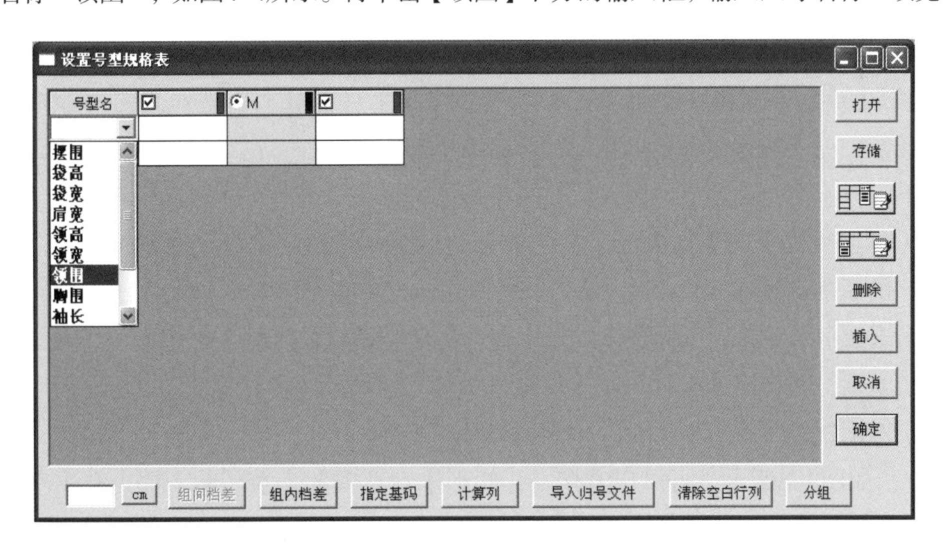

图4-4 选中尺寸名称“领围”

（5）在M码对应的尺寸输入框中分别输入“领围”尺寸和“领宽”尺寸“36”、“6”，如图4-5所示。接着单击【清除空白行列】按钮，将空白表格清空，表格如图4-6所示。

（6）单击【存储】按钮，弹出【另存为】对话框，选择尺寸表保存的文件夹，在【文件名】输入框中输入文件名“中式立领”，如图4-7所示，单击【保存】按钮即可。

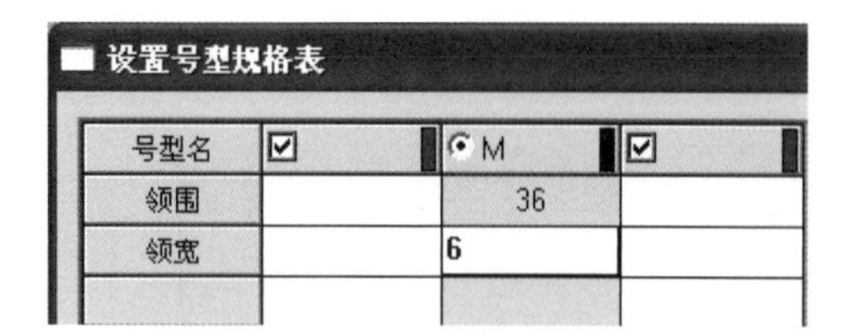

图4-5 输入具体尺寸

图4-6 清除空白表格

图4-7 【另存为】对话框

（7）回到【设置号型规格表】对话框，单击【确定】按钮，将对话框关闭，开始结构制图。

（8）单击选中【设计工具栏】中的【矩形】工具，鼠标在工作区空白位置单击，松开鼠标拖动到另一位置再单击，弹出【矩形】对话框，在对话框中单击【计算器】按钮，弹出【计算器】对话框，双击【尺寸选择框】中的尺寸名称“领围”，该尺寸名称进入【输入框】，【输入框】右侧会自动显示该尺寸名称对应的基码尺寸，然后在“领围”的后面继续输入“/2”，单击 OK 按钮，【矩形】对话框的【水平输入框】中会自动出现数值“18”。鼠标在【矩形】对话框的【垂直输入框】中单击，再单击【计算器】按钮，在弹出的【计算器】对话框的输入框中输入“领宽”，单击 OK 按钮，【矩形】对话框的【垂直输入框】中会自动出现数值“6”，单击【确定】按钮，画出矩形*ABCD*，如图4-8所示（也可以直接在【矩形】对话框的【水平输入框】和【垂直输入框】中分别输入“18”（领围/2）和“6”（领宽），单击【确定】按钮，画出矩形）。

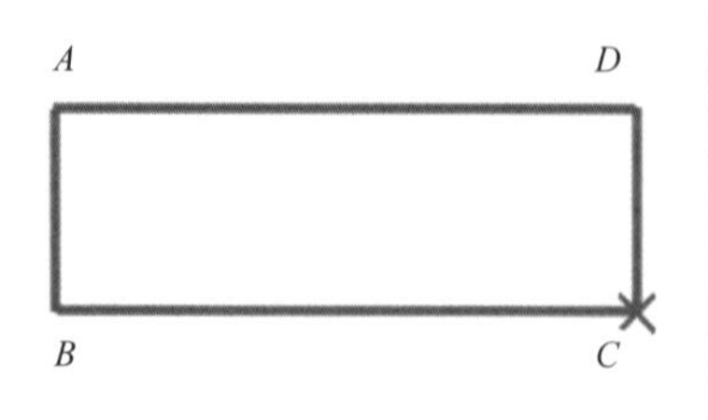

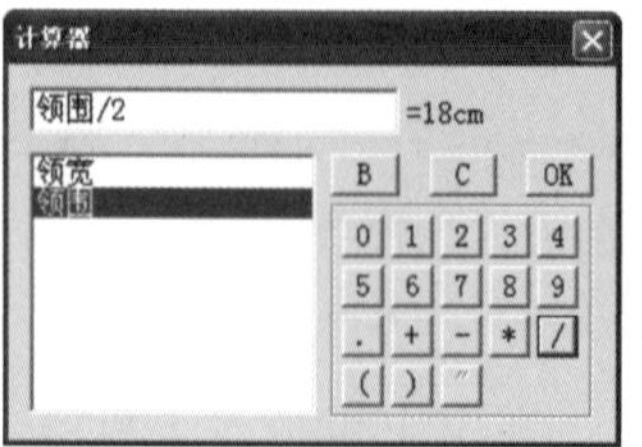

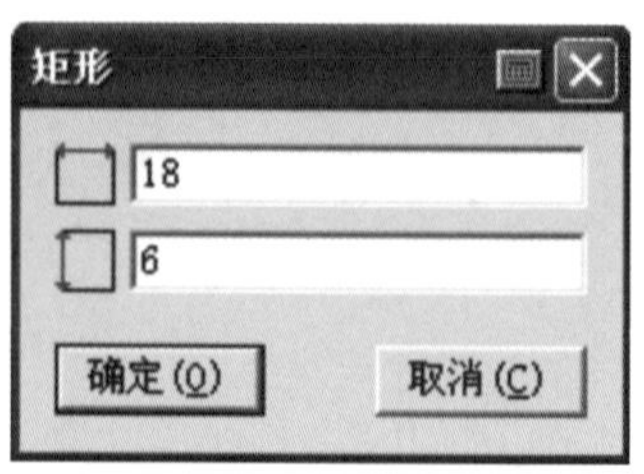

图4-8 画矩形

操作提示

在【计算器】对话框中，单击 B 按钮，可在【输入框】中删除输入提示符前面的一个字符，单击 C 按钮，可删除【输入框】中的所有字符，单击 OK 按钮，表示确认输入。

（9）选中【设计工具栏】中的【等份规】工具，按键盘上的数字键【3】，鼠标移到线段*BC*上单击，定出等份点*E*、*F*。选中【设计工具栏】中的【智能笔】工具，鼠标在*E*点上单击，之后右键单击，将光标由【曲线】状态切换到【丁字尺】状态，松开鼠标移动到线段*AD*上，线段被选中呈红色后单击，画出第一条等份线，再过*F*点画出第二条等份线。鼠标单击*D*点，松开鼠标沿着225°方向拖动再单击，弹出【长度】对话框，输入长度值“1.9”，单击【确定】按钮，画出线段*DG*。以上操作如图4-9所示。鼠标单击*F*点，之后右键单击，将光标由【丁字尺】状态切换到【曲线】状态，移动鼠标到线段*CD*的*C*点一端单击，在弹出的【点的位置】对话框的【长度】输入框中输入长度值“3”，单击【确定】按钮，右键单击，画出线段*FH*，如图4-10所示。

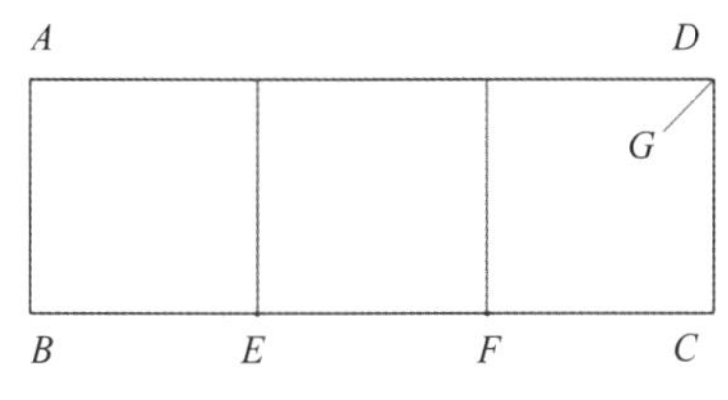

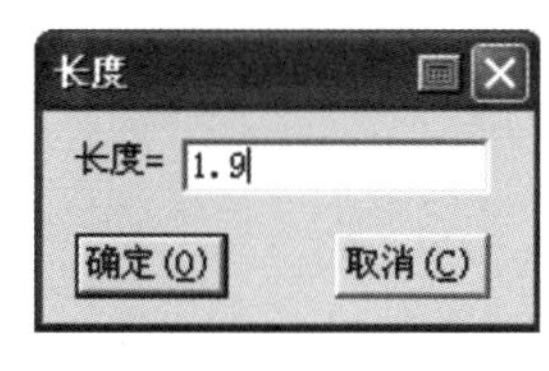

图4-9　等份画线

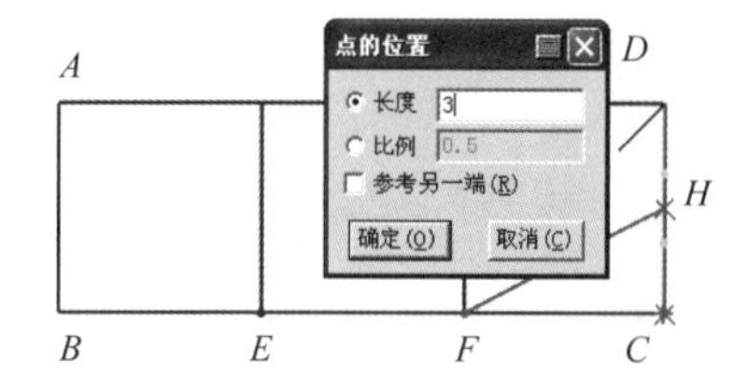

图4-10　画线段*FH*

（10）【智能笔】工具在【曲线】状态下，鼠标依次单击*H*点、*G*点、空白位置一点、*A*点，将*H*点、*G*点、*A*点曲线连接，右键单击结束；再将*B*点、空白位置一点、*E*点、空白位置两点、*H*点曲线连接，右键单击结束。

（11）选中【设计工具栏】中的【对称调整】工具，鼠标单击线段*AB*，将其选为对称轴，再单击需要修改的曲线*AGH*，右键单击，再次在曲线*AGH*上左键单击，线被选中，移动鼠标到控制点上单击，按住键盘上的【Ctrl】键，松开鼠标将控制点移到合适位置再单击，将曲线*AGH*调整到位，如图4-11所示，右键单击结束。以同样方法将曲线*BEH*调整到位。

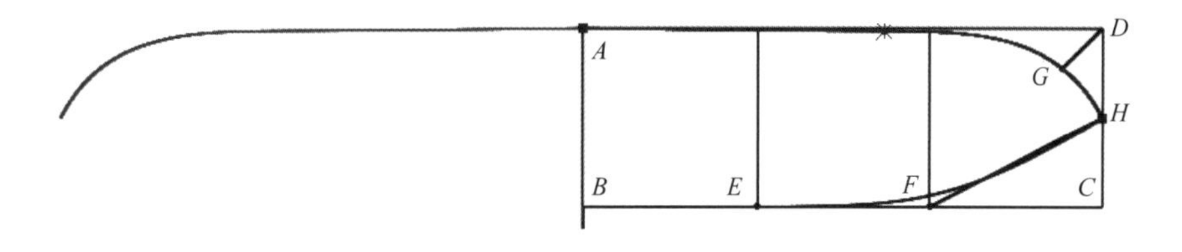

图4-11　对称调整曲线*AGH*

（12）选中【智能笔】工具，按住键盘上的【Shift】键，鼠标在曲线*AGH*上按住向下拖动，再分别单击线段*AB*和*BEH*，出现相交等距线，松开鼠标在空白位置单击，弹出【平行线】对话框，输入平行距离“0.6”，单击【确定】按钮，画出相交平行线，如图4-12所示。

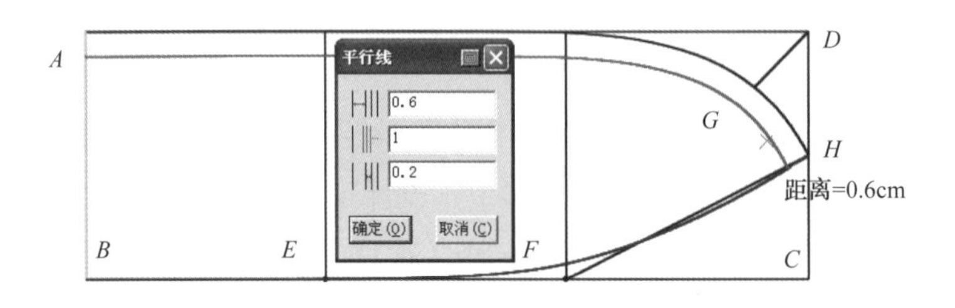

图4-12　画相交平行线

（13）按一下键盘上的【F7】键。选中【设计工具栏】中的【剪刀】工具，鼠标依次在线段*BA*、*AGH*、*HEB*上单击，轮廓封闭并填充颜色，如图4-13所示，右键单击，纸样生成，光标变为形，鼠标在曲线*AGH*的平行线上单击，右键单击，将其选为内线，如图4-14所示，再次右键单击，内线添加结束，光标变为形，鼠标移到纸样上，按【空格】键，光标变为形，松开鼠标移动纸样到合适位置单击即可。

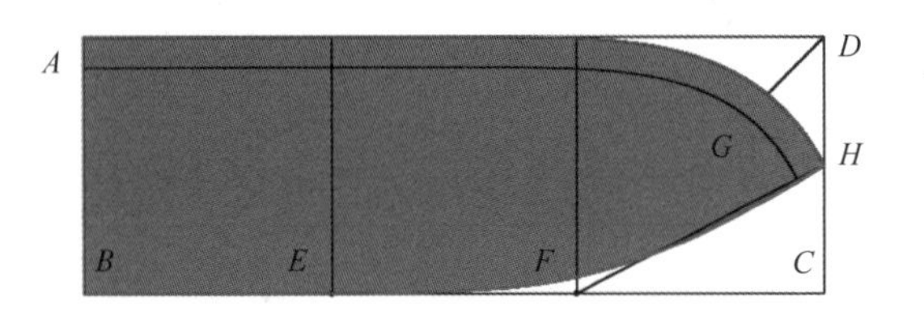

图4-13　轮廓封闭并填充颜色

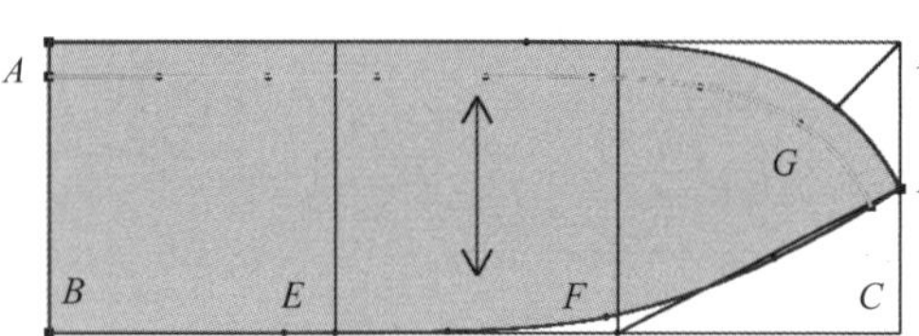

图4-14　添加内线

（14）选中【纸样工具栏】中的【布纹线】工具，鼠标移到生成的领子纸样的布纹线上右键连续两次单击，将布纹线调成水平。

（15）选中【纸样工具栏】中的【纸样对称】工具，弹出【对称纸样】对话框，鼠标移到领子后中线上单击，将纸样关联对称展开，如图4-15所示，中式立领结构设计完成。

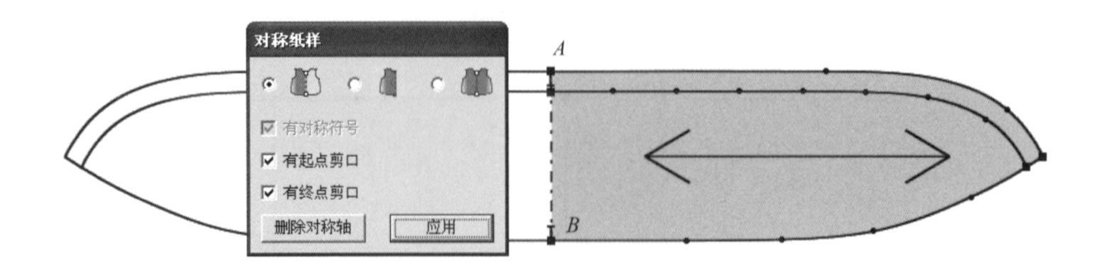

图4-15　领子纸样关联对称展开

（16）鼠标单击【快捷工具栏】中的【保存】工具，弹出【文档另存为】对话框，如图4–16所示，选择文件保存的文件夹，输入文件名“中式立领”，单击【保存】按钮即可。

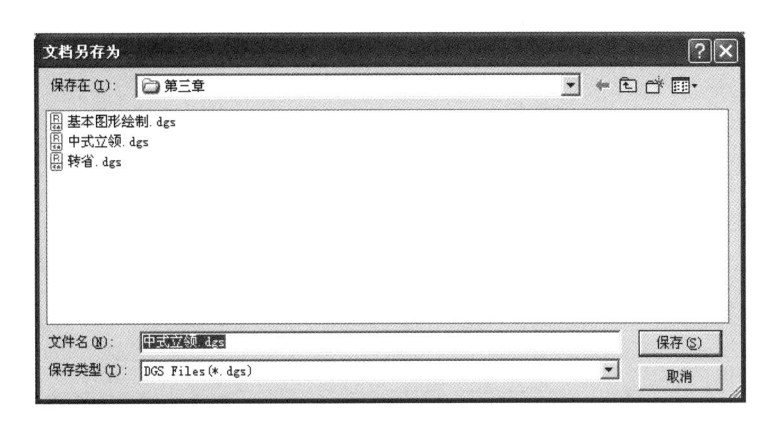

图4–16 【文档另存为】对话框

教师指导

此处保存的是纸样文件，其格式是.dgs，这与在【设置号型规格表】对话框中保存的文件不同，其保存的是尺寸表文件，格式为.siz。考虑到查找方便，建议将纸样文件和尺寸表文件保存在同一个文件夹中。

二、男衬衫领结构设计

1. 男衬衫领款式图（图4–17）
2. 男衬衫领制图规格（表4–2）

表4–2 男衬衫领制图规格

单位	领围	底领	翻领
cm	39	3.5	4.5

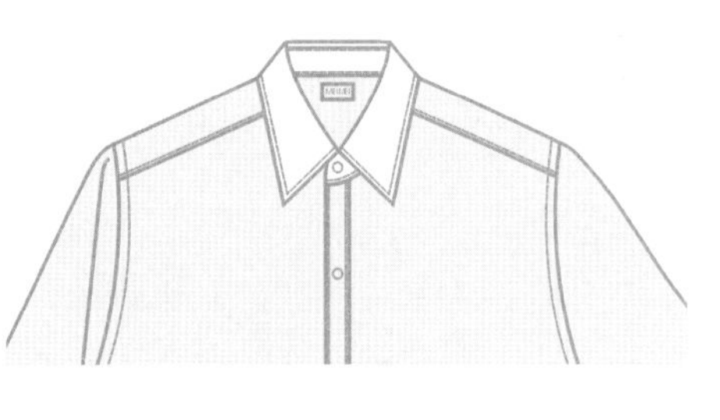

图4–17 男衬衫领款式图

3. 男衬衫领结构图（图4–18）

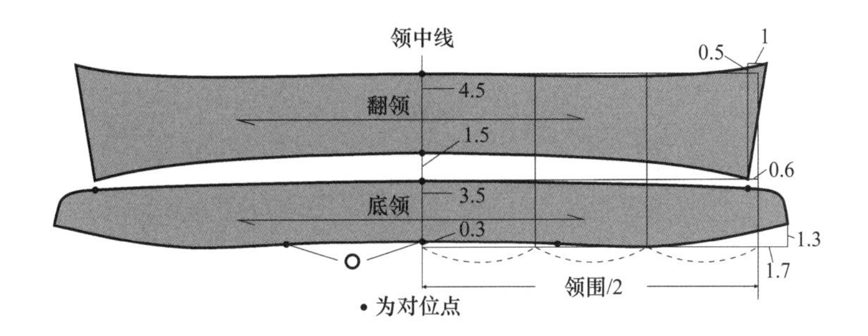

图4–18 男衬衫领结构图

4. 男衬衫领CAD结构设计

（1）单击【快捷工具栏】上的【新建】工具，新建一个工作画面。

（2）选择【号型】菜单下的【号型编辑】命令，弹出【设置号型规格表】对话框，参照表4-2所示，在对话框中建立尺寸表并保存。

（3）选中【矩形】工具，长19.5cm（领围/2）、宽9.8cm画一个长方形，长方形的四个角点分别为*A*、*B*、*C*1、*D*1。

（4）选中【智能笔】工具，鼠标移到线段*AB*上按下向上拖动，出现平行线后在空白位置单击，弹出【平行线】对话框，具体设置如图4-19所示，画出平行线段*CD*和*A*1*B*1。

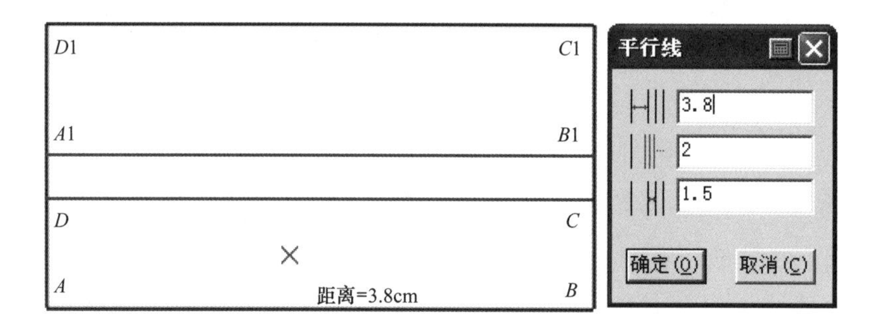

图4-19　设置平行距离、画平行线

（5）鼠标在【快捷工具栏】的【等份数】输入框中选中数字，键盘上输入数字“3”，之后鼠标移到线段*AB*上，会自动出现绿色的三等份点，分别过等份点*E*、*F*向上画垂线交于线段*C*1*D*1，垂线与*A*1*B*1的交点为*E*1、*F*1，如图4-20所示。

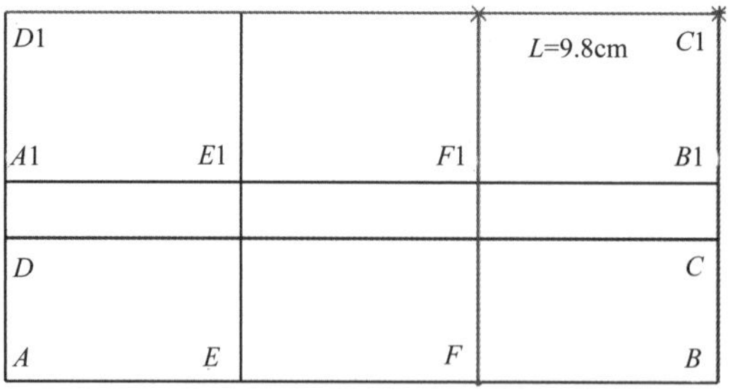

图4-20　过等份点画垂线

（6）选中【设计工具栏】中的【点】工具，鼠标移到*B*点上，按【Enter】键，弹出【偏移】对话框，输入偏移值，如图4-21所示，单击【确定】按钮，定出点*G*；鼠标在线段*AD*1的下端单击，弹出【点的位置】对话框，输入距端点*A*的距离长度“0.3”，如图4-22所示，单击【确定】按钮，在线段*AD*1上定出*H*点。

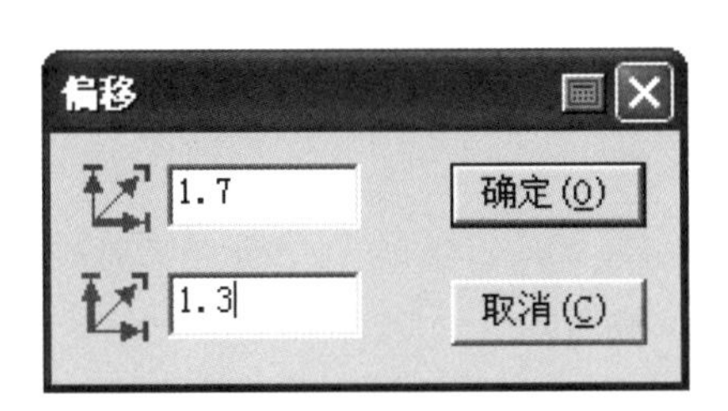

图4-21　输入偏移值

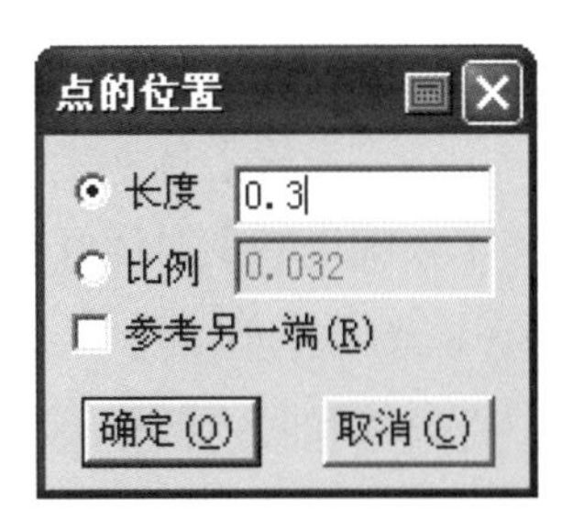

图4-22　输入距离长度

（7）选中【智能笔】工具，将其切换到【曲线】状态，将*F*、*G*两点直线连接；鼠标移到*B*点上按下右键向*G*点方向拖动，出现水平垂直线，到*G*点后左键单击，画出过*B*点和*G*点的水平垂直线；之后将*G*点、*D*点曲线连接，再将*H*点、*F*点和*G*点曲线连接。选中【对称调整】工具，线段*AD*为对称轴，将曲线*DG*和*HFG*调圆顺，底领结构图绘制完成。以上操作如图4-23所示。

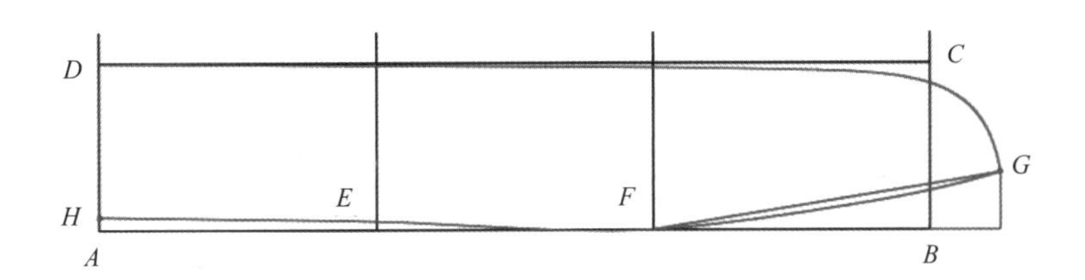

图4-23　画出底领

（8）选中【智能笔】工具，鼠标在线段*CD*的右端单击，弹出【点的位置】对话框，输入距端点*C*的距离长度“0.6”，单击【确定】按钮，找到*J*点，右键单击，将光标切换到【丁字尺】状态，过*J*点画垂直线到线段*C*1*D*1，交点为*C*2。选中【点】工具，距*C*2点水平偏移“1”，垂直偏移“0.5”定出*K*点。选中【智能笔】工具，*K*点、*J*点直线连接，*K*点、*D*1点曲线连接，再将*A*1点、*J*点曲线连接。选中【对称调整】工具，线段*A*1*D*1为对称轴，将曲线*KD*1和*A*1*J*调圆顺，翻领结构图绘制完成。以上操作如图4-24所示。

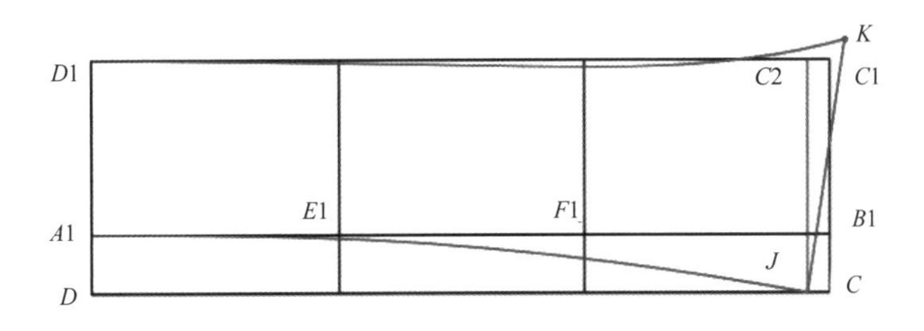

图4-24　画出翻领

（9）选中【选项】菜单下的【系统设置】命令，弹出【系统设置】对话框，在对话框中选中【布纹设置】选项卡，选择布纹线的缺省方向为“双向水平”，单击【确定】按钮，关闭【系统设置】对话框。

（10）选中【剪刀】工具，生成翻领和底领的纸样。选中【纸样对称】工具，将翻领和底领纸样关联对称展开，如图4-25所示。

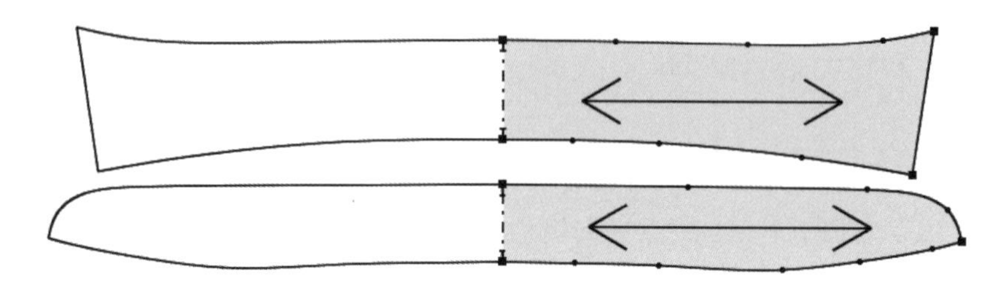

图4-25 纸样关联对称展开

（11）选中【纸样工具栏】中的【缝迹线】工具，鼠标在底领纸样的*HFG*线上单击，右键单击，弹出【缝迹线】对话框，对话框设置如图4-26所示，画出底领下口双明线。以同样方法，【缝迹线】对话框设置如图4-27所示，画出底领上口单明线。

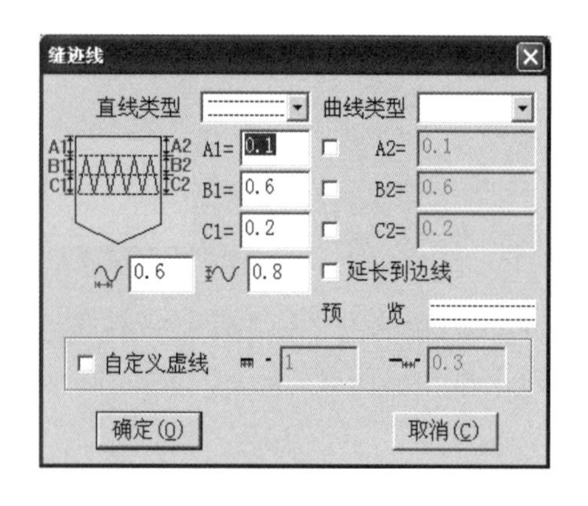

图4-26 设置底领下口双明线

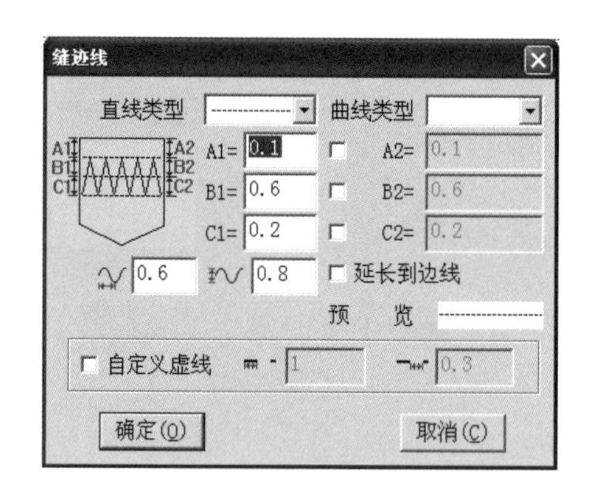

图4-27 设置底领上口单明线

按照与底领上口线相同的设置，*A*1值为“0.5”，画出翻领上口线和领嘴线的单明线。最终效果如图4-28所示。

（12）单击【保存】工具，将男衬衫领纸样保存即可。

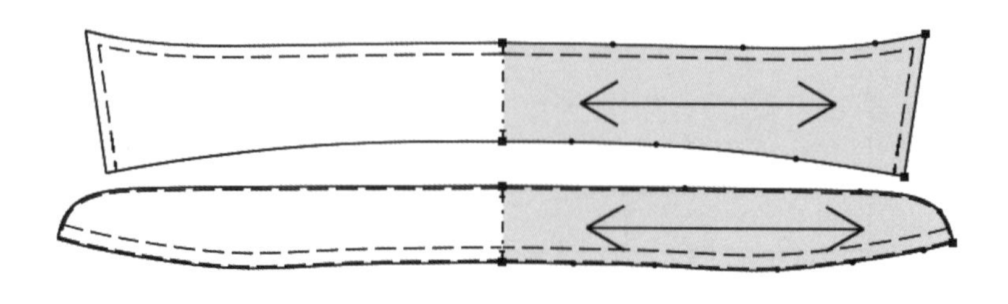

图4-28 画出底领与翻领的明缉线

三、平领结构设计

1. **平领款式图**（图4–29）

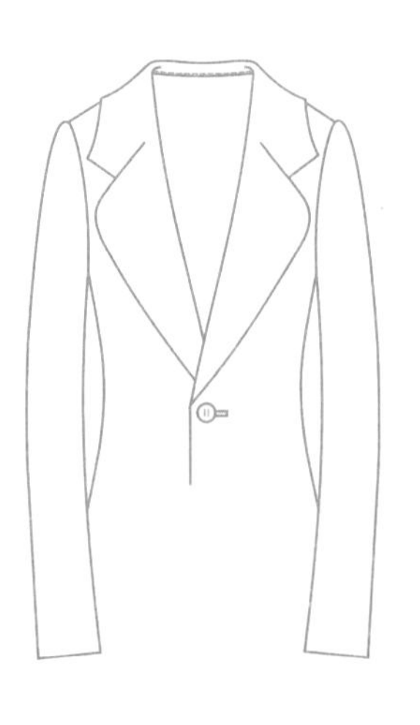

图4–29　平领款式图

2. **平领制图规格**（表4–3）

表4–3　平领的制图规格

单位	领宽	领嘴
cm	8.3	4

3. **平领结构图**（图4–30）

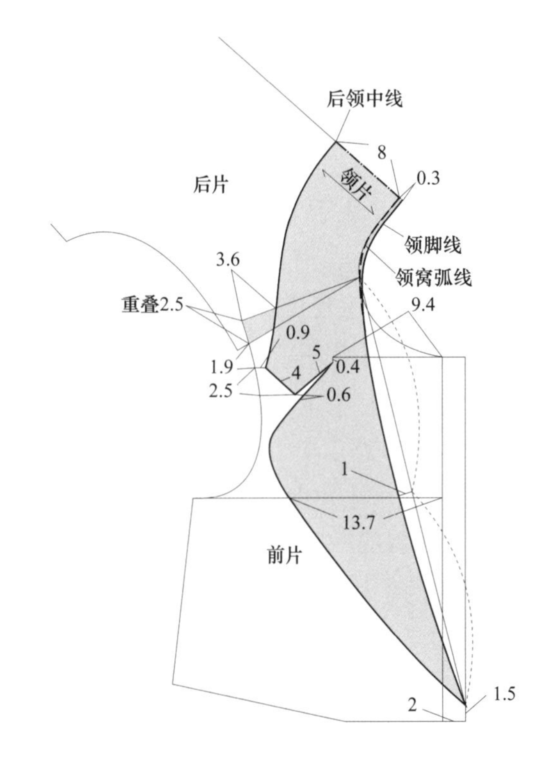

图4–30　平领结构图

4. **平领CAD结构设计**

（1）单击【快捷工具栏】上的【新建】工具，新建一个工作画面。

（2）选择【号型】菜单下的【号型编辑】命令，弹出【设置号型规格表】对话框，参照表4–3所示，在对话框中建立尺寸表并保存。

（3）选中【智能笔】工具，画一条长度为40cm的竖直线*AB*；鼠标移到*A*点上按下右键向左上方拖动，松开鼠标到空白位置左键单击，弹出【水平垂直线】对话框，输入水平长度“7.6”，垂直长度“2.2”，如图4–31所示，单击【确定】按钮，画出水平垂直线；过A2点向左画任意长度水平线A2A3，将A2点、A点曲线连接并用【对称调整】工具调圆顺。选中【设计工具栏】中的【角度线】工具，鼠标依次单击A2点、A3点，松开鼠标在空白位置单击，弹出【角度线】对话框，长度“13.7”、角度“19.4”，画出斜线A2C，如图4–32所示。

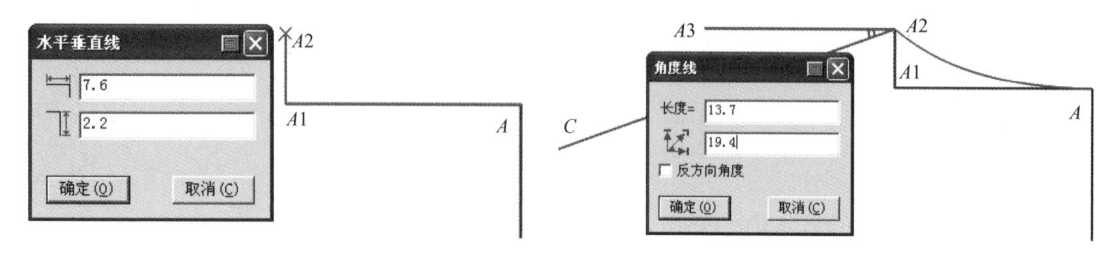

图4–31　画水平垂直线　　　　图4–32　画斜线A2C

（4）选中【点】工具，距A1点水平偏移“0.2”，垂直偏移“–0.5”定出D点。选中【智能笔】工具，鼠标移到D点上按下右键向右下方拖动（如果水平垂直线方向不对，可右键单击切换），与线段AB相交后左键单击，弹出【点的位置】对话框，长度“8.1”，画出水平垂直线，如图4–33所示。

（5）选中【设计工具栏】中的【比较长度】工具，鼠标在线段A2C上单击，测出线段长度为13.7cm。选中【智能笔】工具，过D点向左画水平线，D点、E点曲线连接。选中【设计工具栏】中的【调整】工具，鼠标在画出的曲线DE上单击将线选中，松开鼠标移动到控制点上单击将点选中，松开鼠标拖动点到合适位置单击，空白位置再单击，将曲线DE调整到位。选中【角度线】工具，D点为起点，长度为12.2cm（13.7–1.5），角度为20.1°，画出斜线DC1。以上操作如图4–34所示。

（6）选中【设计工具栏】中的【移动】工具，鼠标依次单击选中线段CA2、A2A和AB，右键单击，鼠标移到A点上左键单击，松开鼠标拖动结构线到合适位置再单击，将

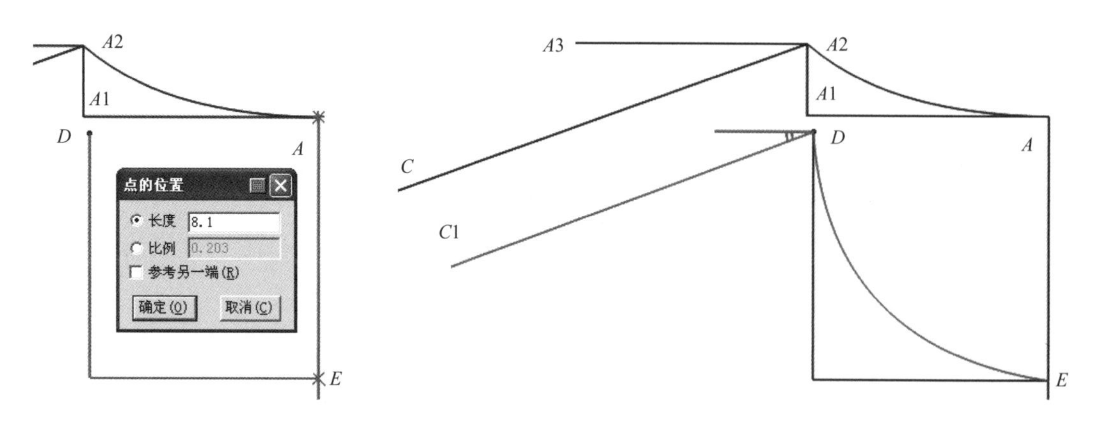

图4–33　画水平垂直线　　　　图4–34　画曲线DE和斜线DC1

选中的线移动复制一份。选中【设计工具栏】中的【橡皮擦】工具，鼠标依次单击，将不要的线删除。选中【智能笔】工具，鼠标框选线段DE和AB，移动鼠标到框选线的左下方空白位置，右键单击，将线段AB在E点位置切齐。以上操作如图4–35所示。

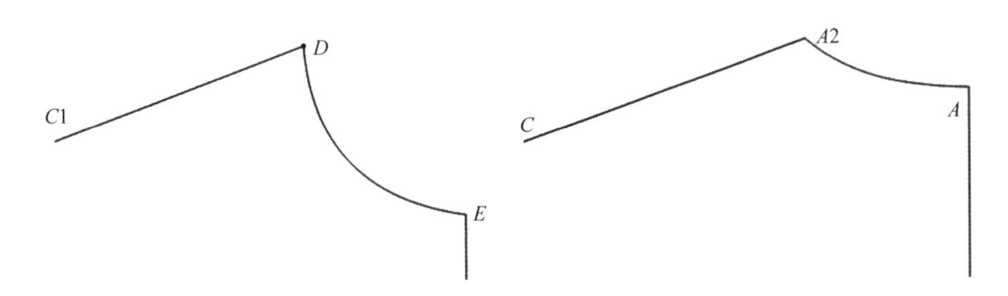

图4–35 移动复制结构线，删除、剪切多余线段

（7）选中【设计工具栏】中的【对称】工具，按一下键盘上的【Shift】键，由复制对称模式切换到对称模式，光标由形变为形，鼠标分别单击线段AB的两端点，将线段AB选为对称轴线，再依次单击线段$CA2$和线段$A2A$，将其对称到另一侧，右键单击结束，如图4–36所示。选中【设计工具栏】中的【对接】工具，按一下键盘上的【Shift】键，由复制对接模式切换到对接模式，光标由形变为形，鼠标依次单击点$A2$、D、C、$C1$，再单击线段AB、$AA2$和$A2C$，最后右键单击，完成线段对接，如图4–37所示。

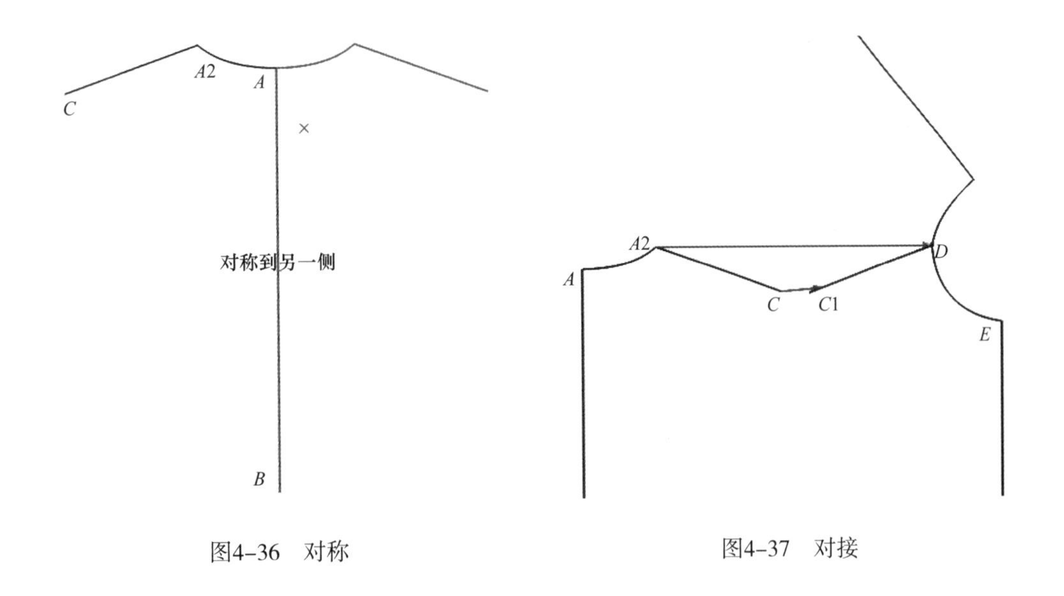

图4–36 对称

图4–37 对接

（8）选中【设计工具栏】中的【旋转】工具，按键盘上的【Shift】键，由复制旋转模式切换到旋转模式，光标由形变为形，鼠标依次单击或框选线段BA、$AA2$和$A2C$，右键单击，再依次单击$A2$点和C点，松开鼠标到空白位置再单击，弹出【旋转】对话框，输入旋转宽度“2.5”，单击【确定】按钮，完成旋转，如图4–38所示。

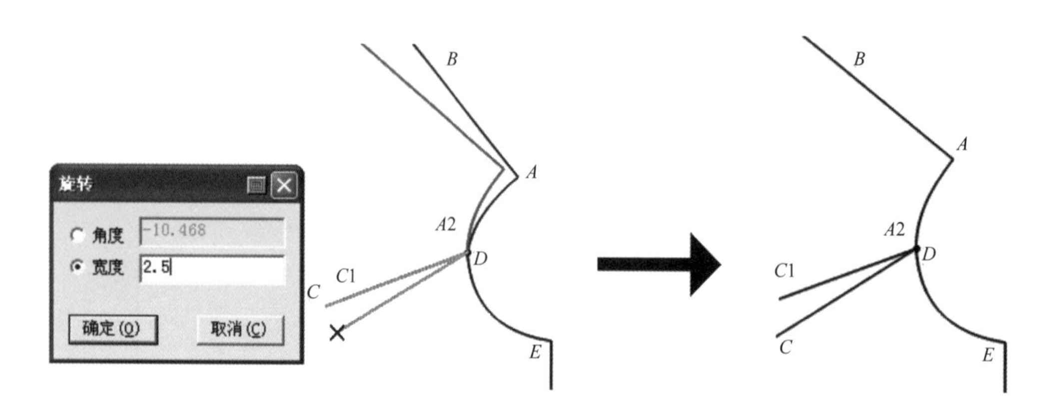

图4-38 旋转

（9）选中【智能笔】工具，EB向右2cm画平行线，平行线的下端点为B1；D点至B1点直线连接。鼠标在【等份数】输入框中选中数字，键盘上输入数字“2”，之后选中【角度线】工具，鼠标单击直线DB1，再单击中点，出现坐标线，鼠标移到与线DB1垂直的坐标线上单击，弹出【角度线】对话框，输入长度值“1”，如图4–39所示，单击【确定】按钮，画出垂直线段。选中【智能笔】工具，从D点至刚画出的垂线的下端点至B1点用曲线连接，画出前领窝线，如图4–40所示。

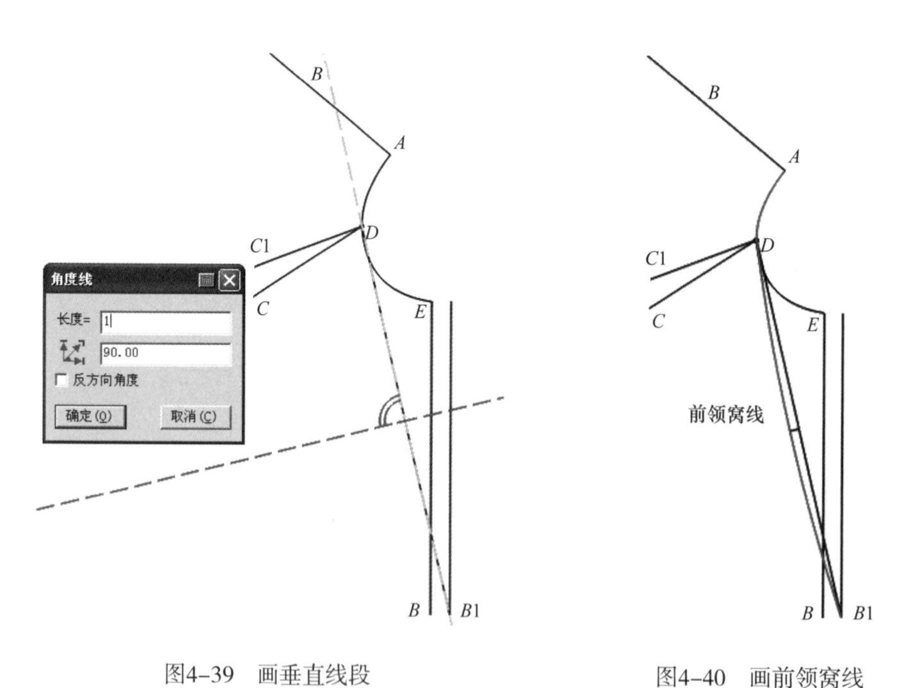

图4–39 画垂直线段

图4–40 画前领窝线

（10）选中【智能笔】工具，按住键盘上的【Shift】键，鼠标移到后中线BA的A端一侧，右键单击，弹出【调整曲线长度】对话框，输入长度增减值“0.3”，单击【确定】按钮，将后中线延长0.3，端点为A3，如图4–41所示。过A3点画曲线到前领窝线上，用【对称调整】工具将曲线调整到位，画出领脚线。选中【点】工具，E点为起点，水平偏移“-9.4”、垂直偏移“-0.4”，定出F点，如图4-42所示。

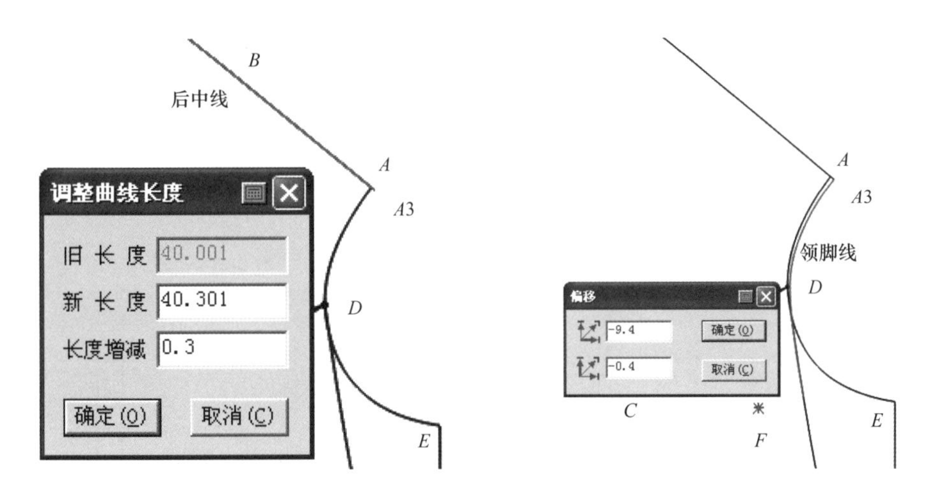

图4-41 后中线延长　　图4-42 画领脚线、定F点

（11）选中【智能笔】工具，按住【Shift】键，鼠标移到D点按下左键拖动到C1点上松开，再次移动鼠标到C1点上单击，松开鼠标向下拖动到空白位置再单击，弹出【长度】对话框，输入长度值“4.4”，单击【确定】按钮，画出线段C1G。过G点，长度“0.9”，画水平线段GH。

（12）选中【设计工具栏】中的【CR圆弧】工具，按【Shift】键，将光标由状态切换到状态，鼠标在H点单击，松开拖动到空白位置再单击，弹出【半径】对话框，输入半径值“4”，单击【确定】按钮，画一个圆；再以F点为圆心，半径值“5”，再画一个圆，此圆与前一个圆的交点为I。选中【智能笔】工具，从H点至I点、I点至F点画直线连接。

（13）选中【点】工具，鼠标移到斜线C1D的C1点一端单击，弹出【点的位置】对话框，长度值“3.6”，单击【确定】按钮，定出J点。

（14）选中【智能笔】工具，鼠标单击H点、J点，再单击后中线A3点一侧，弹出【点的位置】对话框，长度值“8.3”，单击【确定】按钮，画出领外口线HJK。选中【对称调整】工具，将领外口线HJK调圆顺。以上操作如图4-43所示。

（15）选中【橡皮擦】工具，将圆删除。选中【旋转】工具，F点为旋转中心，旋转宽度“0.6”，画出线段FL。选中【智能笔】工具，画出驳头线LB1；选中【调整】工具，将驳头线LB1调圆顺，如图4-44所示。

（16）选中【移动】工具，将所有结构线复制一份。选中【橡皮擦】工具，将不需要的被复制的结构线删除。选中【智能笔】工具，将后中线A3B在K点位置切齐。选中【调整】工具，将前领窝线的D点移到M点位置。以上操作如图4-45所示。

（17）选中【设计工具栏】中的【剪断线】工具，鼠标依次单击直线*FL*和曲线*B*1*L*，右键单击，将两条线接成一条整线；以同样方法将曲线*A*3*M*和曲线*MB*1接成一条整线。

（18）选中【旋转】工具，按【Shift】键，鼠标框选领子的所有结构线，右键单击，之后依次单击*A*3点和*K*点，松开鼠标旋转选中的结构线，到后中线*A*3*K*呈竖直状态后单击，将领子摆正，如图4-46所示。

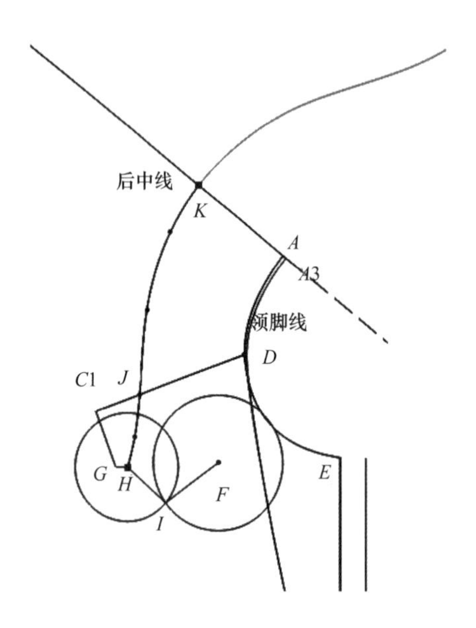

图4-43 画领嘴线与领外口线

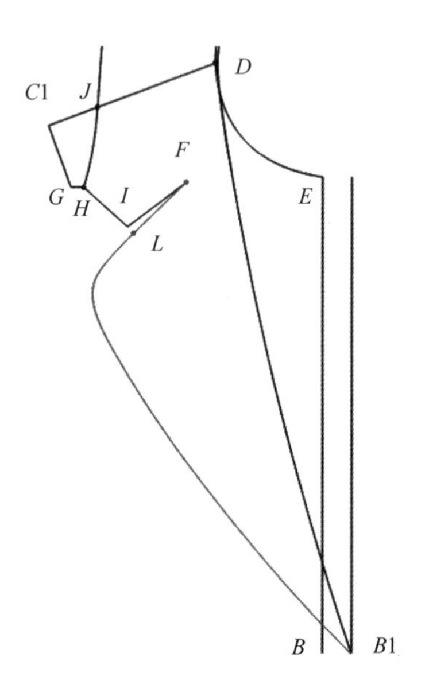

图4-44 画驳头线

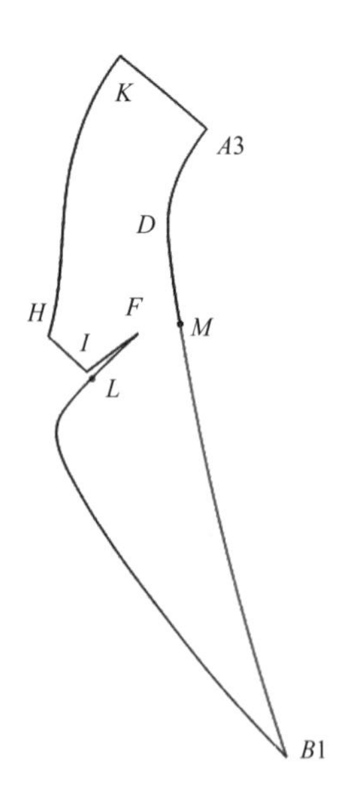

图4-45 调整领脚线

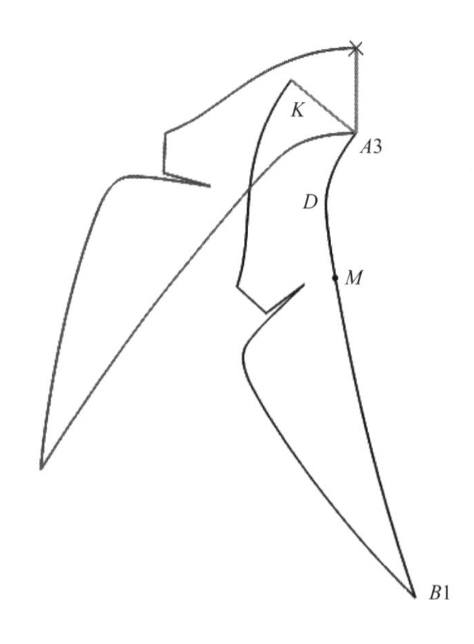

图4-46 摆正领子结构线

（19）选中【剪刀】工具，生成领子纸样。选中【纸样对称】工具，将纸样关联对称展开。选中【布纹线】工具，鼠标移到布纹线的端点单击，松开拖动到合适位置再单击，将布纹线调短；鼠标移到布纹线的中点附近单击，选中布纹线，松开鼠标移动布纹线到领子后中线上再单击，将布纹线放在领子后中线位置。以上操作如图4–47所示。

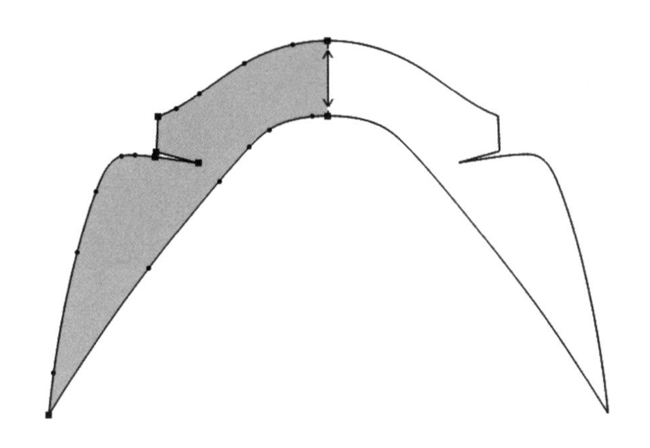

图4–47　生成纸样，修改移动布纹线

（20）单击【保存】工具，将平领纸样保存即可。

四、西服驳领结构设计

1. **西服驳领款式图**（图4–48）

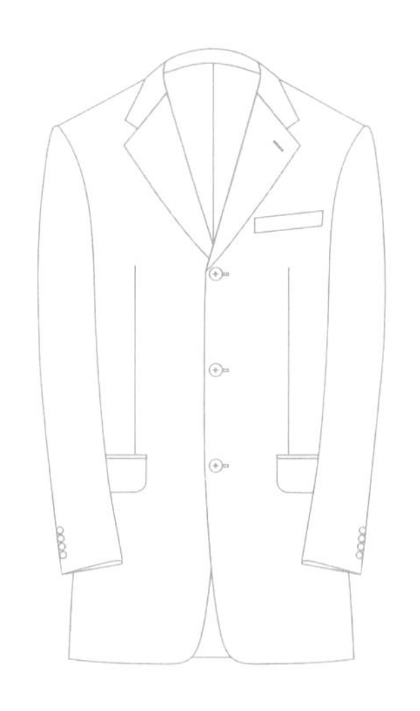

图4–48　西服驳领款式图

2. **西服驳领制图规格**（表4–4）

表4–4　西服驳领的制图规格

单位	翻领	领座	驳头宽	后领弧长
cm	3.5	2.5	10.3	10

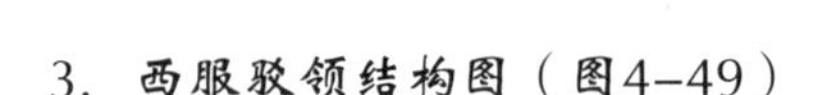

3. **西服驳领结构图**（图4–49）

4. **西服驳领CAD结构设计**

（1）新建一个工作画面，参照表4–4所示，在【设置号型规格表】对话框中建立尺寸表并保存。

（2）选中【智能笔】工具，光标切换到【丁字尺】状态，画一条长为37cm的竖直线段*AB*，过*A*点向左9cm画水平线段*AC*，过*C*点向左2cm画水平线段*CD*，再过*D*点向左适当长度画水平线段*DE*；过*B*点向右1.8cm画水平线段*BF*；将光标切换到【曲线】状态，*C*点至*F*点以直线连接，再将线段*FC*向上延长10cm，画出领折线。选中【角度线】工具，鼠标依次单击*D*点、*E*点，松开鼠标到空白位置再单击，弹出【角度线】对话框，长度值适当，角度值“20”，过*D*点画出肩斜线。以上操作如图4–50所示。

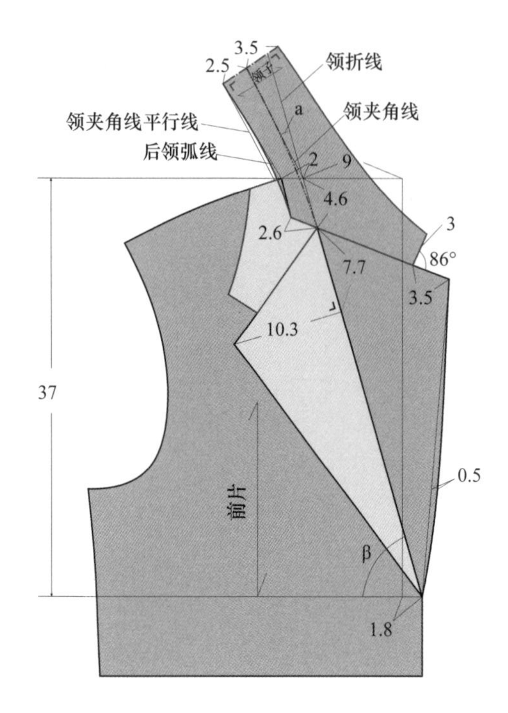

图4-49 西服驳领结构图

图4-50 画基础线

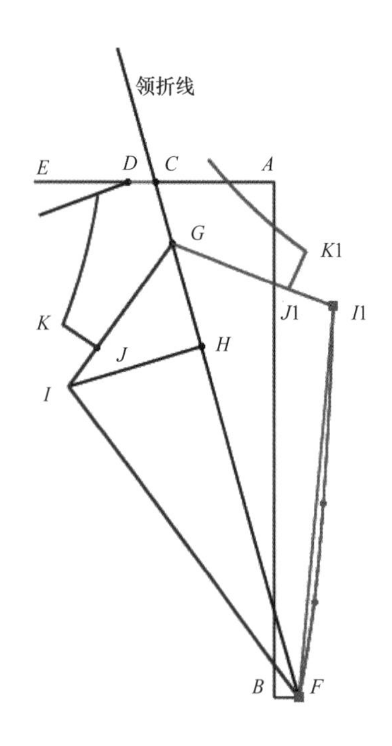

图4-51 画出并调整驳头和领嘴

（3）选中【点】工具，按一下键盘上的【F9】键（连续按【F9】键，可在选择交点与端点之间来回切换），鼠标移到线段*CF*的*C*点一侧单击，距离值“4.6”，定出*G*点，再距*G*点7.7cm，定出*H*点。选中【角度线】工具，过*H*点，长度值“10.3”，画出垂线段*IH*。选中【智能笔】工具，*I*点至*G*点以直线连接。选中【点】工具，距*I*点3.5cm，在线段*IG*上定出*J*点。选中【角度线】工具，长度值“3”、角度值“86”，画出线段*JK*。选中【智能笔】工具，过*K*点画曲线到肩斜线，画出领嘴的基本形状。

（4）选中【对称】工具，鼠标单击*C*点，右键单击，再单击*F*点，将*CF*选择为对称轴，之后单击领嘴和驳头线，将其对称到另一侧。选中【调整】工具，将对称过来的驳口线*FI*1调圆顺。以上操作如图4-51所示。

（5）选中【设计工具栏】中的【量角器】工具，鼠标分别单击线段*CF*和*BF*，移动鼠标在两线夹角内右键单击，弹出【角度测量】对话框，对话框中显示夹角为“73.73”，单击【确定】按钮。选中【角度线】工具，*C*点为起点，角度14°，画出领夹角线*CL*。

教师指导

14°的领夹角是通过如下公式计算出来的。α=（翻领−领座）×（140−β）/（翻领+领座）+2~3，其中“α”为领夹角，“β”为CF与BF的夹角，“2~3”为厚度量。

（6）选中【智能笔】工具，向左下2.5cm画线段CL的平行线。选中【设计工具栏】中的【圆规】工具，鼠标单击D点，松开鼠标移动到刚画出的平行线上再单击，弹出【单圆规】对话框，输入长度值“10”（后领弧长），单击【确定】按钮，画出线段DM。选中【角度线】工具，长度值“6”（翻领+领座），画出后领中线MN。选中【智能笔】工具，画出领外口线NK1，并用【对称调整】工具将曲线调整到位。

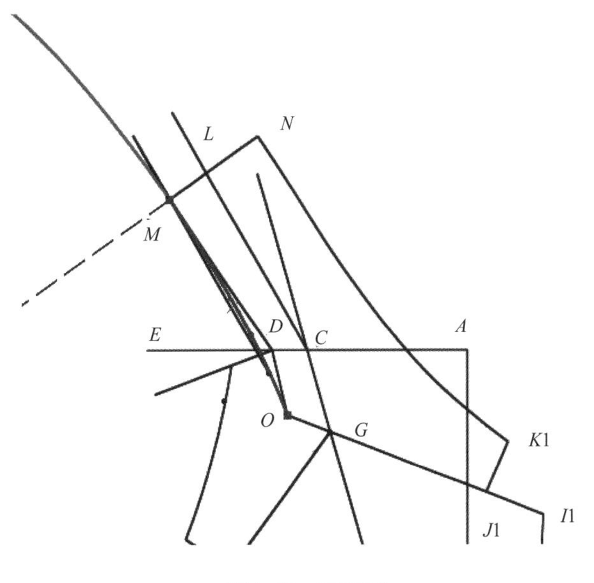

图4-52　画领子

（7）选中【智能笔】工具，串口线I1G延长2.6cm至O点，将O点至D点以直线连接，将M点至O点以曲线连接。选中【对称调整】工具，将曲线MO调圆顺。以上操作如图4-52所示。

（8）选中【移动】工具，将领子结构线复制一份。选中【橡皮擦】工具，将不需要的被复制的结构线删除。选中【智能笔】工具，补画串口线OJ1。选中【旋转】工具，按【Shift】键，将领子结构线摆正，如图4-53所示。

（9）选中【剪刀】工具，鼠标框选领子所有结构线，生成领子纸样。选中【布纹线】工具，将布纹线调成与后领中线平齐。选中【纸样对称】工具，将纸样关联对称展开。西服驳领结构设计完成，如图4-54所示。单击【保存】工具，将西服驳领纸样保存即可。

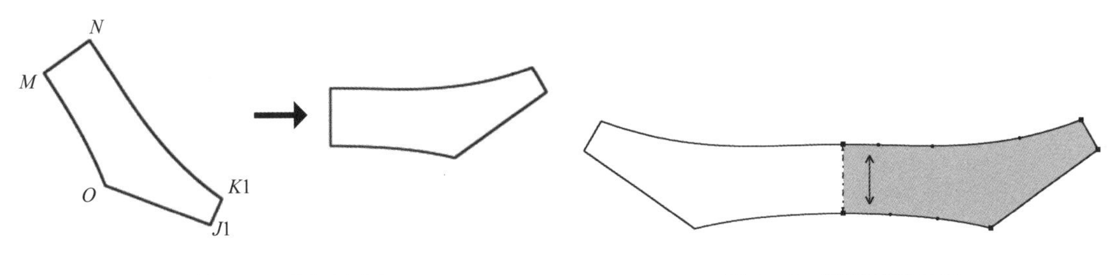

图4-53　摆正领子

图4-54　西服驳领纸样

五、翻领结构设计

1. 翻领款式图（图4-55）

2. 翻领制图规格（表4-5）

表4-5 翻领的制图规格

单位	领围	领宽	▲	△
cm	42	9（4+5）	9	12

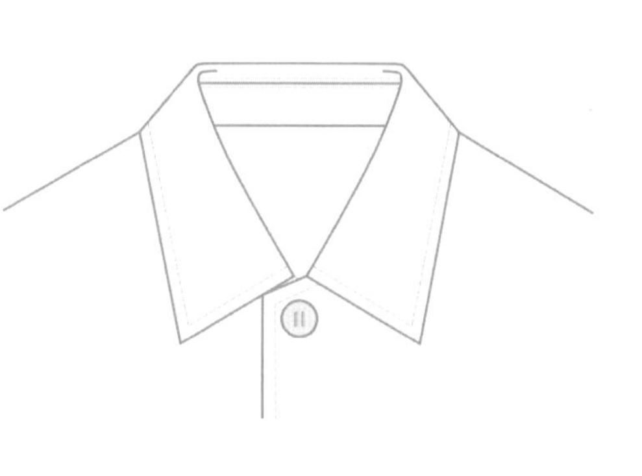

图4-55 翻领款式图

3. 翻领结构变化图（图4-56）

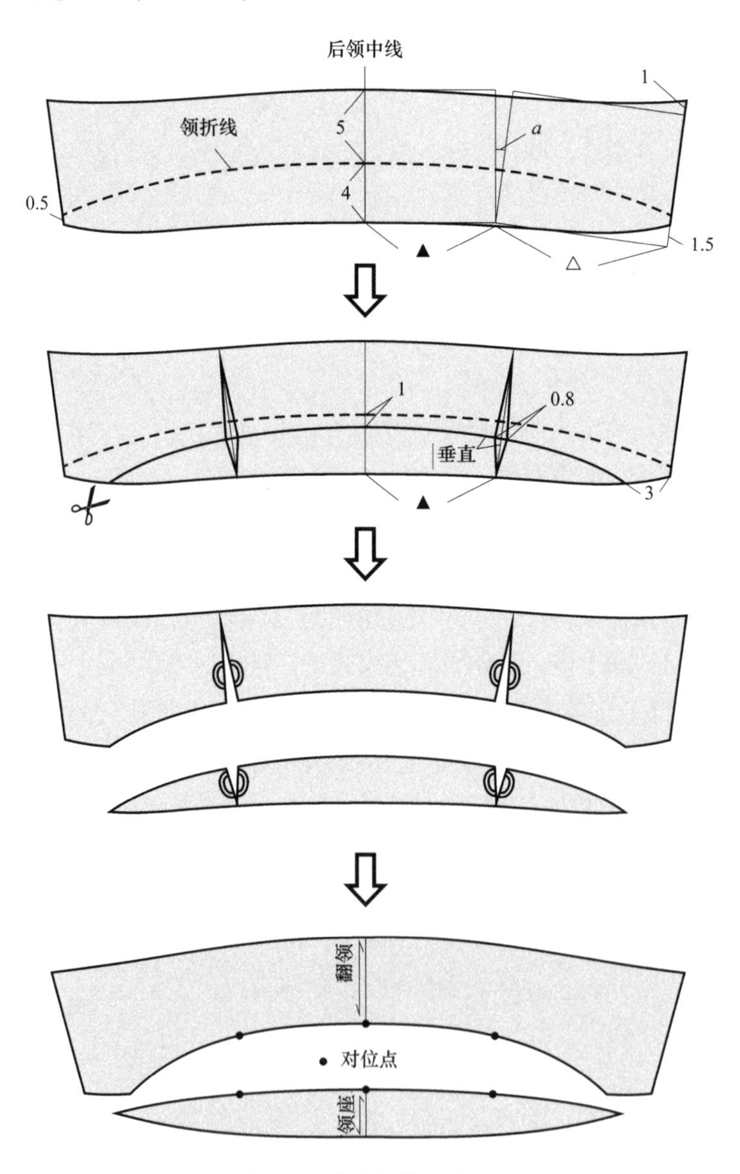

图4-56 翻领结构变化图

4. **翻领CAD结构设计**

（1）新建一个工作画面，参照表4–5所示，在【设置号型规格表】对话框中建立尺寸表并保存。

（2）选中【智能笔】工具，鼠标移到工作区空白位置按下左键拖动到另一空白位置松开，弹出【矩形】对话框，输入水平长度值“21”和垂直长度值“9”，单击【确定】按钮，画一个矩形*ABCD*。在线段*AB*上，距*A*点9cm（▲的量），画垂线*EF*到线段*CD*。选中【剪断线】工具，鼠标单击线段*AB*，松开鼠标移动到*E*点再单击，将线段*AB*在*E*点处切断，以同样方法将线段*CD*在*F*点处切断。

（3）选中【旋转】工具，按【Shift】键，鼠标框选矩形线段*BCFE*，右键单击，再依次单击*E*点、*F*点，松开鼠标转动到空白位置再单击，弹出【旋转】对话框，输入旋转角度“7.8”（*α*的值），单击【确定】按钮，完成旋转。以上操作如图4–57所示。

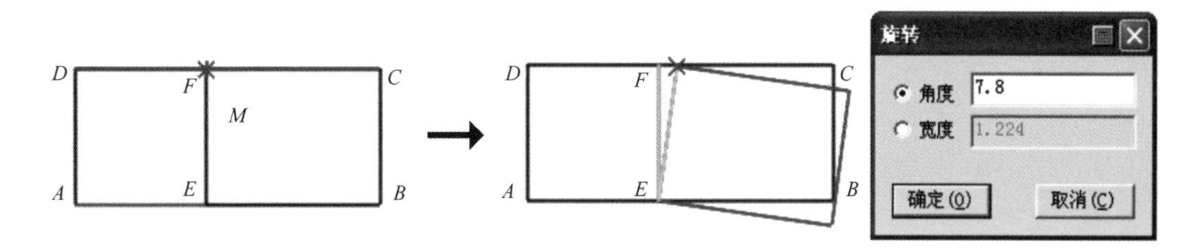

图4–57　画基础线并旋转展开

教师指导

领夹角是翻领、驳领制图中一个非常重要的因素，对领子的抱颈和翻领与领座的匹配起着至关重要的作用。其计算公式为：

①当（翻领–领座）小于（翻领+领座）的三分之一时，*α*=（翻领–领座）×70/（翻领+领座）。

②当（翻领–领座）大于或等于（翻领+领座）的三分之一时，*α*=（翻领–领座）×140/（翻领+领座）。

（4）选中【点】工具，距*A*点4cm，在线段*AD*上找到*G*点；距*B*点1.5cm，在旋转后的线段*BC*上找到*H*点，距*H*点0.5cm，找到*I*点。选中【智能笔】工具，将旋转后的线段*BC*延长1cm，端点为*C*1；之后将*C*1点至*D*点以曲线连接，将*I*点至*G*点以曲线连接，将*H*点至*A*点以曲线连接。选中【对称调整】工具，将画出的曲线调圆顺，如图4–58所示。

（5）选中【橡皮擦】工具，将不要的结构线删除。选中【智能笔】工具，从*H*点至*C*1点以直线连接；距*G*点向下1cm的*G*1点至距*H*点向左沿曲线*HA*3cm的*H*1点以曲线连接。选中【对称调整】工具，将画出的曲线*G*1*H*1调圆顺。选中【点】工具，距A点9cm，在曲线AH上找到E1点。选中【智能笔】工具，过E1点画直线E1F1到曲线DC1，E1F1垂直于曲线G1H1，交点为J。

（6）选中【等份规】工具，按【Shift】键，将光标由状态切换为状态，鼠标在J点上单击，松开在线G1H1上拖动，出现反向等距点，再单击，弹出【线上反向等份点】对话框，输入单向长度“0.4”，单击【确定】按钮，定出点J1、J2。选中【智能笔】工具，将J1点与F1点、F1点与J2点、E1点与J1点、E1点与J2点直线连接，画出省线。以上操作如图4-59所示。

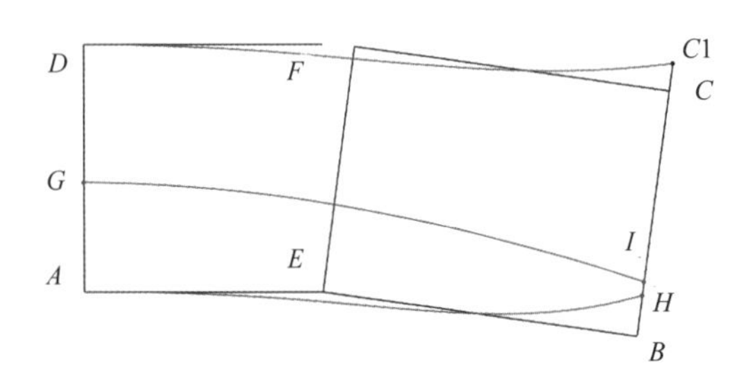

图4-58　画出并调整曲线

图4-59　画出省线

（7）选中【橡皮擦】工具，将不要的结构点、线删除。选中【剪断线】工具，将线段AD在G1点、线段AH在H1点剪断。选中【移动】工具，将所有结构线复制一份。选中【橡皮擦】工具，将不要的结构点、线删除，分出领座和翻领，如图4-60所示。

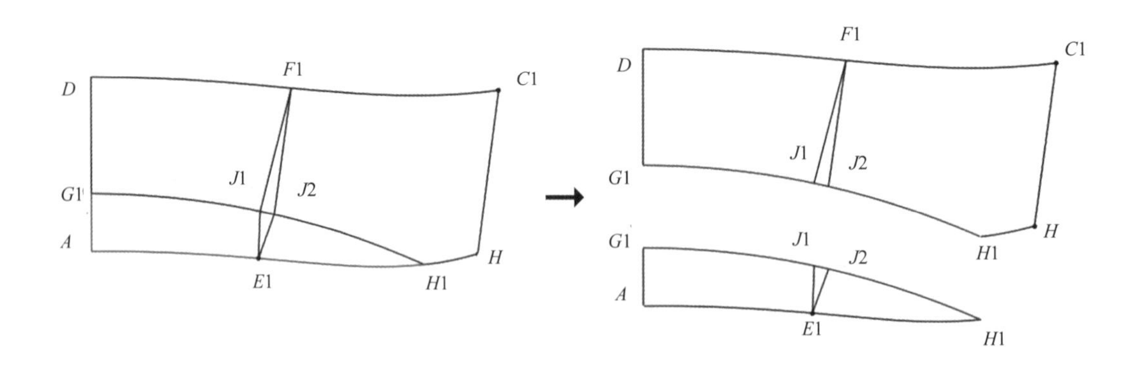

图4-60　分出领座和翻领

（8）选中【剪断线】工具，分别在F1点、J1点、J2点和E1点处将曲线剪断。选中【橡皮擦】工具，将剪断后的曲线J1J2删除，如图4-61所示。选中【旋转】工具，按【Shift】键，将省合并，如图4-62所示。

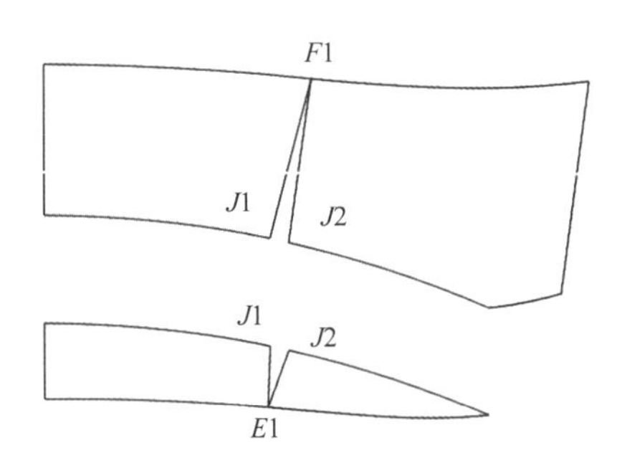

图4-61 删除剪断后的曲线J1J2

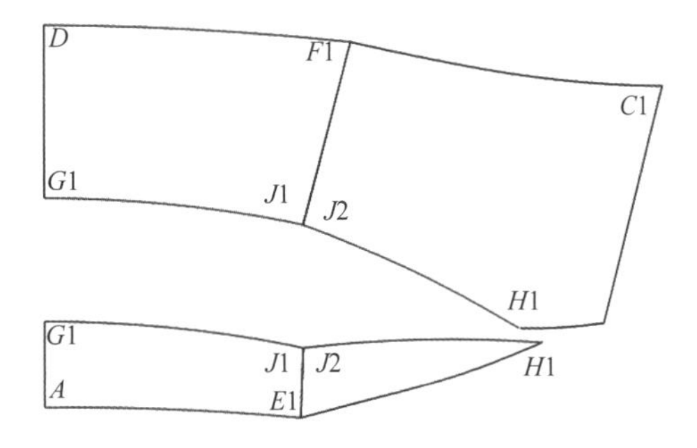

图4-62 并省

（9）选中【橡皮擦】工具，将合并线删除。选中【剪断线】工具，鼠标分别单击曲线DF1与F1C1，右键单击，将两条线接成一条整线，以同样方法将曲线G1J1与J2H1、AE1与E1H1接成一条整线。选中【对称调整】工具，将拼接后的曲线调圆顺，如图4-63所示。

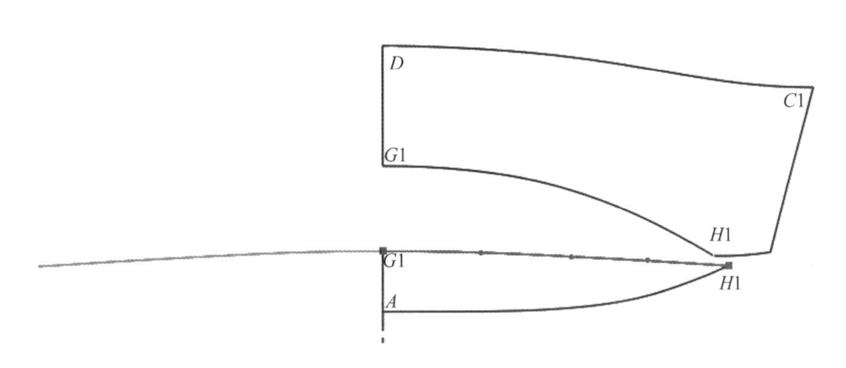

图4-63 对称调整曲线

（10）选中【剪刀】工具，生成翻领和领座纸样。选中【纸样对称】工具，将纸样关联对称展开。选中【布纹线】工具，将布纹线移至后领中线位置。选中【缝迹线】工具，以0.6cm画出领外口线与领嘴明线、0.1cm画出分割线明线，翻领结构设计完成，如图4-64所示。单击【保存】工具，将翻领纸样保存即可。

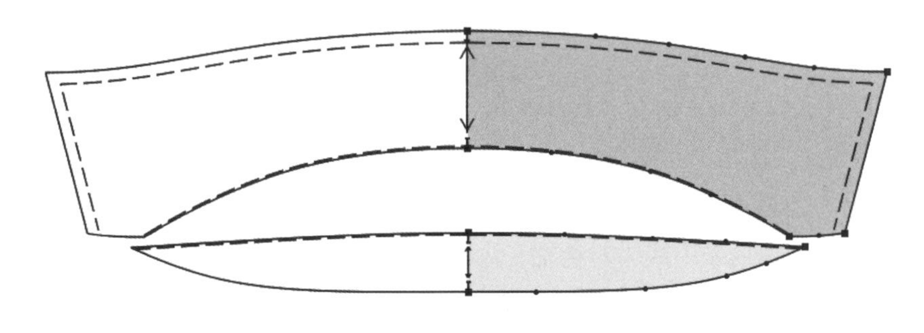

图4-64 翻领纸样

六、荷叶边领结构设计

1. 荷叶边领款式图（图4–65）

2. 荷叶边领制图规格（表4–6）

表4–6 荷叶边领的制图规格

单位	领宽
cm	10

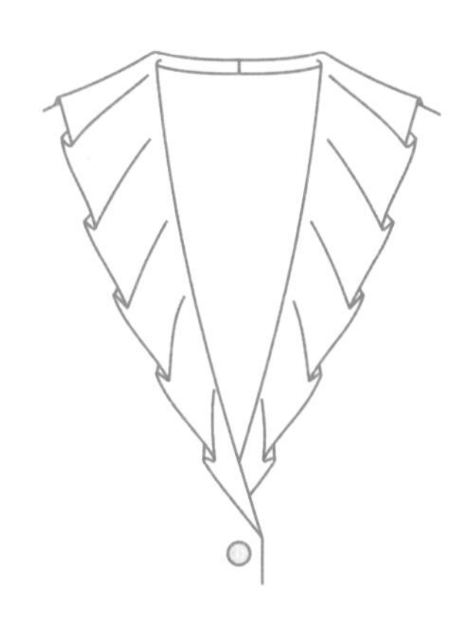

图4–65 荷叶边领款式图

3. 荷叶边领结构图（图4–66）

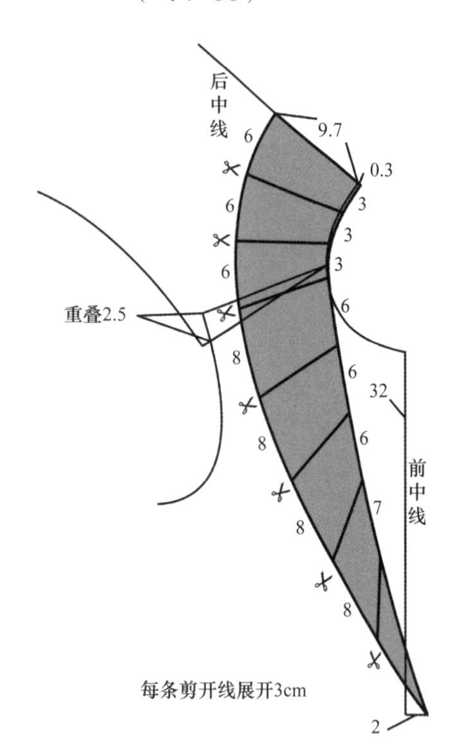

图4–66 荷叶边领结构图

4. 荷叶边领CAD结构设计

（1）新建一个工作画面。鼠标单击【快捷工具栏】中的【打开】工具，弹出【打开】对话框，选中平领纸样文件，将其打开。

（2）选中【橡皮擦】工具，仅保留图4–67所示的结构点、线，其他结构点、线全部删除。鼠标在【衣片列表框】中的平领纸样上单击，将其选中，选中【纸样】菜单下的【删除当前选中纸样】命令（或按【Ctrl+D】组合键），弹出【富怡服装设计放码CAD软件】对话框，单击【是】按钮，将纸样删除。选中【文档】菜单下的【另存为】命令（或按【Ctrl+A】键），弹出【文档另存为】对话框，输入文件名“荷叶边领”，单击【保存】按钮即可。

（3）选中【设计工具栏】中的【关联/不关联】工具，按【Shift】键，将光标由关联状态切换到不关联状态，鼠标依次框选线段*C*1*D*、*DB*1和*DE*，右键单击，取消三条线在*D*点的关联性。选中【调整】工具，选中曲线*DB*1，将*D*点移到*F*点位置。选中【剪断线】工具，将曲线*A*3*F*和*FB*1接成一条整线。以上操作如图4–68所示。

（4）选中【橡皮擦】工具，删除部分不要的点、线。选中【智能笔】工具，以*B*1点为起点，以后中线上距后领中点*A*3 10cm的*A*4点为终点，画出领外口线*B*1*A*4。选中【对称调整】工具，以后领中线为对称轴，将画出的领外口线*B*1*A*4调圆顺，如图4–69所示。

（5）选中【智能笔】工具，鼠标在后中线与领外口线*B*1*A*4的交点位置框选，移动鼠标到右下方空白位置右键单击，将后中线在*A*4位置切齐。按【F9】键，参照图4–66所示，画出展开线，如图4–70所示。

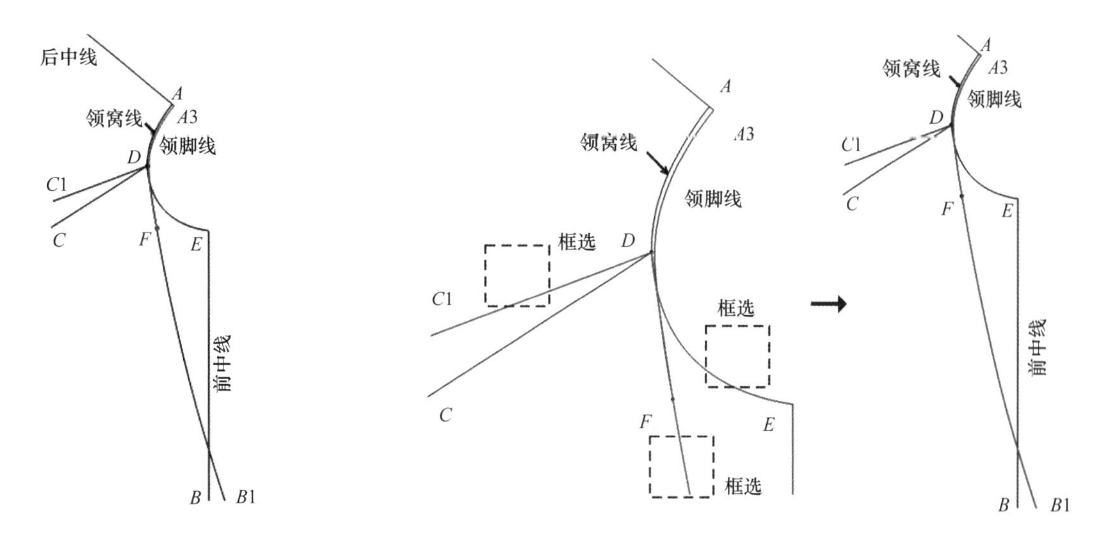

图4-67 保留的结构线

图4-68 取消关联，调整、拼接曲线

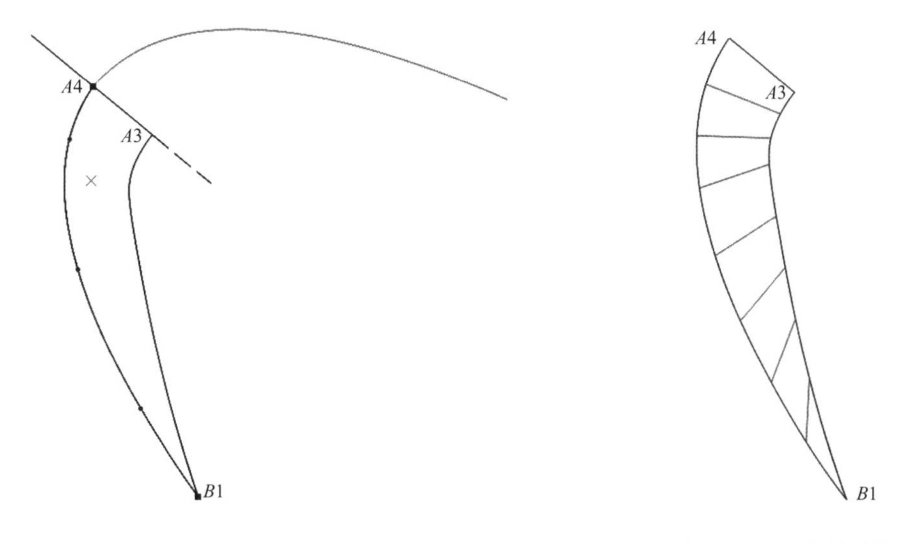

图4-69 对称调整领外口线

图4-70 画出展开线

（6）选中【设计工具栏】中的【分割、展开、去除余量】工具，鼠标框选领子的所有结构线，右键单击，之后左键单击领脚线$A3B1$，将其选为不伸缩的线，再左键单击领外口线$B1A4$，将其选为伸缩的线，然后依次单击分割线，右键单击，弹出【单向展开或去除余量】对话框，输入平均伸缩量“3”，领子展开效果如图4-71所示，选择【顺滑连线】选项，单击【确定】按钮，领子结构展开。

（7）选中【橡皮擦】工具，将展开线删除。选中【旋转】工具，按【Shift】键，将领子结构线以后领中线$A3A4$为竖直线摆正。选中【剪刀】工具，生成荷叶边领纸样。选中【布纹线】工具，将布纹线移至后领中线附近。荷叶边领结构设计完成，如图4-72所示。单击【保存】工具，将荷叶边领纸样保存即可。

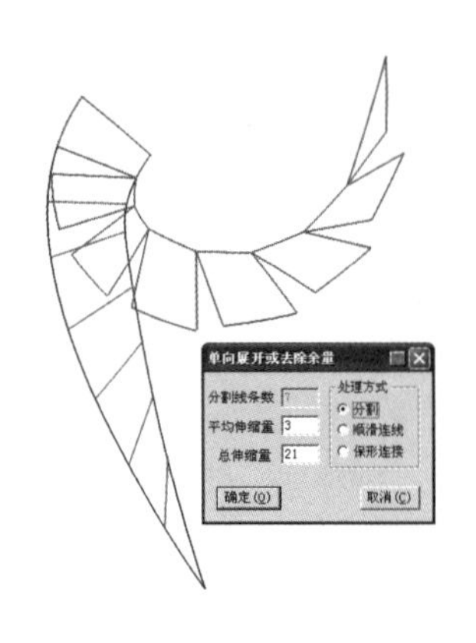

图4-71　领子展开

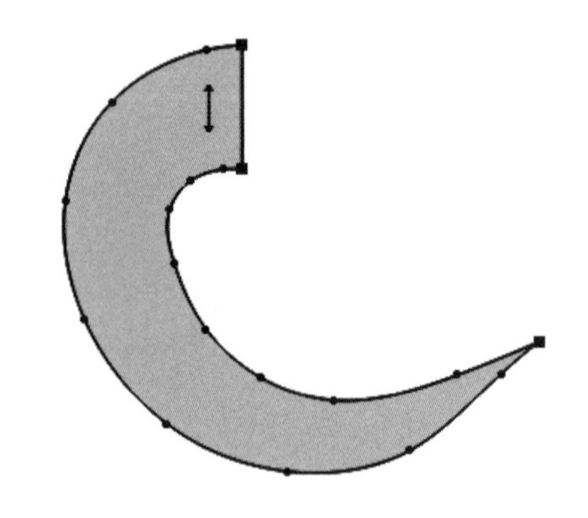

图4-72　荷叶边领纸样

七、荡领结构设计

1. **荡领款式图**（图4-73）

2. **荡领结构变化图**（图4-74）

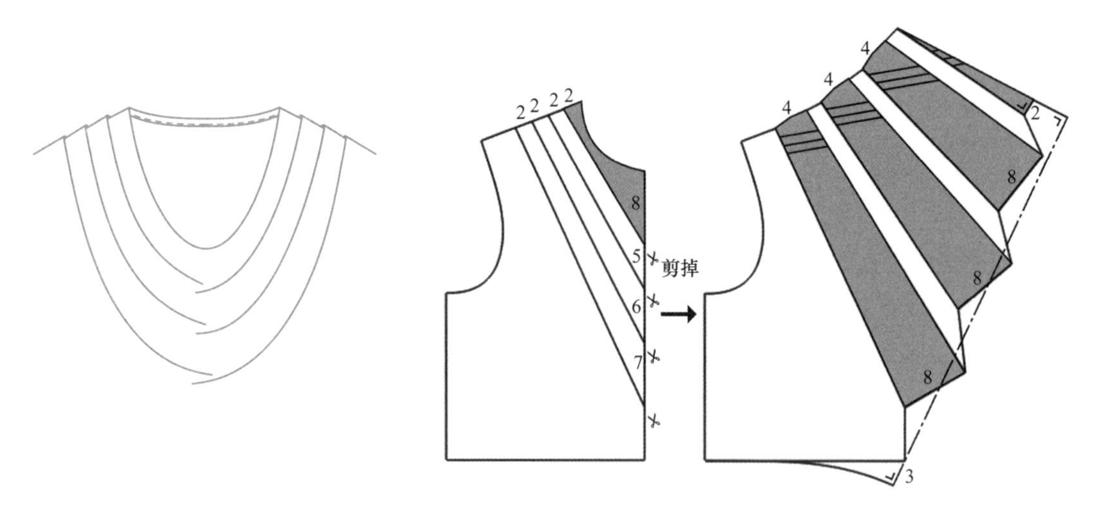

图4-73　荡领款式图　　　　图4-74　荡领结构变化图

3. **荡领CAD结构设计**

（1）新建一个工作画面。鼠标单击【快捷工具栏】中的【打开】工具，弹出【打开】对话框，选中平领纸样文件，将其打开。

（2）选中【橡皮擦】工具，仅保留图4-75所示的前、后领窝基本结构线，其他结构点、线全部删除。鼠标在【衣片列表框】中的平领纸样上单击，将其选中，按【Ctrl+D】键，将其删除。按【Ctrl+A】键，弹出【文档另存为】对话框，输入文件名“基本领”，单击【保存】按钮即可。再次按【Ctrl+A】组合键，以文件名“荡领”将文件保存。

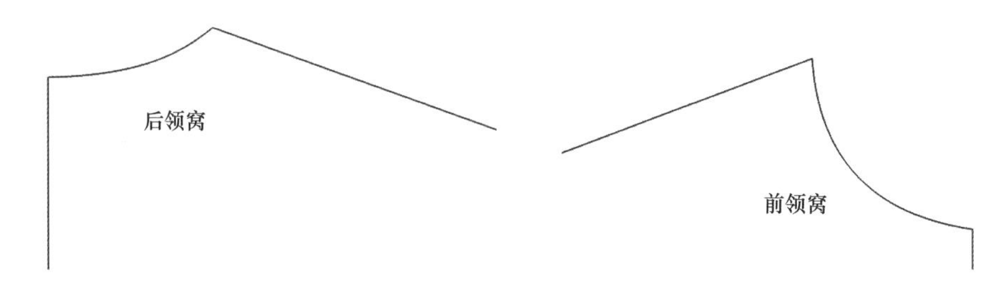

图4-75　保留的前、后领窝基本结构线

（3）选中【智能笔】工具，在已有前领窝基本结构线的基础上，简单画出前片结构纸样，再参照图4-74所示，画出展开线，如图4-76所示。之后将肩斜线在*B*点位置、前中线在*C*点位置切齐。选中【橡皮擦】工具，将前片的领窝线删除，如图4-77所示。

（4）选中【设计工具栏】中的【褶展开】工具，鼠标框选前片的结构线，右键单击，再单击肩斜线*AB*的*A*点一端，然后单击前中线*CD*的*D*点一端，接着依次单击展开线1、2、3，如图4-78所示，右键单击，弹出【结构线 刀褶/工字褶展开】对话框，对话框中设置如图4-79所示，沿分割线将纸样展开。

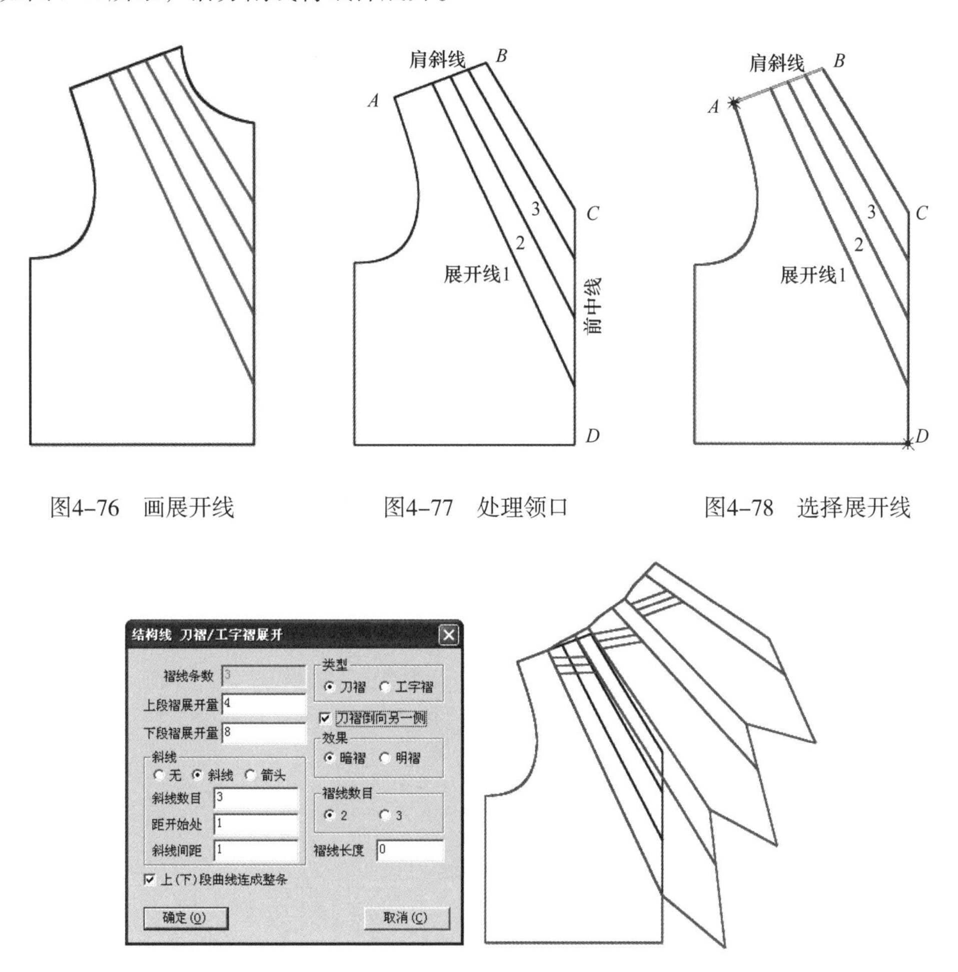

图4-76　画展开线　　图4-77　处理领口　　图4-78　选择展开线

图4-79　褶展开设置

（5）选中【角度线】工具，过C点，长度值“2”，画出垂直线段$CC1$。选中【智能笔】工具，将B点与$C1$点直线连接，并将其在$C1$端适当延长。选中【角度线】工具，过D点，画延长的线段$BC1$的垂直线段，交点为$C2$。选中【智能笔】工具，将两线在交点位置切齐，之后将线段$C2D$延长3cm，端点为$D1$，再将E点与$D1$点曲线连接，并用【对称调整】工具调圆顺，如图4-80所示。

（6）选中【橡皮擦】工具，将不要的结构线删除。选中【智能笔】工具，将所有的裥位线统一调为6cm长，再将裥$BCC1$的裥位斜线画出，如图4-81所示。

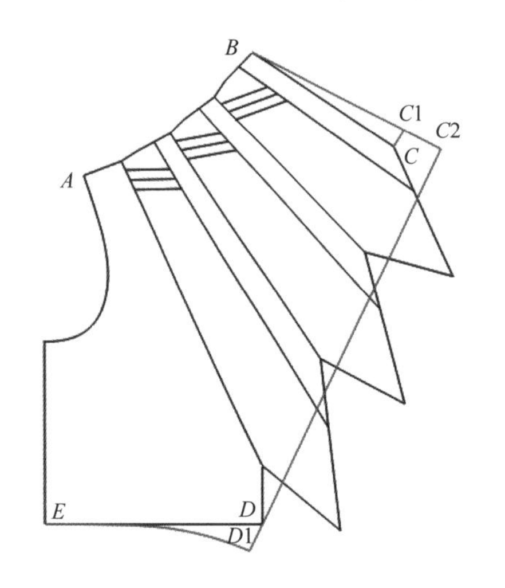

图4-80 画领口线 、前中线和底边线

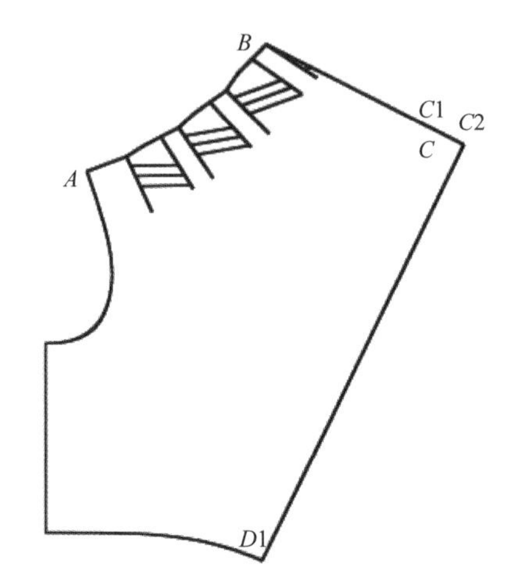

图4-81 删除多余结构线、调整裥

（7）选中【旋转】工具，按【Shift】键，将前片结构线以中线$C2D1$为竖直线摆正。选中【剪刀】工具，生成前片纸样。选中【纸样对称】工具，将纸样关联对称展开。选中【布纹线】工具，将布纹线旋转至45° 角并移到前中线上。荡领结构设计完成，如图4-82所示。单击【保存】工具，将荡领纸样保存即可。

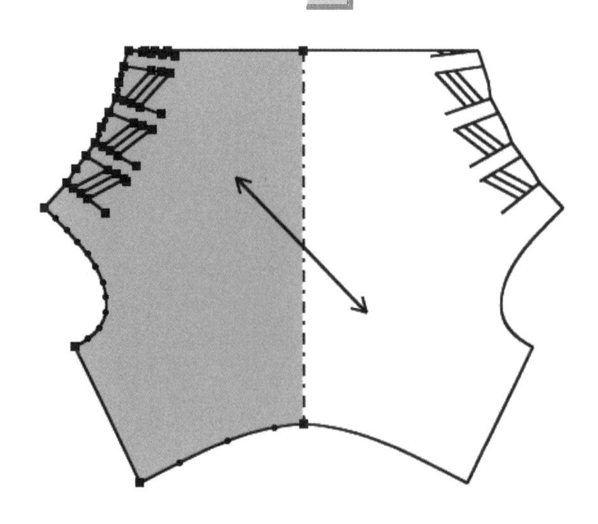

图4-82 荡领纸样

八、连立领结构设计

1. 连立领款式图（图4–83）

2. 连立领制图规格（表4–7）

表4–7　连立领的制图规格

单位	领高	省长
cm	5	13

图4–83　连立领款式图

3. 连立领结构图(图4–84)

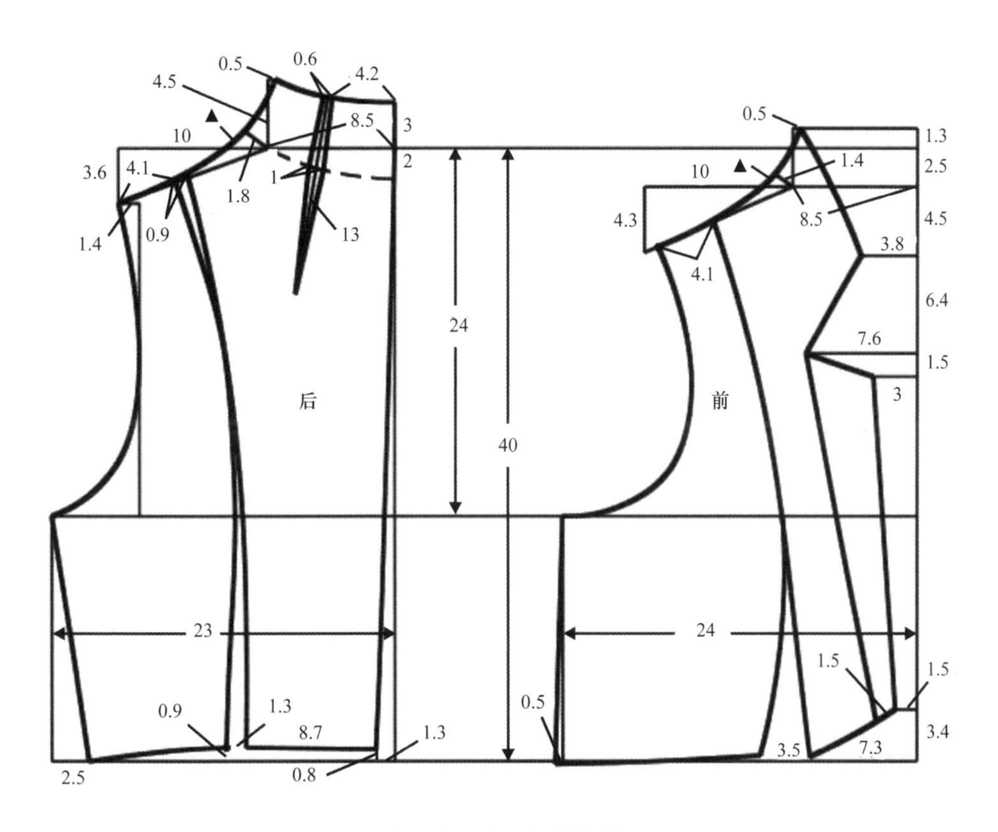

图4–84　连立领结构图

4. 连立领CAD结构设计

（1）新建一个工作画面，参照表4–7所示，在【设置号型规格表】对话框中建立尺寸表并保存。

（2）选中【智能笔】工具，参照图4–84所示，画出基本结构线，如图4–85所示。选中【橡皮擦】工具，将不要的结构线删除。

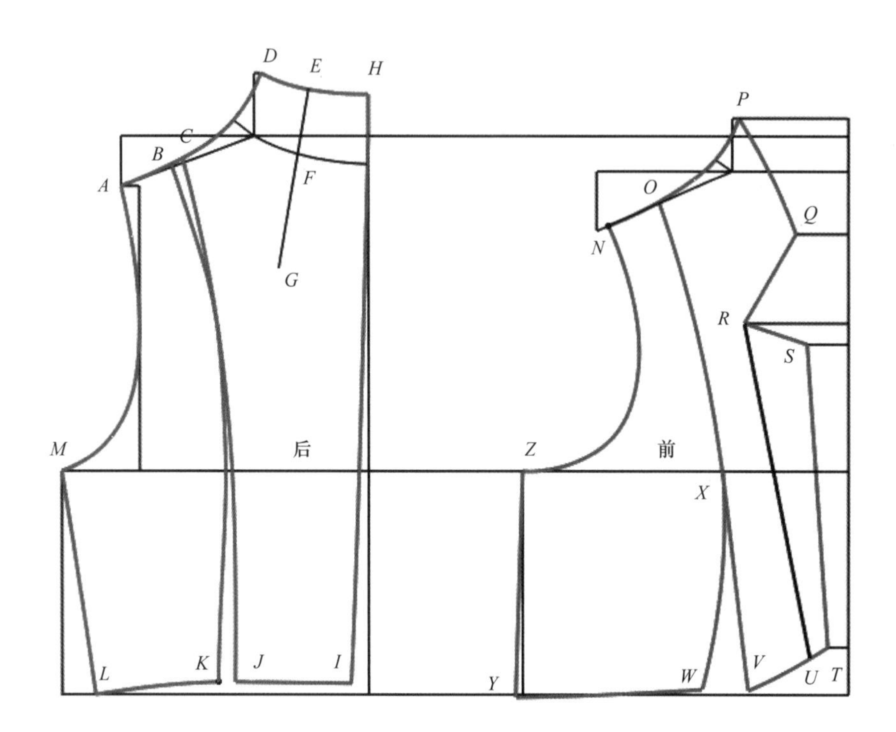

图4-85　基本结构线

（3）选中【移动】工具，将前肩线PN复制一份并移动到后肩线上，P点与D点对齐，如图4-86所示。

（4）选中【调整】工具，P、N两点不动，将复制移动过来的前肩线PN调整到与后肩线DA重合。选中【移动】工具，按【Shift】键，将调整后的前肩线移回原来位置。选中【橡皮擦】工具，将原来的前肩线删除。

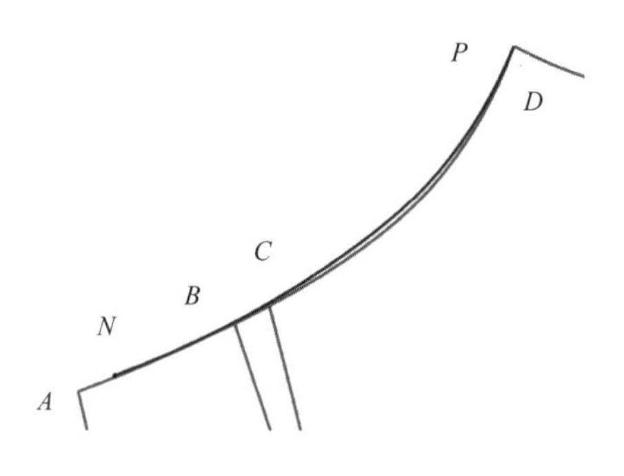

图4-86　前、后肩线对齐

（5）选中【对称】工具，以A、D两点连线为对称轴，将后肩线AD、后领窝线DH对称复制到另一侧，如图4-87所示。选中【设计工具栏】中的【合并调整】工具，鼠标先依次单击前领线PQ、复制对称的后领窝线$DH1$，右键单击，再依次单击前肩线PN和复制对称的后肩线AD，右键单击，弹出【合并调整】对话框，曲线合并，选择【自动顺滑】选项，右键单击，完成调整，如图4-88所示。

（6）选中【对称】工具，按【Shift】键，以A、D两点连线为对称轴，将修改后的后领窝线$DH1$和后肩线AD放回原来位置。选中【橡皮擦】工具，将最初的后肩线和后领窝线删除。

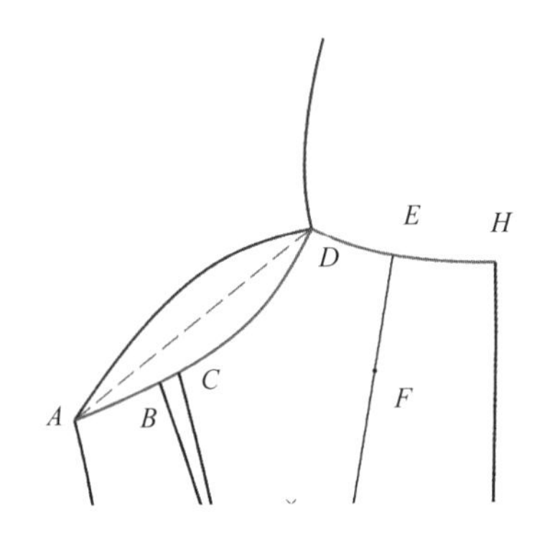

图4-87　复制对称后肩斜线与领窝线

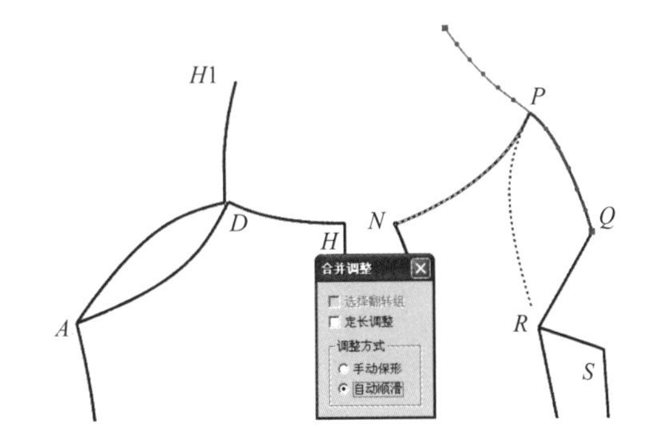

图4-88　合并调整

（7）选中【合并调整】工具，鼠标先依次单击曲线TV和WY，右键单击，再依次单击曲线XV和XW，右键单击，弹出【合并调整】对话框，曲线合并，鼠标移到合并点V上单击，松开鼠标沿着合并线VX方向移动，将前底边线调圆顺，调整效果会联动显示，如图4-89所示，右键单击，完成调整。

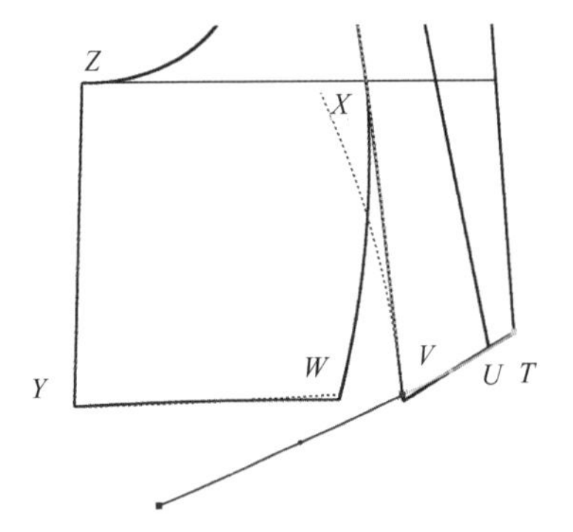

图4-89　联动调整

（8）选中【合并调整】工具，鼠标先依次单击曲线KL和WY，右键单击，再依次单击曲线ML和ZY，右键单击，弹出【合并调整】对话框，曲线合并，如图4-90（a）所示；勾选【合并调整】对话框中的【选择翻转组】选项，鼠标单击合并过来的曲线YW，将其翻转到另一侧，如图4-90（b）所示，之后再将前、后底边线在侧缝位置调圆顺，右键单击，完成调整。

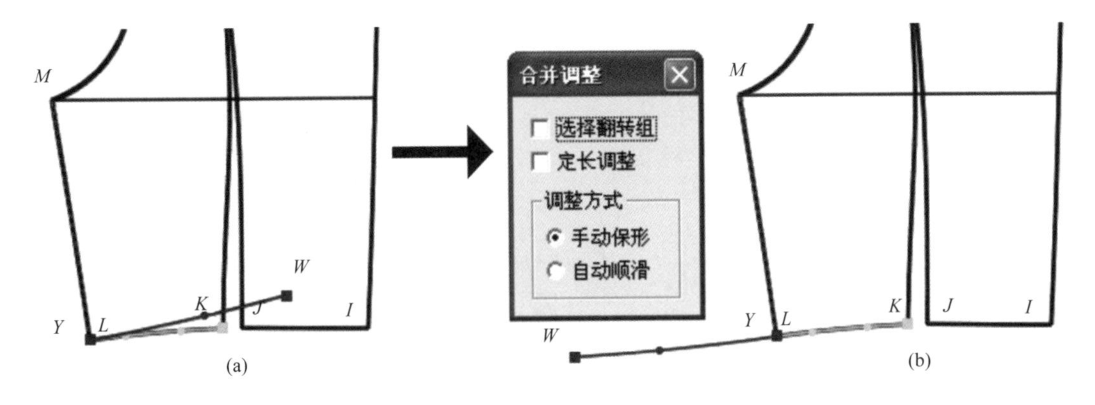

图4-90　选择翻转组

（9）选中【合并调整】工具，鼠标先依次单击曲线IJ和KL，右键单击，再依次单击曲线CJ和BK，右键单击，弹出【合并调整】对话框，曲线合并，鼠标移到曲线IJ上单击加点，松开鼠标到合适位置再单击，将曲线LI调圆顺，如图4-91所示，右键单击，完成调整。

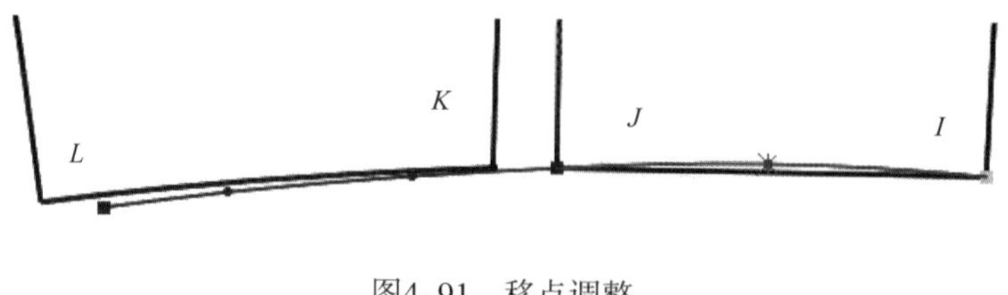

图4-91　移点调整

教师指导

为清楚呈现操作过程中的方法和技巧，以上讲解都是分部位进行合并调整的，在实际应用过程中可一次性完成，具体方法如下：

①选中【对称】工具，按【Shift】键，将后中片与后侧片结构线垂直对称。

②选中【合并调整】工具，鼠标先依次单击曲线*IJ*、*KL*、*YW*和*VT*，选中的线为绿色，右键单击；再依次单击曲线*CJ*、*BK*、*ML*、*ZY*、*XW*和*OV*，选中的线为蓝色，如图4-92所示，右键单击，弹出【合并调整】对话框，曲线合并，如图4-93所示，将曲线*IT*调圆顺，右键单击，完成调整。

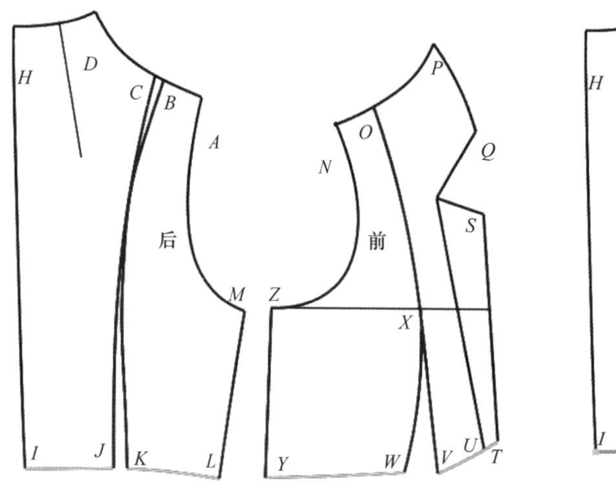

图4-92　选择调整线与合并线

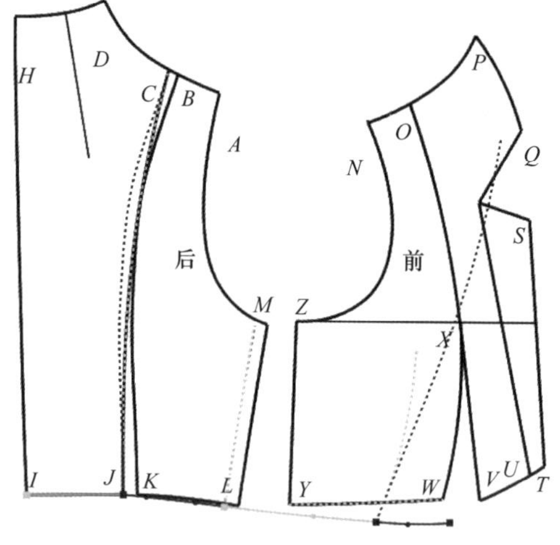

图4-93　曲线合并

（10）选中【剪刀】工具，生成前中片、前侧片、后侧片与后中片纸样。选中【纸样工具栏】中的【水平垂直翻转】工具，按【Shift】键，将光标由水平翻转状态切换到垂直翻转状态，鼠标分别单击生成的后侧片与后中片，将其垂直翻转。选中【布纹线】工具，将布纹线移到合适位置。鼠标移到纸样上，按【空格】键，光标变成形，移动纸样如图4-94所示位置摆放。

（11）选中【纸样工具栏】中的【分割纸样】工具，鼠标在前中片的内线*RU*上单击，弹出【加缝份】对话框，单击【确定】按钮，前中片被分割。按【空格】键，光标变成形，将分割出来的纸样适当移动位置摆放，如图4-95所示。

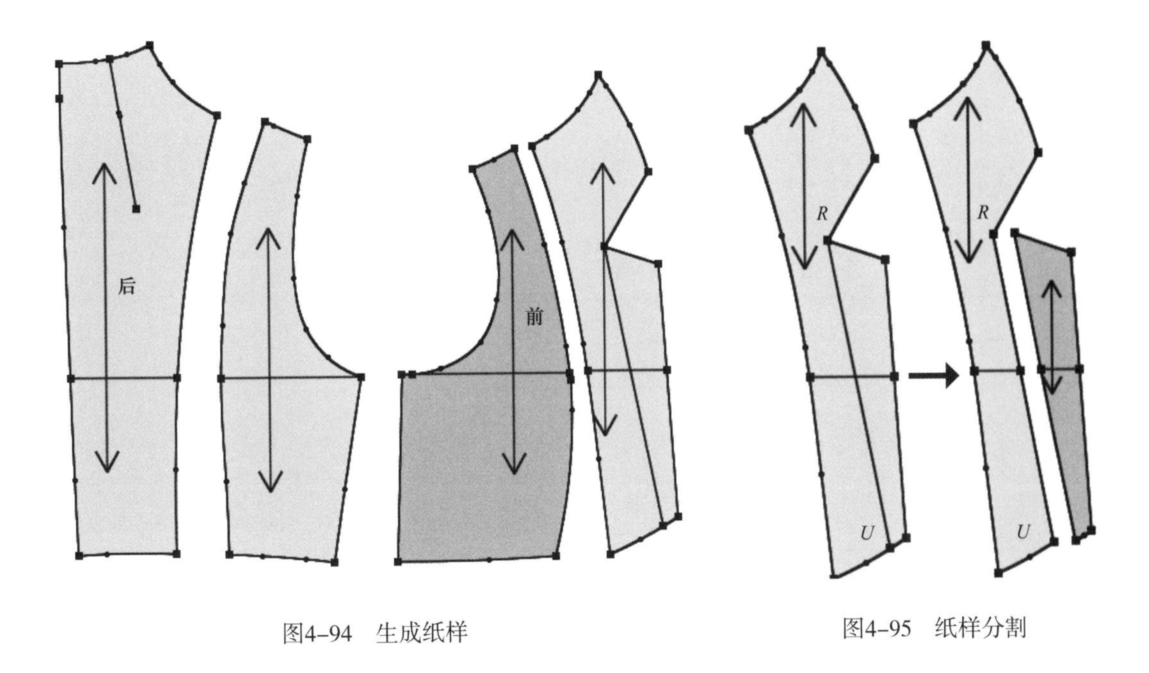

图4-94　生成纸样　　　　图4-95　纸样分割

（12）选中【纸样工具栏】中的【锥型省】工具，鼠标在生成的后中片纸样上依次单击*E*、*G*、*F*点，弹出【锥型省】对话框，对话框中设置如图4-96所示，单击【确定】按钮，开出后片的锥型省，如图4-97所示。

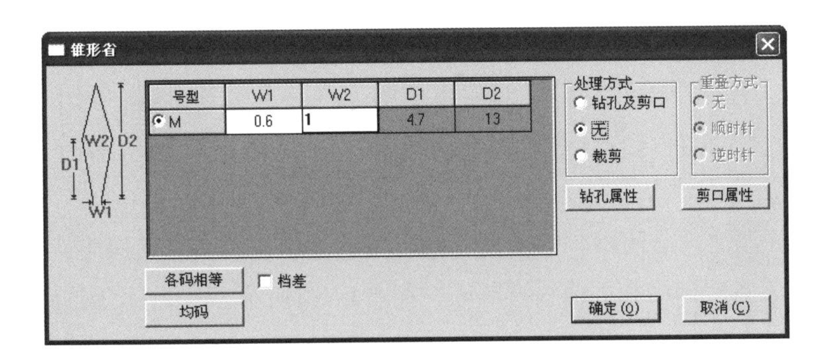

图4-96　在【锥型省】对话框中进行省设置

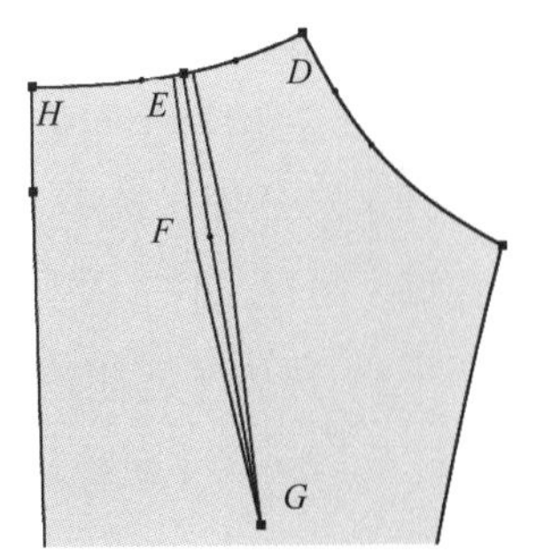

图4-97　画出锥型省

（13）单击【保存】工具，将连立领纸样保存即可。

九、连帽领结构设计

1. 连帽领款式图（图4-98）

2. 连帽领制图规格（表4-8）

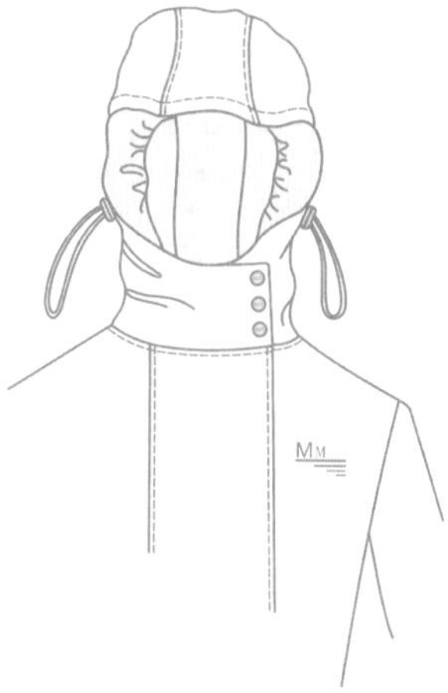

表4-8 连帽领制图规格

单位	帽宽	帽高	帽中条前宽	帽中条后宽
cm	25	33.5	12	7

图4-98 连帽领款式图

3. 连帽领结构图（图4-99）

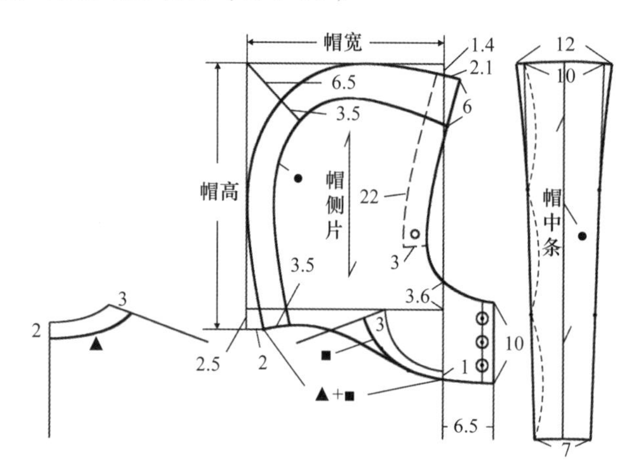

图4-99 连帽领结构图

4. 连帽领CAD结构设计

（1）新建一个工作画面。鼠标单击【快捷工具栏】中的【打开】工具，弹出【打开】对话框，选中“基本领”纸样文件，将其打开，如图4-100所示。按【Ctrl+A】组合键，另存文件，文件名为“连帽领”。

（2）选中【智能笔】工具，参照图4-99所示，画出基本帽结构线，之后用【调整】工具和【对称调整】工具将相关曲线调圆顺，如图4-101所示。

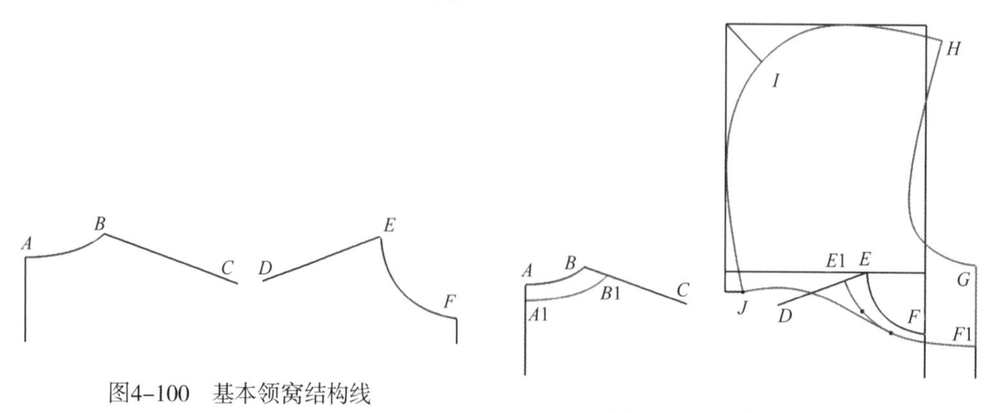

图4-100 基本领窝结构线

图4-101 画出基本帽结构线

（3）选中【智能笔】工具，按住【Shift】键，鼠标在线段GF1上按下左键向左拖动，再依次单击曲线HG和F1J，出现平行线后在空白处再单击，弹出【平行线】对话框，输入平行距离“1.5”，单击【确定】按钮，画出相交平行线G1F2。以同样方法，平行距离分别为“3.5”和“3”，画出曲线J1H1和H2G2，如图4–102所示。

（4）选中【智能笔】工具，将线段TI切齐到曲线J1H1，交点为I1。选中【点】工具，距H点6cm，在线段HG上找到H3点。选中【调整】工具，将H1点移到H3点位置，并将曲线I1H3调圆顺。选中【角度线】工具，单击选中曲线H2G2，松开鼠标移到曲线H2G2的上端再单击，弹出【点的位置】对话框，输入长度值“22”，单击【确定】按钮，出现坐标线，鼠标移到与曲线H2G2垂直的坐标线上单击，弹出【角度线】对话框，输入长度值“3”，单击【确定】按钮，画出直线KL，以上操作如图4–103所示。

（5）选中【智能笔】工具，将曲线H2G2在K点切齐；距离1.5cm，画出直线KL的相交平行线MN。选中【CR圆弧】工具，按【Shift】键，将光标由状态切换到状态，半径0.5cm，过直线MN的中点画一个圆。鼠标移到【快捷工具栏】中【线类型】输入框的下拉按钮上单击，选择虚线，之后选中【设计工具栏】中的【设置线的颜色类型】工具，鼠标移到线段H2K和KL上单击，将线设置为虚线，如图4–104所示。

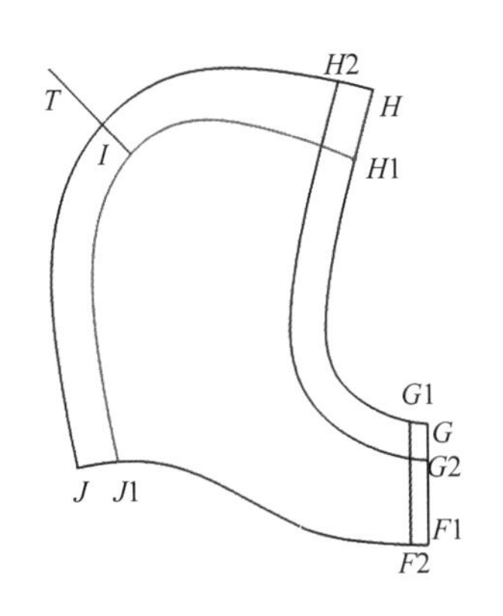

图4–102　画相交平行线

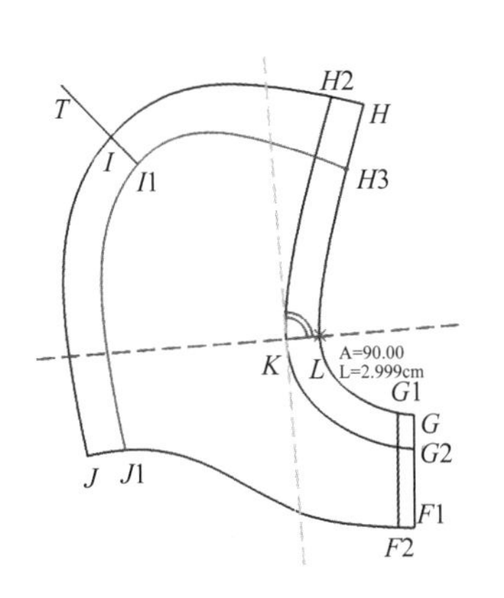

图4–103　画直线KL

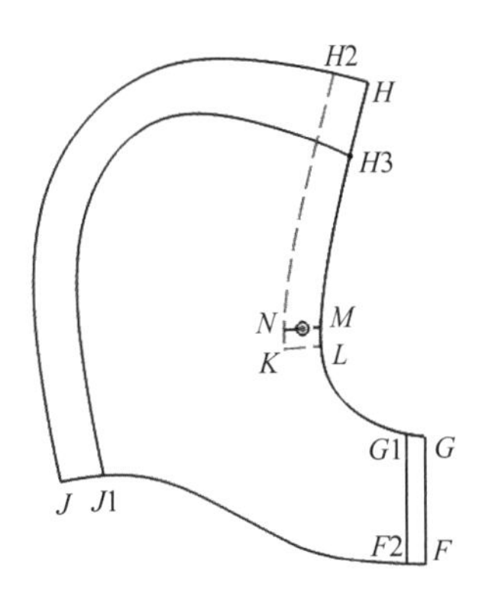

图4–104　切齐并设置线类型

（6）在【线类型】输入框中设置线型为实线。选中【橡皮擦】工具，将直线MN删除。

（7）选中【设计工具栏】中的【比较长度】工具，鼠标在曲线J1H3上单击，弹出【长度比较】对话框，显示长度值为“46.63”，关闭对话框即可。

（8）选中【矩形】工具，长46.63cm，宽3.5cm，画一个长方形UVWX。选中【调整】工具，鼠标移到X点上，按【Enter】键，弹出【偏移】对话框，输入偏移值“–1.5”，单击【确定】按钮，将X点水平向左偏移1.5cm，如图4–105所示。之后再将W点向上偏移0.3cm，将V点向上偏移0.1 cm。

（9）选中【等份规】工具，将直线UX三等份，距X点一端的第一个等份点为

X1。选中【智能笔】工具，过X点向左1cm画水平线XY，将X1点与Y点曲线连接，并用【调整】工具将曲线调圆顺，如图4-106所示。

（10）选中【对称调整】工具，将曲线YW和UV调圆顺。选中【剪刀】工具，生成帽中条纸样和帽侧片纸样。选中【纸样对称】工具，将帽中条纸样关联对称展开。选中【布纹线】工具，将布纹线移到中线上。帽中条纸样如图4-107所示。

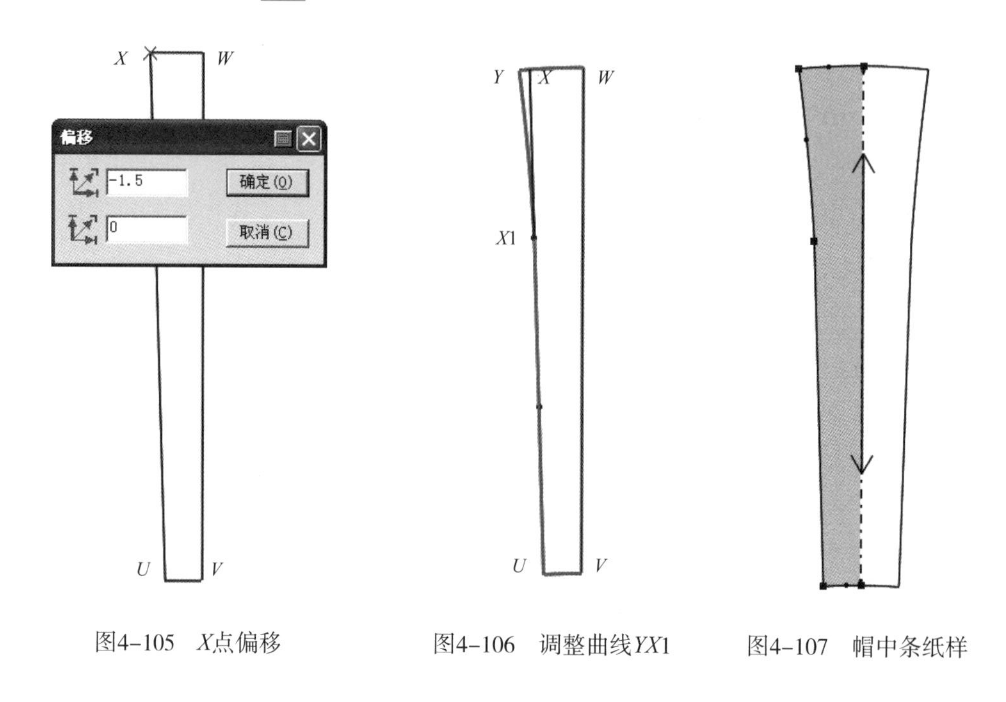

图4-105　X点偏移　　图4-106　调整曲线YX1　　图4-107　帽中条纸样

（11）选中【纸样工具栏】中的【钻孔】工具，鼠标在帽侧片纸样的直线G1F2上单击，弹出【线上钻孔】对话框，设置如图4-108所示，再单击【钻孔属性】按钮，弹出【属性】对话框，设置半径值为“0.75”，单击【确定】按钮，回到【线上钻孔】对话框，单击【确定】按钮，钻孔画出，如图4-109所示。

（12）选中【橡皮擦】工具，将直线G1F2删除。单击【保存】工具，将连帽领纸样保存即可。

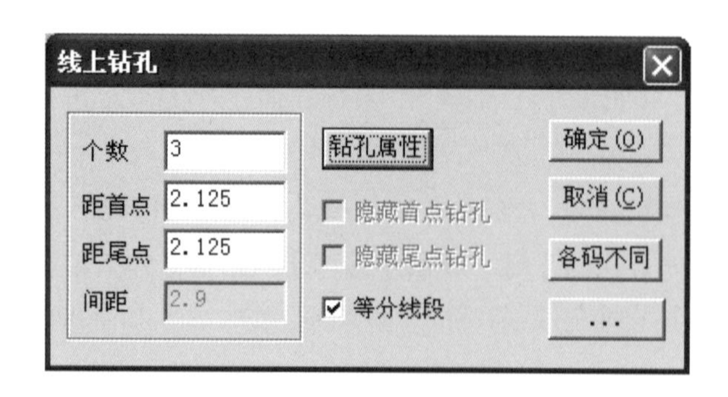

图4-108　【线上钻孔】对话框

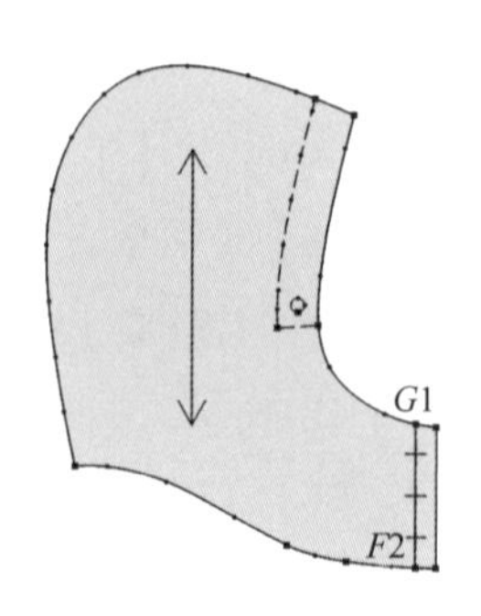

图4-109　画出钻孔

第二节　袖子结构设计

袖子按结构的不同可大致分为装袖、插肩袖和连袖三大类，每一类在造型和结构设计上都有很多变化。

一、原型袖结构设计

1. **原型袖款式图**（图4–110）

2. **原型袖制图规格**（表4–9）

表4–9　原型袖制图规格

单位	袖长	前AH（实测）	后AH（实测）
cm	53	20.3	20.8

3. **原型袖结构图**（图4–111）

4. **原型袖CAD结构设计**

（1）新建一个工作画面，参照表4–9所示，在【设置号型规格表】对话框中建立尺寸表并保存。

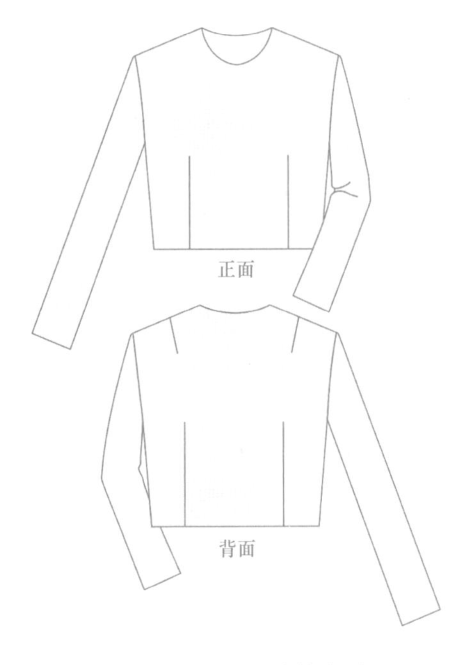

图4–110　原型袖款式图

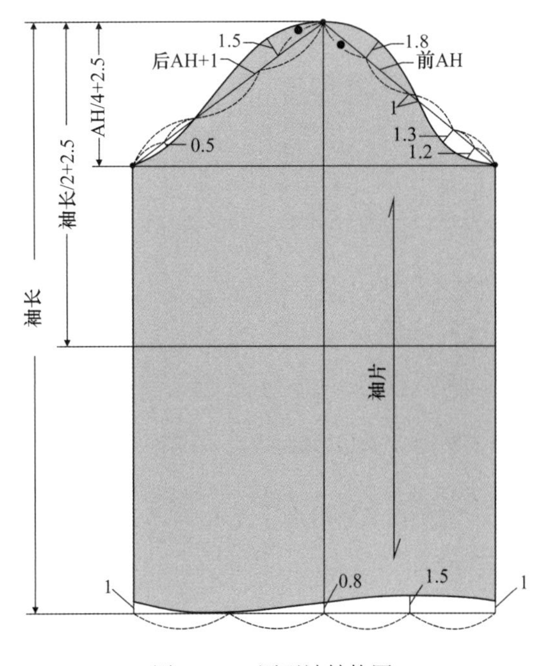

图4–111　原型袖结构图

（2）选中【智能笔】工具，光标切换到【丁字尺】状态，画出长53cm（袖长）的垂直袖中线*AB*；距上端点*A*12.53cm（AH/4+2.5cm），过袖中线*AB*上的*C*点向左、右分别画水平线。

（3）选中【圆规】工具，鼠标单击*A*点，再单击刚画出的向右的水平线段，弹出【单圆规】对话框，输入长度值“20.3”（前AH），单击【确定】按钮，画出前袖山斜线*AC*1；鼠标单击*A*点，再单击刚画出的向左的水平线段，弹出【单圆规】对话框，输入长度值“21.8”（后AH+1），如图4-112所示，单击【确定】按钮，画出后袖山斜线*AC*2。

（4）选中【智能笔】工具，鼠标框选线段*AC*1和*CC*1的相交点一端，移动鼠标在两线的夹角内右键单击，将两线在*C*1点位置切齐；鼠标框选线段*AC*2和*CC*2的相交点一端，移动鼠标在两线的夹角内右键单击，将两线在*C*2点位置切齐。鼠标移到*B*点上按下右键拖动，松开鼠标到*C*2点上左键单击，画出水平线*BB*2和垂直线*C*2*B*2；以同样方法画出水平线*BB*1和垂直线*C*1*B*1，如图4-113所示。

（5）选中【等份规】工具，将线段*B*2*B*和*BB*1两等份，等份中点分别为*B*4、*B*3。选中【点】工具，*B*1点向上1cm定*B*7点，*B*2点向上1cm定*B*6点，*B*3点向上1.5cm定*B*5点。选中【智能笔】工具，将*B*6、*B*4、*B*5和*B*7四点曲线连接，画出袖口线，如图4-114所示。

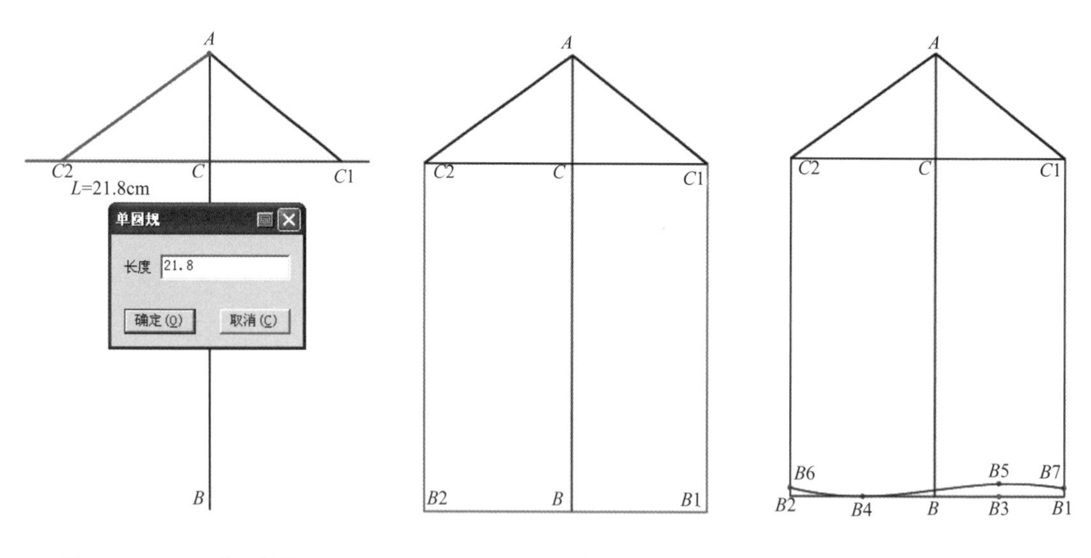

图4-112　画后袖山斜线*AC*2　　图4-113　画袖口直线和袖底缝线　　图4-114　画袖口曲线

（6）选中【等份规】工具，将线段*AC*1四等份，等份中点分别为*D*点、*E*点、*F*点；将线段*AC*2三等份，等份中点分别为*G*点、*H*点；再将线段*C*1*D*和线段*C*2*G*两等份，等份中点分别为*I*点、*J*点。选中【比较长度】工具，按键盘上的【Shift】键，鼠标分别单击*A*点和*F*点，测出线段*AF*的长度为5.1cm。选中【点】工具，距*A*点5.1cm，在后袖山斜线*AC*2上定出*K*点。

（7）选中【CR圆弧】工具，按键盘上的【Shift】键，以*E*点为圆心，半径1cm，画一个圆，圆与前袖山斜线的下交点为*L*。

（8）选中【智能笔】工具，按住键盘上的【Shift】键，鼠标在*C*2点上按下左键拖动到*J*点松开，再次左键单击*J*点，松开鼠标向下拖动到空白位置再单击，弹出【长度】对话框，输入长度值“0.5”，画出线段*JJ*1；以同样方法，参照图4-111所示，画出线段*KK*1、*FF*1、*DD*1和*II*1。以上操作如图4-115所示。

（9）【智能笔】工具选中状态下，依次将*C*2点、*J*1点、*G*点、*K*1点、*A*点、*F*1点、*L*点、*D*1点、*I*1点和*C*1点曲线连接，画出袖山弧线，并用【调整】工具将曲线调圆顺，如图4-116所示。

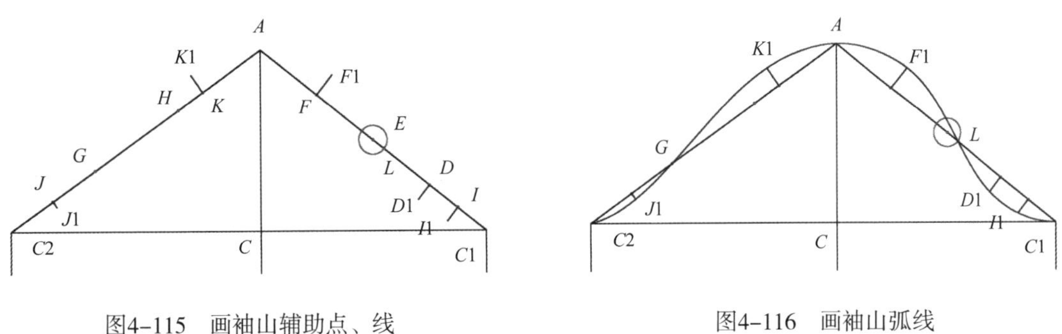

图4-115 画袖山辅助点、线　　图4-116 画袖山弧线

（10）选中【剪刀】工具，参照图4-111所示，生成袖子纸样。单击【保存】工具，将原型袖纸样保存即可。

二、男西服两片袖结构设计

1. 男西服两片袖款式图（图4-117）

图4-117 男西服两片袖款式图

2. 男西服两片袖制图规格（表4-10）

表4-10 男西服两片袖制图规格

单位	袖长	AH	袖口大
cm	60.5	55.5	15

3. 男西服两片袖结构图（图4-118）

4. 男西服两片袖CAD结构设计

（1）新建一个工作画面，参照表4-10所示，在【设置号型规格表】对话框中建立尺寸表并保存。

（2）选中【矩形】工具，【水平输入框】中输入数值19.43 cm（0.7×AH/2），【垂直输入框】中输入数值60.5 cm（袖长），绘制一个矩形，矩形的四个角点定为*A*、*B*、*C*、*D*。

（3）选中【智能笔】工具，平行距离19.43 cm（0.7×AH/2），向下做*AD*的平行线*EF*，平行距离35.25cm（袖长/2+5）向下做*AD*的平行线*GH*；以*BC*为基准线，向上1cm、再向下2cm各画一条平行线*IJ*和*KL*。之后将*EF*、*GH*、*IJ*在右端延长3cm，端点分别为*F*1、*H*1、*J*1，将*F*1与*J*1以直线连接。向左6cm，做线段*F*1*J*1的平行线*F*2*J*2。过*AD*的中点*M*画出袖中线，袖中线与*EF*1交于*N*点。以上操作如图4-119所示。

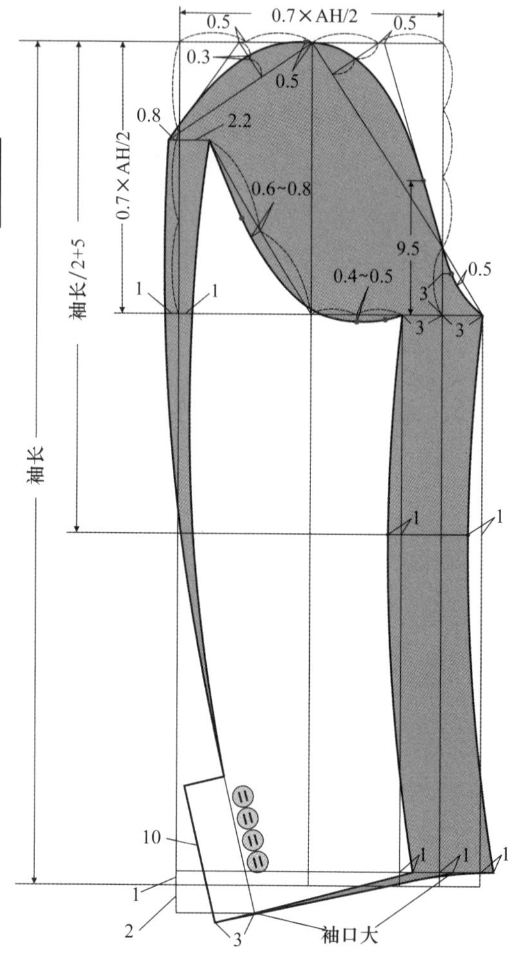

图4-118 男西服两片袖结构图

（4）选中【点】工具，参照图4-118所示，定出*H*3点、*H*4点、*J*3点、*J*4点、*J*5点。选中【智能笔】工具，将*F*2、*H*4与*J*4以曲线连接，*F*1、*H*3与J3以曲线连接，分别画出小袖和大袖的前袖缝线，如图4-120所示。

（5）选中【圆规】工具，以*J*5点为圆心，长15cm（袖口）为半径，在*KL*上找到*K*1点。选中【智能笔】工具，将*K*1与*J*4以直线连接，并将直线*K*1*J*4在*K*1端延长3cm，端点为*K*2。分别过*K*1点、*K*2点画*K*2*J*4的垂线*K*1*K*4、*K*2*K*3，线段长10cm。将*K*3点与*K*4点以直线连接。将*K*1点与*J*3点以曲线连接并调圆顺。以上操作如图4-121所示。

（6）选中【等份规】工具，*AD*之间四等份，*AE*之间三等份，*DF*之间四等份。选中【点】工具，*AM*的中点向左偏移0.5cm定*A*1点，*MD*的中点*D*1向右偏移0.5cm定*D*3点。选中【智能笔】工具，向左0.8cm做*AE*的平行线，将*M*点与*AE*之间靠上的第一个等份点以直线连接，并切齐至刚画出的平行线，交点为*A*3；之后将*A*3*A*1、*A*3*M*、

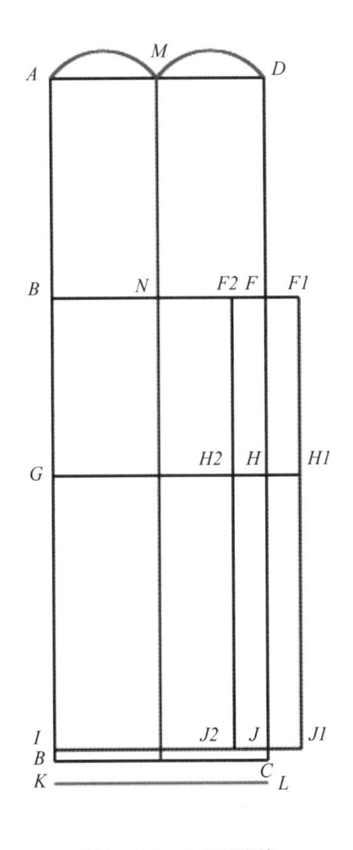

图4-119　画基础线

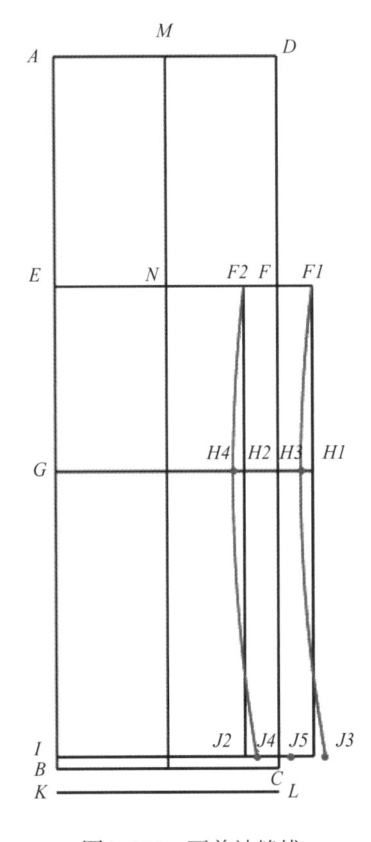

图4-120　画前袖缝线

MF3、D3F3、F3F1分别直线连接；过A3点水平向右3cm画线段A3A4，再将A4点与N点以直线连接。

（7）选中【三角板】工具，过A1点做线段A3M的垂线；过D1点做线段MF3的垂线；过F3F1的中点向下做长度0.5cm的垂线，端点为F4；过NF2的中点向下做长度0.5cm的垂线，端点为N2；过A4N的中点向下做长度0.8cm的垂线，端点为N1。

（8）选中【等份规】工具，A1M1之间二等份，D1M2之间二等份，等份中点分别为A2点、D2点。

（9）选中【剪断线】工具，将线段A1M1在A2点切断。选中【点】工具，距A2点0.3cm，在线段A1A2上定A5点。

（10）选中【智能笔】工具，将A3点、A5点、M点、D2点、F3点、F4点和F1点以曲线连接，再将A4点、N1点、N2点、F2点以曲线连接，之后将两条曲线调圆顺。以上操作如图4-122所示。

（11）选中【智能笔】工具，E点向左水平延长1cm，找到E1点。选中【点】工具，距E1点2cm，在线E1F1上定E2点。选中【线】工具，将A3、E1、K4三点用曲线连接，A4、E2、K4三点用曲线连接，画出大、小袖的后袖缝线。选中【调整】工具，将曲线调圆顺，如图4-123所示。

（12）选中【合并调整】工具，鼠标先依次单击曲线$A3MF1$和$A4F2$，右键单击，再依次单击曲线$F1J3$和$F2J4$，右键单击，弹出【合并调整】对话框，曲线合并，勾选【合并调整】对话框中的【选择翻转组】选项，鼠标单击合并过来的曲线$A4F2$，将其翻转到另一侧，之后将合并在一起的袖山弧线在前袖缝位置调圆顺，右键单击，完成调整，如图4-124所示。以同样方法将袖山弧线在后袖缝位置调圆顺。

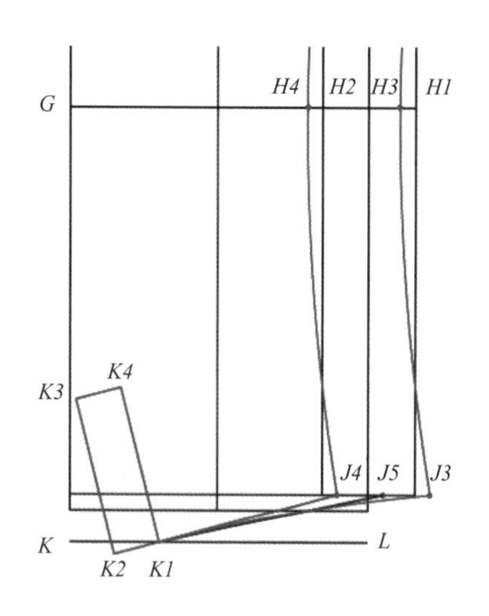

图4-121 画袖口与袖衩

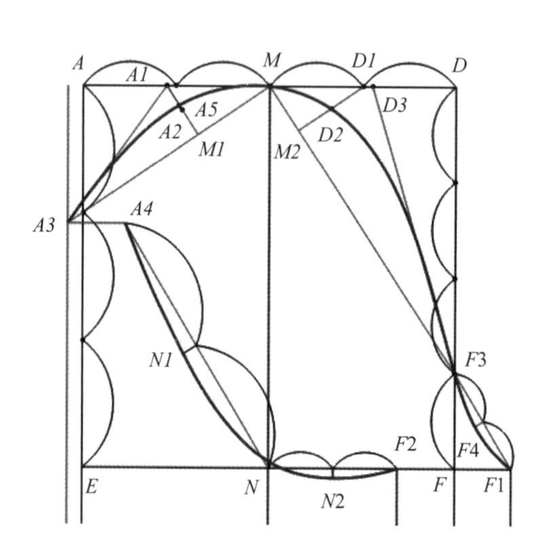

图4-122 画袖山弧线

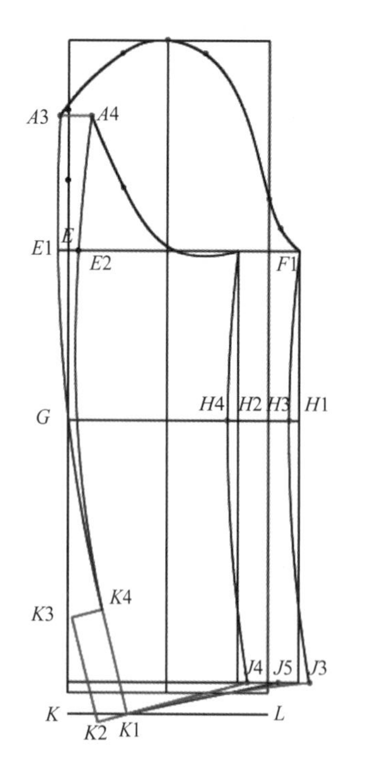

图4-123 画后袖缝线

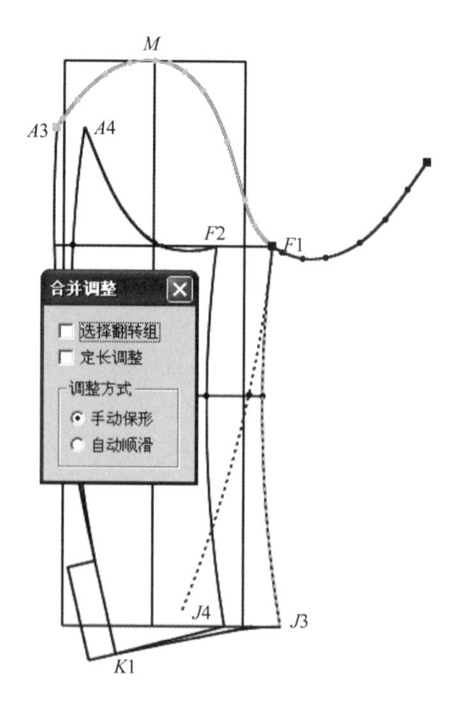

图4-124 合并调整袖山弧线

（13）选中【合并调整】工具，鼠标先依次单击袖口线K1J3和K1J4，右键单击，再依次单击曲线F1J3和F2J4，右键单击，弹出【合并调整】对话框，曲线合并，勾选【合并调整】对话框中的【选择翻转组】选项，鼠标单击合并过来的袖口线K1J4，将其翻转到另一侧，之后将合并在一起的袖口线在前袖缝位置调圆顺，右键单击，完成调整，如图4-125所示。

（14）选中【智能笔】工具，向右1cm做K1K4的平行线，将平行线在下端缩短3cm，在上端缩短2.5cm。选中【橡皮擦】工具，将袖口线K2J4删除。选中【智能笔】工具，将K2与K1、K1与J4重新以直线连接。

（15）选中【剪刀】工具，分别生成大、小袖纸样，并将缩短的平行线作为内线加入到大袖中，如图4-126所示。

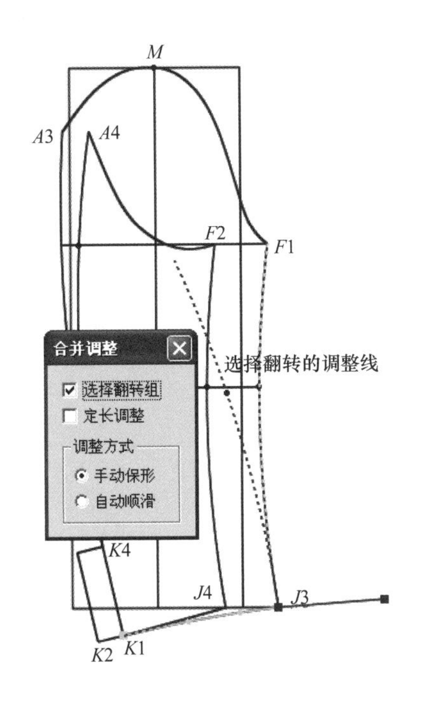

图4-125 合并调整袖口线

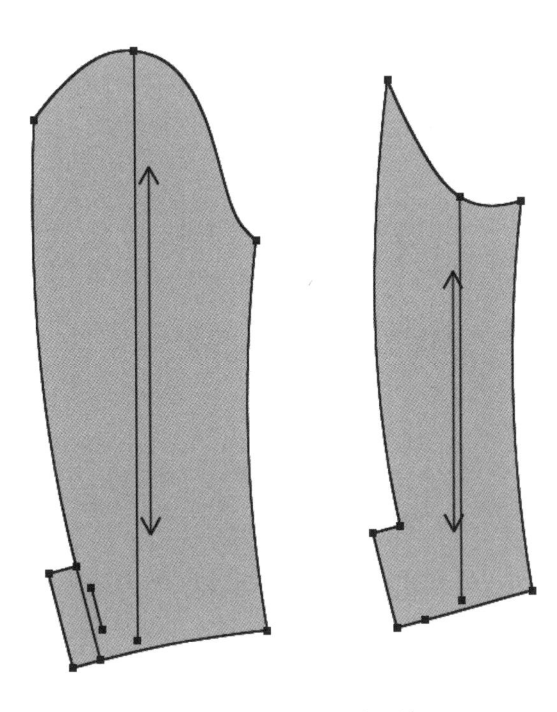

图4-126 生成大、小袖纸样

（16）选中【布纹线】工具，鼠标单击袖衩口线的两端，将布纹线调至与之平行，如图4-128（a）所示。选中【旋转衣片】工具，鼠标单击平行线的两端，将大袖纸样调至该线为竖直摆放的状态，如图4-128（b）所示。

（17）选中【钻孔】工具，鼠标单击平行线的下端，弹出的【钻孔】对话

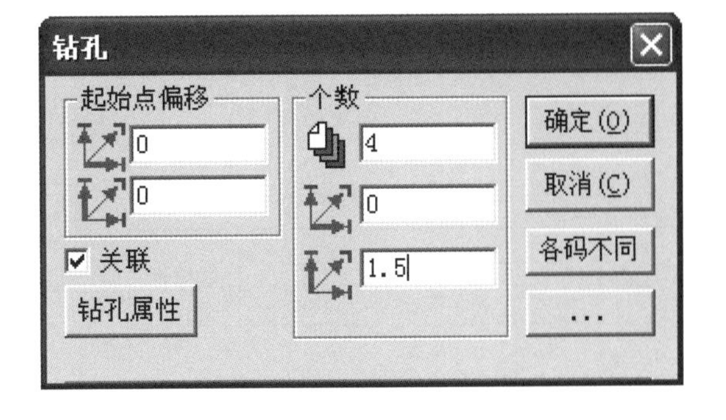

图4-127 【钻孔】对话框

框，设置如图4-127所示，半径为0.75cm，在线上画出纽扣，如图4-128（c）所示。

（18）选中【旋转衣片】工具，鼠标单击袖中线的两端，将大袖纸样调至该线为竖直摆放的状态。选中【布纹线】工具，鼠标单击袖中线的两端，将布纹线调至与之平行。选中【橡皮擦】工具，将平行线删除。以上操作如图4-128（d）所示。

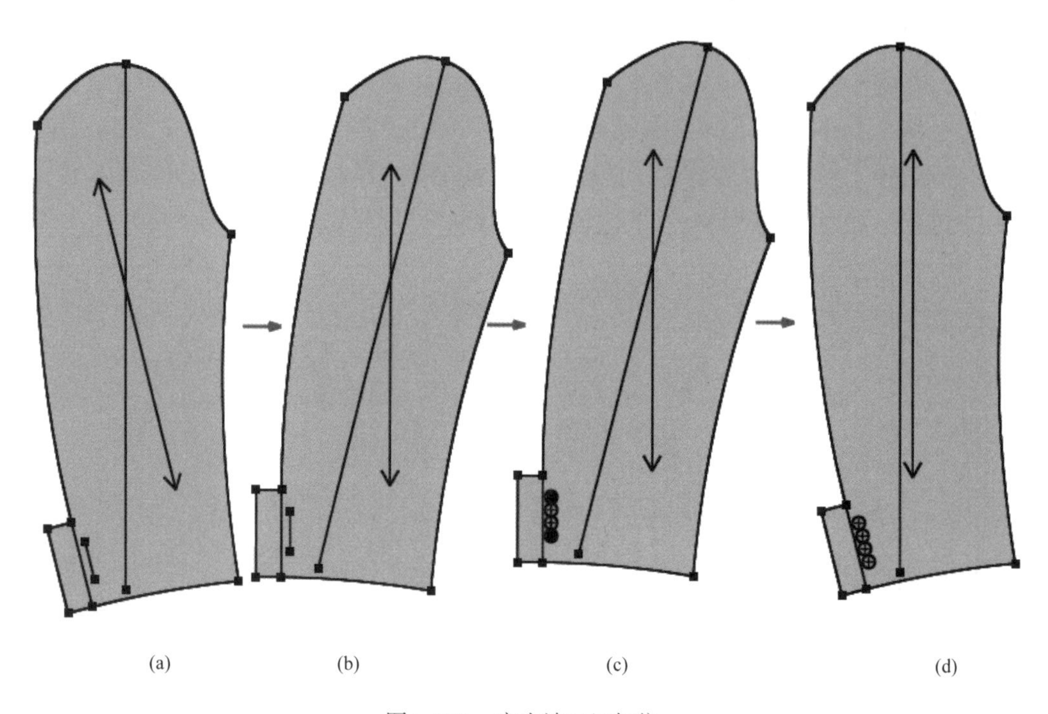

图4-128　定出袖口纽扣位

（19）单击【保存】工具，将男西服两片袖纸样保存即可。

三、女西服两片袖结构设计

1. 女西服两片袖款式图（图4-129）

2. 女西服两片袖制图规格（表4-11）

表4-11　女西服两片袖制图规格

单位	袖长	前AH（实测）	后AH（实测）	袖口大
cm	58	24	24	13

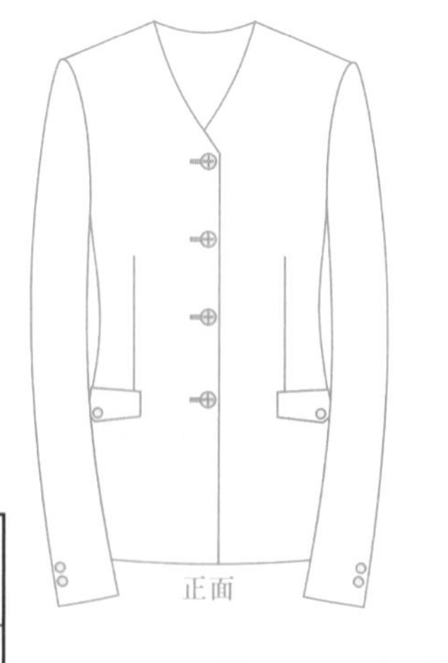

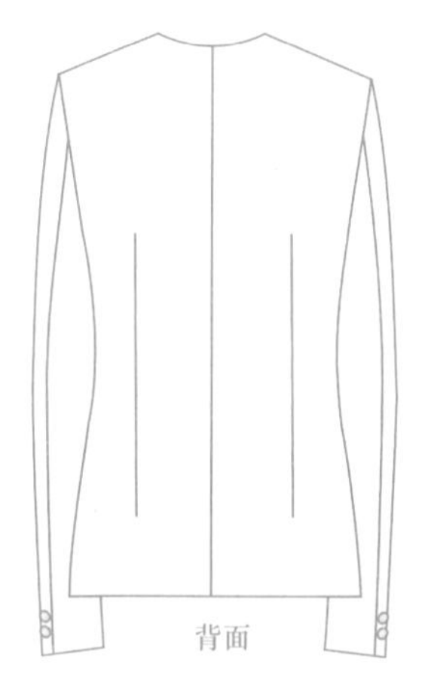

图4-129　女西服两片袖款式图

3. **女西服两片袖结构图（图4-130）**

4. **女西服两片袖CAD结构设计**

（1）新建一个工作画面，参照表4-11所示，在【设置号型规格表】对话框中建立尺寸表并保存。

（2）用【智能笔】工具和【圆规】工具，参照图4-130所示，袖长58cm、袖山高16.8cm（0.35×AH），画出袖子基本框架，如图4-131所示。

（3）选中【等份规】工具，*AC*1之间三等份，*AC*2之间四等份，等份中的点分别为*D*点、*E*点、*F*点、*G*点；再将*C*1*D*之间二等份，等份中点为*H*点。

（4）选中【三角板】工具，鼠标单击线段*AC*1，再单击*H*点，松开鼠标向下拖到空白位置再单击，弹出【长度】对话框，输入长度值“1”，画出线段*HH*1。以同样方法，参照图4-130所示，画出线段*EE*1、线段*FF*1和线段*GG*1。

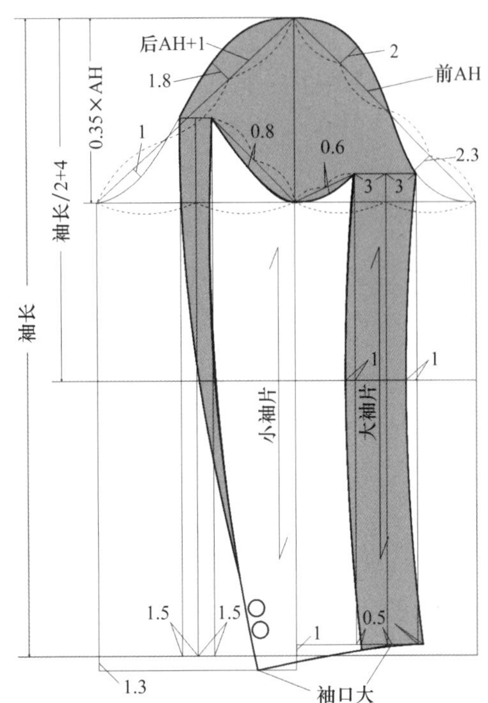

图4-130　女西服两片袖结构图

（5）选中【智能笔】工具，将*C*1点、*H*1点、*E*1点、*A*点、*G*1点、*F*1点和*C*2点以曲线连接；选中【调整】工具，将曲线调圆顺，如图4-132所示。

（6）选中【橡皮擦】工具，将袖山辅助线删除。选中【等份规】工具，线段*CC*1之间二等份，线段*CC*2之间二等份。选中【智能笔】工具，过等份中点分别画出垂直线段*C*3*B*3和*C*4*B*4；向左1.5cm，画线段*C*3*B*3的平行线*C*5*B*5，向右3cm，画线段

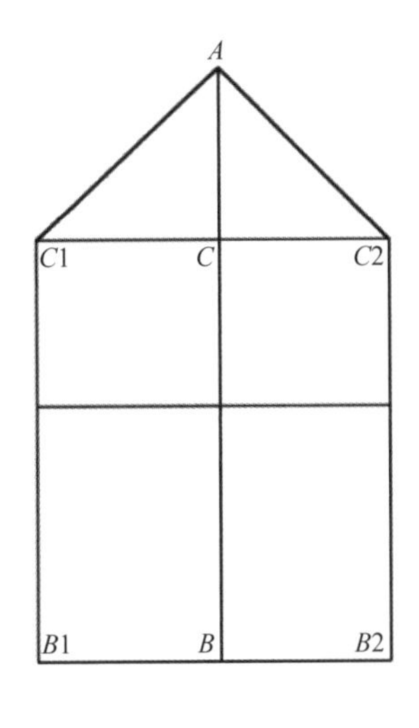

图4-131　袖子基本框架

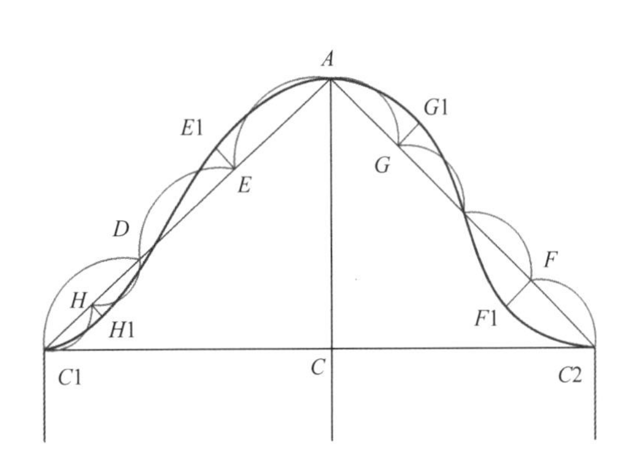

图4-132　画袖山弧线

C4B4的平行线C6B6；鼠标依次框选线段C5B5和C6B6，再单击袖山曲线C1AC2，右键单击，画出线段C7B5和C8B6，如图4-133所示。

（7）选中【智能笔】工具，参照图4-130所示，画出线段C9B9和C10B10。选中【点】工具，定出J1点、J2点、K1点、K2点、K3点。选中【圆规】工具，画出长度为13cm的袖口K2L。选中【等份规】工具，将线段C9C和C10C二等份。选中【三角板】工具，画出线段LL1（8cm）、C11C13和C12C14，如图4-134所示。

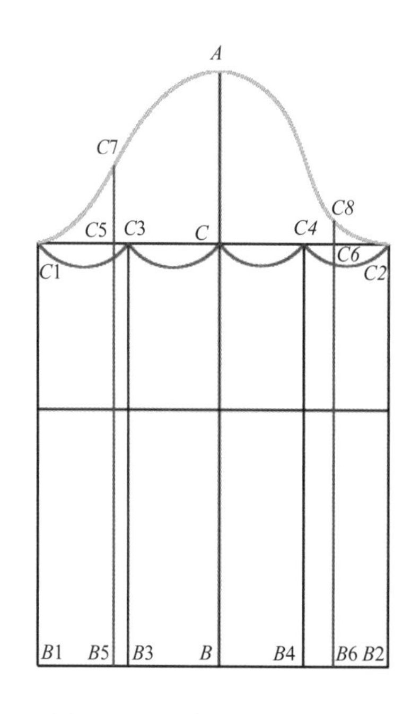

图4-133 画线段C7B5和C8B6

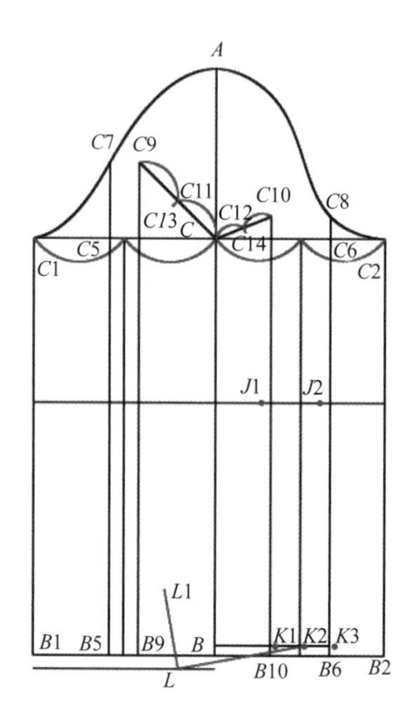

图4-134 画相关辅助点、线

（8）选中【智能笔】工具，参照图4-130所示，画出前袖缝线C8J2K3和C10J1K1、后袖缝线C7L1和C9L1、小袖深弧线C9C13CC14C10、袖口线LK3。选中【调整】工具，将曲线调圆顺。选中【橡皮擦】工具，删除部分结构线。选中【智能笔】工具，将曲线C10J1K1切齐到袖口线LK3，交点为K4。以上操作如图4-135所示。

（9）选中【合并调整】工具，按照与男西服两片袖相同的调整方法，完成女西服袖山弧线和袖口线的合并调整。

（10）选中【智能笔】工具，向右1cm，画直线LL1的平行线，再将平行线在下端缩短3.5cm，在上端缩短2.5cm，定出纽扣位置。

（11）选中【剪刀】工具，分别生成大、小袖纸样，并将缩短的平行线作为内线加入到大袖中，如图4-136所示。

（12）按照与男西服两片袖相同的处理方法，完成大袖袖口纽扣定位，如图4-137所示。

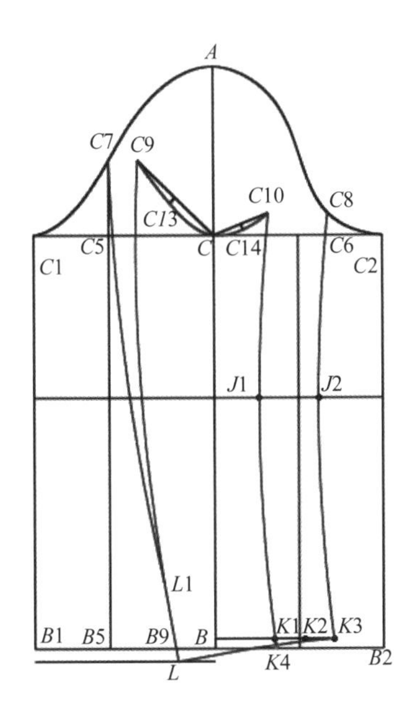

图4-135　画小袖深弧线、袖缝线和袖口线

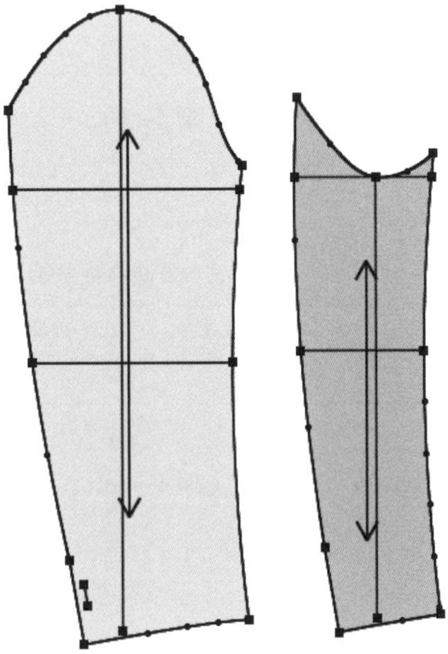

图4-136　生成大、小袖纸样

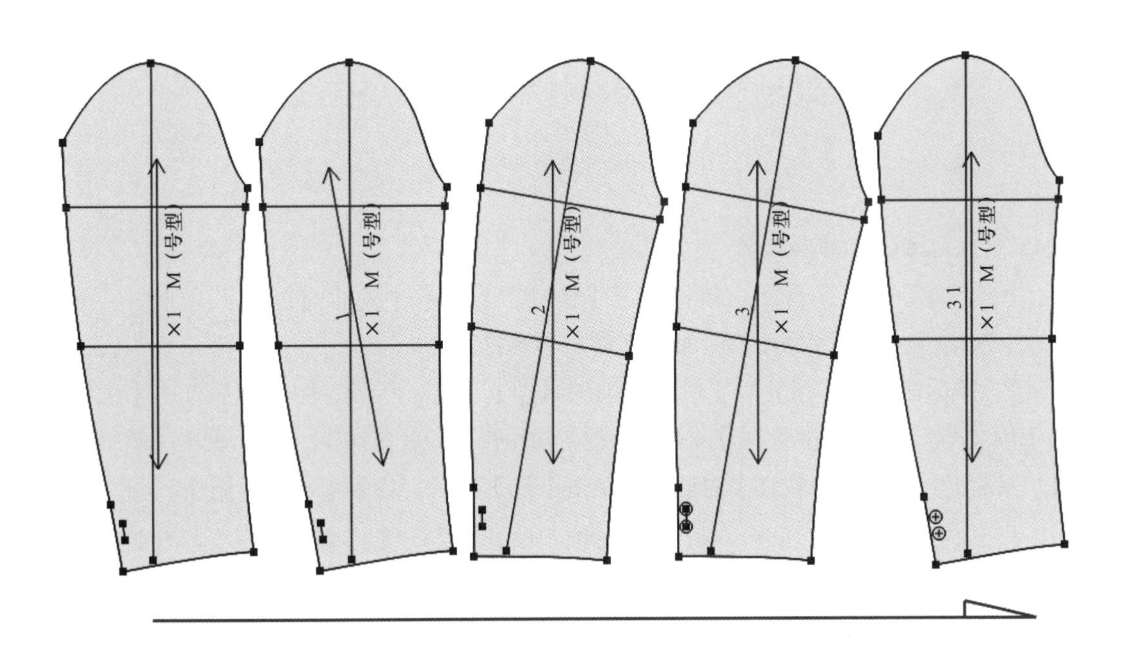

图4-137　大袖袖口纽扣定位

（13）单击【保存】工具，将女西服两片袖纸样保存即可。

四、单泡泡袖结构设计

1. 单泡泡袖款式图（图4-138）

2. 单泡泡袖制图规格（表4-12）

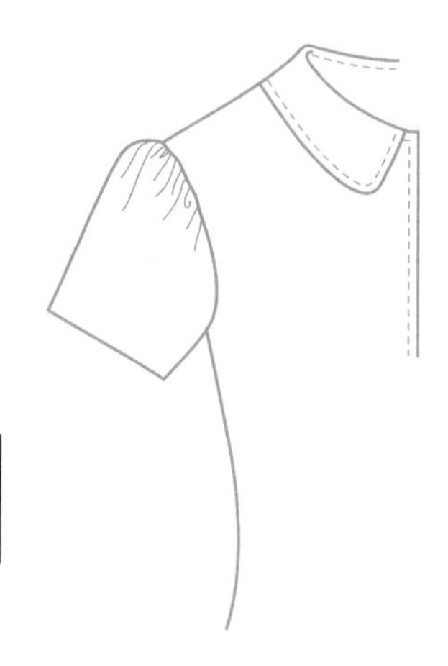

图4-138 单泡泡袖款式图

表4-12 单泡泡袖制图规格

单位	基本袖长	袖底缝长	袖口围
cm	19.5	7	33.8

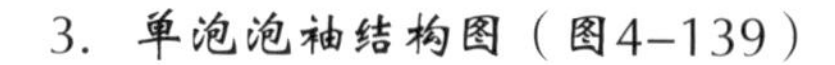

3. 单泡泡袖结构图（图4-139）

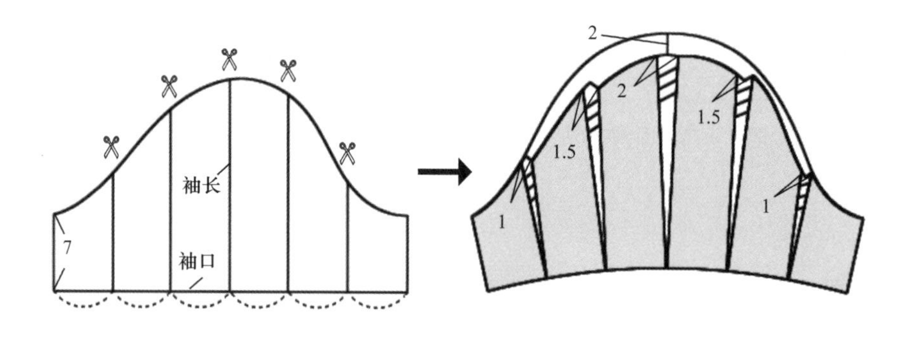

图4-139 单泡泡袖结构图

4. 单泡泡袖CAD结构设计

（1）新建一个工作画面。鼠标单击【快捷工具栏】中的【打开】工具，弹出【打开】对话框，选中“原型袖”纸样文件，将其打开。

（2）鼠标在【衣片列表框】的原型袖的纸样上单击，将其选中，之后选中【纸样】菜单下的【删除当前选中纸样】命令（或按【Ctrl+D】组合键），弹出图4-140所示的【富怡服装设计放码CAD软件】对话框，单击【是】按钮，将原型袖纸样删除。

（3）选中【橡皮擦】工具，仅保留原型袖纸样结构线，将其他结构线全部删除。

（4）选中【移动】工具，将保留的原型袖纸样结构线复制一份。

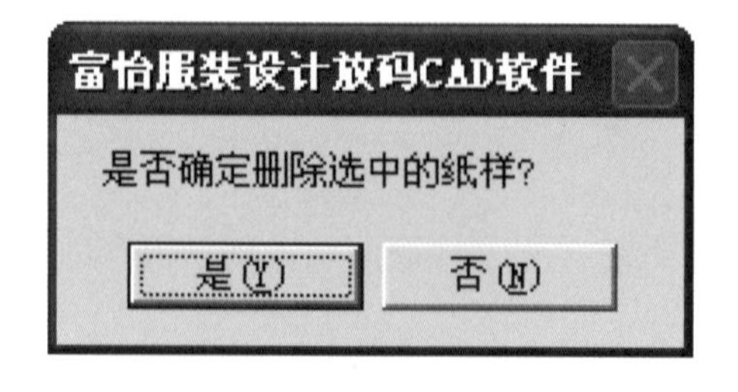

图4-140 【富怡服装设计放码CAD软件】对话框

（5）选中【智能笔】工具，距袖肥线向下7cm画出新的袖口线，并将前、后袖缝线在新的袖口线切齐，如图4-141所示。

（6）按【Ctrl+A】键，另存文件，文件名为“基本袖”。再次按【Ctrl+A】组合键，另存文件，文件名为“单泡泡袖”。

（7）选中【剪断线】工具，鼠标依次单击后袖缝线AB、袖山弧线BC、前袖缝线CD，右键单击，将三条线连接成一条整线。选中【等份规】工具，将袖口线DA六等份。选中【智能笔】工具，过袖口线DA的等份点画垂线交于袖山弧线。以上操作如图4-142所示。

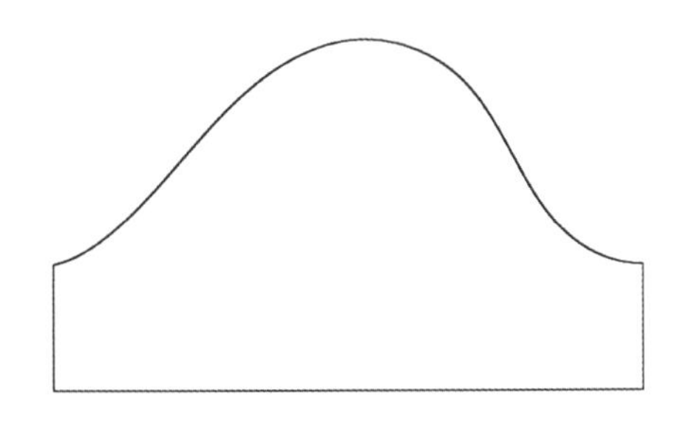

图4-141　画出新的袖口线

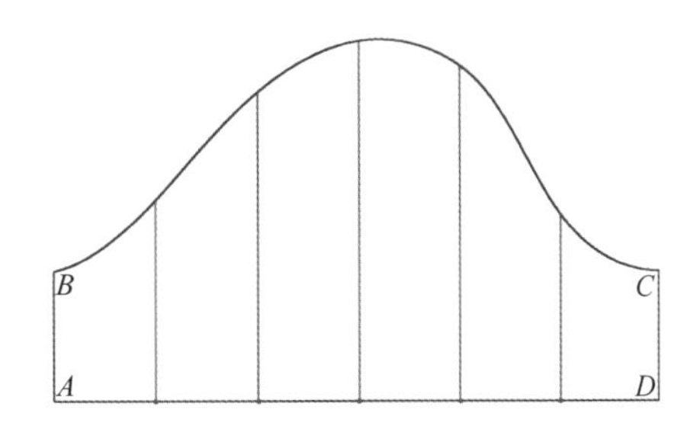

图4-142　画袖口垂直线

（8）选中【设计工具栏】中的【插入省褶】工具，鼠标先单击曲线$ABCD$，再依次单击线段1、2、3、4、5，如图4-143所示，右键单击，弹出【指定线的插入省】对话框，对话框设置如图4-144所示。单击【各展开量不同】按钮，弹出【长度】对话框，设置如图4-145所示，对应的结构图如图4-146所示。单击【确定】按钮，回到【指定线的插入省】对话框，单击【确定】按钮，省褶插入。

（9）选中【智能笔】工具，将A点、F点、D点以曲线连接，画出袖口线；第三个裥的中点向上2cm画垂直线，线的上端点为E点，再将B点、E点、C点以曲线连接。选

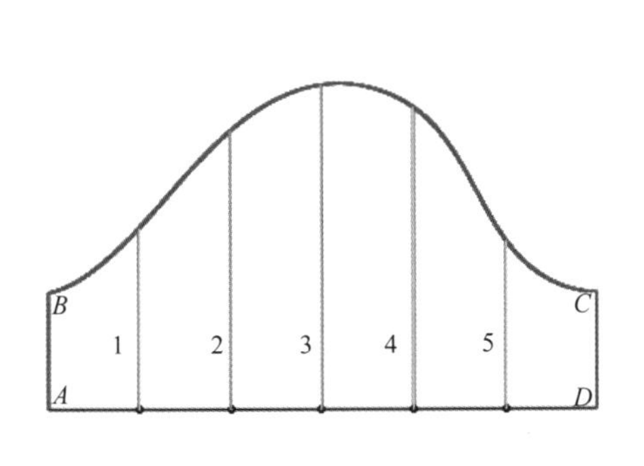

图4-143　选择袖山弧线和展开线

图4-144　【指定线的插入省】对话框

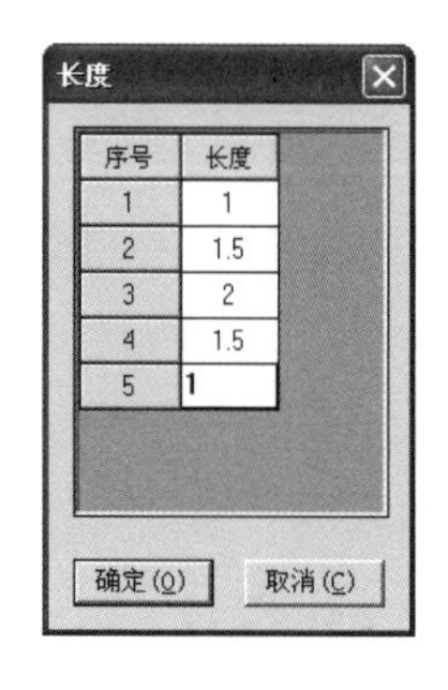

图4-145 【长度】对话框

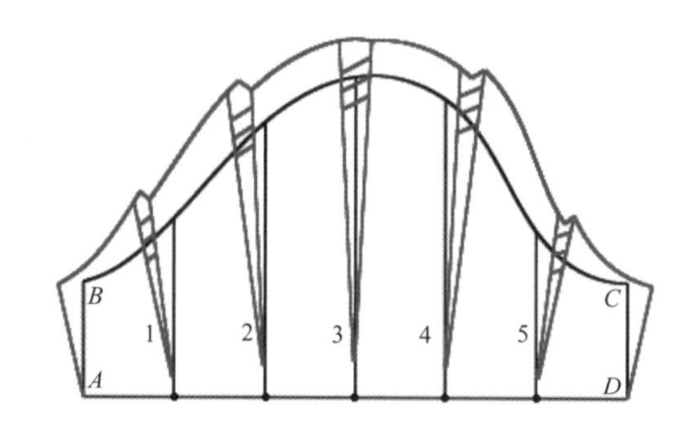

图4-146 同步插入省褶

中【调整】工具，将袖山曲线调圆顺，如图4-147所示。

（10）选中【剪刀】工具，生成单泡泡袖纸样，如图4-148所示。单击【保存】工具，将单泡泡袖纸样保存即可。

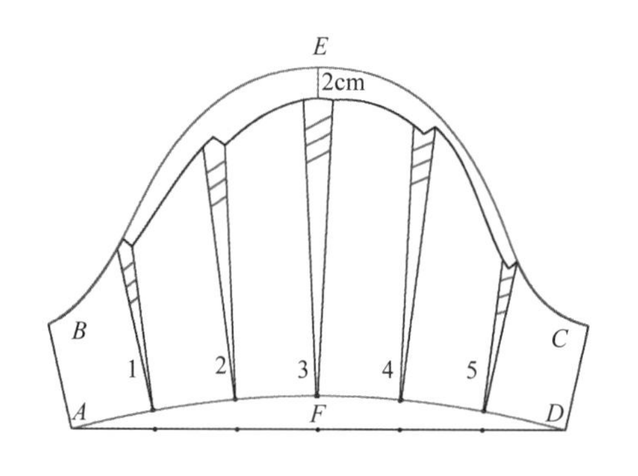

图4-147 重画袖口线和袖山弧线

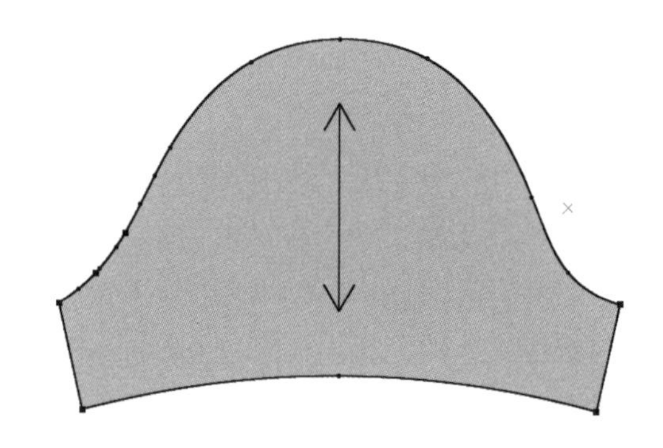

图4-148 单泡泡袖纸样

五、双泡泡袖结构设计

1. **双泡泡袖款式图**（图4-149）

2. **双泡泡袖制图规格**（表4-13）

表4-13 双泡泡袖制图规格

单位	基本袖长	袖底缝长	袖口围
cm	19.5	7	33.8

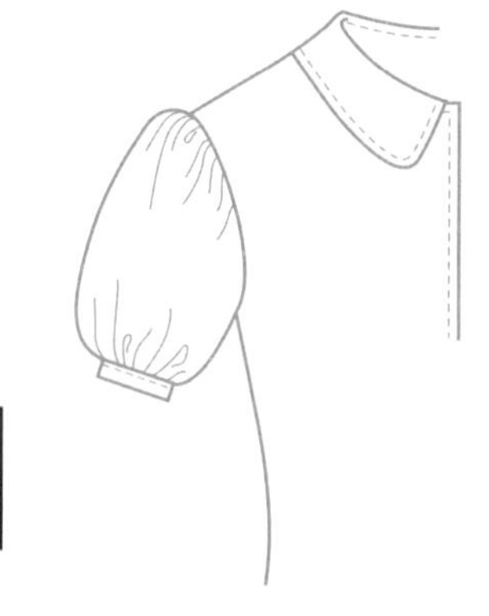

图4-149 双泡泡袖款式图

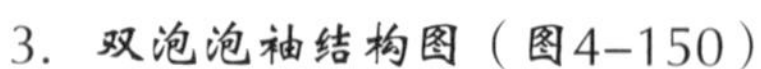

3. **双泡泡袖结构图**（图4-150）

4. **双泡泡袖CAD结构设计**

（1）新建一个工作画面。鼠标单击【打开】工具，弹出【打开】对话框，选中“基本袖”纸样文件，将其打开。然后将文件以文件名“双泡泡袖”另存。

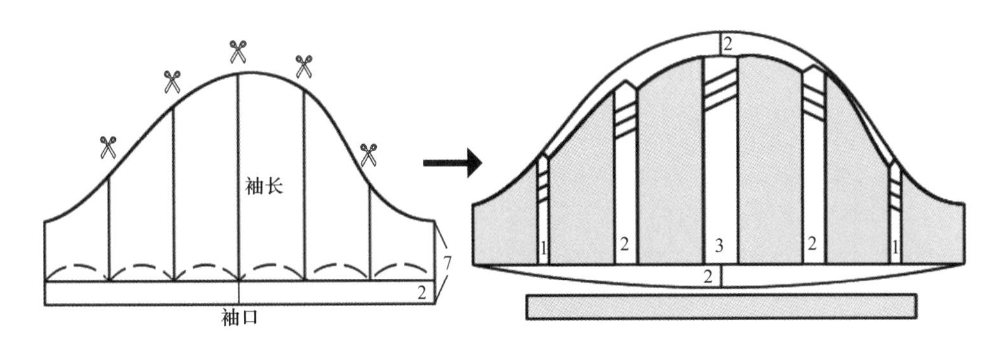

图4-150　双泡泡袖结构图

（2）选中【智能笔】工具，袖口线*AD*向上2cm画平行线*EF*。选中【等份规】工具，将线段*EF*六等份。选中【智能笔】工具，过线段*EF*的等份点画垂直线交于袖山弧线。以上操作如图4-151所示。

（3）选中【智能笔】工具，将后袖缝线*AB*与线段*EF*在*E*点切齐，再将前袖缝线*CD*与线段*EF*在*F*点切齐。选中【橡皮擦】工具，将原来的袖口线*AD*删除。选中【矩形】工具，长33.8cm（袖口）、宽2cm画出袖头，如图4-152所示。

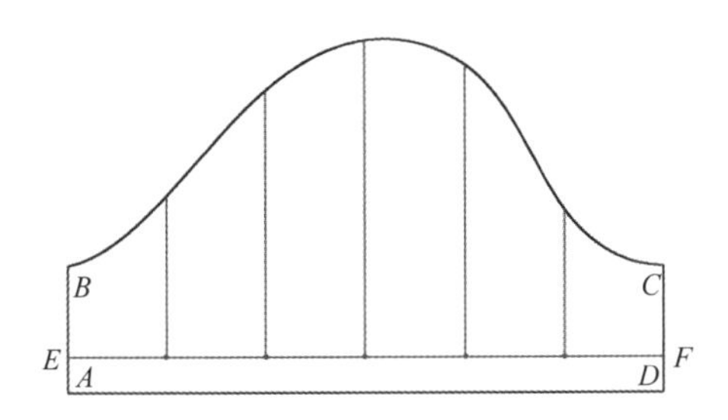

图4-151　分割袖头、画袖口垂直线

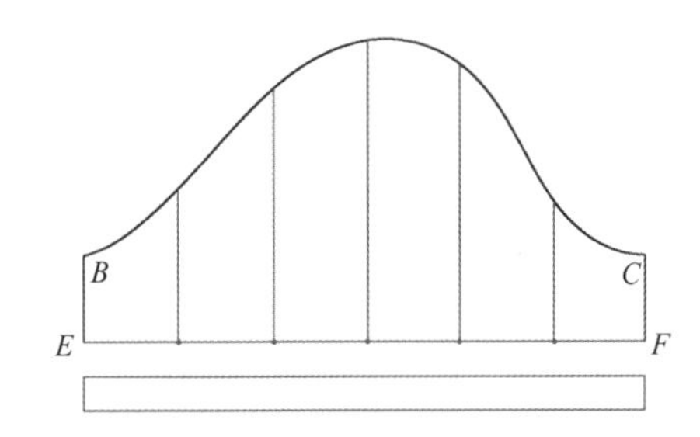

图4-152　分离袖头与袖片

（4）选中【设计工具栏】中的【褶展开】工具，鼠标框选袖片的所有结构线，右键单击，再依次单击上段折线、下段折线和展开线，如图4-153所示，右键单击，弹出【结构线 刀褶/工字褶展开】对话框，对话框中设置如图4-154所示，单击【确定】按钮，

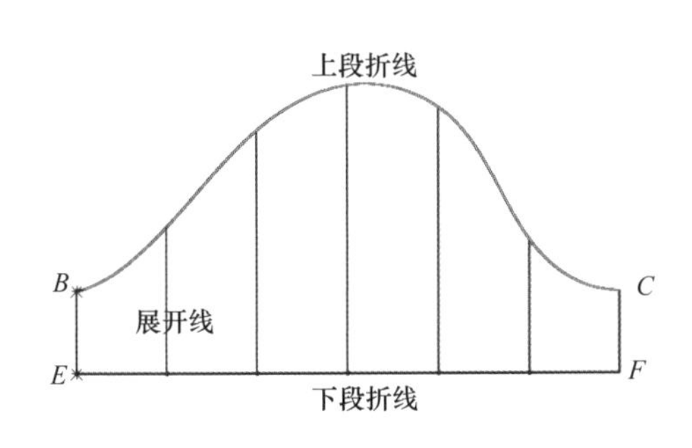

图4-153　选择上段折线、下段折线和展开线

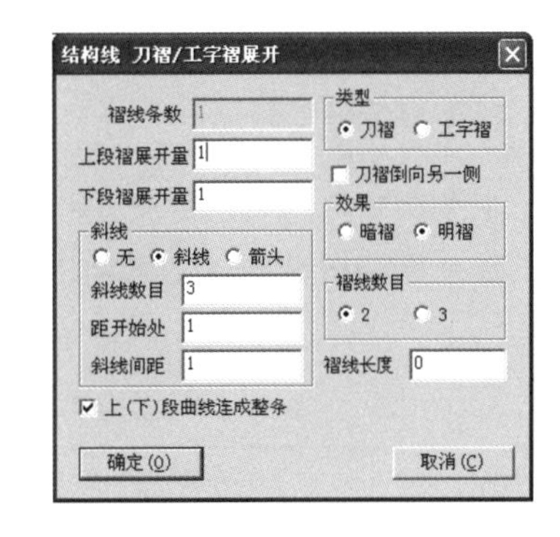

图4-154　【结构线 刀褶/工字褶展开】对话框

画出第一个褶，如图4-155所示。

（5）以同样方法，参照图4-150所示，画出其他褶，如图4-156所示。

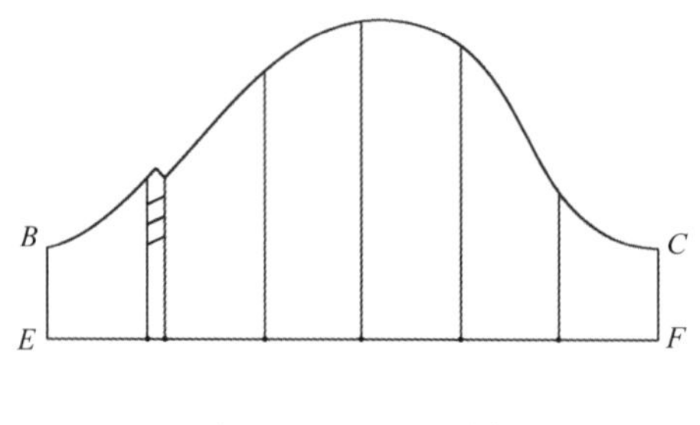

图4-155 画出一个褶

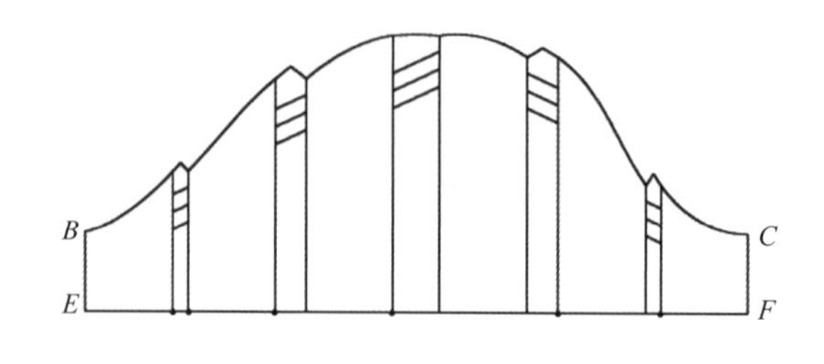

图4-156 画出全部褶

（6）选中【智能笔】工具，中间裥的中点分别向上、下2cm画垂直线，线的端点分别为G点、H点，然后将B点、G点、C点以曲线连接，再将E点、H点、F点以曲线连接。选中【调整】工具，将袖山曲线BGC调圆顺，如图4-157所示。

（7）选中【剪刀】工具，生成双泡泡袖袖片纸样和袖头纸样。选中【布纹线】工具，将袖头布纹线调成水平。选中【纸样对称】工具，将袖头纸样对称展开。以上操作如图4-158所示。

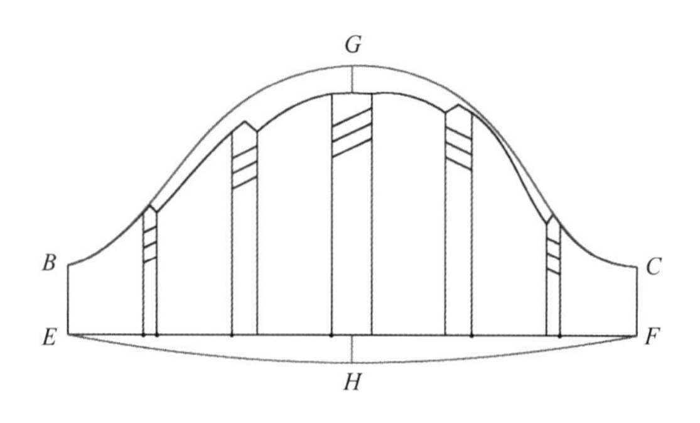

图4-157 重画袖口线和袖山弧线

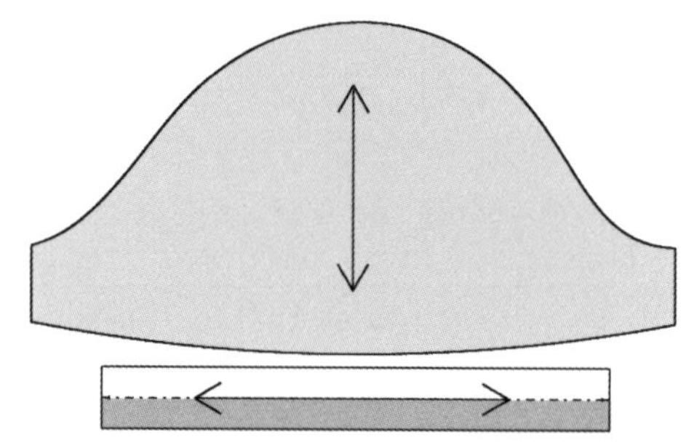

图4-158 双泡泡袖纸样

（8）单击【保存】工具，将双泡泡袖纸样保存即可。

六、立泡泡袖结构设计

1. **立泡泡袖款式图（图4-159）**

2. **立泡泡袖制图规格（表4-14）**

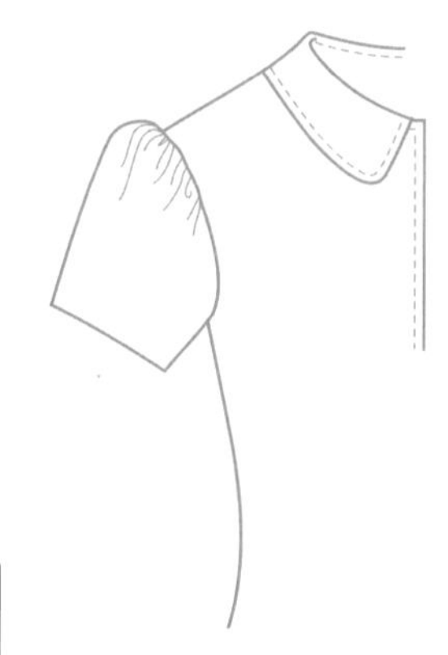

图4-159 立泡泡袖款式图

表4-14 立泡泡袖制图规格

单位	基本袖长	袖底缝长	袖口围
cm	19.5	7	32.8

3. **立泡泡袖结构图**（图4–160）

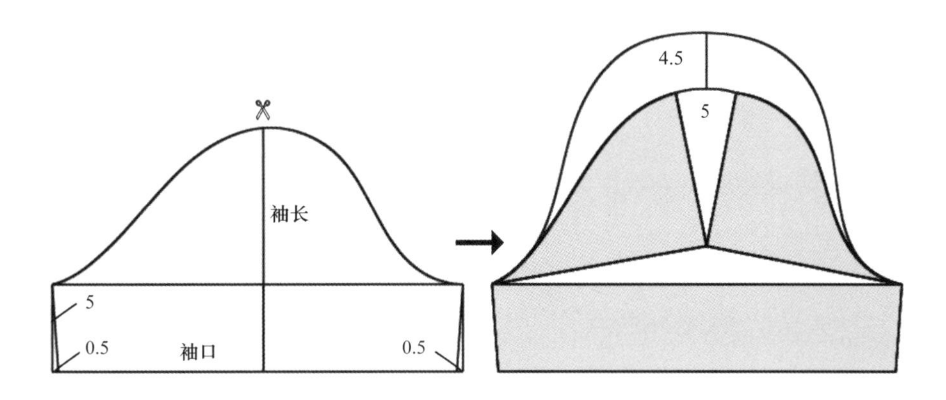

图4–160 立泡泡袖结构图

4. **立泡泡袖CAD结构设计**

（1）打开“基本袖”纸样文件，将其以文件名“立泡泡袖”另存。

（2）选中【智能笔】工具，参照图4–160所示，画出袖肥线*BD*、袖底缝线*AB*和*DE*、袖中线*CF*，如图4–161所示。

（3）选中【橡皮擦】工具，将原来的袖底缝线删除。选中【智能笔】工具，将新的袖底缝线分别在*A*点、*E*点切齐。

（4）选中【插入省褶】工具，鼠标先单击袖山曲线*BCD*，再单击袖中线*CF*，右键单击，弹出【指定线的插入省】对话框，输入展开均量值“5”，单击【确定】按钮，袖山展高，如图4–162所示。

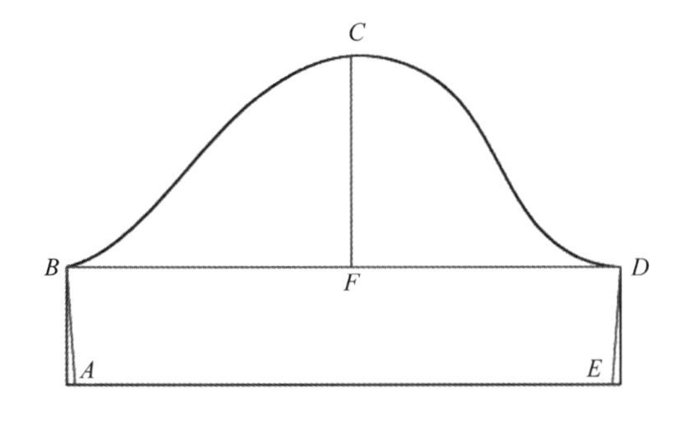

图4–161 画基础结构线

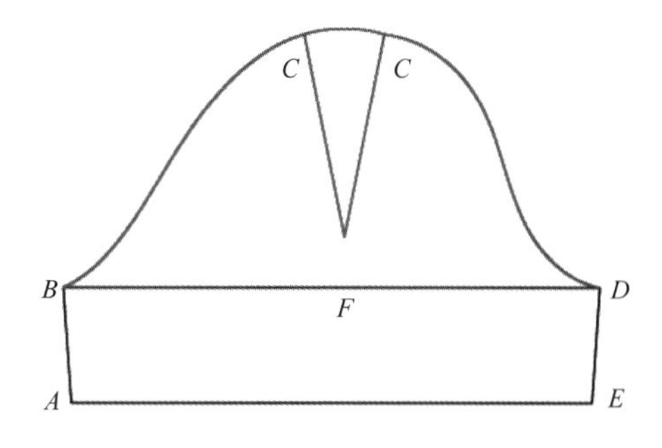

图4–162 袖山展高

（5）选中【智能笔】工具，省口中点向上4.5cm画垂直线，线的端点为*G*点，然后将*B*点、*G*点、*D*点以曲线连接。选中【调整】工具，将袖山曲线*BGD*调圆顺，如图4–163所示。

（6）选中【剪刀】工具，生成立泡泡袖纸样，如图4–164所示。

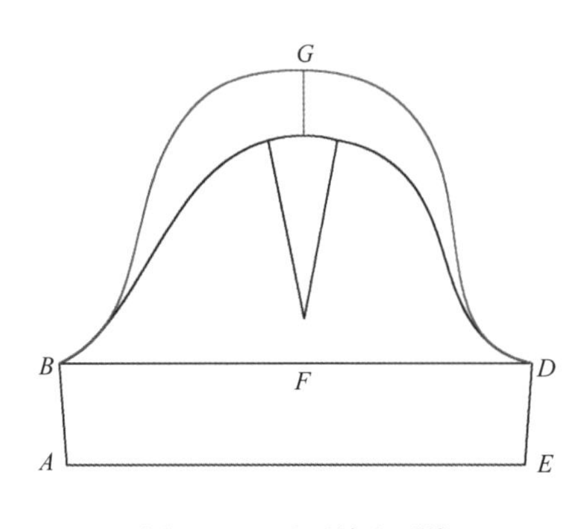

图4-163　重画袖山弧线

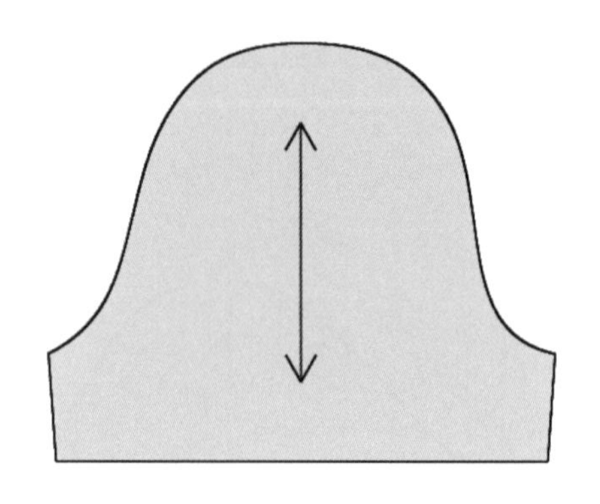

图4-164　立泡泡袖纸样

（7）单击【保存】工具，将立泡泡袖纸样保存即可。

七、喇叭袖结构设计

1. 喇叭袖款式图（图4-165）

图4-165　喇叭袖款式图

2. 喇叭袖制图规格（表4-15）

表4-15　喇叭袖制图规格

单位	基本袖长	袖底缝长
cm	19.5	7

3. 喇叭袖结构图（图4-166）

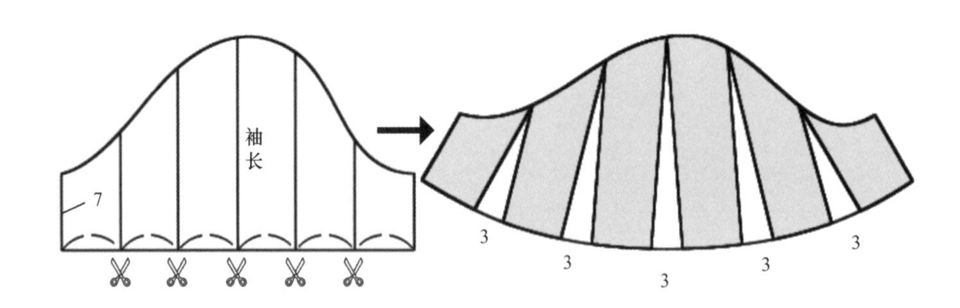

图4-166　喇叭袖结构图

4. 喇叭袖CAD结构设计

（1）打开“基本袖”纸样文件，将其以文件名“喇叭袖”另存。

（2）选中【等份规】工具，将袖口*DA*六等份。选中【智能笔】工具，过袖口*DA*的等份点画垂直线交于袖山弧线，如图4-167所示。

（3）选中【设计工具栏】中的【分割、展开、去除余量】工具，鼠标框选袖子的所有结构线，右键单击，然后依次单击袖山弧线*BC*、袖口线*DA*和垂直线1、2、3、4、5，将其分别选为不伸缩线、伸缩线和展开线，如图4–168所示。鼠标在袖子*CD*一侧右键单击，弹出【单向展开或去除余量】对话框，输入平均伸缩量值“3”，结构线展开，如图4–169所示，单击【确定】按钮即可。

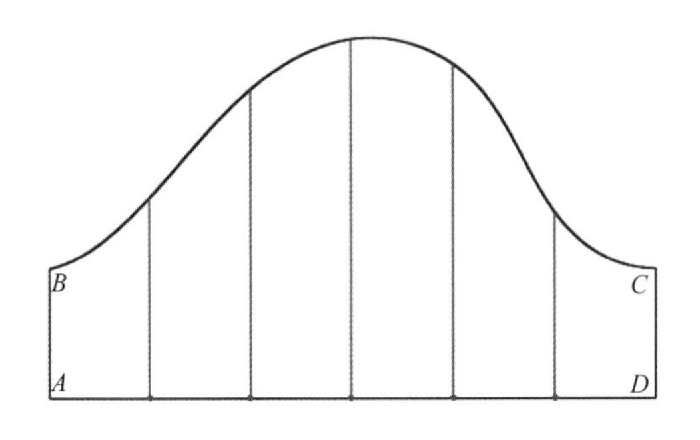

图4–167　等份袖口、画袖口垂直线

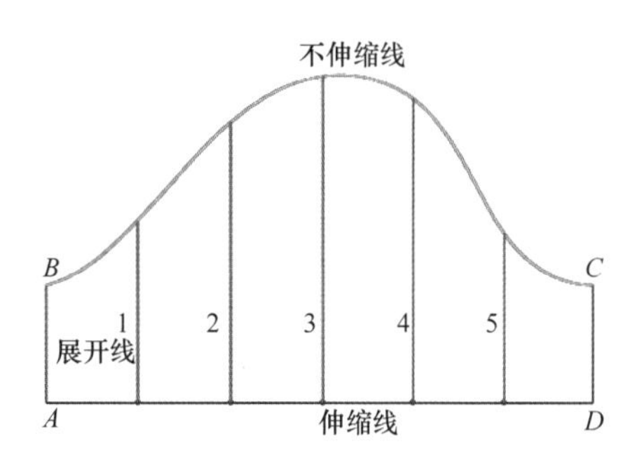

图4–168　选择不伸缩线、伸缩线和展开线

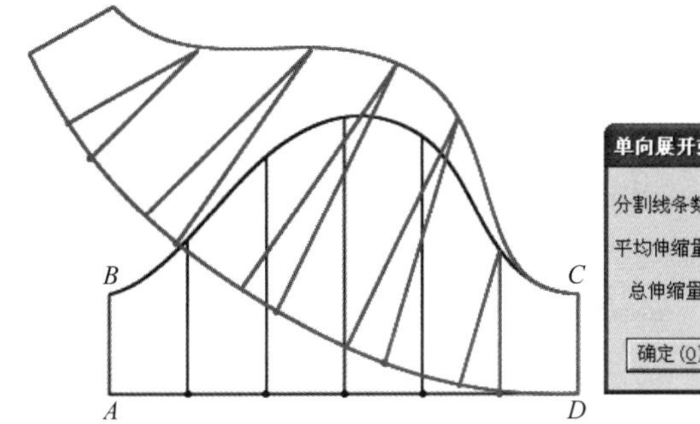

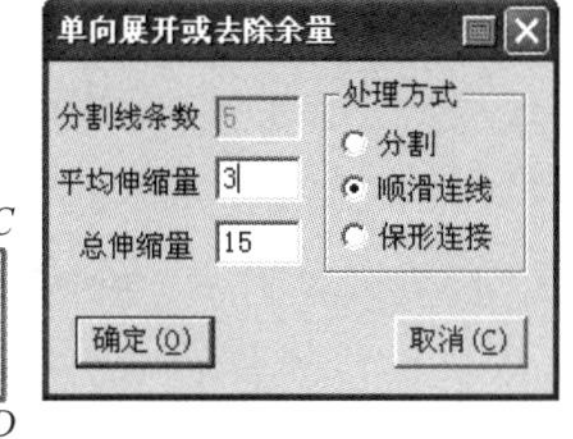

图4–169　设置并展开袖子结构线

（4）选中【智能笔】工具，将中间省的省尖点和省口中点用直线*EF*连接。选中【旋转】工具，按一下【Shift】键，取消复制功能，以*EF*为竖直线，将袖子结构线摆正，如图4–170所示。

（5）选中【剪刀】工具，生成喇叭袖纸样，如图4–171所示。

（6）单击【保存】工具，将喇叭袖纸样保存即可。

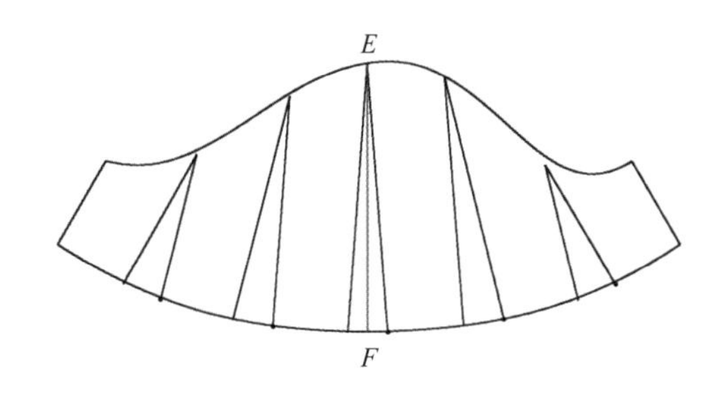

图4–170　摆正袖子结构线

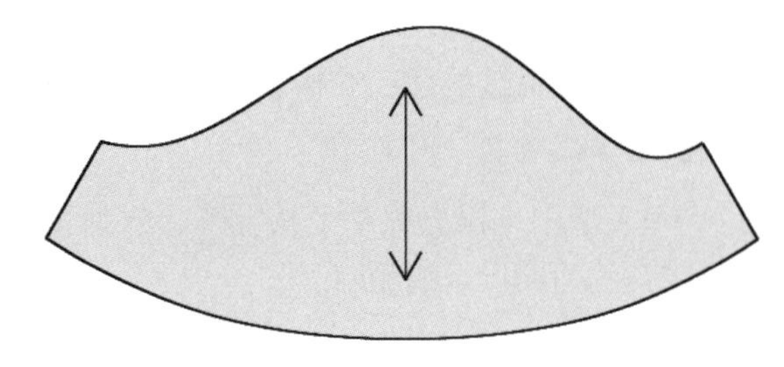

图4–171　喇叭袖纸样

八、灯笼袖结构设计

1. 灯笼袖款式图（图4-172）

2. 灯笼袖制图规格（表4-16）

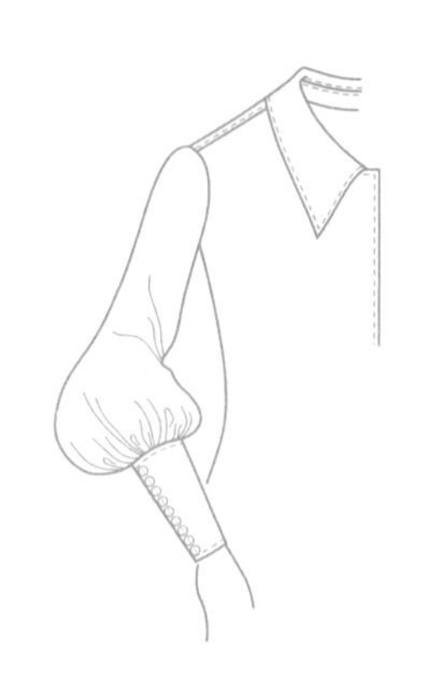

图4-172 灯笼袖款式

表4-16 灯笼袖制图规格

单位	袖长	上袖口围	袖口围	袖头长
cm	56	29	20	18

3. 灯笼袖结构图（图4-173）

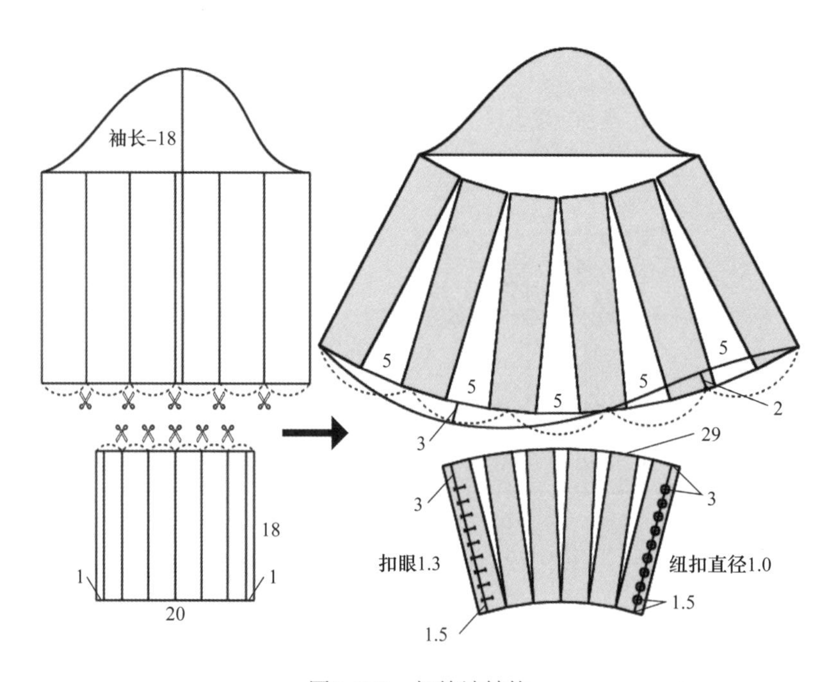

图4-173 灯笼袖结构

4. 灯笼袖CAD结构设计

（1）打开“原型袖”纸样文件，将其以文件名“灯笼袖”另存。

（2）选中【设计工具栏】中的【移动】工具，鼠标框选原型袖的结构线，右键单击，之后在框选的任一结构线的端点上单击，松开鼠标将其移到空白位置再单击，将原型袖的结构线复制一份。

（3）选中【橡皮擦】工具，仅保留复制的原型袖的轮廓结构线、袖中线和袖肥线，将其他辅助点、线删除。

（4）选中【智能笔】工具，距袖山顶点38cm画水平线CD，如图4-174所示，然后将前、后袖缝线分别在C点、D点切齐。选中【橡皮擦】工具，将原型袖的袖口线和袖中线删除。

（5）选中【剪断线】工具，分别将袖肥线和袖口线接成整线，如图4–175所示。

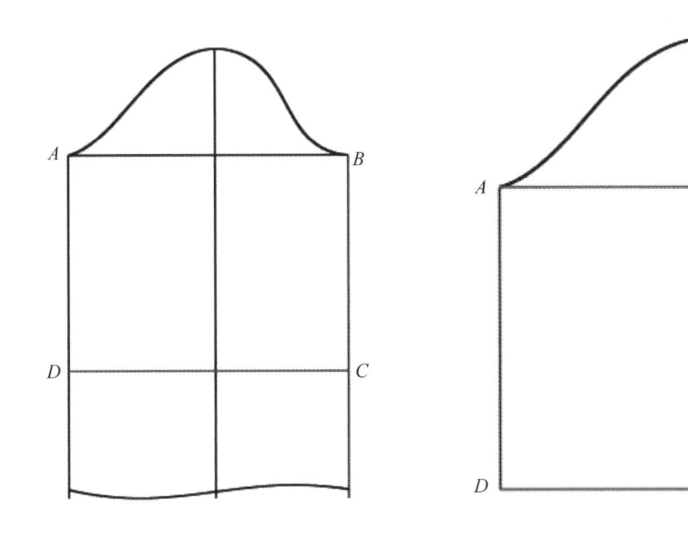

图4–174　画水平线CD　　图4–175　分别将袖肥线和袖口线接成整线

（6）选中【分割、展开、去除余量】工具，鼠标框选长方形$ABCD$，右键单击，然后依次单击袖肥线AB、袖口线CD，将其分别选为不伸缩线和伸缩线，鼠标在袖子BC一侧右键单击，弹出【单向展开或去除余量】对话框，输入平均伸缩量值“5”，结构线展开，如图4–176所示，单击【确定】按钮即可。

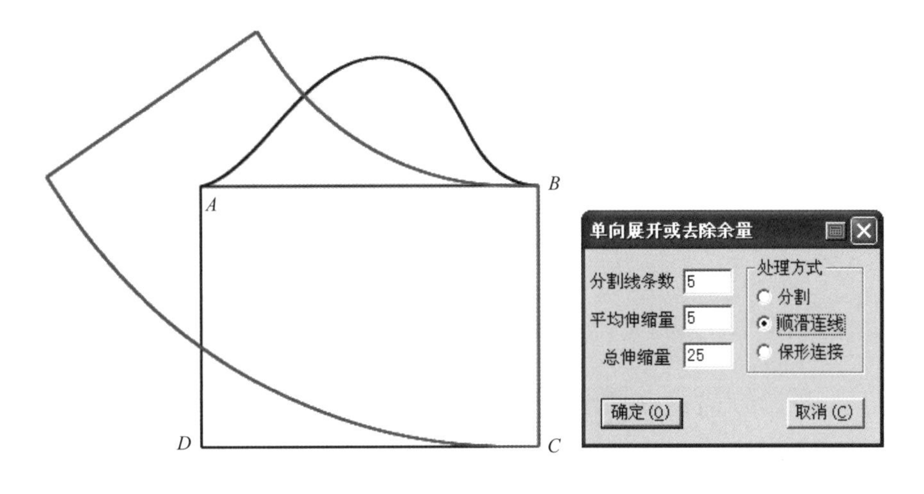

图4–176　设置并展开袖子结构线

（7）选中【旋转】工具，按一下【Shift】键，取消复制功能，以B点为旋转中心点，A点为对齐点，将展开的袖子结构线摆正，如图4–177所示。

（8）选中【橡皮擦】工具，将上段弧线删除。选中【移动】工具，按一下【Shift】键，取消复制功能，将左侧后袖缝线移到*A*点位置。选中【调整】工具，将下段弧线的左端点移到*D*点。鼠标单击选中弧线*CD*，之后将鼠标移到关键点上，如图4-178所示，按键盘上的【Delete】键，删除关键点，将弧线*CD*调圆顺。

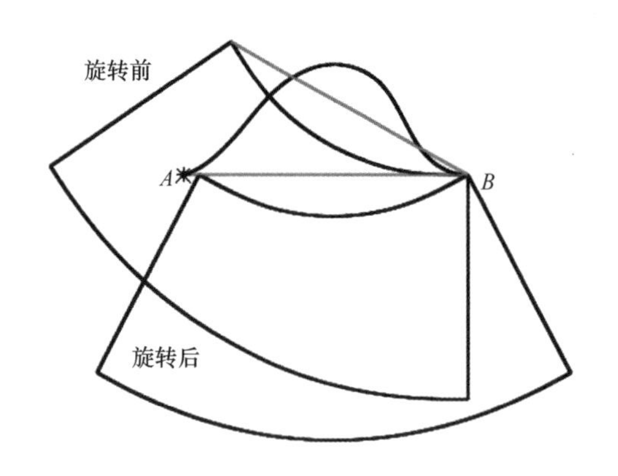

图4-177 摆正袖子结构线

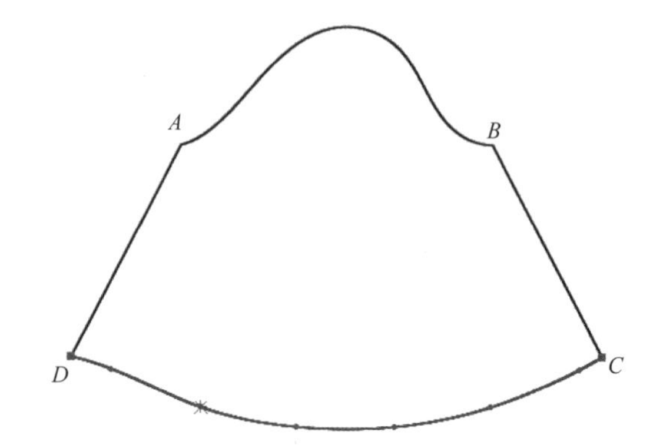

图4-178 鼠标移到关键点上

（9）选中【等份规】工具，将袖口*CD*五等份。选中【智能笔】工具，参照图4-173所示，画出袖口曲线，并用【调整】工具将曲线调圆顺，如图4-179所示。

（10）选中【剪刀】工具，生成袖片纸样，如图4-180所示。

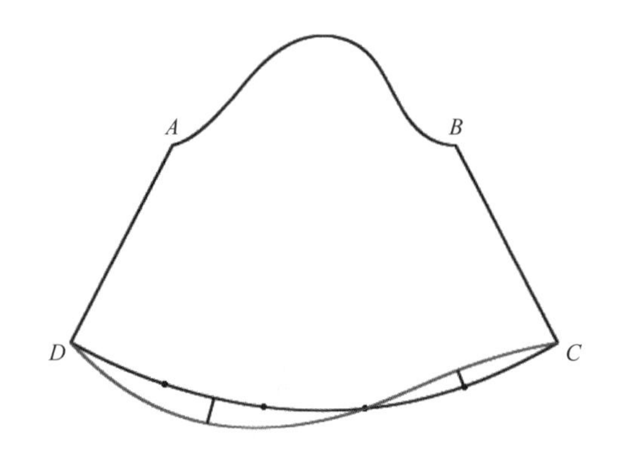

图4-179 画出袖口线

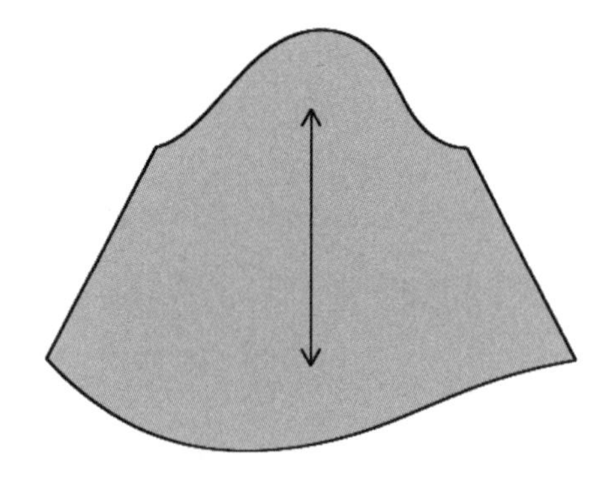

图4-180 袖片纸样

（11）选中【矩形】工具，长20cm、宽18cm，画一个长方形。选中【智能笔】工具，距长方形左、右两边各1cm 向内画平行线。选中【分割、展开、去除余量】工具，将长方形上端展开9cm，如图4-181所示。

（12）选中【旋转】工具，将展开的扇形摆正。选中【智能笔】工具，过扇形的中点画垂直线，如图4-182所示。

（13）选中【剪刀】工具，生成袖头纸样，如图4-183所示。

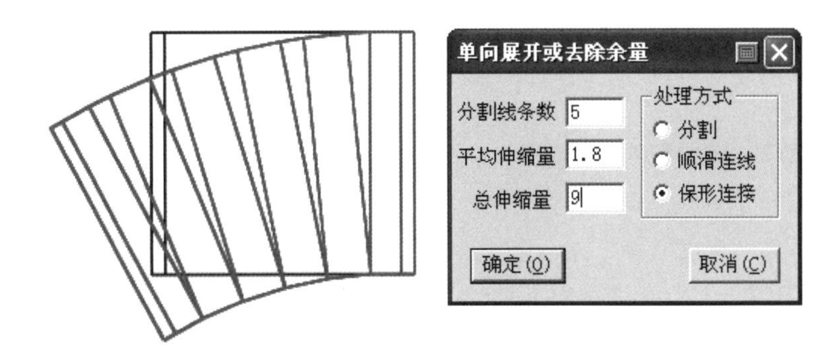

图4-181　展开长方形

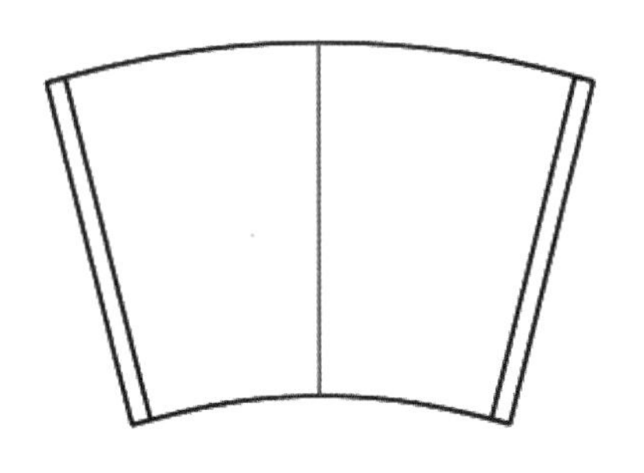

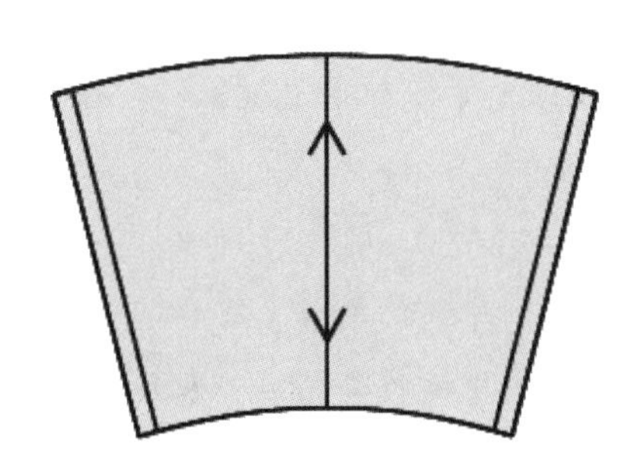

图4-182　摆正袖头、画中点垂直线　　图4-183　袖头纸样

（14）选中【旋转衣片】工具，将袖头纸样旋转为以右侧缝线为垂直状态。选中【钻孔】工具，鼠标单击线段*AB*的下端，弹出的【线上钻孔】对话框中设置如图4-184所示，画出纽扣位。

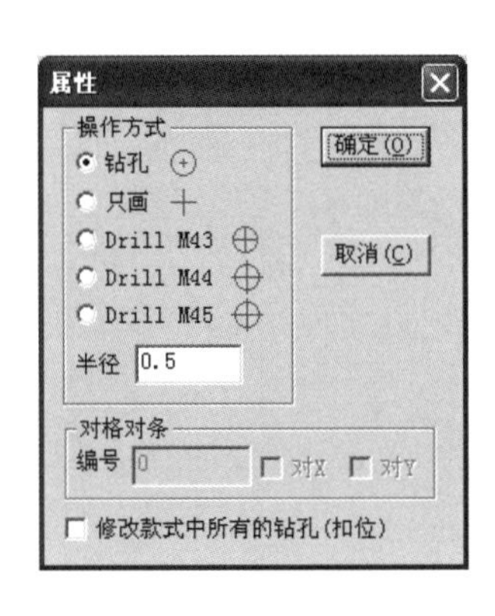

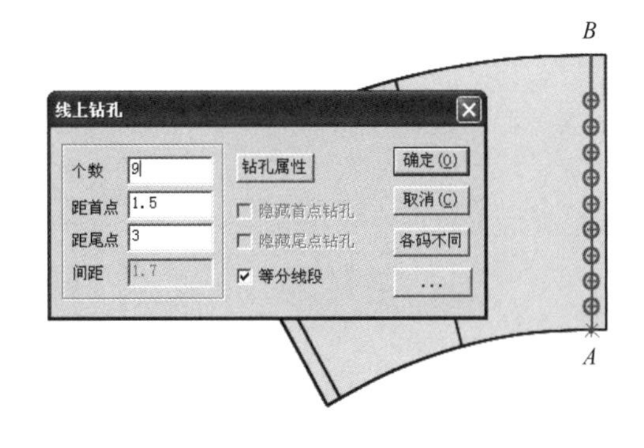

图4-184　设定并画出纽扣

（15）选中【旋转衣片】工具，将袖头纸样旋转为以左侧缝线为垂直状态。选中【纸样工具栏】中的【眼位】工具，鼠标单击线段*CD*的下端，弹出的【线上扣眼】对话框，设置如图4-185所示，画出扣眼位。

（16）选中【旋转衣片】工具，将袖头纸样摆正，如图4-186所示。

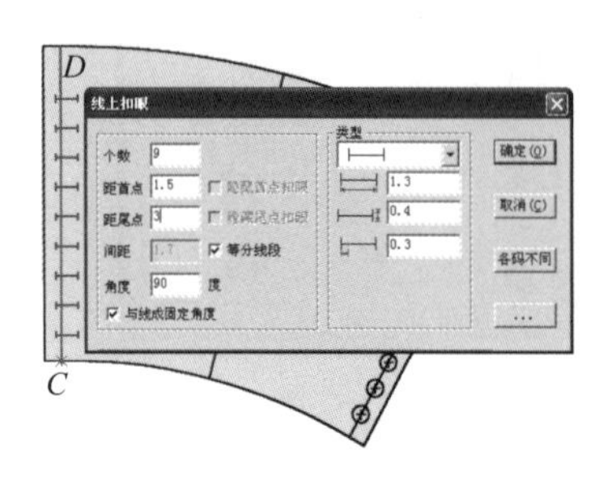

图4-185 设定并画出扣眼

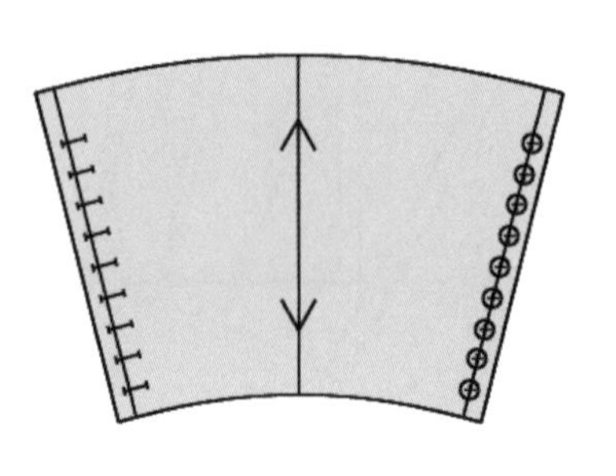

图4-186 最终袖头纸样

（17）单击【保存】工具，将灯笼袖纸样保存即可。

九、合体一片袖结构设计

1. **合体一片袖款式图（图4-187）**
2. **合体一片袖制图规格（表4-17）**

表4-17 合体一片袖制图规格

单位	袖长	前AH	后AH	袖肥	袖口围
cm	56	20.6	21	30	23

3. **合体一片袖结构图（图4-188）**

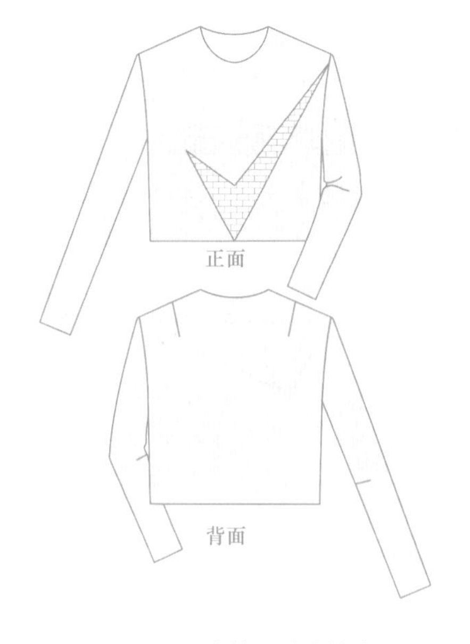

图4-187 合体一片袖款式

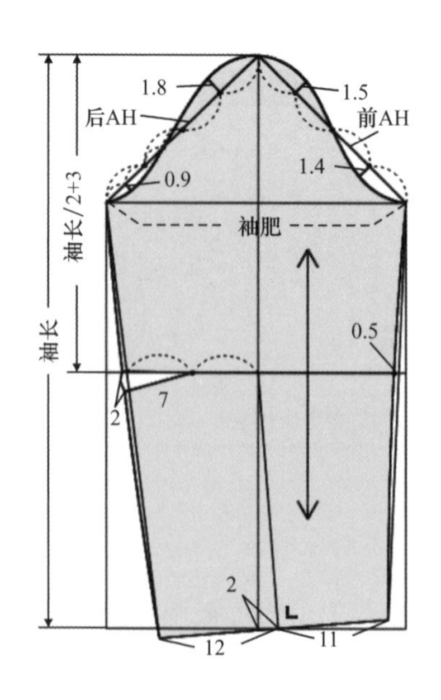

图4-188 合体一片袖结构

4. 合体一片袖CAD结构设计

（1）新建一个工作画面，参照表4-17所示，在【设置号型规格表】对话框中建立尺寸表并保存。

（2）选中【智能笔】工具，画一条长30cm（袖肥）的水平线*AB*。选中【圆规】工具，鼠标依次单击*A*点、*B*点，松开鼠标移到线段*AB*上方的空白位置再单击，弹出【双圆规】对话框，在对话框中输入两边的长度值，如图4-189所示，单击【确定】按钮，画出前、后袖山斜线。

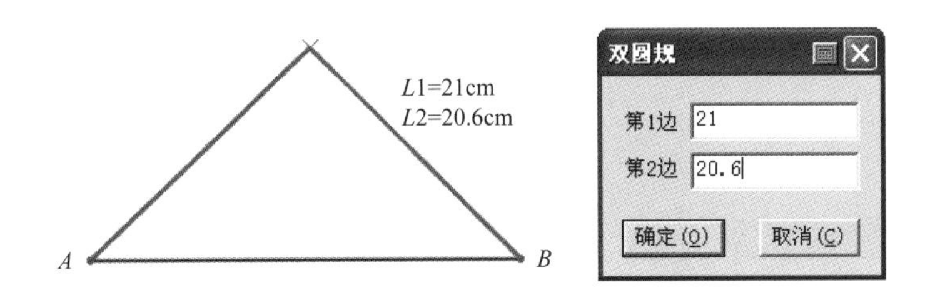

图4-189　设置并画出前、后袖山斜线

（3）选中【智能笔】工具，参照图4-188所示，过袖山顶点*C*，画出长度56cm（袖长）的袖中线*CD*。再画出袖口线、袖底缝线、袖肘线和线段*GD*1，如图4-190所示。选中【等份规】工具，参照图4-188所示，等份前、后袖山斜线。选中【智能笔】工具，画出袖山辅助线和袖山弧线，并用【调整】工具将袖山弧线调圆顺，如图4-191所示。

（4）选中【角度线】工具，鼠标单击线段*GD*1，再单击*D*1点，画出长度11cm的

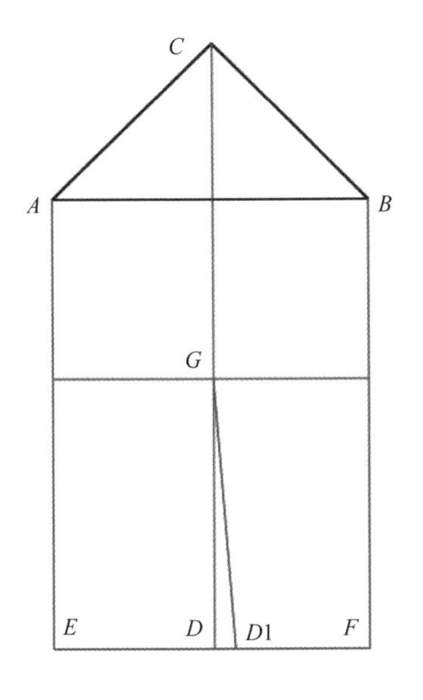

图4-190　画袖子基础线

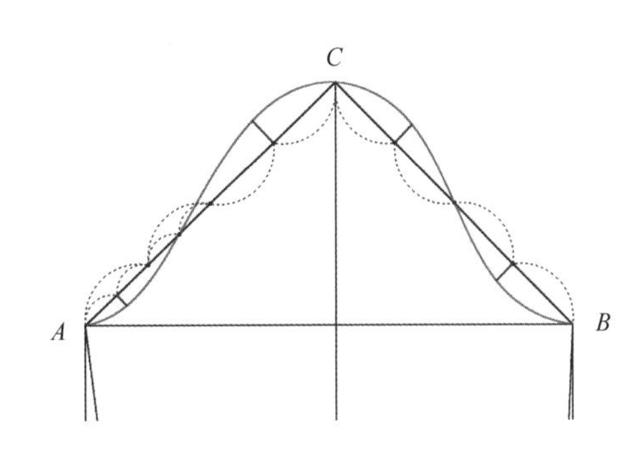

图4-191　画袖山弧线

前袖口线D1D2。以同样方法，画出长度12cm的后袖口线D1D3，如图4-192所示。

（5）选中【智能笔】工具，将B点、D2点以直线连接，直线与袖肘线交于H点，将A点、D3点以直线连接，直线与袖肘线交于I点。选中【点】工具，H点向左偏移0.5cm定H1点。选中【等份规】工具，将I点至G点两等份。选中【角度线】工具，过等份中点G1作线段AD3的垂直线，交点为I1。选中【智能笔】工具，将线段G1I1延长至7cm，端点为I2，再将A点、I2点和D3点以曲线连接，将B点、H1点和D2点以曲线连接，画出前、后袖缝线，如图4-193所示。

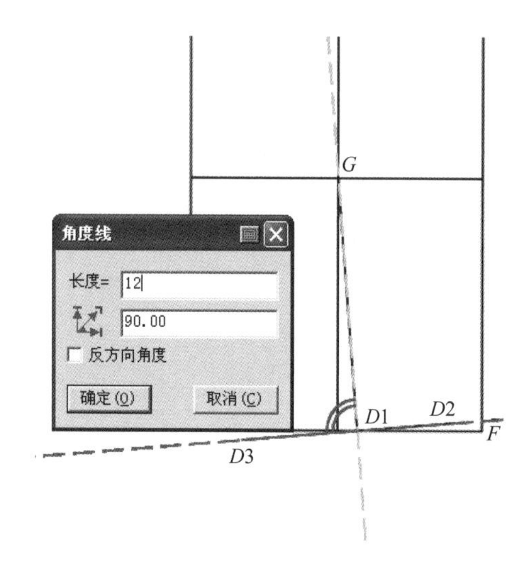

图4-192　画袖口线D2D3

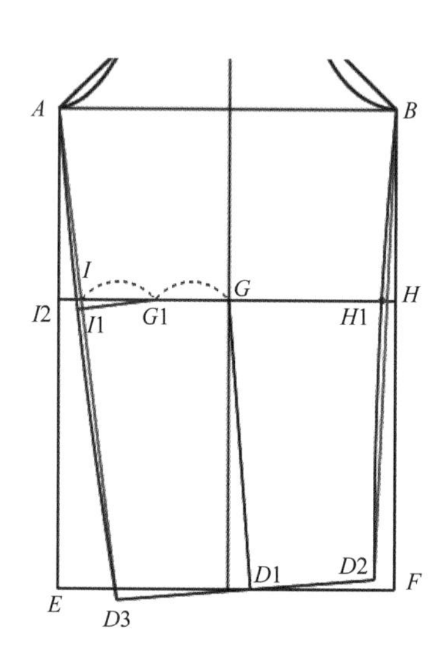

图4-193　画前、后袖缝线

（6）选中【橡皮擦】工具，删除部分辅助线。选中【设计工具栏】中的【收省】工具，鼠标单击后袖缝线AI2D3，再单击线段G1I2，弹出【省宽】对话框，输入省宽值“2”，袖肘省出现，如图4-194所示，单击【确定】按钮，省口加出省山，鼠标移到省线的上方单击，选择省的倒向，省合并，鼠标移到省口合并关键点上单击，松开鼠标拖动，到合适位置再单击，将并省后的后袖缝线AI2D3调圆顺，如图4-195所示，右键单击，开省完成。

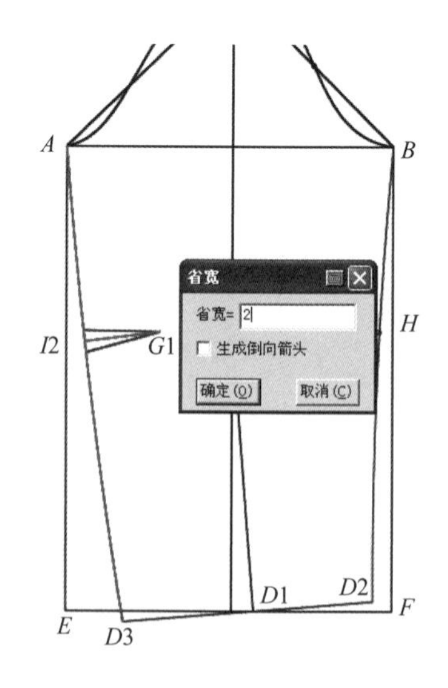

图4-194　画出袖肘省

（7）选中【剪刀】工具，生成合体一片袖的纸样。选中【布纹线】工具，将布纹线移到袖中线上，如图4-196所示。

（8）单击【保存】工具，将合体一片袖纸样保存即可。

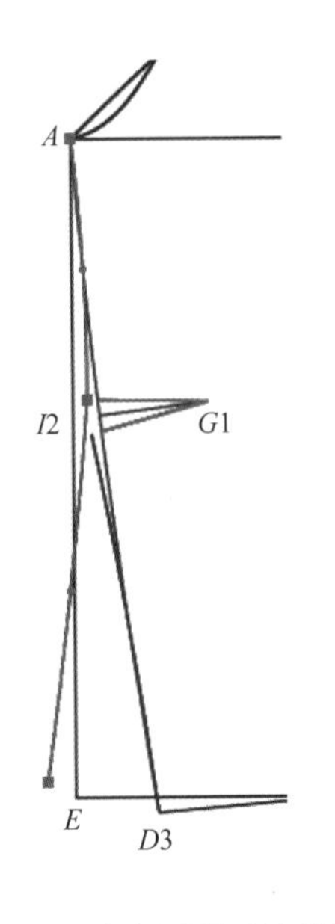

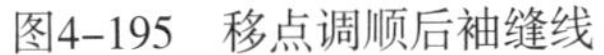
图4-195　移点调顺后袖缝线

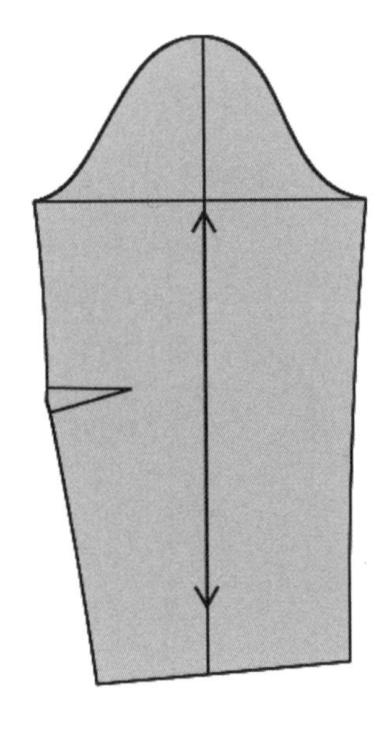

图4-196　袖子纸样

十、婚纱袖结构设计

1. 婚纱袖款式图（图4-197）

2. 婚纱袖制图规格（表4-18）

表4-18　婚纱袖制图规格

单位	基本袖长	基本袖肥	袖口围
cm	56	30	23

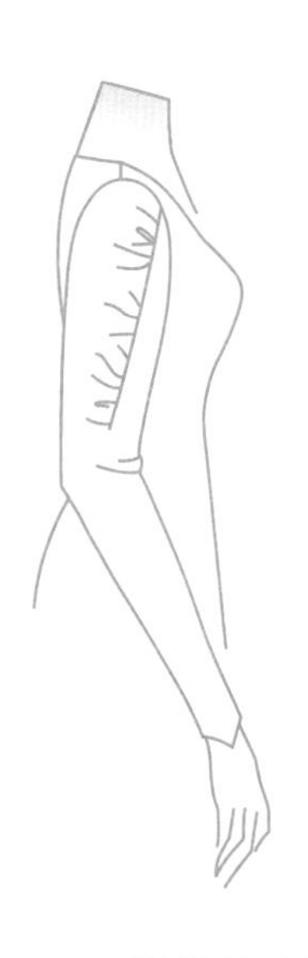

图4-197　婚纱袖款式图

3. 婚纱袖结构图(图4-198)

4. 婚纱袖CAD结构设计

（1）打开“合体一片袖”纸样文件，将其以文件名“婚纱袖”另存。

（2）选中【橡皮擦】工具，删除部分辅助线。选中【等份规】工具，将后袖口线*D*3*D*1等份，等份中点为*D*4点。选中【智能笔】工具，将线段*GD*1延长4cm，端点为*E*，再将*D*4点与*E*点以直线连接，之后将*D*3点与*E*点以曲线连接、*E*点与*D*2点以曲线连接，将*G*1点与*F*点（距*B*点11cm）以曲线连接，并用【调整】工具将曲线调圆顺，如图4-199所示。

（3）选中【剪断线】工具，鼠标单击选中袖山弧线*ACB*，再单击*F*点，将袖山弧线在*F*点位置剪断。选中【旋转】工具，鼠标依次单击或框选曲线*ACFG*1*I*1，右键单击，再依次单击G1点和I1点，松开鼠标移动选中的结构线，到I2点上再单击，合并省道I1G1I2，如图4-200所示。

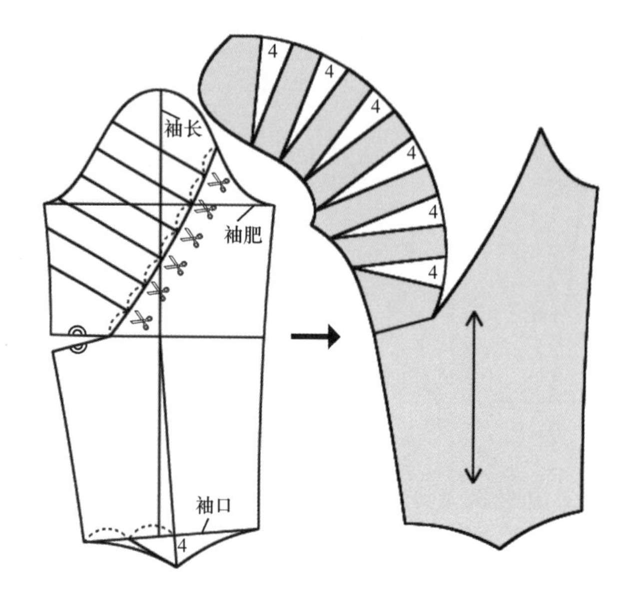

图4-198　婚纱袖结构

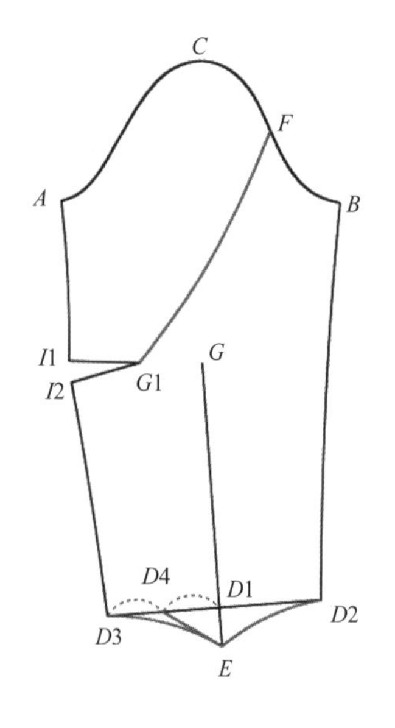

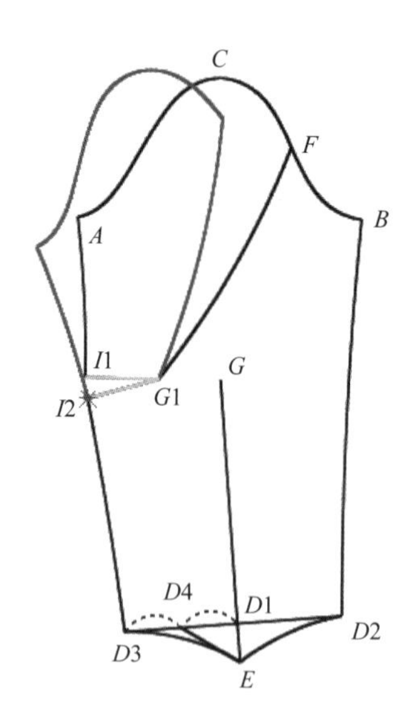

图4-199　画出袖口线D3ED2和曲线FG1　　　图4-200　旋转曲线ACFG1I1

（4）选中【橡皮擦】工具，将原来的线段G1I1、I1A和ACF删除。选中【剪断线】工具，将线段I1A和ACF接成一条整线。选中【调整】工具，鼠标单击拼接后的曲线，然后将鼠标移到A点上，如图4-201（a）所示；按一下【Shift】键，将A点转换成折线点，如图4-201（b）所示；鼠标在空白位置单击，完成A点的点形转换，如图4-201（c）所示。

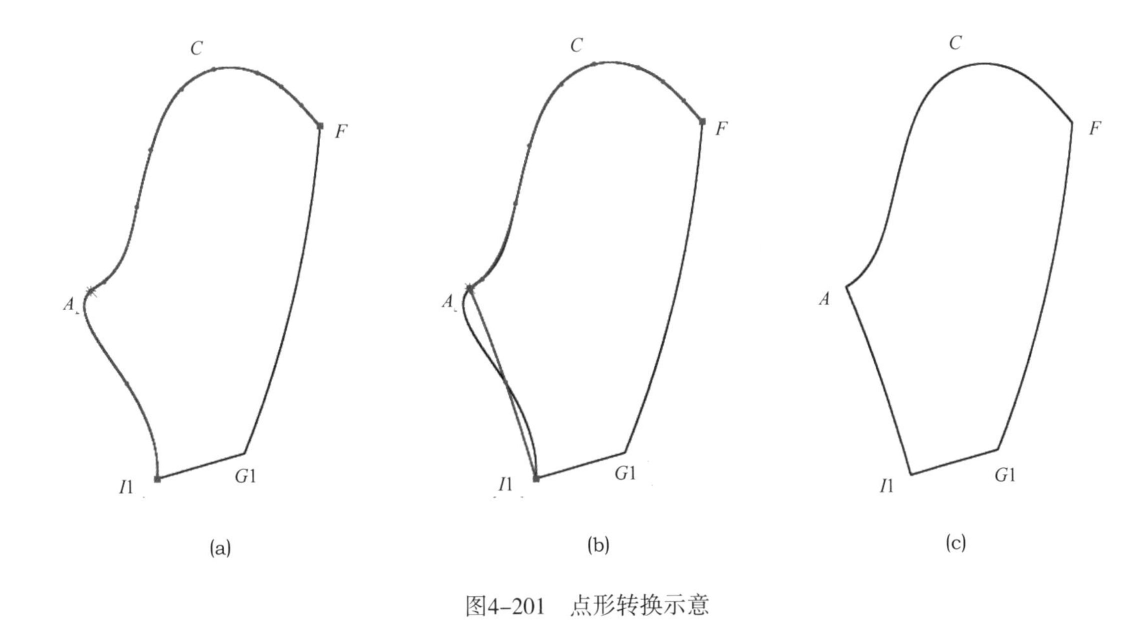

图4-201　点形转换示意

（5）选中【等份规】工具，将曲线*FG*1七等份。选中【智能笔】工具，过第一个等份点画直线*JK*。按住键盘上的【Shift】键，鼠标移到线段*JK*上按下左键向下拖动，出现相交平行线符号后松开鼠标，之后依次单击曲线*ACF*和*FG*1，松开鼠标移动到第二个等份点上单击，画出第二条平行线。以同样方法画出其他平行线，如图4-202所示。

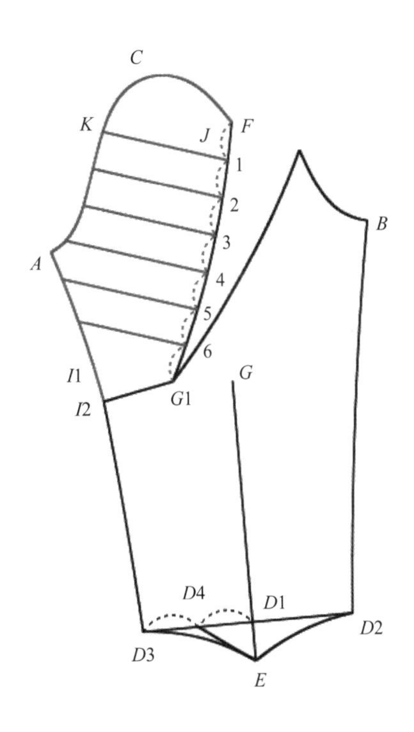

图4-202　画出展示线

（6）选中【橡皮擦】工具，将等份线标记删除。

（7）选中【分割、展开、去除余量】工具，鼠标框选多边形*I*1*ACFG*1及其内部的线段，右键单击，然后依次单击曲线*I*1*ACF*、*FG*1和内部的平行线段，将其分别选为不伸缩线、伸缩线和展开线，鼠标在框选的多边形下方右键单击，弹出【单向展开或去除余量】对话框，输入平均伸缩量值“4”，结构线展开，如图4-203所示，单击【确定】按钮即可。

（8）选中【剪刀】工具，生成婚纱袖纸样。选中【布纹线】工具，将布纹线移到合适位置，如图4-204所示。

（9）单击【保存】工具，将婚纱袖纸样保存即可。

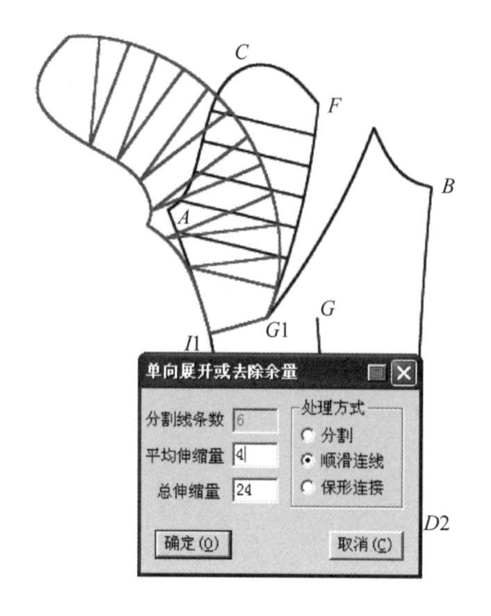

图4-203 结构线展开

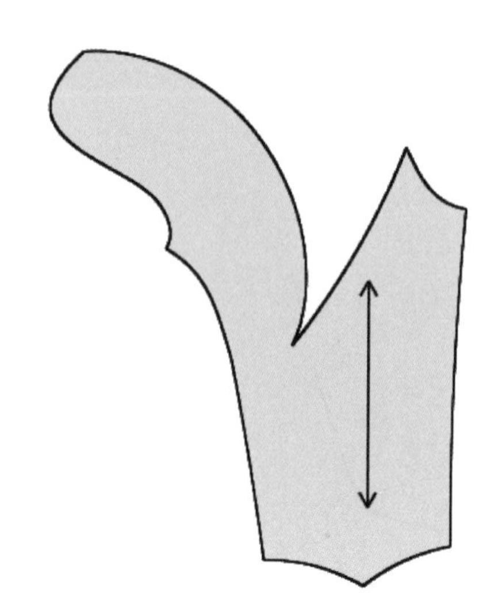

图4-204 袖子纸样

十一、羊腿袖结构设计

1. **羊腿袖款式图**（图4-205）
2. **羊腿袖制图规格**（表4-19）

表4-19 羊腿袖制图规格

单位	基本袖长	基本袖肥	袖口围
cm	56	30	19

3. **羊腿袖结构图**（图4-206）

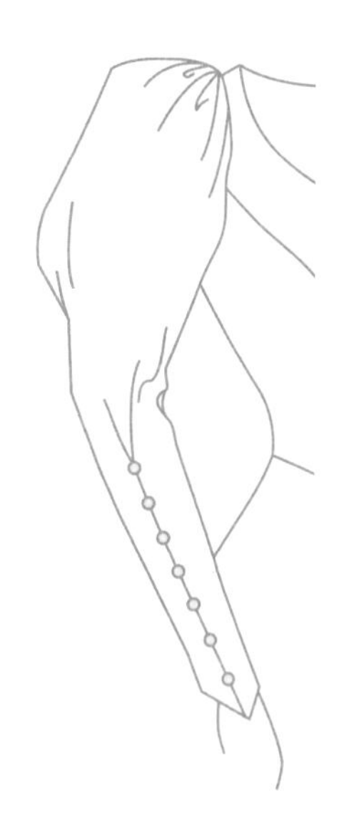

图4-205 羊腿袖款式图

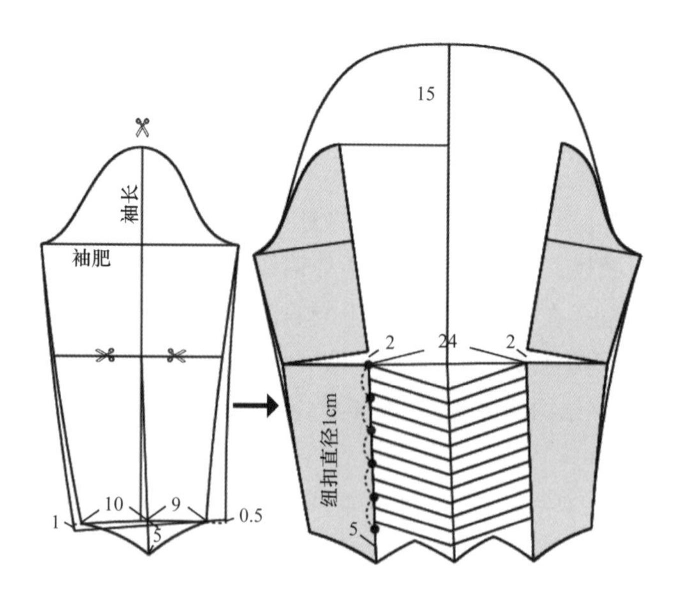

图4-206 羊腿袖结构

4. 羊腿袖CAD结构设计

（1）打开“合体一片袖”纸样文件，将其以文件名“羊腿袖”另存。

（2）选中【橡皮擦】工具，删除部分辅助线。选中【智能笔】工具，将线段*AD*3在下端缩短1cm，将线段*BD*2在下端伸长0.5cm，重新画袖口线*D*3*D*2，并用【调整】工具将其调圆顺。选中【角度线】工具，重新画袖口线*D*3*D*2的垂直线*GD*1，并将袖中线在下端切齐到袖口线，如图4–207所示。

（3）选中【智能笔】工具，将线段*GD*1延长5cm，端点为*D*4。将线段*D*3*D*1的长度调整为10cm，将线段*D*1*D*2的长度调整为9cm。参照图4–206所示，重画袖口曲线*D*3*D*4、*D*4*D*2和前、后袖缝线，并用【调整】工具将画出的曲线调圆顺，如图4–208所示。

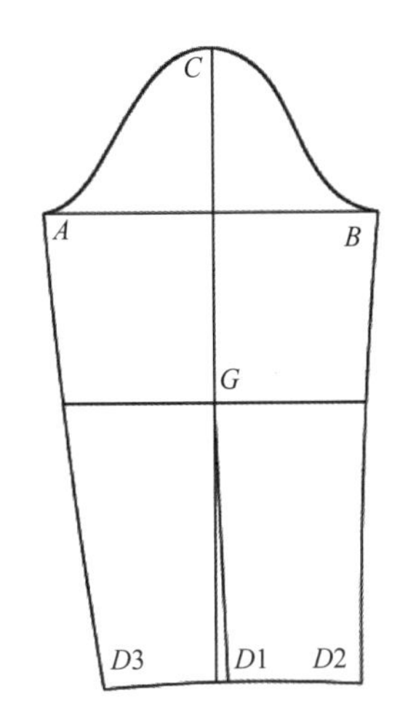

图4–207 重画袖口线*D*3*D*2及其垂直线*GD*1

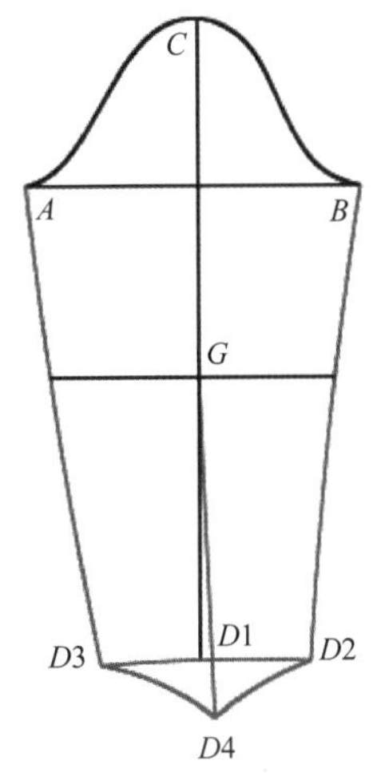

图4–208 画曲线*D*3*D*4、*D*4*D*2和前、后袖缝线

（4）选中【智能笔】工具，将袖中线在下端*G*点切齐。选中【剪断线】工具，将线段*CG*和线段*GD*4接成一条整线，再将线段*D*3*D*4、线段*D*4*D*2接成一条整线。选中【调整】工具，鼠标单击选中的袖口曲线*D*3*D*4*D*2，松开鼠标移到*D*4点上，按一下【Shift】键，将其转换为折线点，空白位置单击结束。选中【橡皮擦】工具，将曲线*D*3*D*2删除。

（5）选中【褶展开】工具，鼠标框选袖子的所有结构线，右键单击，然后依次单击袖山曲线*ACB*、袖口曲线*D*3*D*4*D*2和袖中线*CGD*4，将其分别选为上段折线、下段折线和展开线，鼠标在框选的结构线左侧右键单击，弹出【结构线刀褶/工字褶展开】对话框，输入上、下段褶展开量值“24”，结构线展开，如图4–209所示，单击【确定】按钮即可。

（6）选中【橡皮擦】工具，将展开褶的斜线和袖山段曲线删除。选中【智能笔】工具，将*G*1点与*G*2点以直线连接。鼠标单击*G*1点，然后按住【Shift】键，再单击曲线*CGD*4的合适位置，最后单击*G*2点，右键单击，画出折线*G*1*G*2。之后按照图4–210

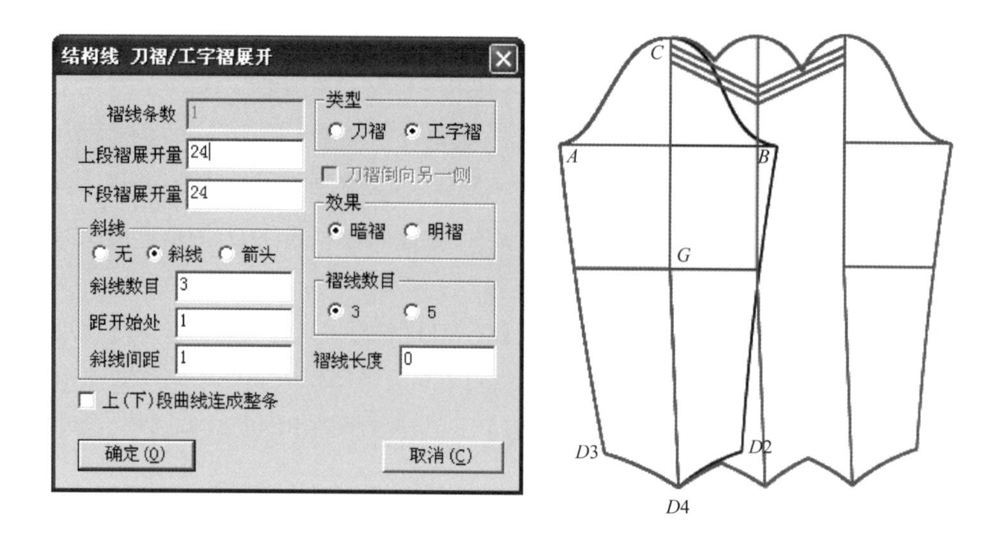

图4-209 设置并展开袖中褶

所示的设置，画出折线的平行线。选中【剪断线】工具，将后袖缝线$AD3$、曲线$C1G1D4$、曲线$C2G2D4$和前袖缝线$BD2$分别在E点、$G1$点、$G2$点和F点剪断，如图4-211所示。

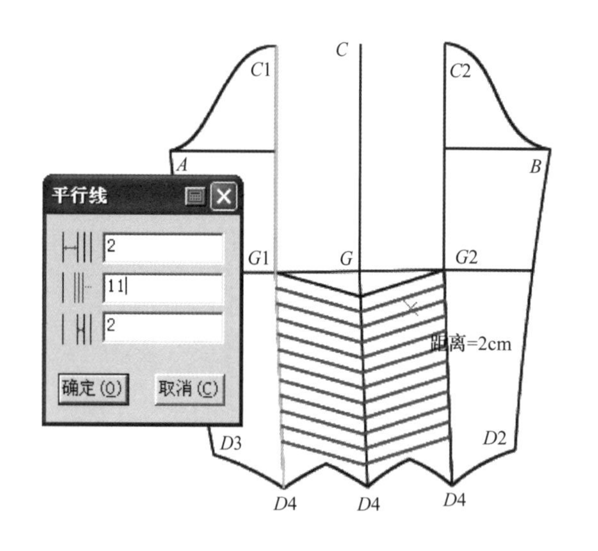

图4-210 设置并画折线平行线

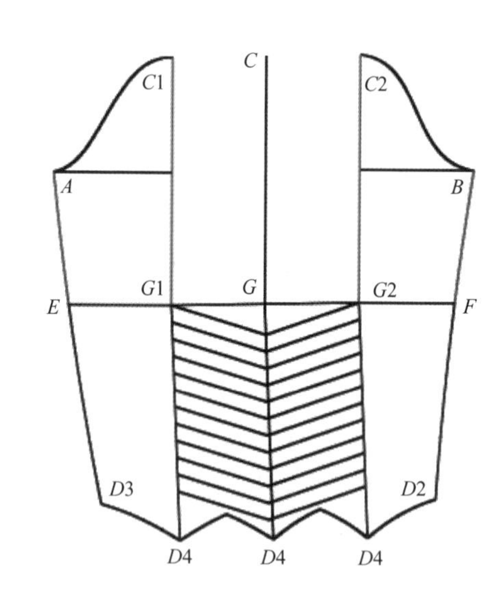

图4-211 剪断曲线

（7）选中【旋转】工具，按一下【Shift】键，取消复制功能，以E点为旋转中心点，旋转宽度值“2”，将多边形$EG1C1A$向左上方旋转；用同样方法，以F点为旋转中心点，旋转宽度值“2”，将多边形$FG2C2B$向右上方旋转，如图4-212所示。

（8）选中【智能笔】工具，过$C1$点画水平线。鼠标框选水平线与垂直线GC的就近端，将两线切齐到H点，过H点向上15cm画垂直线HI，之后过A点、I点、B点画袖山弧线，并用【调整】工具将曲线调圆顺，如图4-213所示。

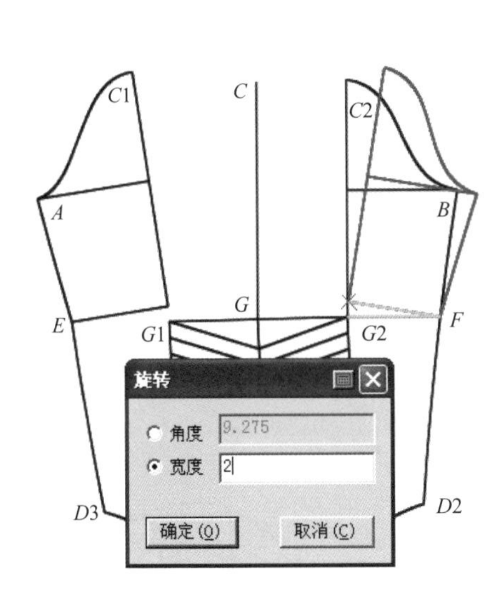

图4-212 旋转结构线

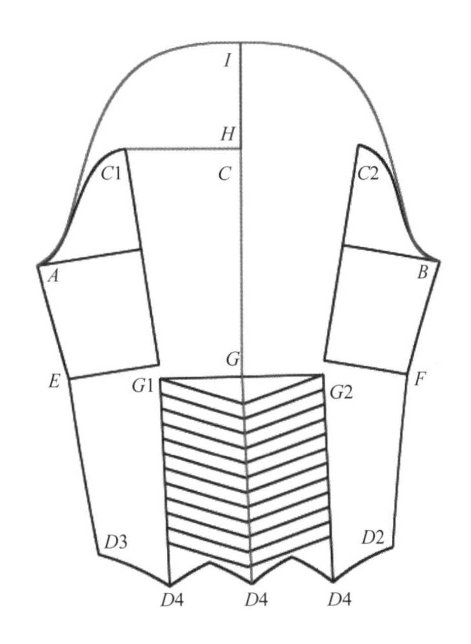

图4-213 画袖山弧线

（9）选中【智能笔】工具，重画前、后袖缝线*AD*3和*BD*2，并用【调整】工具将曲线调圆顺。选中【橡皮擦】工具，将不要的结构线删除，如图4-214所示。

（10）选中【剪刀】工具，鼠标框选袖子的所有结构线，生成袖子纸样。

（11）选中【旋转衣片】工具，将袖子纸样以线段*D*4*G*1为垂直线摆放。

（12）选中【钻孔】工具，参照图4-206所示，纽扣直径为1cm，距*D*4点5cm，在线段*D*4*G*1上画出纽扣。

（13）选中【旋转衣片】工具，将袖子纸样以线段*IG*3为垂直线摆放，最终袖子纸样如图4-215所示。

（14）单击【保存】工具，将羊腿袖纸样保存即可。

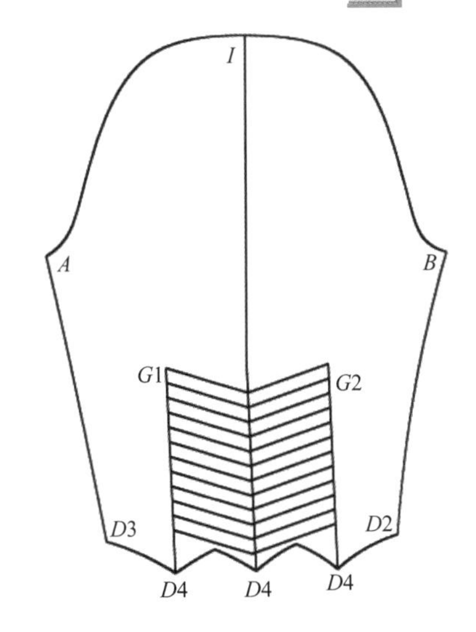

图4-214 删除不要的线

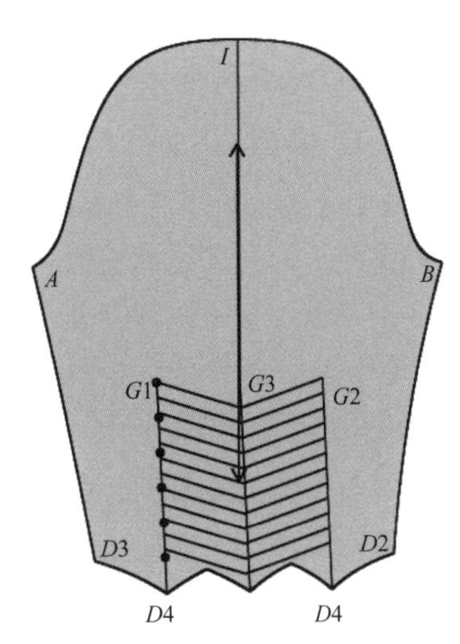

图4-215 袖子纸样

十二、大泡袖结构设计

1. **大泡袖款式图**（图4–216）

2. **大泡袖制图规格**（表4–20）

表4–20 大泡袖制图规格

单位	基本袖长	基本袖肥	袖口围
cm	56	30	23

3. **大泡袖结构图**（图4–217）

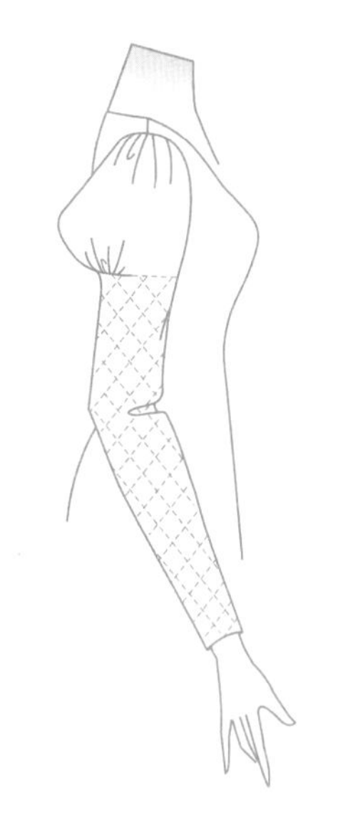

图4–216 大泡袖款式图

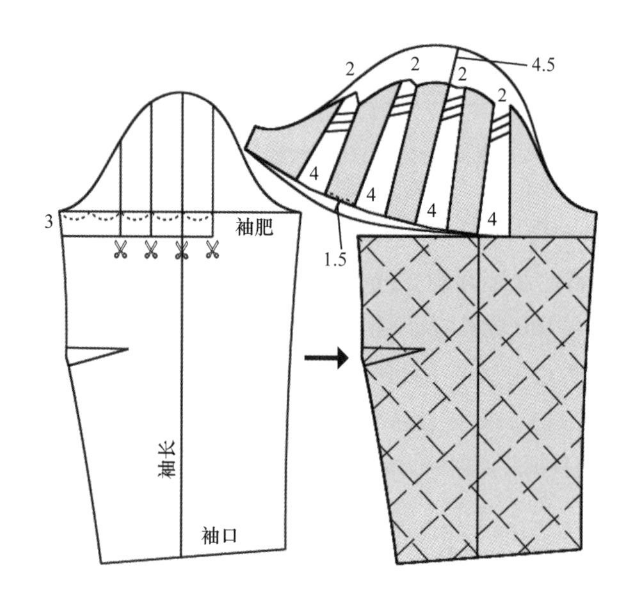

图4–217 大泡袖结构

4. **大泡袖CAD结构设计**

（1）打开“合体一片袖”纸样文件，将其以文件名“大泡袖”另存。

（2）选中【等份规】工具，将后袖肥四等份。选中【比较长度】工具，按一下【Shift】键，选择测量点距模式，鼠标依次单击*A*点和从左向右第一个等份点，弹出的【测量】对话框中显示距离值为“3.8”，如图4–218所示。

（3）选中【智能笔】工具，按【F9】键，切换到捕捉就近的交点模式，鼠标在线段*FC*的左端单击，在弹出的【点的位置】对话框中输入长度值“3.8”，单击【确定】按钮，定出*G*点，松开鼠标移到袖山弧线上单击，画出垂直线*GH*。在后袖缝线上过距*A*点3cm的*A*1点画水平线段，之后鼠标依次框选水平线的右端和垂直线*HG*的下端，将两线切齐到*G*1点。过*AF*右侧的两个四等份点画垂线到袖山弧线，并将其切齐到水平线*A*1*G*1。

（4）选中【智能笔】工具，将袖中线在*F*1位置切断，袖山弧线在*H*点切断，后袖

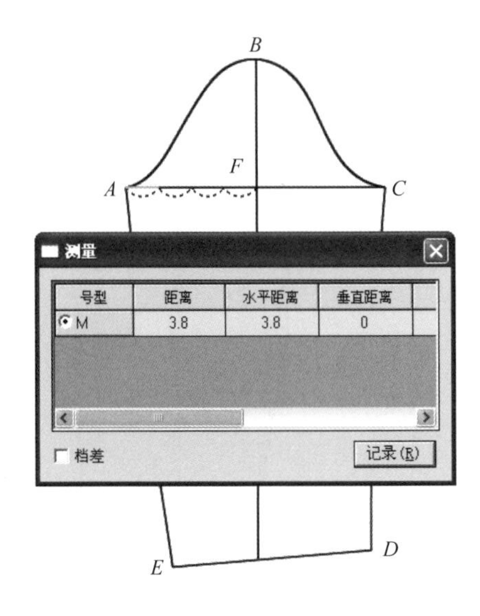

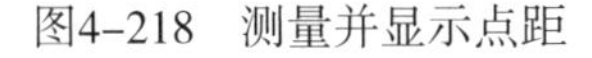
图4-218 测量并显示点距

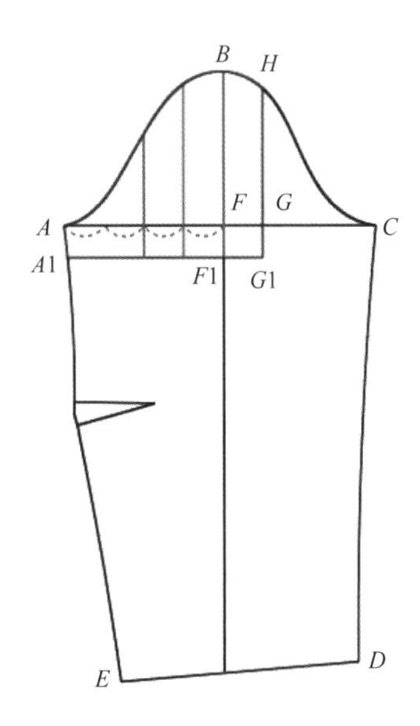

图4-219 画出展开线

缝线在*A*1点切断。以上操作如图4-219所示。

（5）选中【橡皮擦】工具，将袖肥线*AC*和等份线标记删除。选中【智能笔】工具，过*G*1点画水平线*G*1*C*1到前袖缝线*CD*。

（6）选中【褶展开】工具，鼠标框选结构线，如图4-220中红色线所示，右键单击，然后依次单击袖山曲线*ABH*、线段*A*1*G*1和垂直线*HG*1、*BF*1、*IJ*和*KL*，将其分别选为上段折线、下段折线和展开线，鼠标在框选的结构线右侧右键单击，弹出【结构线 刀褶/工字褶展开】对话框，输入上段褶展开量值“2”，下段褶展开量值“4”，结构线展开，如图4-221所示，单击【确定】按钮即可。

（7）选中【智能笔】工具，参照图4-217所示，画出曲线*AMC*和*G*1*A*1，如图

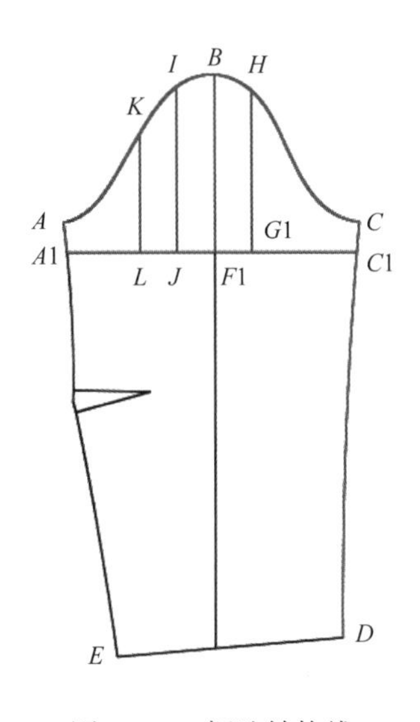

图4-220 框选结构线

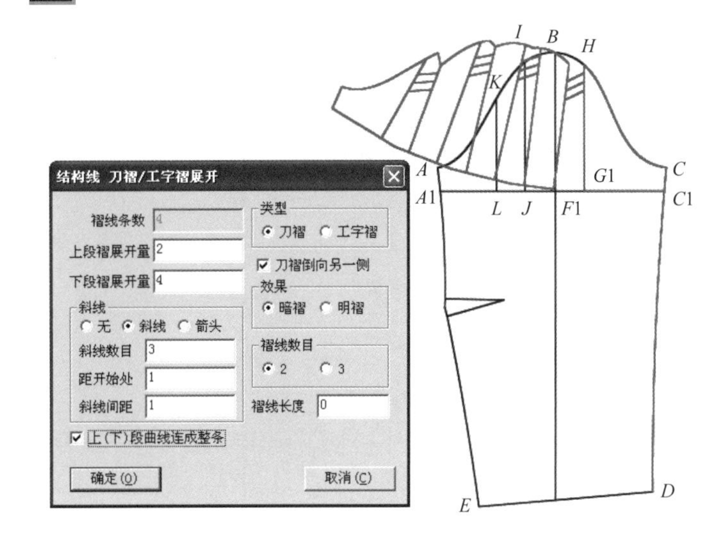

图4-221 褶展开

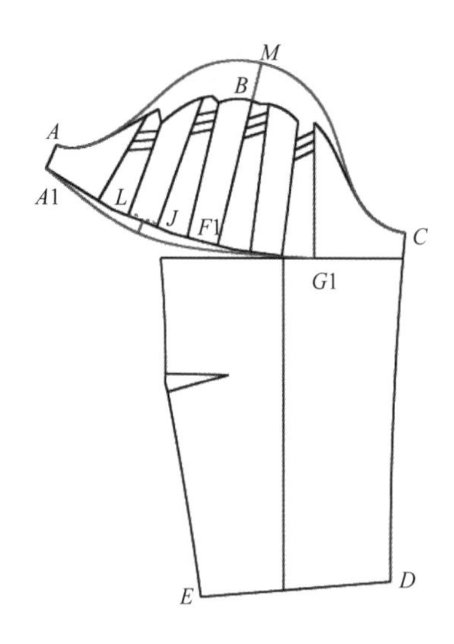

图4-222 画曲线AMC和G1A1

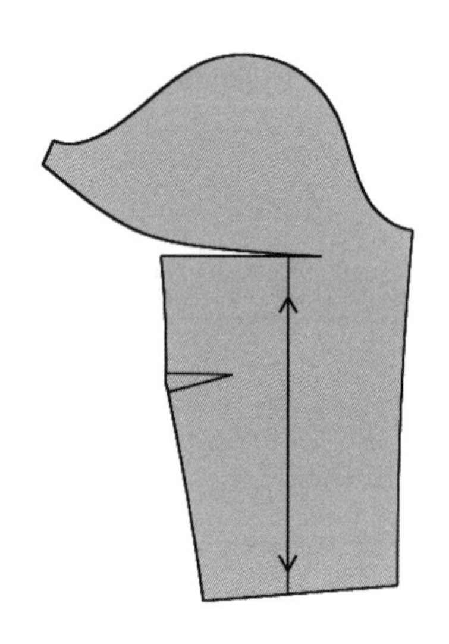

图4-223 袖子纸样

4-222所示。选中【剪刀】工具，生成袖子纸样，如图4-223所示。

（8）按键盘上的【Ctrl+F】组合键，显示纸样上的放码点。选中【智能笔】工具，过G1点水平画出内线G1G2。

（9）选中【设计工具栏】中的【设置线的颜色类型】工具，鼠标单击【快捷工具栏】中的【线类型】选择框中的下拉按钮，选择线类型为虚线，之后鼠标在线段G1G2上单击，将其设为虚线。

（10）选中【纸样工具栏】中的【绗缝线】工具，鼠标单击G2点，移动鼠标到前袖缝线上单击定一点，再单击D点，选中前袖缝线，之后单击W点，再单击E点，选中袖口线DE，以同样方法选中其他线段，最后回到G2点单击。接着鼠标依次单击D点和G2点，弹出【绗缝线】对话框，对话框中设置如图4-224所示，单击【确定】按钮，绗缝线画出，如图4-225所示。

（11）单击【保存】工具，将大泡袖纸样保存即可。

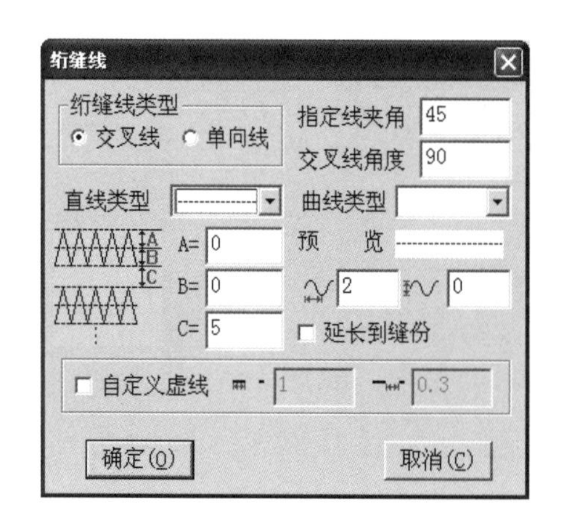

图4-224 【绗缝线】对话框

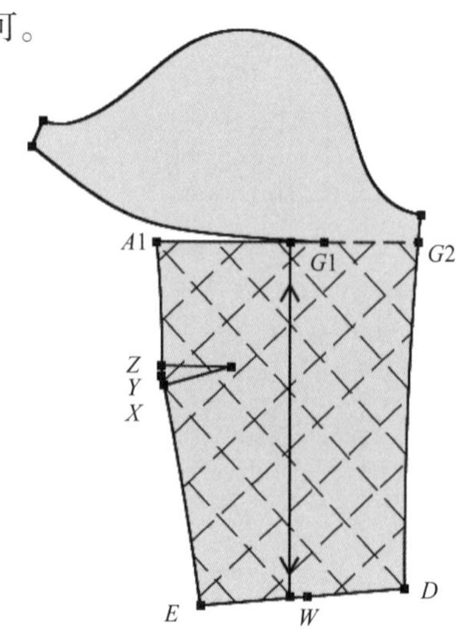

图4-225 加绗缝线的袖子纸样

十三、花瓣袖结构设计

1. 花瓣袖款式图（图4-226）

2. 花瓣袖制图规格（表4-21）

表4-21　花瓣袖制图规格

单位	基本袖长	袖底缝长	基本袖口围
cm	19.5	7.2	30.8

3. 花瓣袖结构图（图4-227）

4. 花瓣袖CAD结构设计

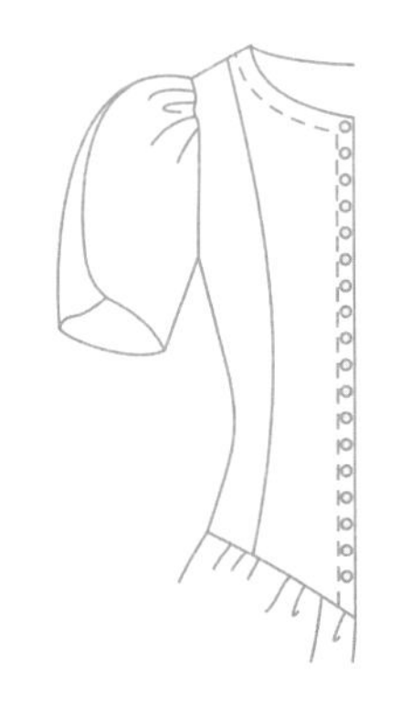

图4-226　花瓣袖款式图

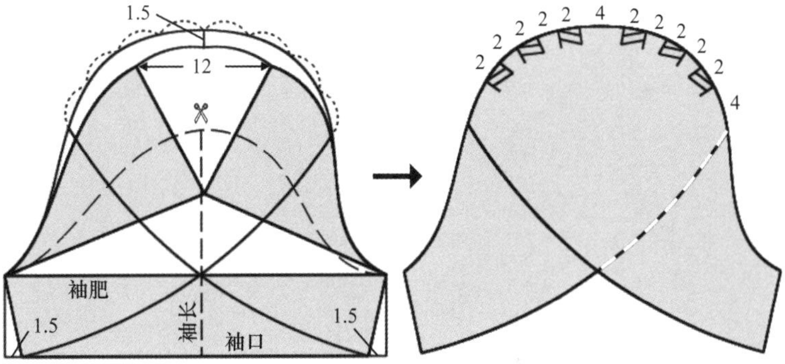

图4-227　花瓣袖结构

（1）打开“基本袖”纸样文件，将其以文件名“花瓣袖”另存。

（2）选中【智能笔】工具，参照图4-227所示，画出新的前、后袖缝线*AE*、*CD*和袖中线*BF*，如图4-228所示。之后将袖口线切齐到*E*点和*D*点。选中【橡皮擦】工具，将原来的袖底缝线删除。

（3）选中【插入省褶】工具，鼠标先单击袖山曲线*ABC*，再单击袖中线*BF*，右键单击，弹出【指定线的插入省】对话框，输入展开均量值“12”，单击【确定】按钮，袖山展高，如图4-229所示。

（4）选中【智能笔】工具，省口中点向上1.5cm画垂直线，线段的上端点为*G*点，之后将*A*点、*G*点、*C*点以曲线连接，并用【调整】工具将曲线调圆顺。选中【智能笔】工具，*E*点与袖山曲线上距*G*点16cm的*I*点以直线连接，*D*点与袖山曲线上距*G*点16cm的*H*点以直线连接，如图4-230所示。

（5）选中【调整】工具，将线段*HD*和线段*IE*调成平滑的曲线。选中【剪断线】工具，将袖山曲线在*H*点和*I*点切断。选中【等份规】工具，将曲线*HGI*八等份。

（6）选中【智能笔】工具，从左向右第一个等份点画一条长度1.5cm的线段*JK*，

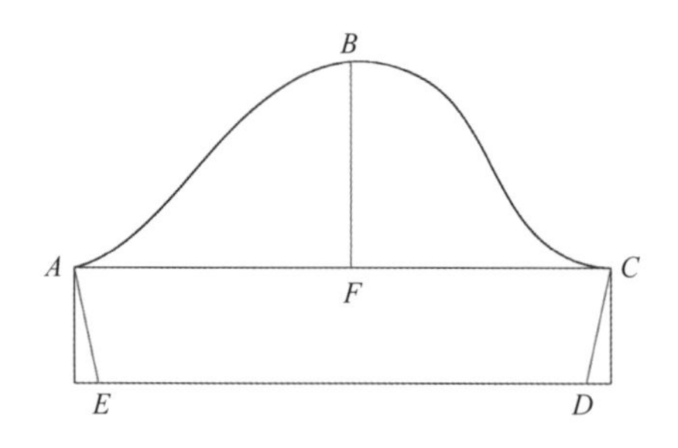

图4-228 画袖底缝线和袖中线

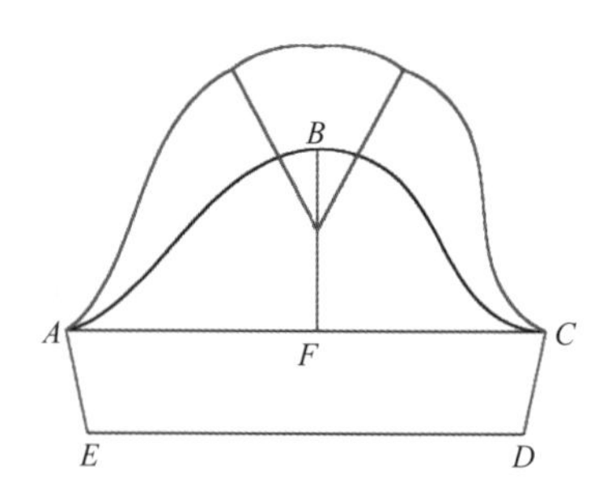

图4-229 袖山展高

按【F9】键，切换到捕捉就近的交点模式，距离J点2cm，画出JK的平行线段MN，之后画出褶位斜线，如图4-231所示。

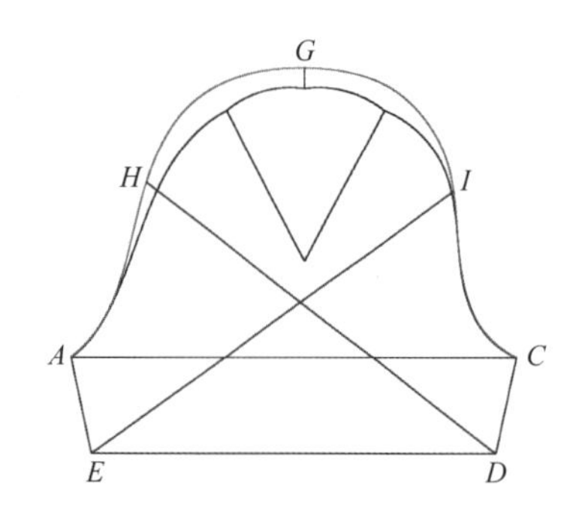

图4-230 画袖山曲线与袖口直线

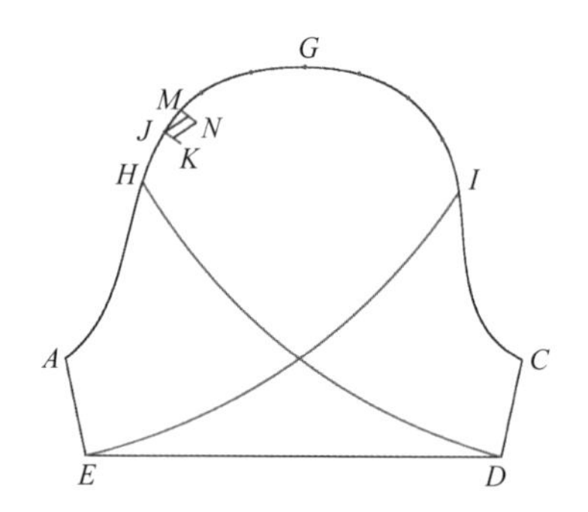

图4-231 画裥位线

（7）选中【移动】工具，将裥位线复制移动到第二、第三个等份点。选中【对称】工具，将复制的裥位线对称到另一侧，如图4-232所示。选中【移动】工具，按一下【Shift】键，取消复制功能，将复制对称的裥位线移动到对应的位置，如图4-233所示。

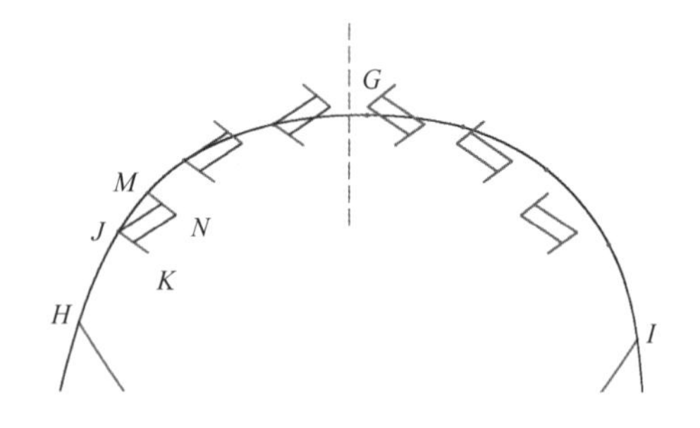

图4-232 复制对称裥位线

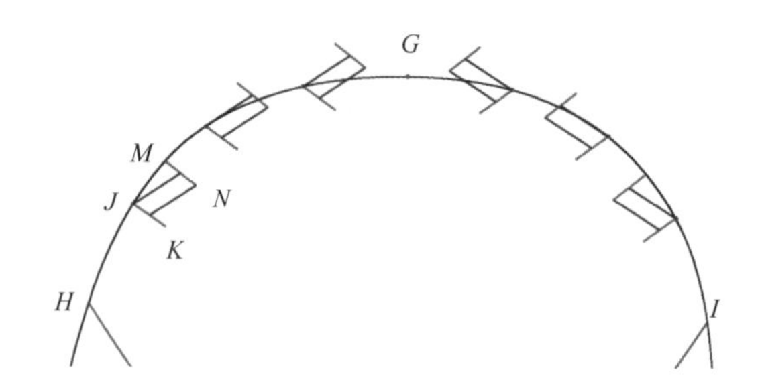

图4-233 移动对齐裥位线

（8）选中【旋转】工具，按一下【Shift】键，取消复制功能，以等份点为旋转中心点，将各裥位线摆正到相应位置，如图4-234所示。选中【移动】工具，按一下【Shift】键，恢复复制功能，将袖子结构线复制一份。选中【橡皮擦】工具，将两份袖子结构线中不要的线条删除。

（9）选中【剪刀】工具，框选生成两片袖子纸样，按键盘上的【Ctrl+F】组合键，隐藏纸样上的放码点，如图4-235所示。

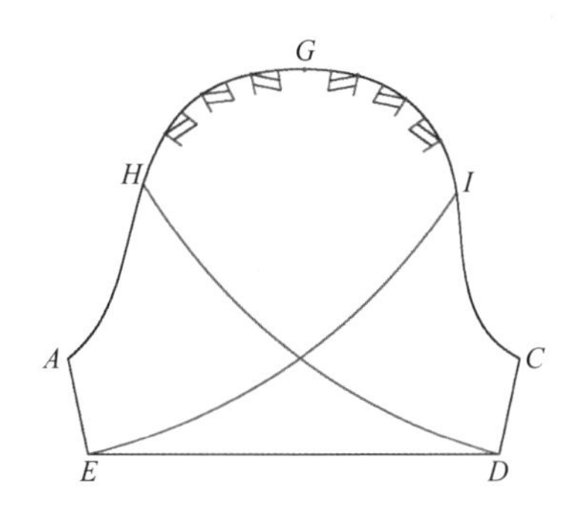

图4-234　摆正袖位线

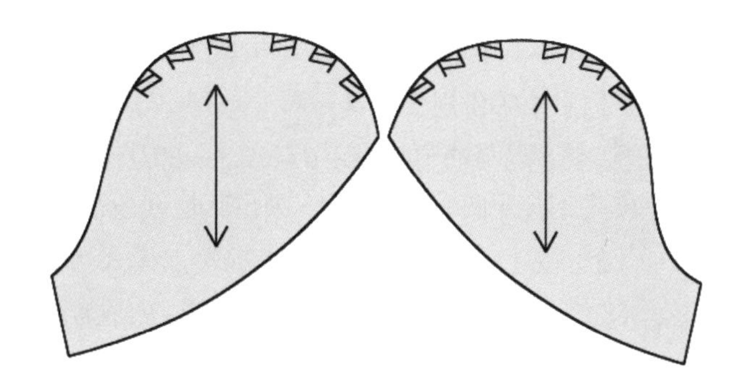

图4-235　两片袖子纸样

（10）单击【保存】工具，将花瓣袖纸样保存即可。

十四、荡褶袖结构设计

1. **荡褶袖款式图**（图4-236）
2. **荡褶袖制图规格**（表4-22）

表4-22　荡褶袖制图规格

单位	袖长	基本袖肥	袖口围
cm	55	30	21

3. **荡褶袖结构图**（图4-37）

图4-236　荡褶袖款式图

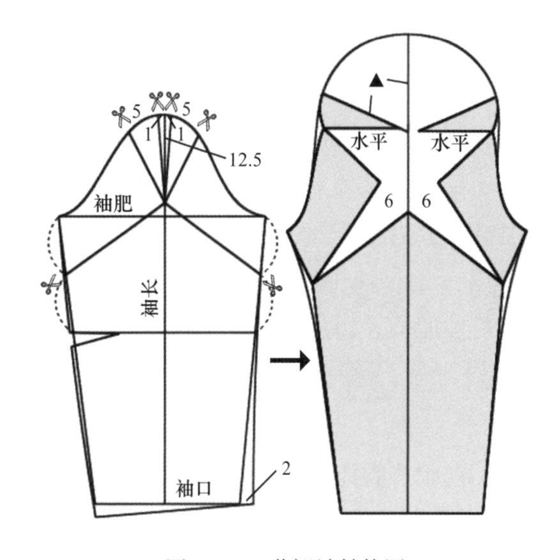

图4-237　荡褶袖结构图

4. 荡褶袖CAD结构设计

（1）打开“合体一片袖”纸样文件，将其以文件名“荡褶袖”另存。

（2）选中【智能笔】工具，过前袖口点E向左画长度23cm的水平线EF1，之后将A点与F1点以直线连接，再将C点与距E点2cm的E1点以直线连接，画出新的后袖缝线和前袖缝线。选中【等份规】工具，将A点至D2点、C点至D1点之间等份。选中【智能笔】工具，将G点与袖中线上距B点12.5cm的I点以直线连接，按【F9】键，切换到捕捉就近的交点模式，参照图4–237所示，画出其他线段IJ、IK、IL、IM、IH，如图4–238所示。

（3）按【F9】键，切换到捕捉端点模式。选中【剪断线】工具，将袖山曲线在J点、K点、L点、M点切断，将后袖缝线AF1在G点切断，将前袖缝线CE1在H点切断。选中【橡皮擦】工具，将不要的结构线删除，如图4–239所示。

（4）选中【旋转】工具，鼠标框选多边形AKIG，右键单击，再依次单击G点和I点，松开鼠标转动选中的结构线到空白位置单击，弹出【旋转】对话框。在对话框中输入旋转宽度值“6”，如图4–240所示，单击【确定】按钮，完成结构线复制旋转。

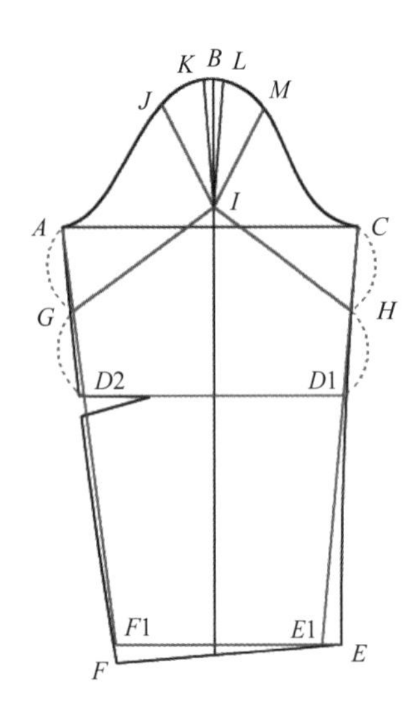

图4–238 画出相关线段

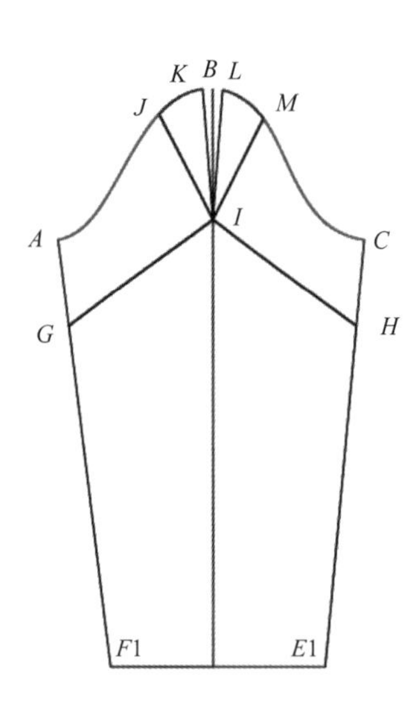

图4–239 删除不要的线段

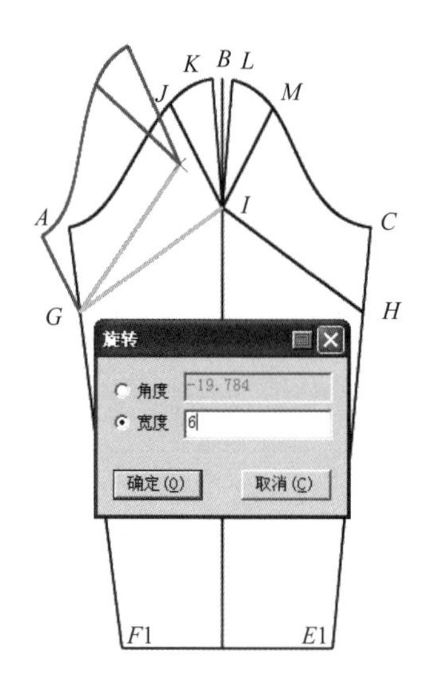

图4–240 复制旋转结构线

（5）鼠标框选复制旋转后的多边形JKI，右键单击，再依次单击J点和I点，松开鼠标转动选中的结构线至线段JI为水平摆放状态后单击，完成多边形JKI的复制旋转。选中【橡皮擦】工具，将原来的多边形AKIG及其内部结构线删除。

（6）按照与多边形AKIG相同的操作方法，完成多边形LCHI的复制展开旋转。选中【橡皮擦】工具，将原来的多边形LCHI及其内部结构线删除。以上操作如图4–241所示。

（7）选中【智能笔】工具，鼠标框选线段KI与IB的就近端，之后鼠标在两线的左下方右键单击，将两线切齐到B1点。选中【旋转】工具，以B1点为旋转中心，将线段KB1复制旋转到垂直摆放的B1B2位置。

（8）选中【智能笔】工具，画出袖山弧线$AB2C$、前袖缝线$CE1$和后袖缝线$AF1$，并用【调整】工具将曲线调圆顺，如图4–242所示。

（9）选中【剪刀】工具，生成袖子纸样。选中【布纹线】工具，鼠标在生成的袖子纸样的布纹线上右键单击，将布纹线调成45°，如图4–243所示。

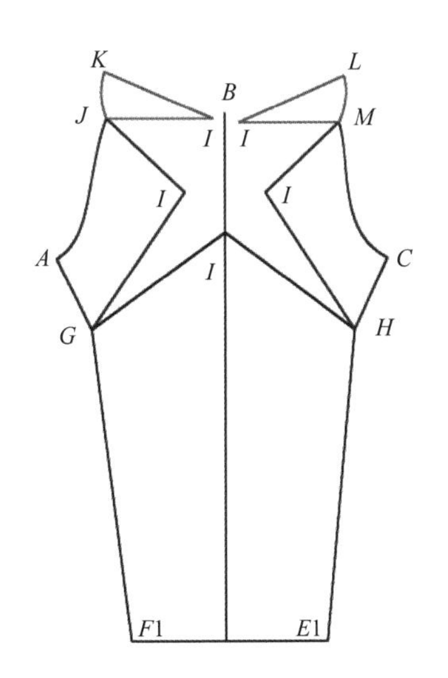

图4–241　结构线展开

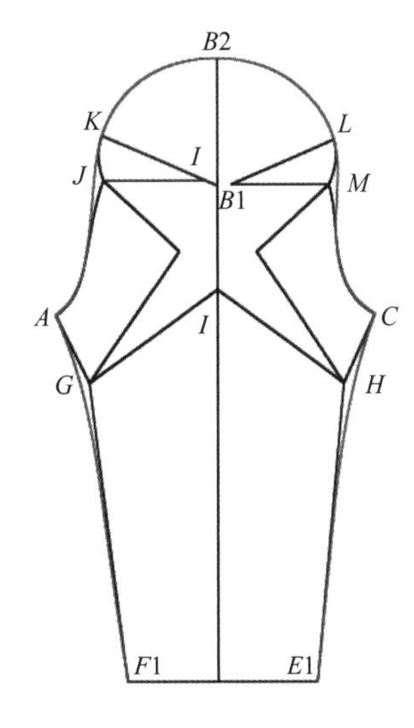

图4–242　画袖山弧线与前、后袖缝线

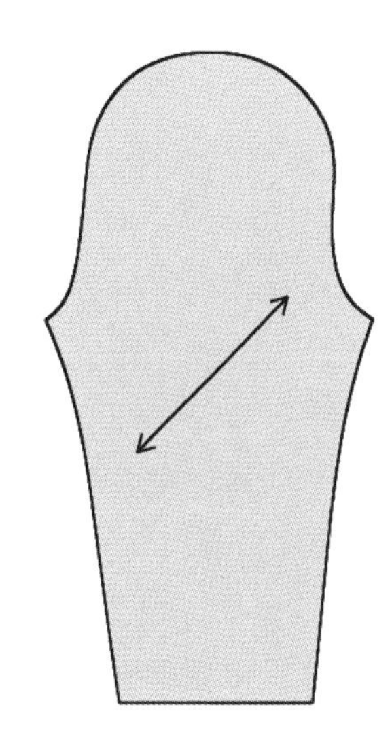

图4–243　袖子纸样

（10）单击【保存】工具，将荡褶袖纸样保存即可。

十五、圆肩褶袖结构设计

1. 圆肩褶袖款式图（图4–244）

2. 圆肩褶袖制图规格（表4–23）

图4–244　圆肩褶袖款式图

表4–23　圆肩褶袖制图规格

单位	袖长	基本袖肥	袖口围
cm	56	30	23

3. 圆肩褶袖结构图（图4–245）

4. 圆肩褶袖CAD结构设计

（1）打开“合体一片袖”纸样文件，将其以文件名“圆肩褶袖”另存。

（2）选中【设计工具栏】中的【关联/不关联】工具，按一下【Shift】键，选择不关联模式，鼠标依次单击线段$FG1$和线段$G1G2$，取消两根线的关联性。

（3）选中【调整】工具，将$G1$点移到G点位置。选中【橡皮擦】工具，将不要的结构线删除。选中【智能笔】工具，将E点与距后袖口点F1.5cm的$F1$点以直线连

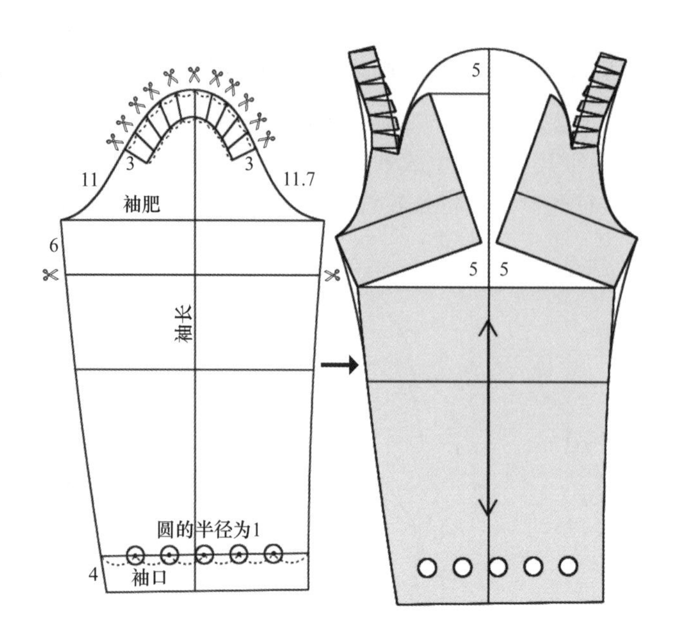

图4-245　圆肩褶袖结构图

接，之后将后袖缝线和袖中线切齐到袖口*EF*1，如图4-246所示。

（4）选中【智能笔】工具，按住【Shift】键，向下6cm平行画出袖肥线*AC*的相交平行线*HI*。选中【点】工具，分别距*A*点11cm、距*C*点11.7 cm，在袖山弧线上定出*J*、*K*两点。选中【剪断线】工具，将袖山弧线在*J*、*K*两点切断，再将曲线*JB*和*BK*接成一条整线。选中【智能笔】工具，向下3cm，画曲线*JBK*的平行线*J*1*B*1*K*1，并将*J*点与*J*1点、*K*点与*K*1点以直线连接，如图4-247所示。

（5）选中【剪断线】工具，将曲线*JBK*在*B*点切断，将曲线*J*1*B*1*K*1在*B*1点切断。选中【移动】工具，将多边形*JBKK*1*B*1*J*1复制一份。

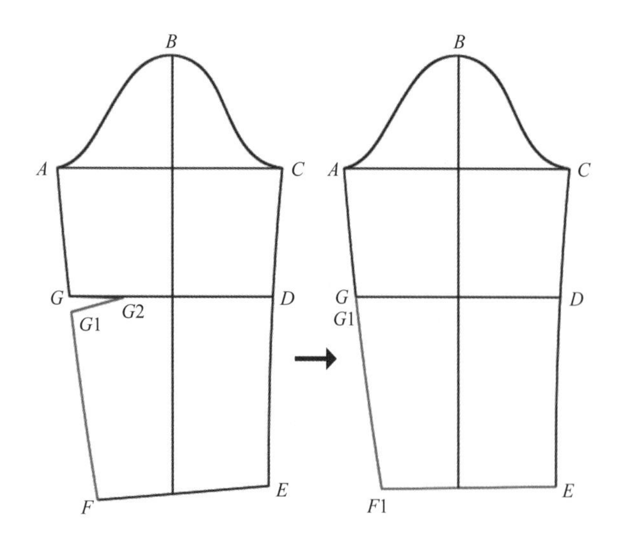

图4-246　处理后袖缝线与袖口线

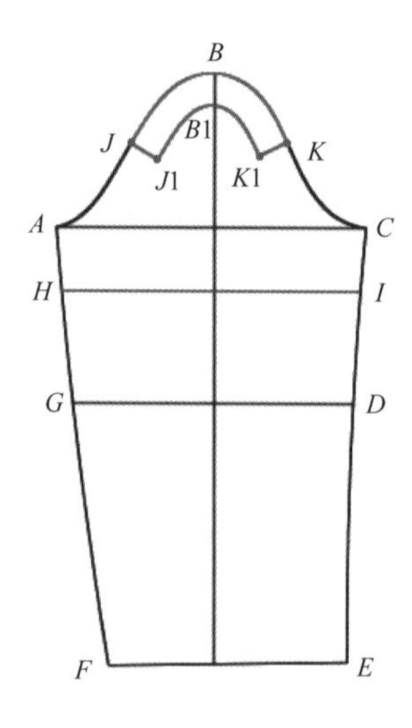

图4-247　画平行线

（6）选中【分割、展开、去除余量】工具，鼠标框选线段*JB*和*J*1*B*1，右键单击，然后依次单击线段*JB*和*J*1*B*1，将其分别选为不伸缩线、伸缩线，鼠标在框选的线段下方右键单击，弹出【单向展开或去除余量】对话框，输入平均伸缩量值“0.7”，结构线展开，如图4–248所示，单击【确定】按钮即可。

（7）选中【旋转】工具，按一下【Shift】键，取消复制功能，以*J*点为旋转中心，旋转宽度0.7cm，将展开的多边形*JBB*1*J*1向外旋转，如图4–249所示。

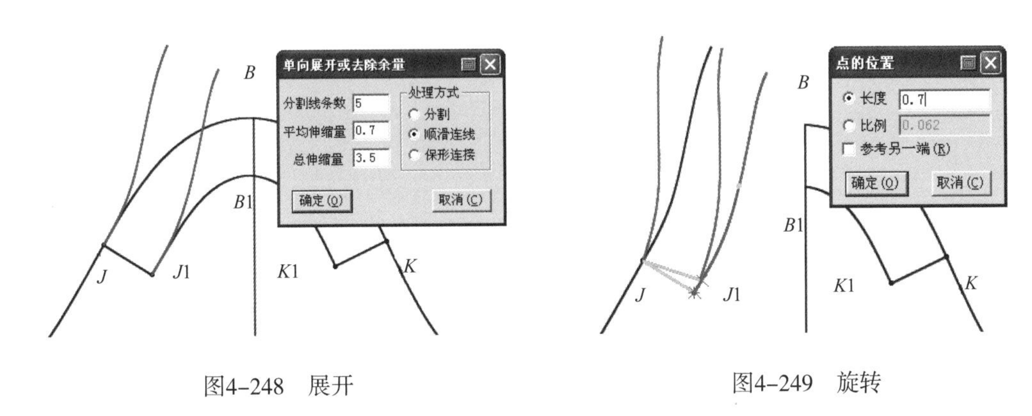

图4–248　展开　　　　图4–249　旋转

（8）用同样方法，展开并旋转多边形*BKK*1*B*1，如图4–250所示。选中【智能笔】工具，补画展开旋转后的多边形的*BB*1边。选中【移动】工具，按一下【Shift】键，取消复制功能，将复制的多边形*JBKK*1*B*1*J*1移回原来位置，如图4–251所示。

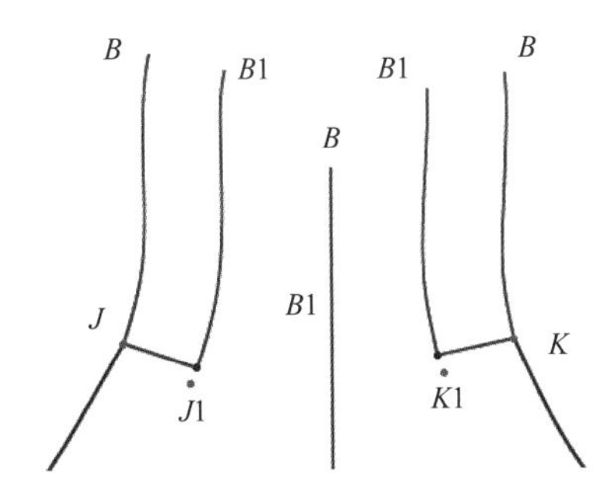

图4–250　展开并旋转多边形*BKK*1*B*1

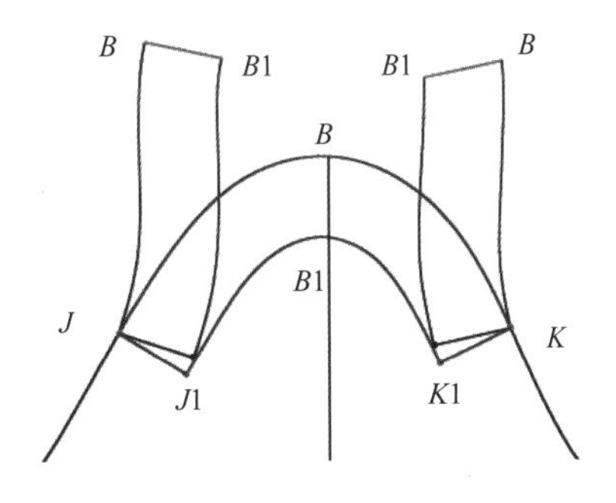

图4–251　移回多边形*JBKK*1*B*1*J*1

（9）选中【橡皮擦】工具，将曲线*JBK*删除。选中【剪断线】工具，在*B*1、*I*、*H*、*M*和*N*点将线切断，如图4–252所示。选中【旋转】工具，旋转宽度5cm，将结构线旋转展开，并用【智能笔】工具补画线段*HM*、*MI*、*B*1*M*，如图4–253所示。

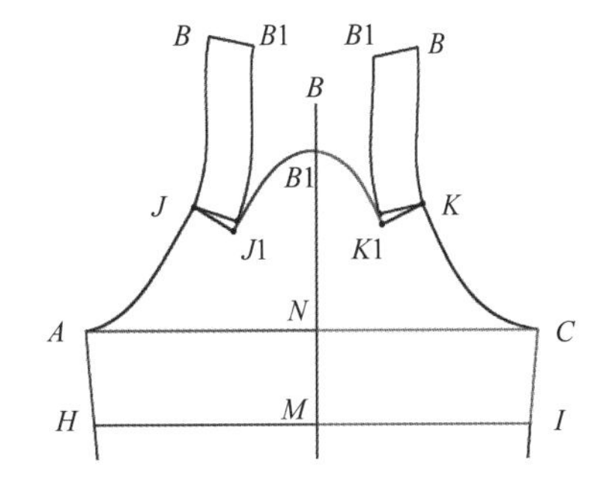

图4–252　切断线

（10）选中【智能笔】工具，过*B*1点画水平线，之后将该水平线与袖中线在*B*2点切齐。过*B*2点向上5cm画垂直线*B*2*X*。接着画出曲线*GA*、*AB*、*B*1*J*1、

*B*1*K*1、*BC*和*CD*，并用【调整】工具将曲线调圆顺，如图4-254所示。

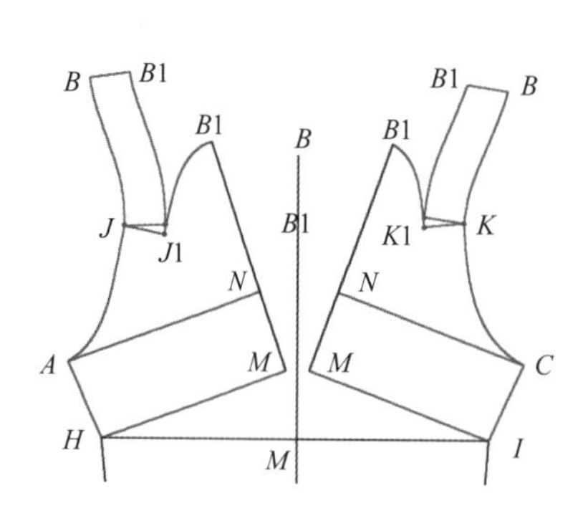

图4-253　旋转展开结构线

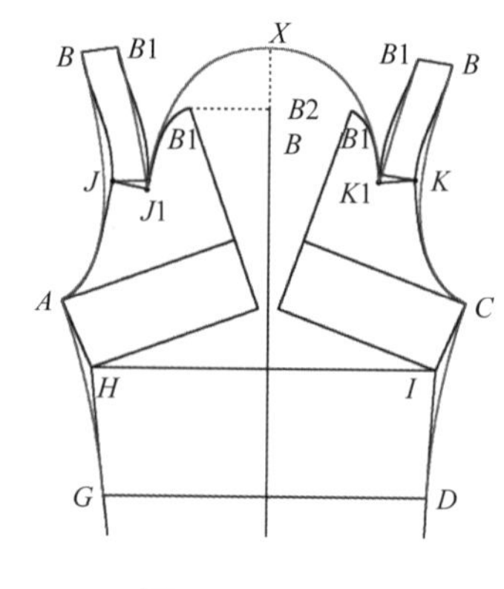

图4-254　画线

（11）选中【橡皮擦】工具，删除部分结构线。选中【智能笔】工具，按住【Shift】键，向上4cm画袖口线*EF*1的相交平行线*E*1*F*2。选中【等份规】工具，将线段*E*1*F*2六等份。选中【CR圆弧】工具，按一下【Shift】键，切换到画圆功能，以半径1cm过等份点画五个圆，如图4-255所示。

（12）选中【调整】工具，适当调整*B*1点的位置，确保线段*BB*1垂直于两边。选中【橡皮擦】工具，将线段*E*1*F*2和等份线标记删除。选中【剪刀】工具，框选生成袖子纸样，如图4-256所示。选中【设计工具栏】中的【拾取内轮廓】工具，鼠标在袖子纸样上从左向右的第一个圆上右键单击，开出第一个圆孔。以同样方法开出其他圆孔，如图4-257所示。

（13）单击【保存】工具，将圆肩褶袖纸样保存即可。

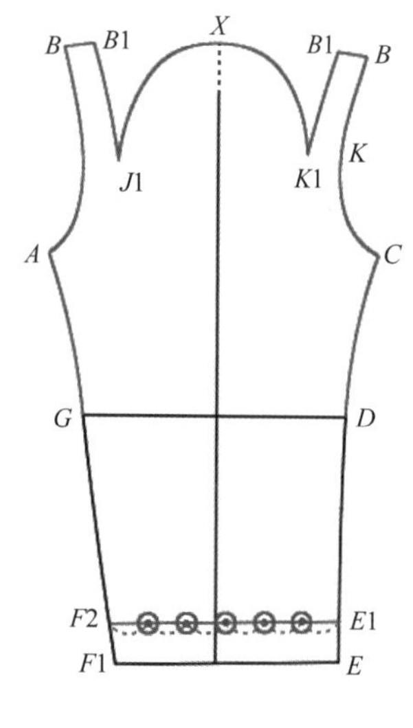

图4-255　画圆

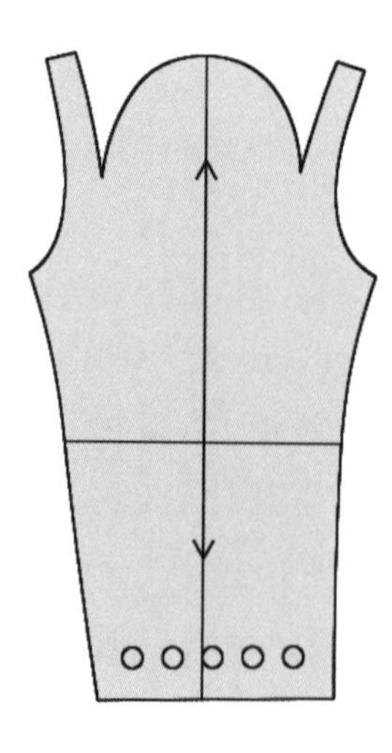
图4-256　袖子纸样

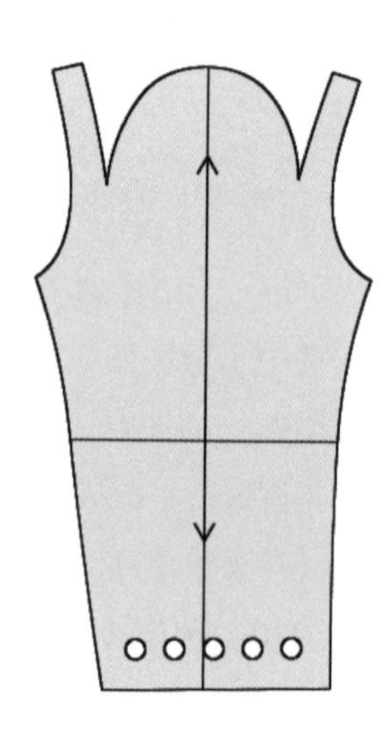
图4-257　拾取内轮廓

第三节　口袋结构设计

口袋按结构的不同可大致分为贴袋、开袋和缝内袋三大类，其中，贴袋的造型与结构变化最为丰富。

一、立体风琴袋结构设计

1. **立体风琴袋款式图**（图4–258）
2. **立体风琴袋制图规格**（表4–24）

表4–24　立体风琴袋制图规格

单位	袋盖长	袋盖宽	袋长	袋宽	袋侧条宽
cm	18	6.5	20	17.6	3

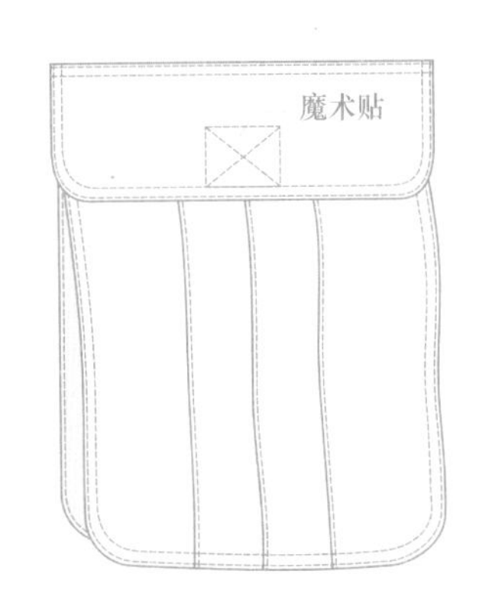

图4–258　立体风琴袋款式图

3. **立体风琴袋结构图**（图4–259）
4. **立体风琴袋CAD结构设计**

（1）新建一个工作画面。参照图4–259所示，用【矩形】工具、【智能笔】工具、【点】工具和【等份规】工具，画出基本图形，如图4–260所示。

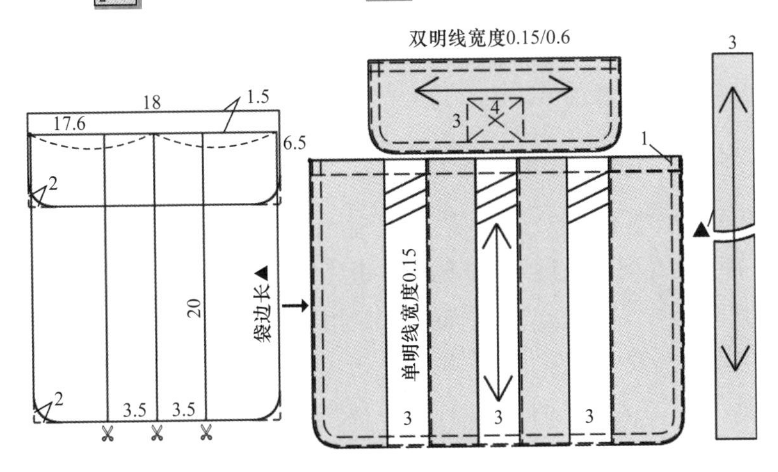

图4–259　立体风琴袋结构图

（2）选中【移动】工具，将口袋结构线复制一份。选中【橡皮擦】工具，仅保留一份袋盖结构线和一份口袋结构线，其他结构点、线全部删除。

（3）选中【设计工具栏】中的【圆角】工具，鼠标依次单击线段*AD*和线段*CD*，松开鼠标移到两线夹角内单击，弹出【顺滑连角】对话框，输入线条1的值“2”，单击【确定】按钮，画出圆角，如图4–261所示。以同样方法画出其他圆角，如图4–262所示。

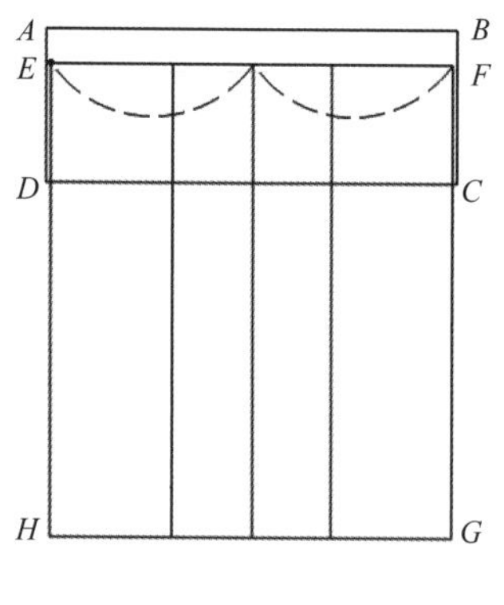

图4-260　画基本图形

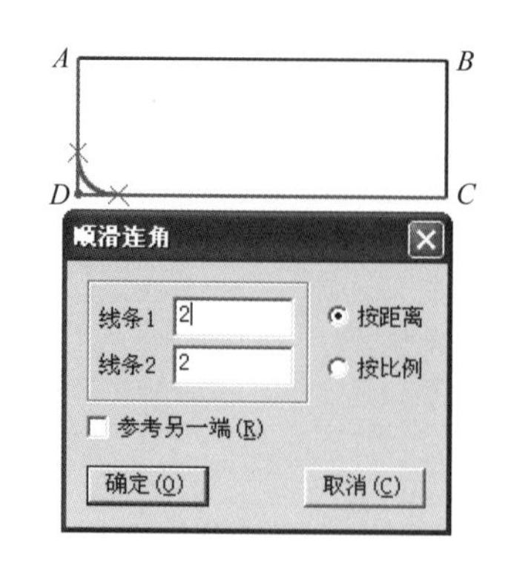

图4-261　设定并画圆角

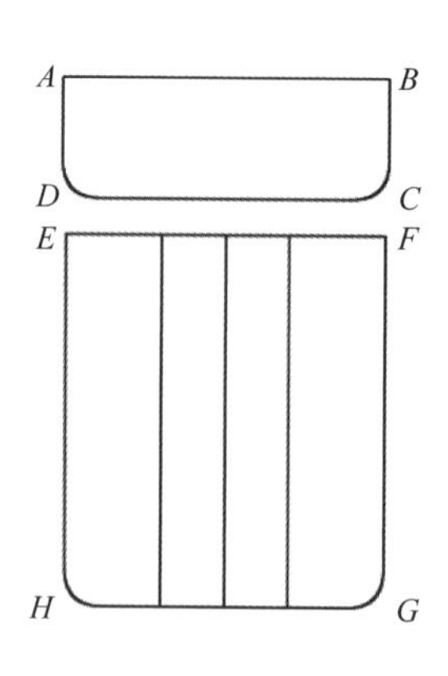

图4-262　画出全部圆角

（4）选中【褶展开】工具，褶展开量“3”，将口袋结构线展开，如图4-263所示。

（5）选中【剪刀】工具，框选生成袋盖和口袋纸样，选中【布纹线】工具，鼠标移到袋盖纸样的布纹线上右键单击两次，将其调成水平，如图4-264所示。

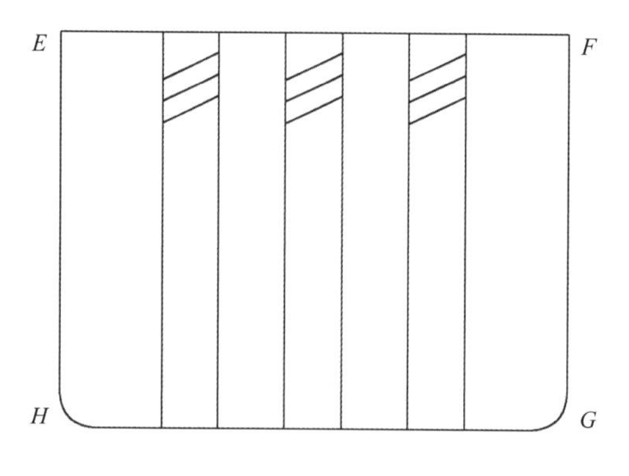

图4-263　展开口袋结构线

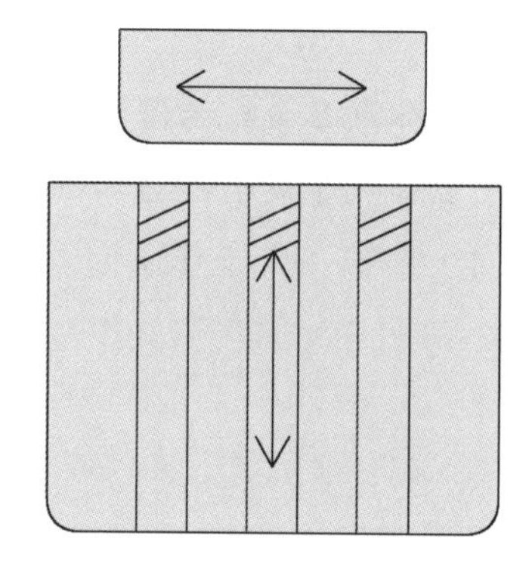

图4-264　生成袋盖和口袋纸样

（6）选中【智能笔】工具，距离0.15cm，画出口袋纸样三个褶右侧的平行线。选中【设置线的颜色类型】工具，鼠标单击【快捷工具栏】中的【线类型】选择框中的下拉按钮，选择线类型为虚线，之后鼠标在画出的三条平行线上单击，将其设为虚线。

（7）选中【缝迹线】工具，鼠标单击口袋纸样的袋口线*EF*，右键单击，弹出【缝迹线】对话框，在对话框中选择直线类型为“单虚线”，【A1】输入框中输入值“1”，单击【确定】按钮，画出袋口的单明线。再依次单击选中所有袋边线，右键单击，弹出的【缝迹线】对话框设置如图4-265所示，单击【确定】按钮，画出袋边的双明线。

（8）用同样方法画出袋盖的双明线。选中【智能笔】工具，参照图4-259所示，画出魔术贴的位置线，如图4-266所示。

（9）鼠标单击【快捷工具栏】中的【线类型】选择框中的下拉按钮，选择线类型为实线。选中【设计工具栏】中的【比较长度】工具，鼠标依次单击口袋袋边线*FGHE*，测得其长度值为“65”。

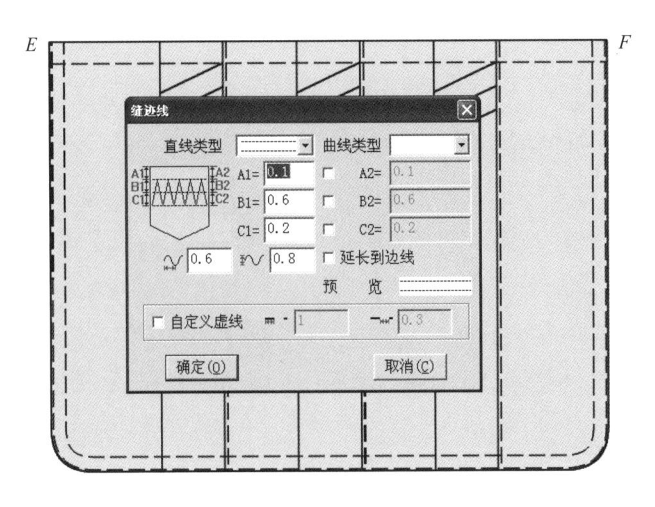

图4-265　画出口袋明线

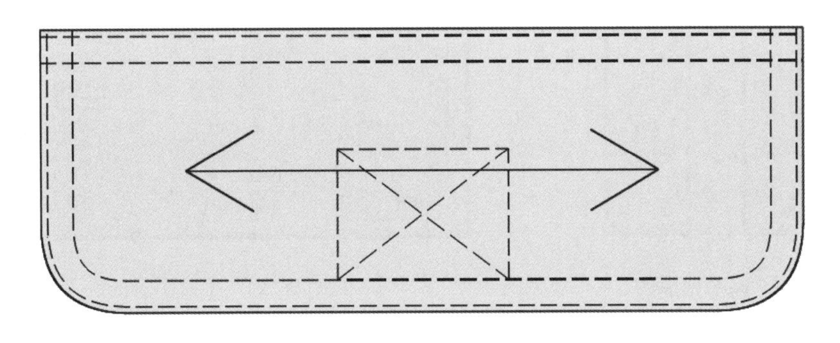

图4-266　画出袋盖明线

（10）选中【纸样】菜单下的【做规则纸样】命令（或按【Ctrl+T】组合键），弹出【创建规则纸样】对话框，对话框中设置如图4-267所示，单击【确定】按钮，生成袋侧条纸样。

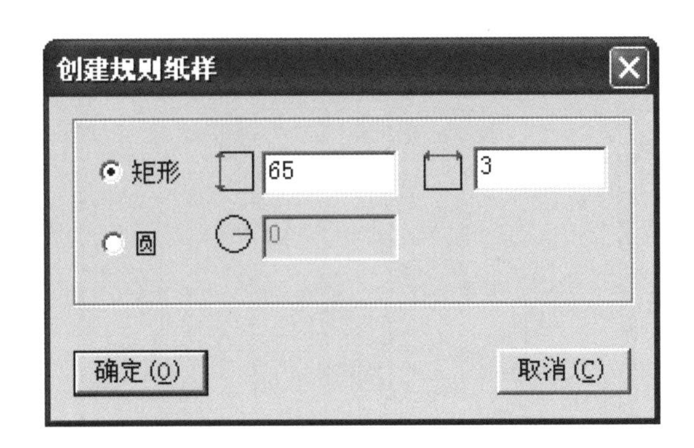

图4-267　【创建规则纸样】对话框

（11）单击【保存】工具，将立体风琴袋纸样保存即可。

教师指导

口袋上的褶裥也可按以下方法制作：

（1）口袋结构线圆角画出后，用【剪刀】工具框选生成纸样，再用【智能笔】工具，距离0.15cm，在三条内线的右侧画平行线，并用【设置线的颜色类型】工具将其设为虚线，如图4-268所示。

（2）选中【纸样工具栏】中的【褶】工具，鼠标依次单击三条内线，右键单击，弹出【褶】对话框，对话框中设置如图4-269所示，单击【确定】按钮，右键单击，画出褶裥。

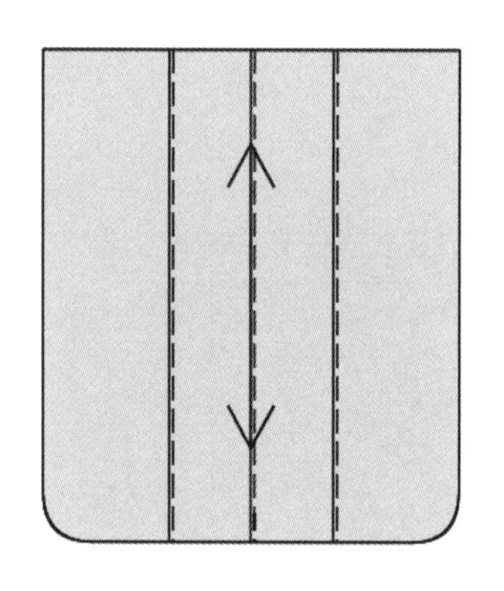

图4-268 画平行虚线

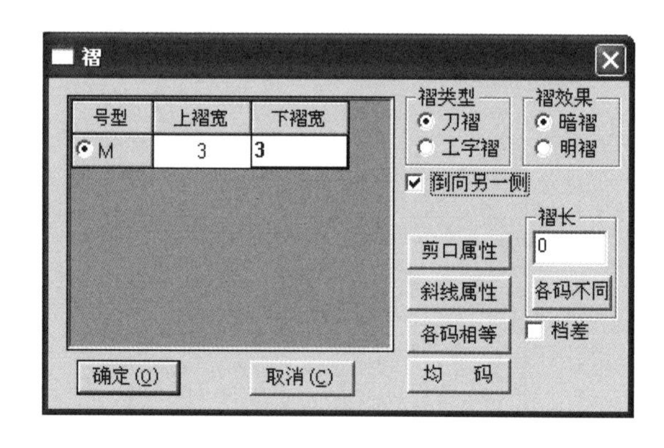

图4-269 【褶】对话框

（3）按【Ctrl+F】组合键，显示纸样放码点。选中【缝迹线】工具，鼠标在袋口点E上按下左键拖动到F点上松开，弹出【缝迹线】对话框，直线类型为“单虚线”，$A1$宽度值“1”，画出袋口单明线；鼠标在袋口点F上按下左键拖动到E点上松开，弹出【缝迹线】对话框，直线类型为“双虚线”，$A1$宽度值“0.15”，$B1$宽度值“0.6”，画出袋边双明线，如图4-270所示。

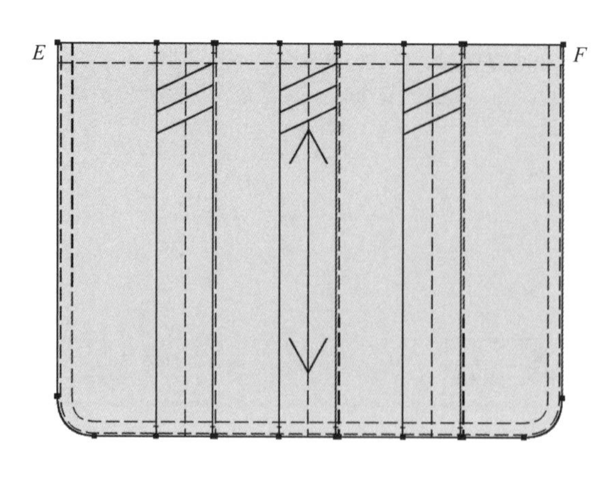

图4-270 画出口袋明线

（4）按【Ctrl+F】组合键，隐藏纸样放码点。

二、多省袋结构设计

1. 多省袋款式图（图4–271）

2. 多省袋制图规格（表4–25）

表4–25 多省袋制图规格

单位	袋长	袋宽	短省大	短省长	长省大	长省长	袋斜切角
cm	16	12	0.6	4	2	9	2.5

3. 多省袋结构图（图4–272）

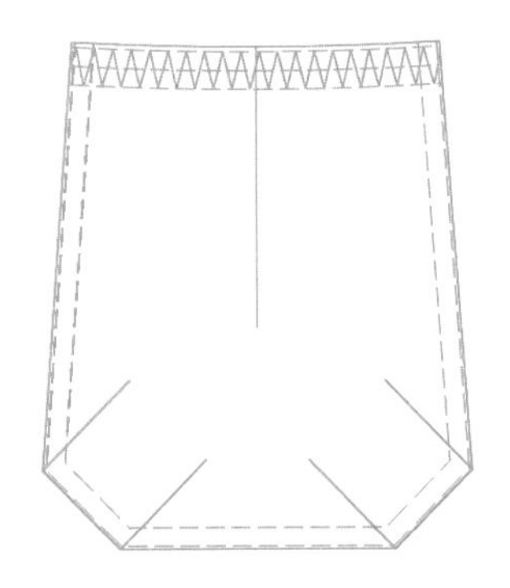

图4–271 多省袋款式图

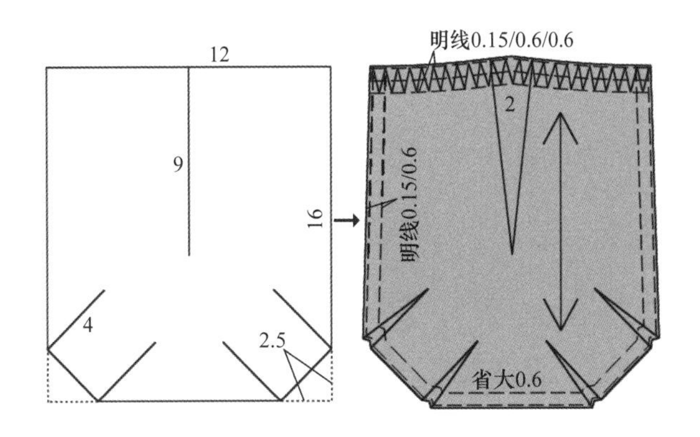

图4–272 多省袋结构图

4. 多省袋CAD结构设计

（1）新建一个工作画面。选中【矩形】工具，长为16cm（袋长）、宽为12cm（袋宽），画一个长方形*ABCD*。选中【智能笔】工具，过*AB*的中点向下9cm（长省长）画垂直线*EF*，分别距*C*、*D*两点的水平、垂直距离为2.5cm（袋斜切角）画斜线*C*1*C*2、*D*1*D*2。选中【角度线】工具，分别作*C*1*C*2、*D*1*D*2的垂线，长为4cm（短省长），画出省中线*C*1*G*、*C*2*H*、*D*1*I*和*D*2*J*，如图4–273所示。

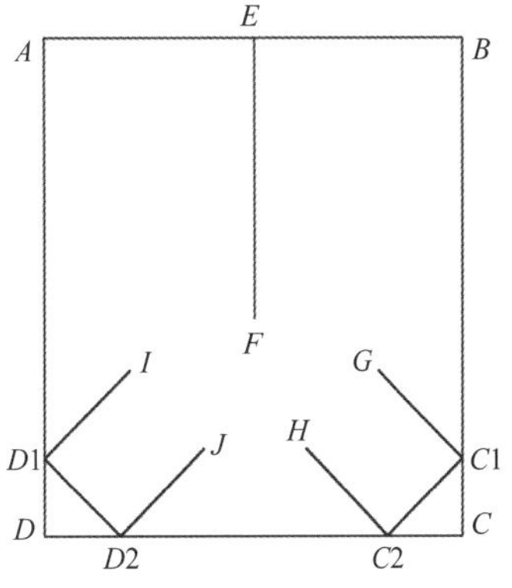

图4–273 画基础线

（2）选中【智能笔】工具，将线段*BC*、*CD*、*DA*分别在*C*1、*C*2、*D*1、*D*2点切齐，如图4–274所示。

（3）选中【设计工具栏】中的【收省】工具，鼠标单击开省线*AB*，再单击省中线*EF*，弹出【省宽】对话框，输入省宽值“2”，单击【确定】按钮，开出省，鼠标在省的左侧单击确定省倒向侧，省口模拟闭合，如图4–275所示。鼠标单击合并的省口点，将其移到合适位置，然后

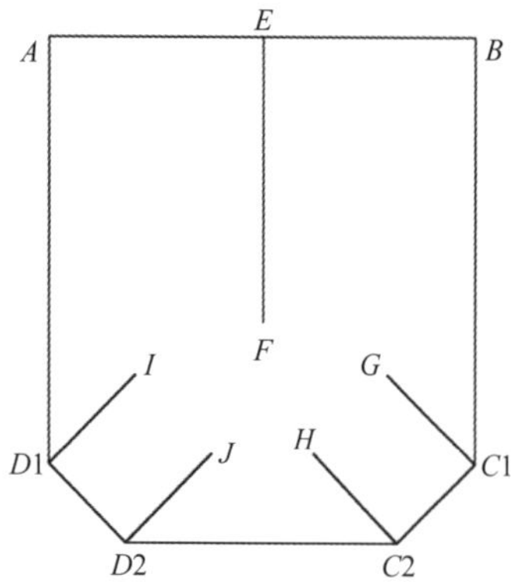

图4-274　切斜角

在曲线上单击加点，将袋口线调圆顺，如图4-276所示，右键单击，画出袋口省，如图4-277所示。

（4）选中【插入省褶】工具，鼠标依次单击线段$AD1$和$D1I$，右键单击，弹出【指定线的插入省】对话框，输入展开均量值“0.6”，单击【确定】按钮，画出省$D1ID3$，如图4-278所示。鼠标依次单击线段$D2C2$和$D2J$，右键单击，弹出【指定线的插入省】对话框，输入展开均量值“0.6”，单击【确定】按钮，画出省$D2JD4$，如图4-279所示。

（5）用同样方法插入另一侧的省，如图4-280所示。

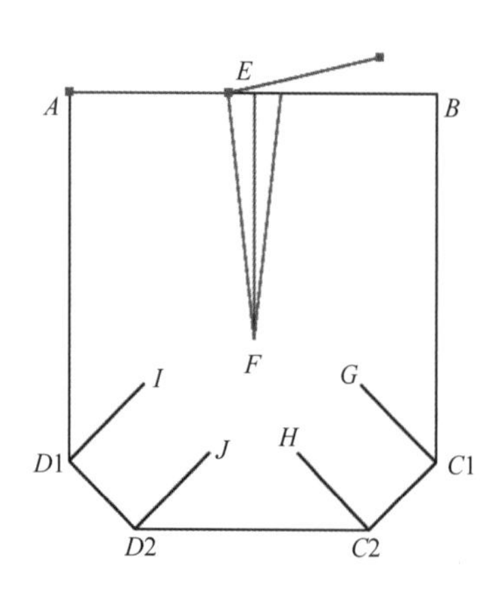

图4-275　省口模拟闭合

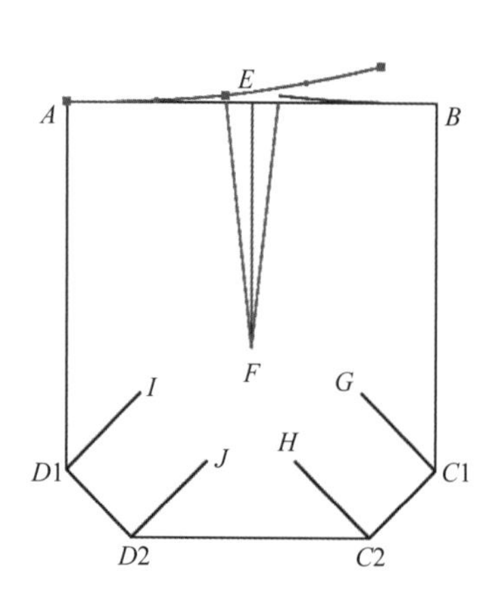

图4-276　调顺袋口线

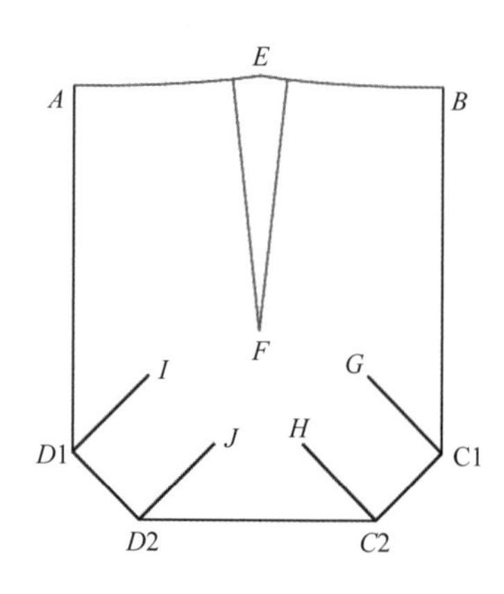

图4-277　画出袋口省

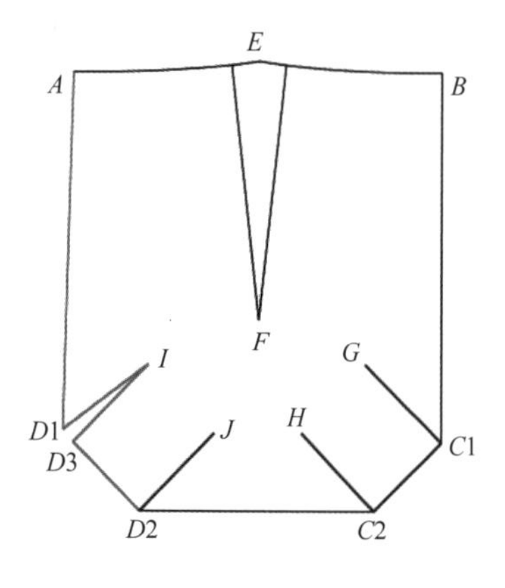

图4-278　插入一个省

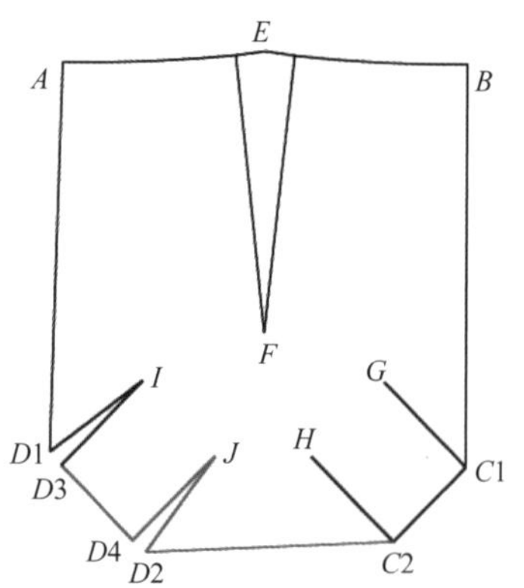

图4-279　插入两个省

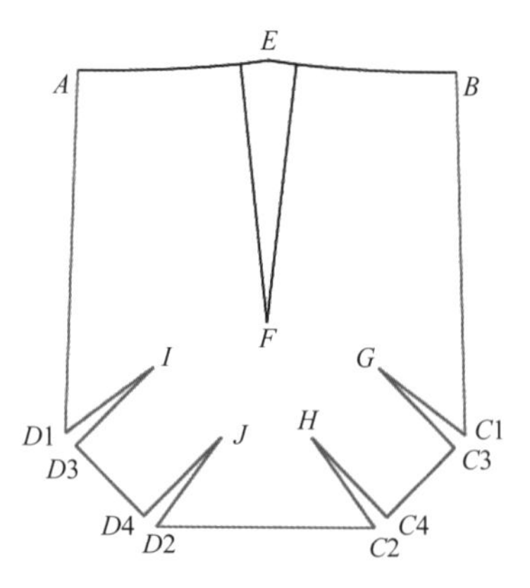

图4-280　插入四个省

（6）选中【设计工具栏】中的【加省山】工具，鼠标依次单击线段$AD1$、$D1I$、$ID3$和$D3D4$，加出第一个省山。鼠标依次单击线段$C2D2$、$D2J$、$JD4$和$D3D4$，加出第二个省山。用同样方法加出另一侧的省山，如图4-281所示。

（7）选中【剪刀】工具，框选生成口袋纸样。

（8）按【Ctrl+F】键，显示纸样放码点。选中【缝迹线】工具，鼠标在袋口点*A*上按下左键拖动到*B*点上松开，弹出【缝迹线】对话框，对话框中设置如图4–282所示，画出袋口装饰明线，如图4–283所示。鼠标在袋口*B*点上按下左键拖动到*A*点上松开，弹出【缝迹线】对话框，直线类型为“双虚线”，*A*1宽度值“0.15”，*B*1宽度值“0.6”，画出袋边双明线。按【Ctrl+F】组合键，隐藏纸样放码点，如图4–284所示。

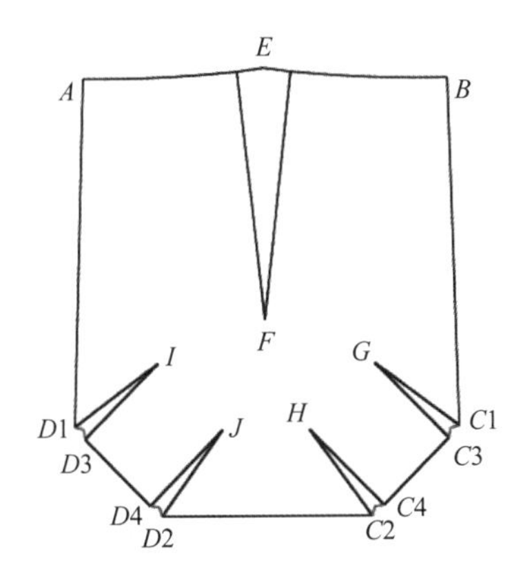

图4–281 加省山

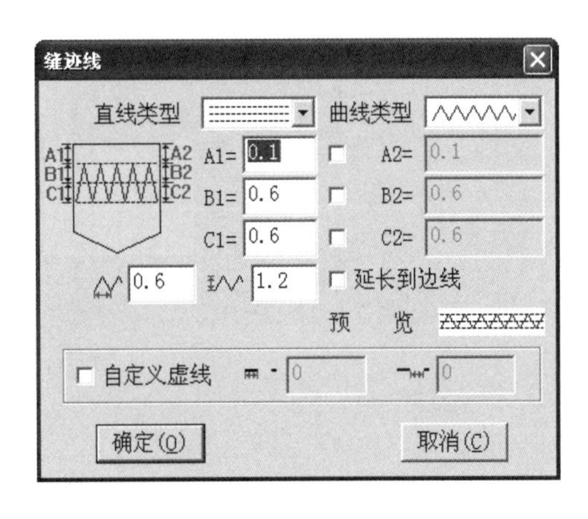

图4–282 【缝迹线】对话框

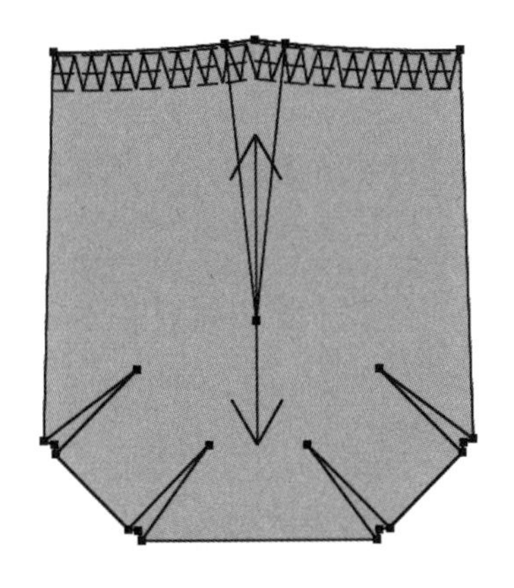

图4–283 画袋口装饰明线

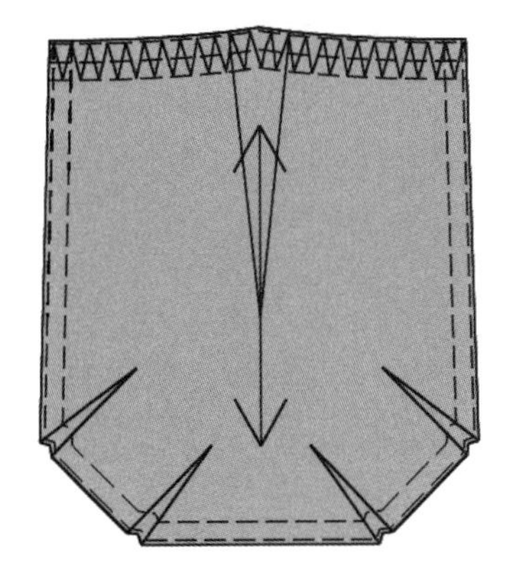

图4–284 画袋边双明线

（9）单击【保存】工具，将多省袋纸样保存即可。

三、荷叶边暗裥贴袋结构设计

1. **荷叶边暗裥贴袋款式图**（图4–285）

2. **荷叶边暗裥贴袋制图规格**（表4–26）

表4–26 荷叶边暗裥贴袋的制图规格

单位	袋长	袋宽	袋口横条宽	袋中直条宽	荷叶边宽
cm	20	18	2	3	2

3. 荷叶边暗裥贴袋结构图（图4–286）

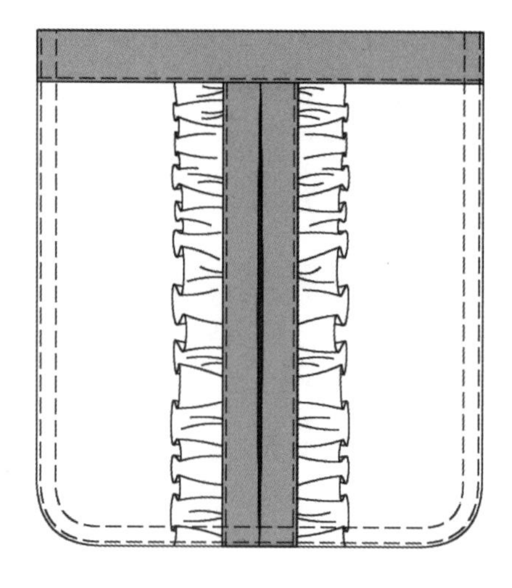

图4–285　荷叶边暗裥贴袋款式图

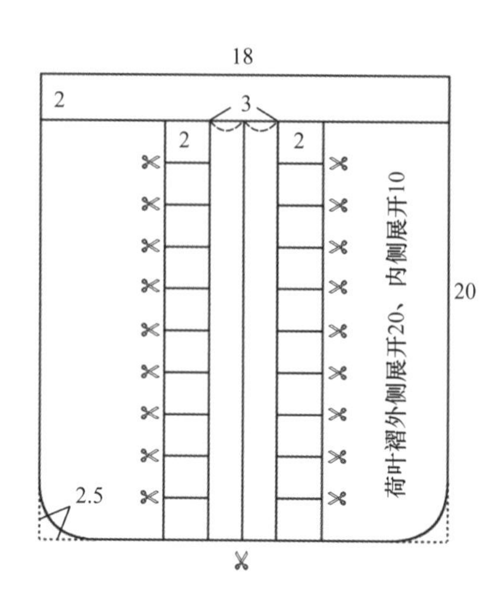

图4–286　荷叶边暗裥贴袋结构图

4. 荷叶边暗裥贴袋CAD结构设计

（1）新建一个工作画面。选中【矩形】工具，长为20cm（袋长）、宽为18cm（袋宽），画一个长方形*ABCD*。选中【智能笔】工具，参照图4–286所示，画出袋口横条和袋中直条，如图4–287所示。

（2）选中【圆角】工具，【顺滑连角】对话框中的线条1的长度值为“2.5”，画出袋底两侧的圆角。

（3）选中【剪刀】工具，生成贴袋、袋口横条和袋中直条纸样，选中【布纹线】工具，将袋口横条纸样的布纹线调成水平，如图4–288所示。

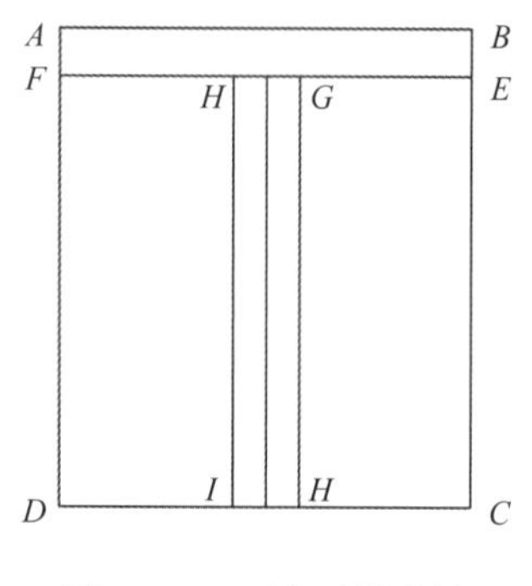

图4–287　画基础结构线

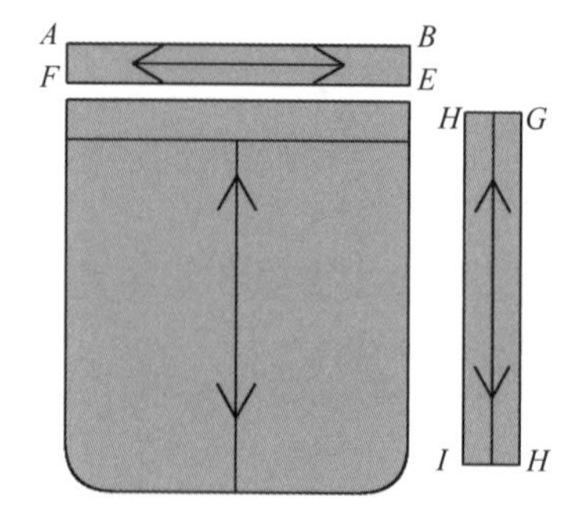

图4–288　生成基本纸样

（4）选中【纸样对称】工具，将袋口横条纸样关联对称展开。选中【褶】工具，在袋中直条的中间加出宽度为4cm的暗裥。按【Ctrl+F】组合键，显示纸样放码点。

选中【缝迹线】工具，参照图4-286所示，画出各纸样的明线。按【Ctrl+F】组合键，隐藏纸样放码点。以上操作如图4-289所示。

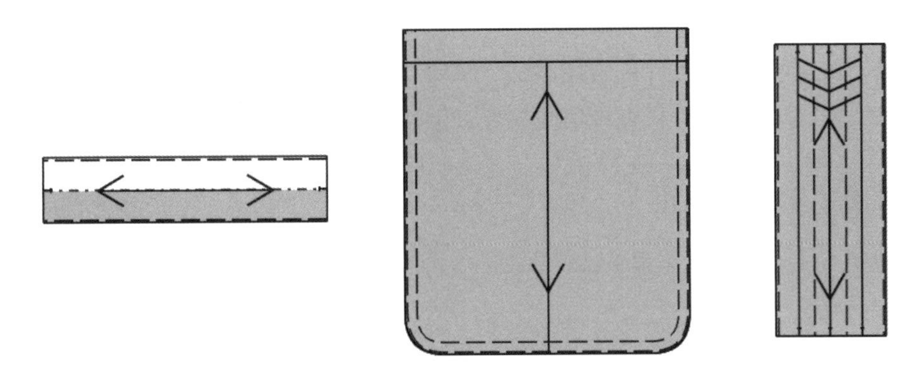

图4-289　纸样对称展开、加褶裥和加明线处理

（5）选中【矩形】工具，长为18cm（荷叶边基本长度）、宽为2cm（荷叶边宽度）画一个长方形*MNOP*。

（6）选中【设计工具栏】中的【荷叶边】工具，鼠标框选长方形*MNOP*，右键单击，再依次单击线段*OP*和*MN*的上端，弹出【荷叶边】对话框，对话框中设置如图4-290所示，单击【确定】按钮，画出荷叶边纸样。选中【布纹线】工具，将布纹线调短，并移动布纹线到纸样内，如图4-291所示。

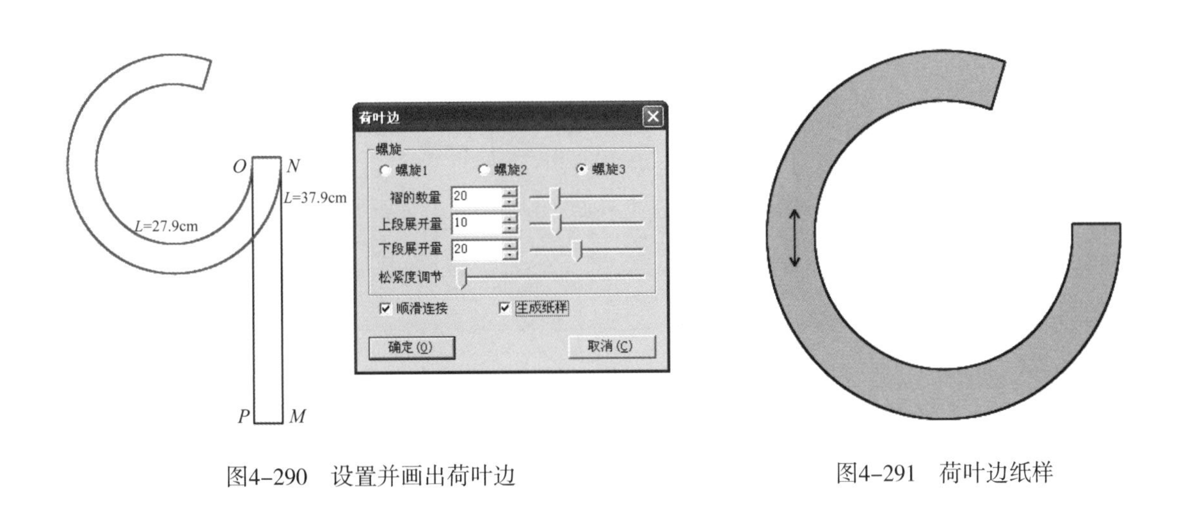

图4-290　设置并画出荷叶边　　图4-291　荷叶边纸样

（7）单击【保存】工具，将荷叶边暗裥贴袋纸样保存即可。

第四节　省道转移设计

省道转移是服装结构设计的常用手法，其本质是以省尖点为中心、省线为对合边所进行的纸样剪开、旋转与对合，表现形式与处理手法丰富多样。

一、回旋省上衣结构设计

1. 回旋省上衣款式图（图4-292）

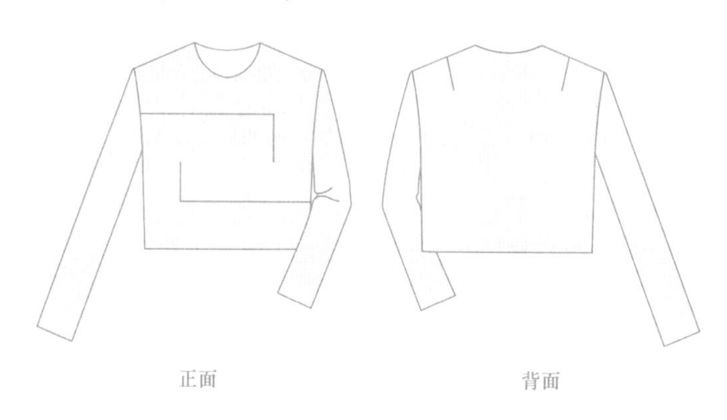

图4-292　回旋省上衣款式图

2. 回旋省上衣前片结构和变化图（图4-293）

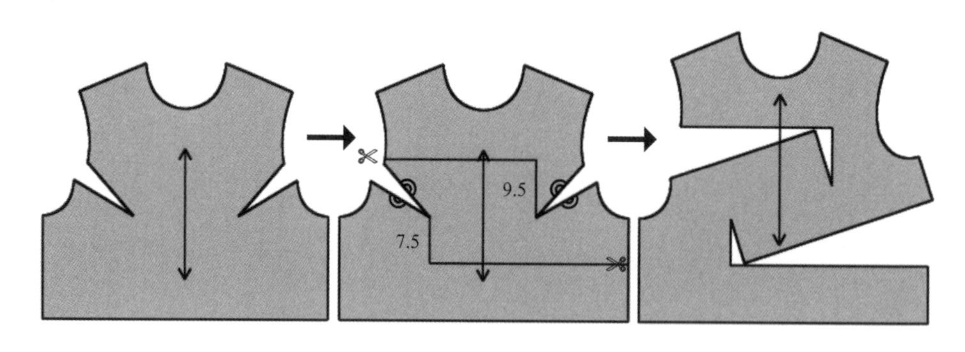

图4-293　回旋省上衣前片结构和变化图

3. 回旋省上衣前片CAD结构设计

（1）新建一个工作画面。参照图4-294所示，画出原型上衣前、后片的结构图（图中背长为37.5cm、胸围为83cm）。单击【保存】工具，将其以文件名“原型上衣”保存。

（2）选中【橡皮擦】工具，仅保留前片的轮廓结构线，其他结构点、线全部删除。按【Ctrl+A】键，将结构图以文件名“原型上衣前片”保存。再次按【Ctrl+A】组合键，将结构图以文件名“回旋省上衣”保存。

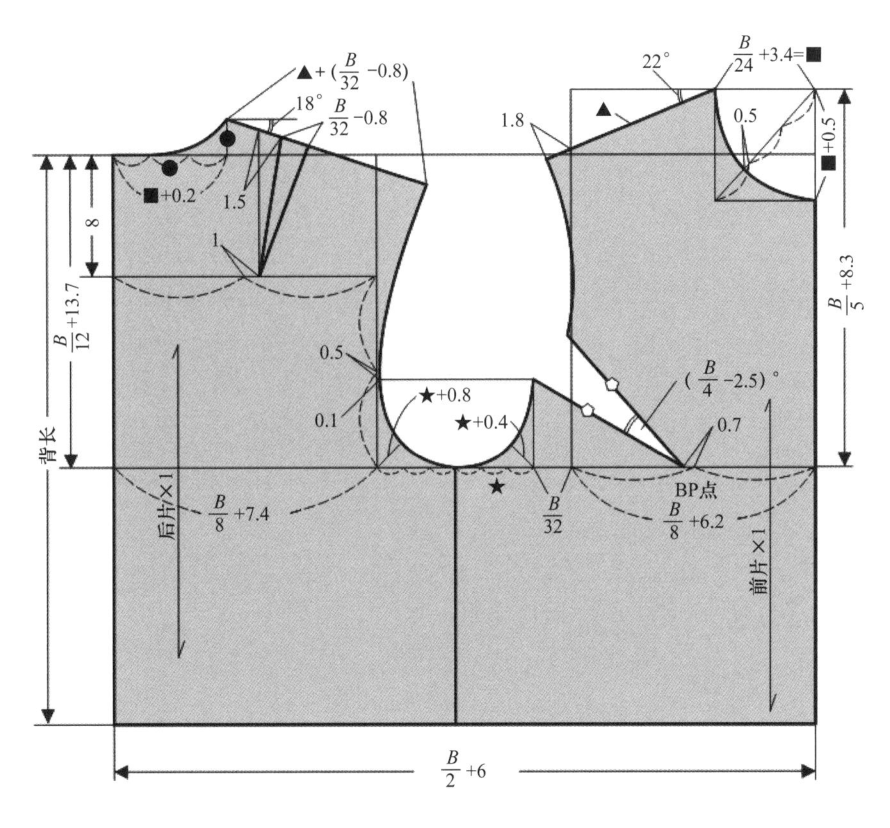

图4-294　原型上衣前后片结构图

（3）选中【对称】工具，以前中线为对称轴，复制对称结构线。选中【橡皮擦】工具，将前中线删除。选中【智能笔】工具，参照图4-293所示，画出展开线。选中【剪断线】工具，将线段在D点、I点切断，如图4-295所示。

（4）选中【旋转】工具，鼠标框选多边形$BCDEFGHIJ$及其内部结构线，右键单击，再依次单击B点和C点，松开鼠标移到A点再单击，合并左侧省。选中【橡皮擦】工具，将原来的多边形$BCDEFGHIJ$及其内部结构线删除，如图4-296所示。

（5）鼠标框选多边形$DEFGK$，右键单击，再依次单击G点和F点，松开鼠标移到H

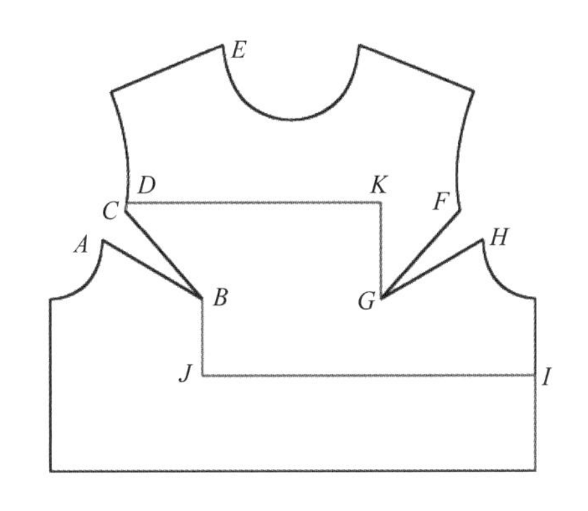

图4-295　画展开线，切断线

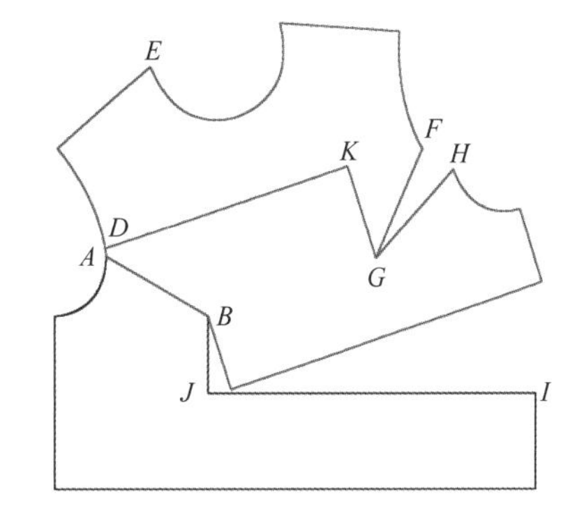

图4-296　合并左侧省

点再单击，合并右侧省。选中【橡皮擦】工具，将原来的多边形*DEFGK*删除，如图4-297所示。选中【剪刀】工具，生成回旋省上衣纸样，如图4-298所示。

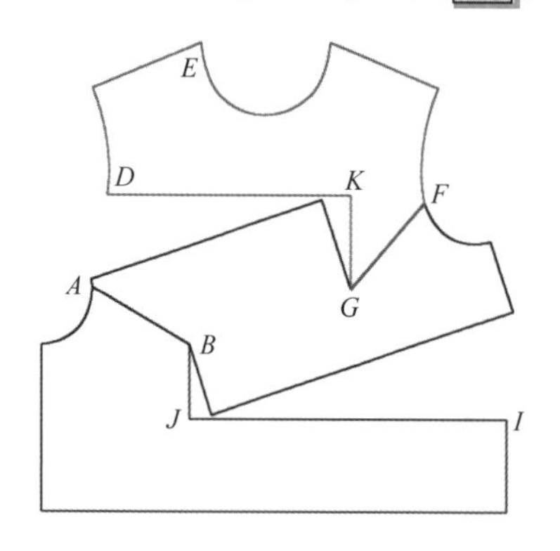

图4-297 合并右侧省

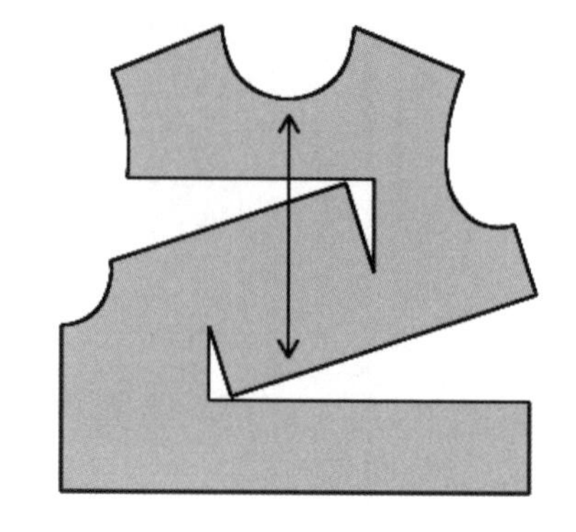

图4-298 回旋省上衣纸样

（6）单击【保存】工具，将回旋省上衣纸样保存即可。

二、飞鱼省上衣结构设计

1. 飞鱼省上衣款式图（图4-299）

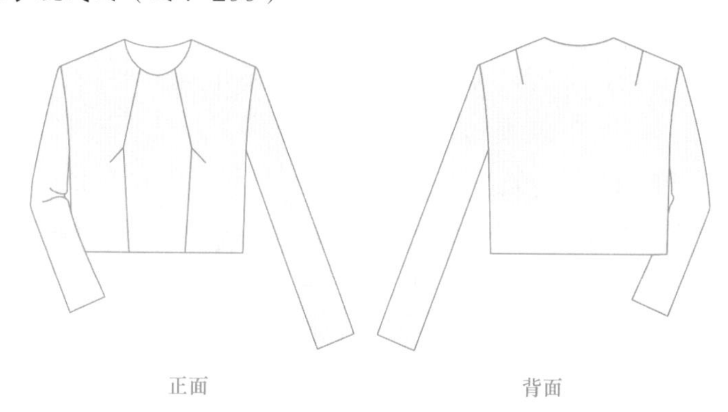

图4-299 飞鱼省上衣款式图

2. 飞鱼省上衣前片结构和变化图（图4-300）

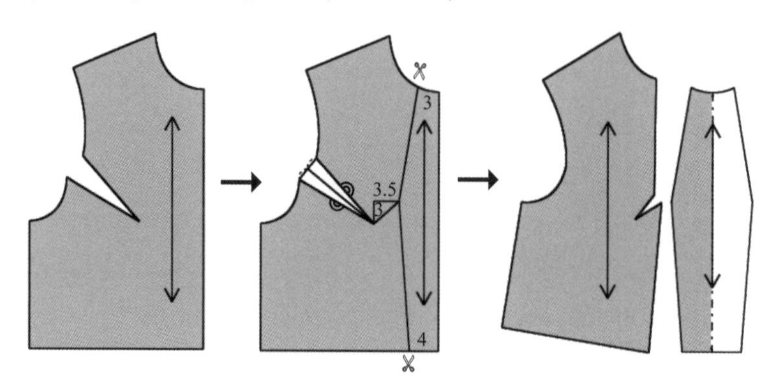

图4-300 飞鱼省上衣前片结构和变化图

3. **飞鱼省上衣前片CAD结构设计**

（1）打开“原型上衣前片”文件，将其以文件名“飞鱼省上衣”保存。

（2）选中【智能笔】工具，参照图4-300所示，画出展开线。选中【剪断线】工具，将线段在*F*点、*I*点切断，如图4-301所示。

（3）选中【设计工具栏】中的【对接】工具，鼠标先单击线段*AL*和*BL*，再依次单击线段*LM*、*MI*、*IJ*、*JK*和*KA*，右键单击，完成线段复制对接移动，如图4-302所示。选中【橡皮擦】工具，将原来的线段*IJ*、*JK*、*KA*、*AL*、*AC*以及其他不要的辅助线删除，如图4-303所示。

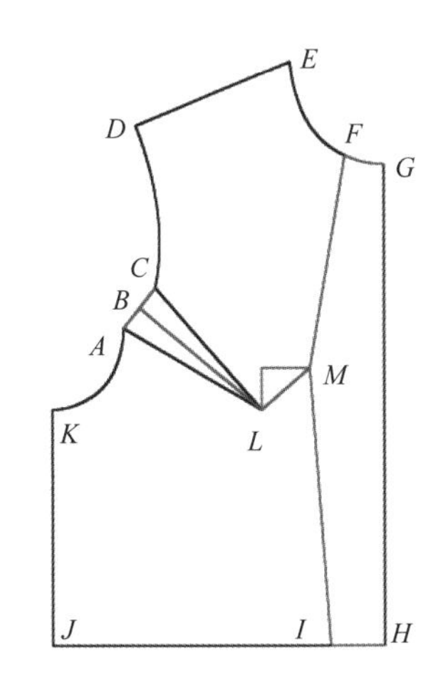

图4-301 画展开线，切断线

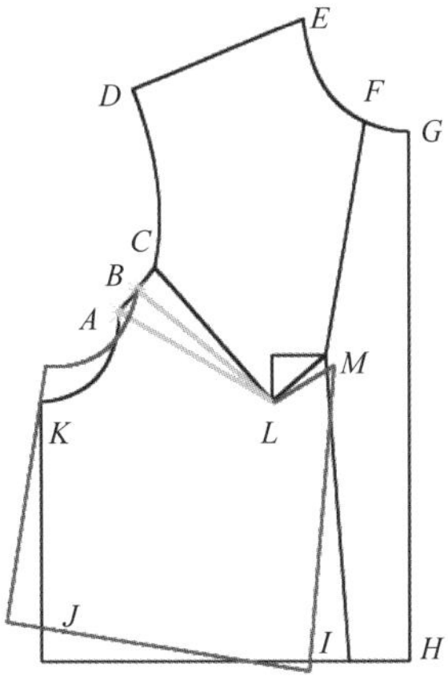

图4-302 复制对接

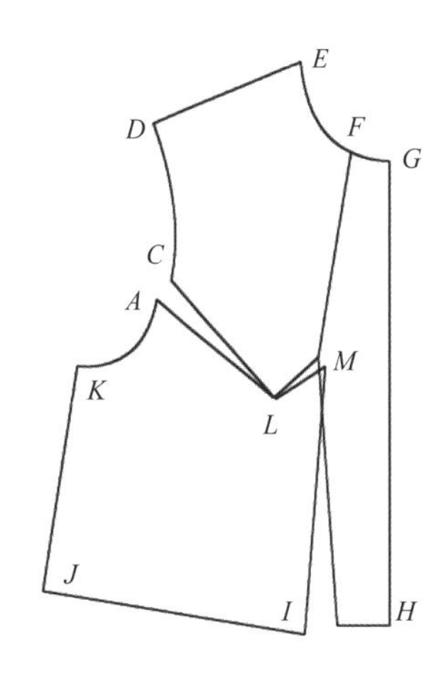

图4-303 删除不要的结构线

（4）鼠标先单击线段*CL*和*AL*，再依次单击线段*CD*、*DE*、*EF*、*FM*和*ML*，右键单击，完成线段复制对接移动。选中【橡皮擦】工具，将原来的线段*CL*、*CD*、*DE*、*EF*、*ML*和对接线*AL*删除，如图4-304所示。

（5）选中【剪刀】工具，生成飞鱼省上衣前片和侧片纸样。选中【纸样对称】工具，将前片纸样关联对称展开，如图4-305所示。

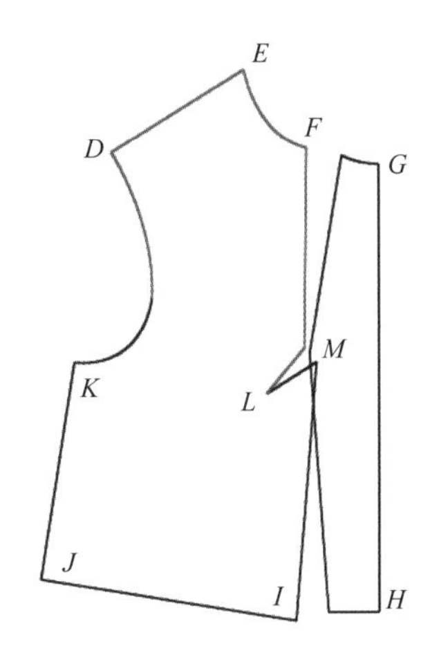

图4-304 复制对接，删除不要的结构线

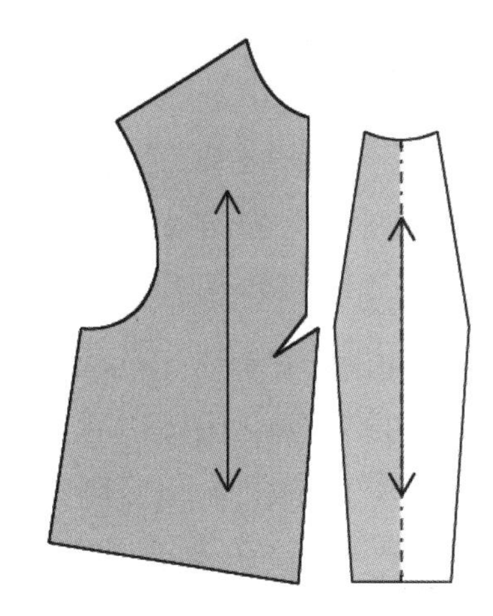

图4-305 飞鱼省上衣纸样

（6）单击【保存】工具，将飞鱼省上衣纸样保存即可。

操作提示

也可以用【旋转】工具完成飞鱼省上衣的省道转移设计。

三、摇摆省上衣结构设计

1. 摇摆省上衣款式图（图4-306）

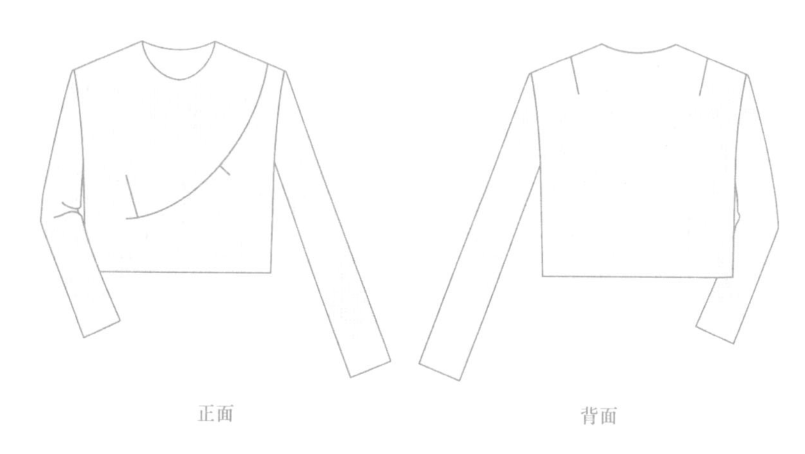

图4-306 摇摆省上衣款式图

2. 摇摆省上衣前片结构和变化图（图4-307）

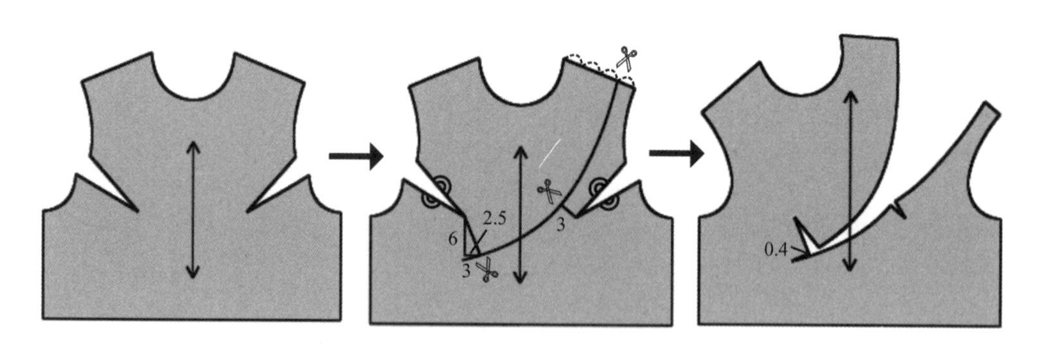

图4-307 摇摆省上衣前片结构和变化图

3. 摇摆省上衣前片CAD结构设计

（1）打开“原型上衣前片”文件，将其以文件名“摇摆省上衣”保存。

（2）选中【对称】工具，以前中线为对称轴，复制对称结构线。选中【橡皮擦】工具，将前中线删除。选中【等份规】工具，将右侧肩斜线四等份。选中【智能笔】工具，鼠标移到左侧省尖点B上按下右键向右下方拖动，出现水平、垂直线后松开鼠标在空白位置单击，弹出【水平垂直线】对话框，输入水平长度值“2.5”、垂直长度值“6”，单击【确定按钮】，画出水平、垂直线，如图4–308所示。

（3）选中【智能笔】工具，将B点与M点以直线连接、G点与M点以曲线连接，并用【调整】工具将曲线GM调圆顺。选中【角度线】工具，过J点画出曲线GM的垂直线，交点为O，如图4–309所示。

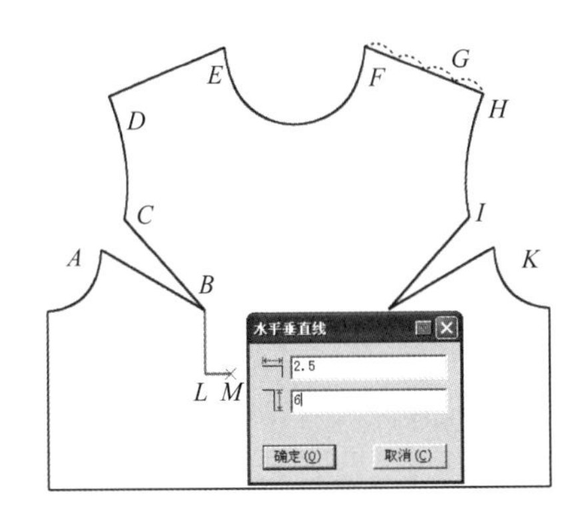

图4–308 画出水平、垂直线

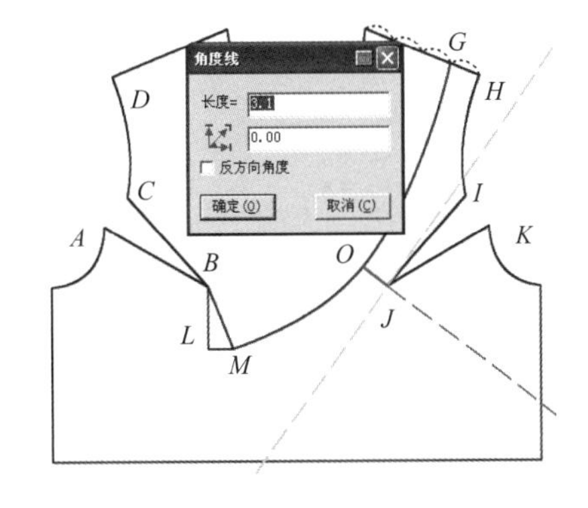

图4–309 画曲线GM的垂直线JO

（4）选中【智能笔】工具，将线段JO的长度调整为3cm。选中【调整】工具，将曲线GM调整到O点上。选中【智能笔】工具，将曲线GM在M端延长3cm，端点为N。选中【剪断线】工具，将曲线GN在M点、O点切断，将肩线FH在G点切断，如图4–310所示。

（5）选中【旋转】工具，合并左侧省。选中【橡皮擦】工具，将不要的线删除，如图4–311所示。

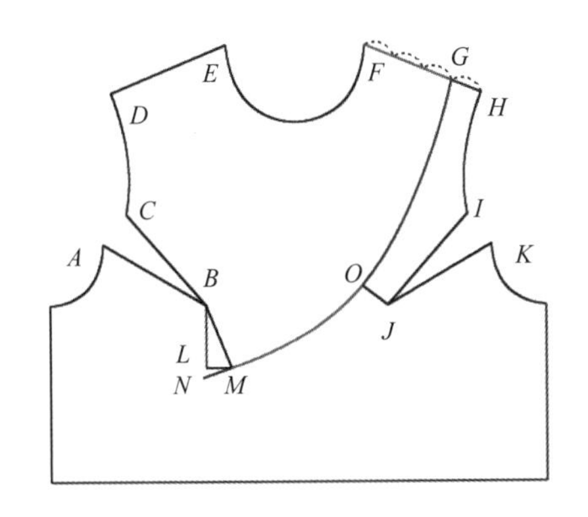

图4–310 剪断线

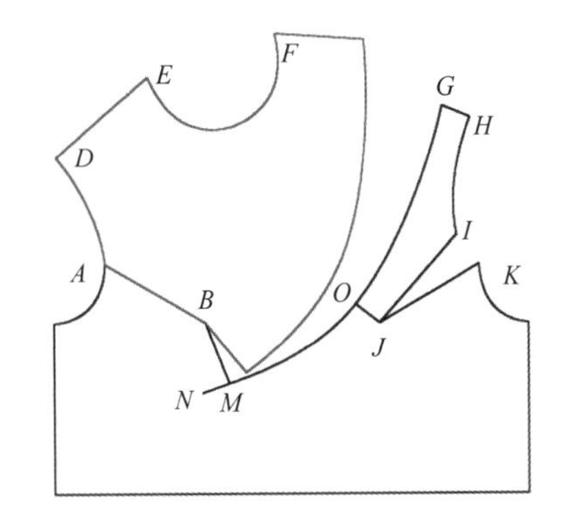

图4–311 合并左侧省

（6）选中【旋转】工具，合并右侧省。选中【橡皮擦】工具，将不要的线删除，如图4–312所示。

（7）选中【智能笔】工具，分别将线段BM和BM1在M和M1端缩短0.4cm，再将缩短后的M点与N点曲线连接。选中【调整】工具，调整曲线MN和GM1。

（8）选中【剪刀】工具，生成摇摆省上衣纸样，如图4-313所示。

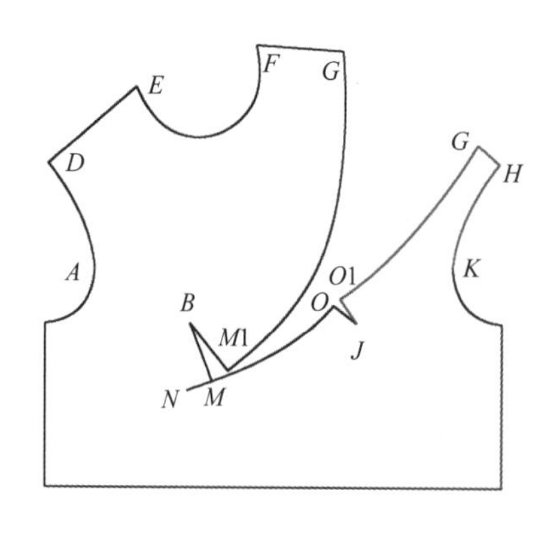

图4-312 合并右侧省

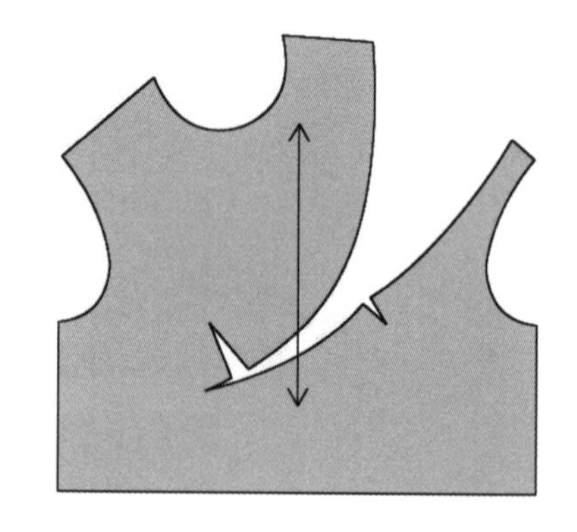
图4-313 摇摆省上衣纸样

（9）单击【保存】工具，将摇摆省上衣纸样保存即可。

操作提示

也可以用【对接】工具完成摇摆省上衣的省道转移设计。

四、翼展省上衣结构设计

1. **翼展省上衣款式图**（图4-314）

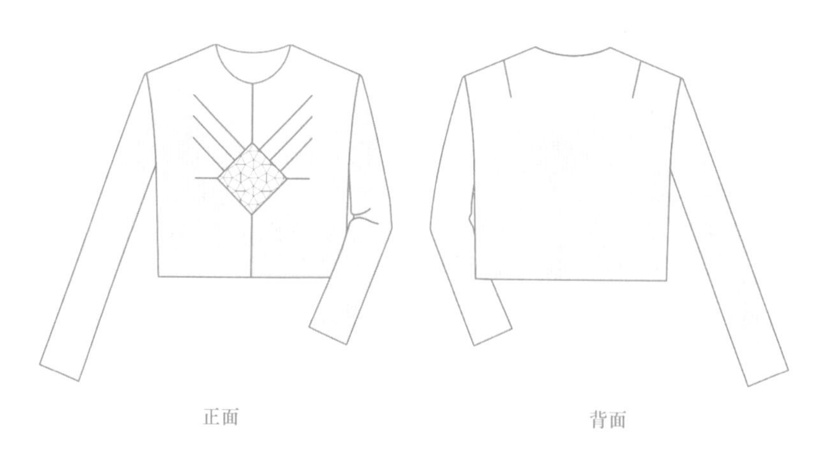

图4-314 翼展省上衣款式

2. **翼展省上衣前片结构和变化图**（图4-315）

3. **翼展省上衣前片CAD结构设计**

（1）打开“原型上衣前片”文件，将其以文件名“翼展省上衣”保存。

（2）选中【智能笔】工具，过*B*点画水平线交于前中线*H*点。选中【点】工具，距离*H*点5cm，定出*G*点、*I*点、*J*点。选中【智能笔】工具，将*G*点与*J*点、*J*点与

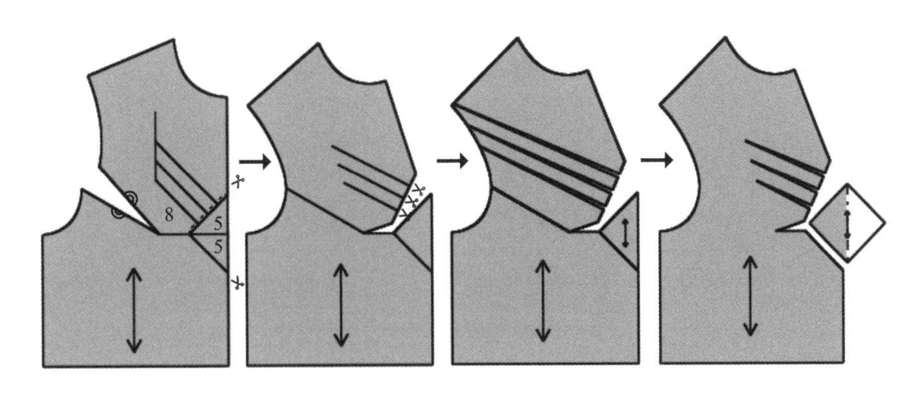

图4-315 翼展省上衣前片结构和变化

*I*点以直线连接。选中【等份规】工具，将线段*GJ*四等份。选中【角度线】工具，长度8cm，过第一个等份点*K*作*GJ*的垂直线*KL*。选中【智能笔】工具，过*L*点作一条垂直线，之后分别过等份点*M*、*O*作*KL*的平行线*MN*和*OP*，如图4-316所示。

（3）选中【剪断线】工具，将线段在*G*点、*I*点和*J*点切断。选中【旋转】工具，合并左侧省。选中【橡皮擦】工具，将不要的结构线删除，如图4-317所示。

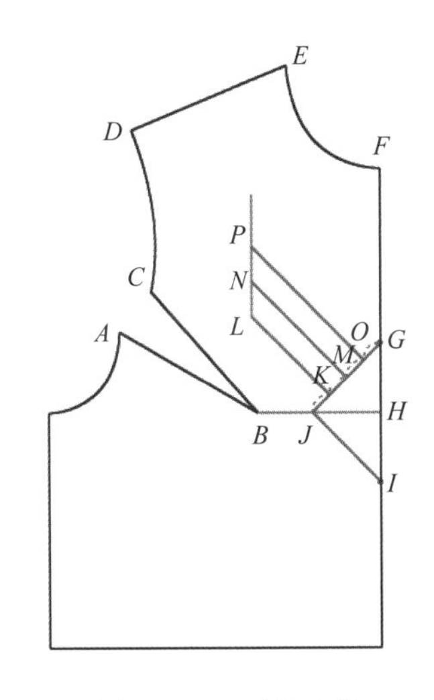

图4-316 画基础线

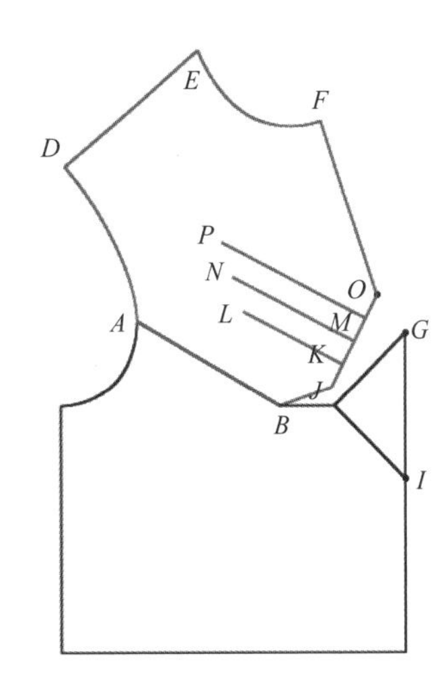

图4-317 合并省

（4）选中【比较长度】工具，测出线段*MN*、*OP*的长度值分别为9.8cm和11.5cm。

（5）选中【剪断线】工具，将线段*AD*、*DE*接成一条整线。选中【智能笔】工具，鼠标框选线段*KL*、*MN*、*OP*的左端，再单击曲线*ADE*，右键单击，将选中的三条线切齐，如图4-318所示。

（6）选中【分割、展开、去除余量】工具，鼠标框选多边形*ADEFGJB*，右键单击，然后依次单击线段*ADE*、*GJ*和*KL*、*MN*、*OP*，将其分别选为不伸缩线、伸缩线和分割线，鼠标在分割线下方右键单击，弹出【单向展开或去除余量】对话框，输入平均伸缩量值“0.5”，结构线展开，如图4-319所示，单击【确定】按钮即可。

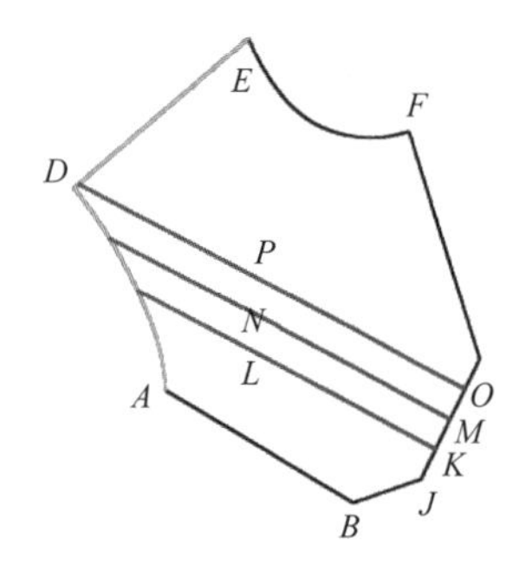

图4-318　画分割线

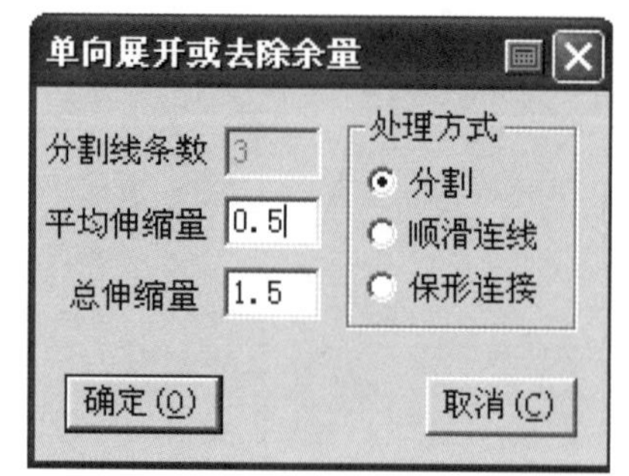

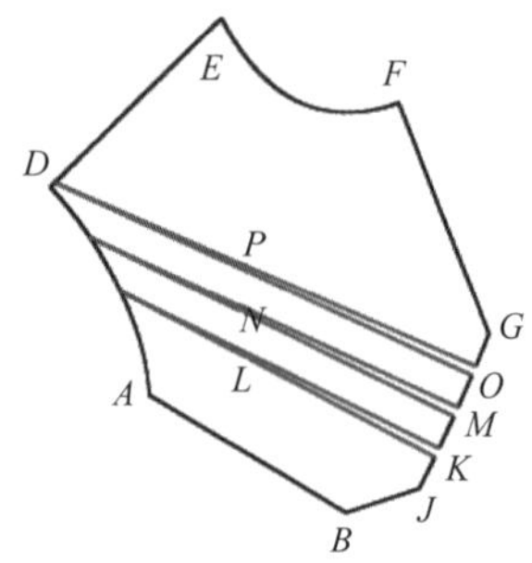

图4-319　结构线展开

（7）选中【智能笔】工具，将三个省的下省线在省尖一端缩短，缩短后的长度值分别为8cm、9.8cm和11.5cm。选中【关联/不关联】工具，按一下【Shift】键，设置为不关联，鼠标先依次单击线段*DE*和从上向下的第一个省的上省线，再依次单击曲线*AD*上端和第二个省的上省线，接着依次单击曲线*AD*的下端和第三个省的上省线，取消线段的关联性。选中【调整】工具，将三个省的上省线的省尖点移到缩短的下省线的省尖点上，如图4-320所示。

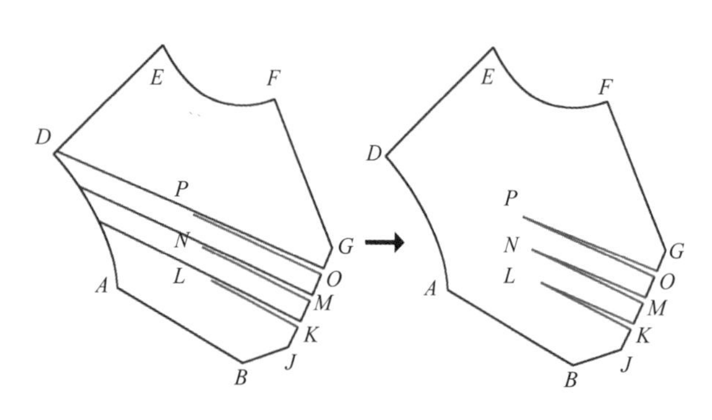

图4-320　调节省尖的位置

（8）省处理后的前片结构图如图4-321所示。选中【橡皮擦】工具，将线段*AB*删除。选中【剪刀】工具，生成翼展省上衣纸样。选中【纸样对称】工具，将前中片纸样关联对称展开，如图4-322所示。

（9）单击【保存】工具，将翼展省上衣纸样保存即可。

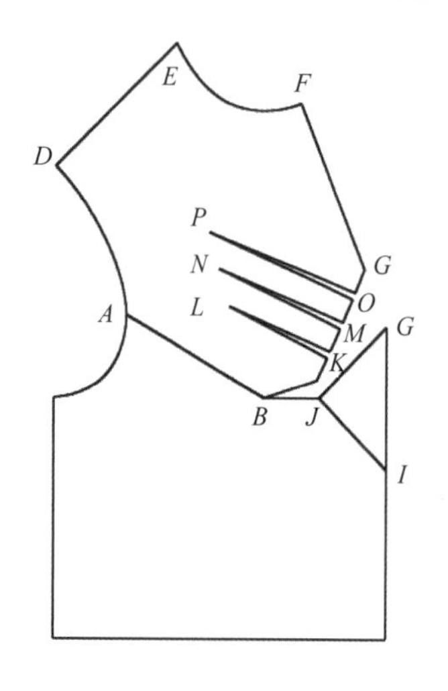

图4-321　省处理后的前片结构图

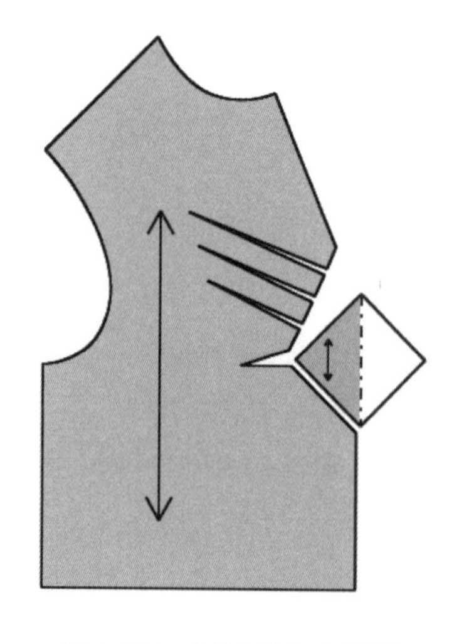

图4-322　翼展省上衣纸样

五、栅栏省上衣结构设计

1. 栅栏省上衣款式图（图4-323）

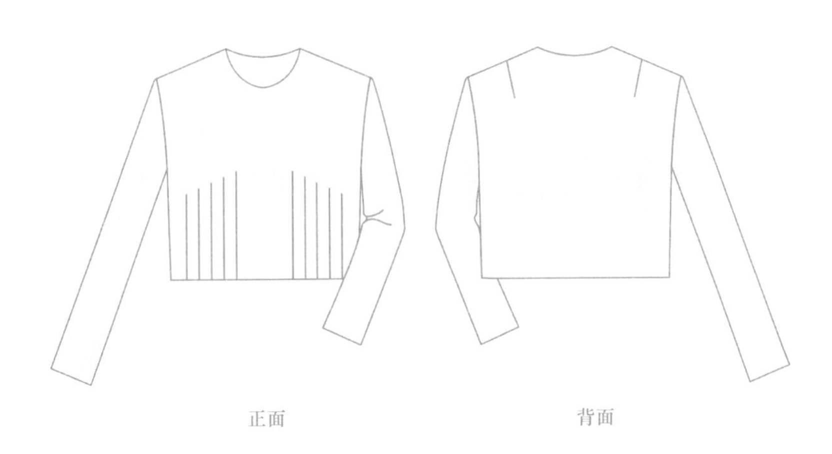

图4-323　栅栏省上衣款式图

2. 栅栏省上衣前片结构和变化图（图4-324）

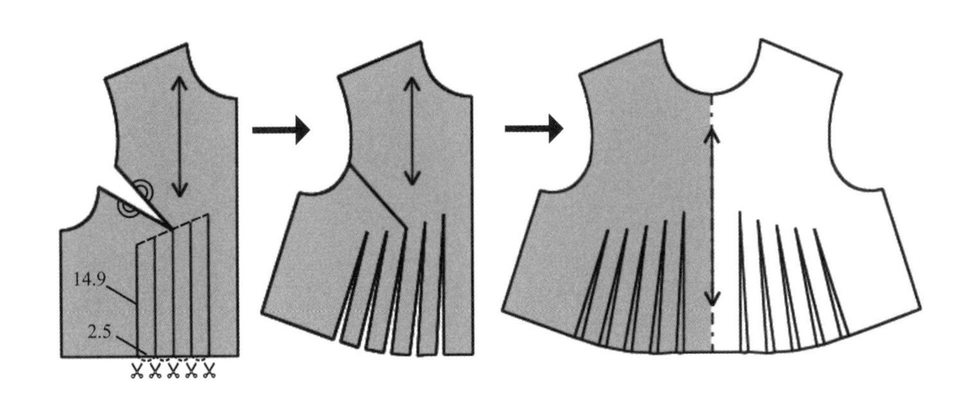

图4-324　栅栏省上衣前片结构和变化图

3. 栅栏省上衣前片CAD结构设计

（1）打开“原型上衣前片”文件，将其以文件名“栅栏省上衣”保存。

（2）选中【智能笔】工具，过省尖点*B*画垂直线*BD*，以间距2.5cm向左画两条平行线、向右画两条平行线；再将线段*BD*左侧的平行线依次逐级缩短1cm，线段*BD*右侧的平行线依次逐级延长1cm，如图4-325所示。

（3）选中【设计工具栏】中的【转省】工具，鼠标框选前片所有的结构线，右键单击，再依次单击线段1、2、3、4、5，右键单击，接着单击省线*AB*、*CB*，如图4-326所示，转省完成，如图4-327所示。

（4）选中【橡皮擦】工具，将省线*AB*删除。选中【加省山】工具，加出各

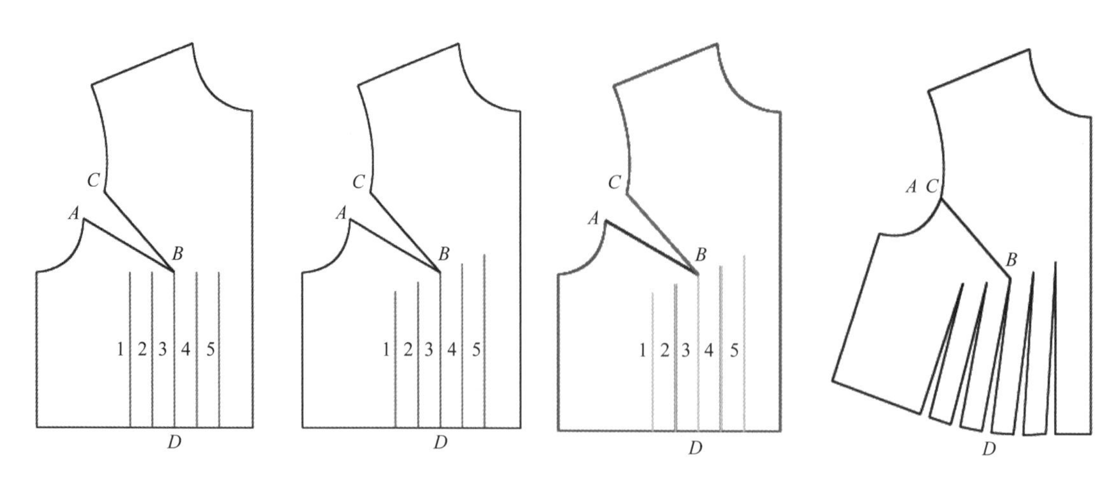

图4-325　画平行线并调整长度　　图4-326　选择展开线与并省线　　图4-327　转省完成

省的省山，如图4-328所示。选中【剪刀】工具，生成栅栏省上衣纸样。选中【纸样对称】工具，将纸样关联对称展开。选中【布纹线】工具，将布纹线移到对称的中线上，如图4-329所示。

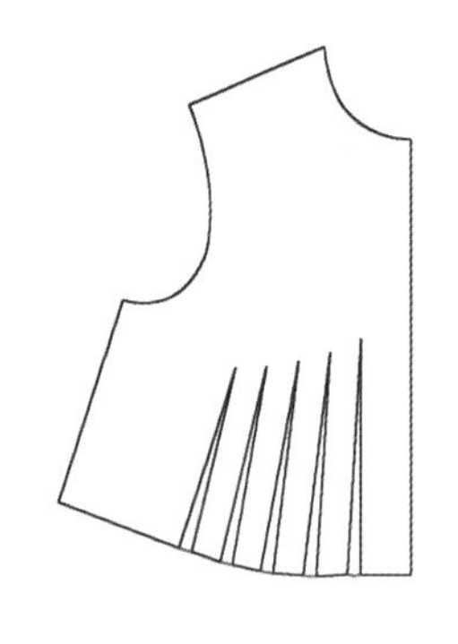

图4-328　加省山

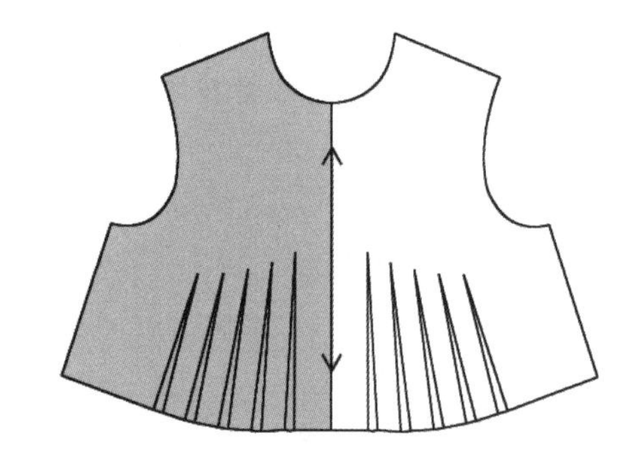

图4-329　栅栏省上衣纸样

（5）单击【保存】工具，将栅栏省上衣纸样保存即可。

六、背心省上衣结构设计

1．背心省上衣款式图（图4-330）

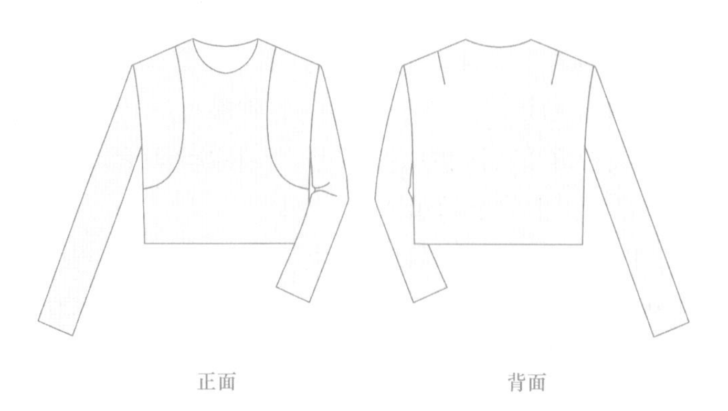

图4-330　背心省上衣款式图

2. **背心省上衣前片结构和变化图**（图4–331）

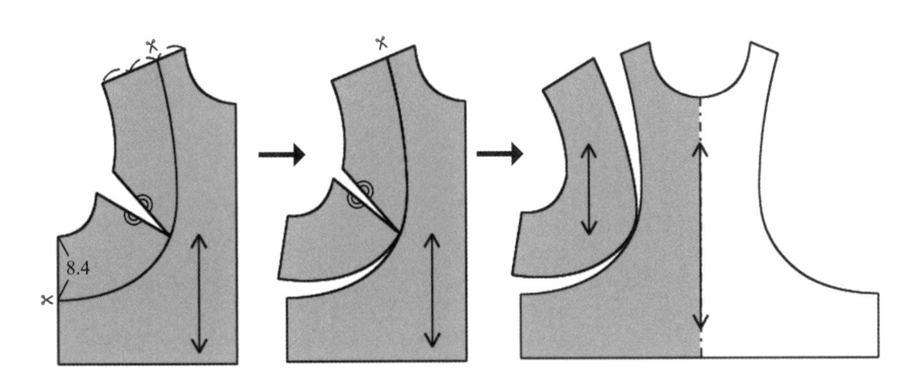

图4–331　背心省上衣前片结构和变化图

3. **背心省上衣前片CAD结构设计**

（1）打开“原型上衣前片”文件，将其以文件名“背心省上衣”保存。

（2）选中【等份规】工具，将肩线EF三等份。选中【智能笔】工具，将G点、C点与侧缝线上距离A点8.4cm的H点以曲线连接，并用【调整】工具将曲线调圆顺，如图4–332所示。

（3）选中【剪断线】工具，将线段GCH在C点剪断。选中【转省】工具，鼠标框选前片所有的结构线，右键单击，再单击线段HC，右键单击，接着单击省线BC，按住【Ctrl】键，再单击省线DC，弹出【转省】对话框，输入转省比例值“50”，如图4–333所示，单击【确定】按钮，转省完成，如图4–334所示。

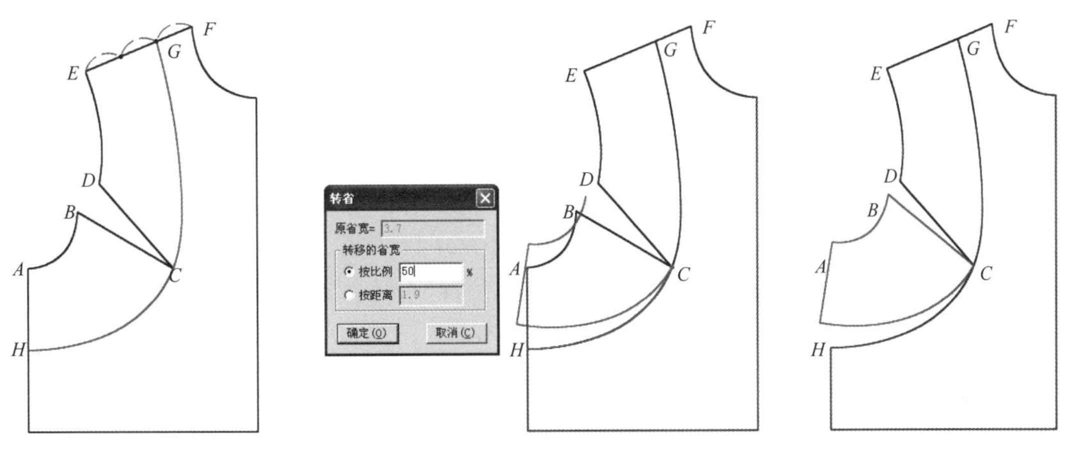

图4–332　画曲线　　图4–333　转省设置　　图4–334　完成一半转省

（4）选中【转省】工具，鼠标框选前片所有的结构线，右键单击，再单击线段GC，右键单击，接着单击省线DC和BC，转省完成，如图4–335所示。

（5）选中【移动】工具，按一下【Shift】键，取消复制功能，将多边形$ABEGCH$向左移动适当距离。选中【剪断线】工具，将线段GC与CH接成一条整线，并用【调整】工具将曲线调圆顺，如图4–336所示。

（6）选中【剪刀】工具，生成背心省上衣前片和侧片纸样。选中【纸样对称】工具，将前片纸样关联对称展开，选中【布纹线】工具，将布纹线移到对称中线上，如图4–337所示。

（7）单击【保存】工具，将背心省上衣纸样保存即可。

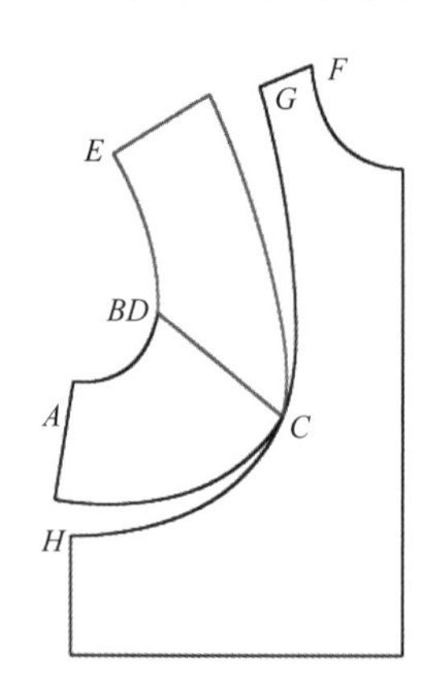

图4–335　完成全部转省

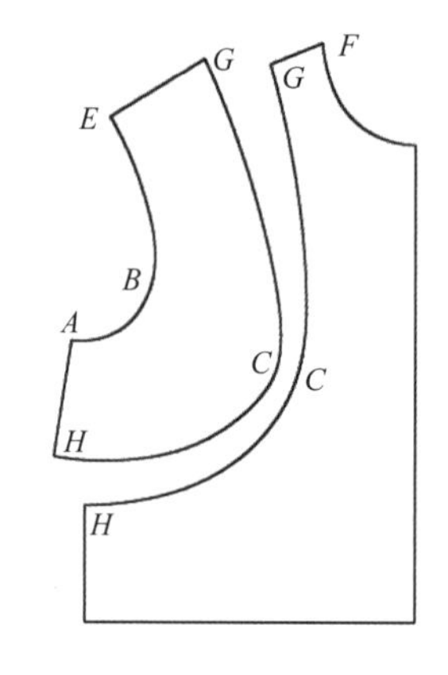

图4–336　移动结构线

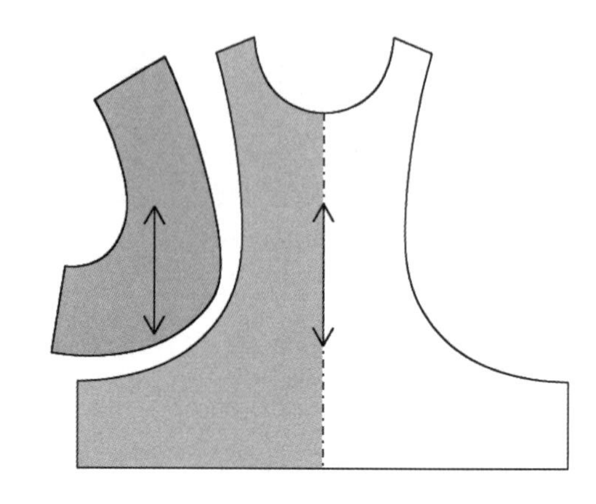

图4–337　背心省上衣纸样

本章小结

通过大量的服装部件结构设计实例，系统介绍了【设计工具栏】与【纸样工具栏】中主要工具的用法，重点是操作的流程与方法，难点是工具与快捷键的灵活应用，关键在于实践。

思考与练习题

1. 本章应用中用到了【智能笔】工具的哪些功能？

2. 用【智能笔】工具作线段的垂线与用【角度线】工具作线段的垂线有何不同？

3. 【Shift】键、【Ctrl】键、【空格】键、【F9】键、【F7】键和【Ctrl+F】组合键的主要功能是什么？

4. 【插入省褶】工具、【褶展开】工具、【分割、展开、去除余量】工具、【荷叶边】工具的功能与操作方法有何不同？

5. 【转省】工具、【对接】工具、【旋转】工具的功能与操作方法有何不同？

6. 【合并调整】工具的主要作用是什么？

7. 将本章介绍的内容反复练习三遍。

8. 在本章内容的基础上，适当找一些类似的服装款式结构进行拓展练习。

应用实践——

典型服装工业纸样设计

课题名称： 典型服装工业纸样设计

课题内容： 直筒裙工业纸样设计

女衬衫工业纸样设计

插肩袖夹克工业纸样设计

教学课时： 24课时

重点难点： 1. 样板编辑。

2. 样板放码。

学习目标： 1. 参照光盘视频介绍，独立完成直筒裙、女衬衫和插肩袖夹克的结构制图。

2. 通过观看视频操作，结合本书介绍，在教师的必要指导下，完成直筒裙、女衬衫和插肩袖夹克的样板编辑与放码。

3. 说出放缝、打剪口、开省、钻孔、定纽扣位、布纹线信息设置的操作要点；说出单方向放码、角度放码、线放码、按方向键放码的异同，并依据不同放码要求，灵活选择放码方法。

4. 在完成本章的实践操作基础上，通过独立探究或小组合作的方式，完成其他有代表性服装的工业纸样设计。

学习提示： 样板编辑的流程、方法和样板放码是重点，缝份与缝型、剪口、钻孔的设定与调整和单方向放码、角度放码是难点。将看书与观看对应的操作视频有机结合依然是学好本章内容、化解重点与难点的关键。操作过程中一定要灵活应用【F4】、【F7】、【F9】、【Ctrl+F】、【Ctrl+K】、【Ctrl+C】、【Ctrl+V】等功能快捷键。

第五章　典型服装工业纸样设计

第一节　直筒裙工业纸样设计

直筒裙是女性下装的常见式样，因其造型简洁、端庄、朴素、干练而备受现代职业女性青睐。

一、直筒裙款式图（图5-1）

二、直筒裙号型规格（表5-1）

表5-1　直筒裙号型规格　　单位：cm

号型＼部位	裙长	腰围（W）	臀围（H）	开衩长	臀高
S	58	64	88.4	19	16.5
M	60	68	92	20	17
L	62	72	95.6	21	17.5
档差	2	4	3.6	1	0.5

三、直筒裙结构图（图5-2）

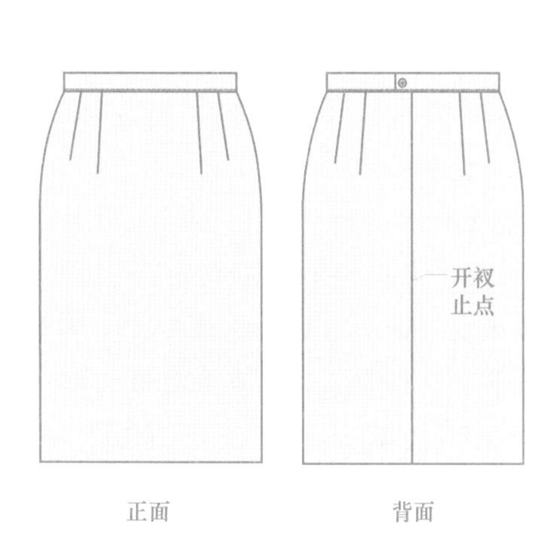

图5-1　直筒裙款式图

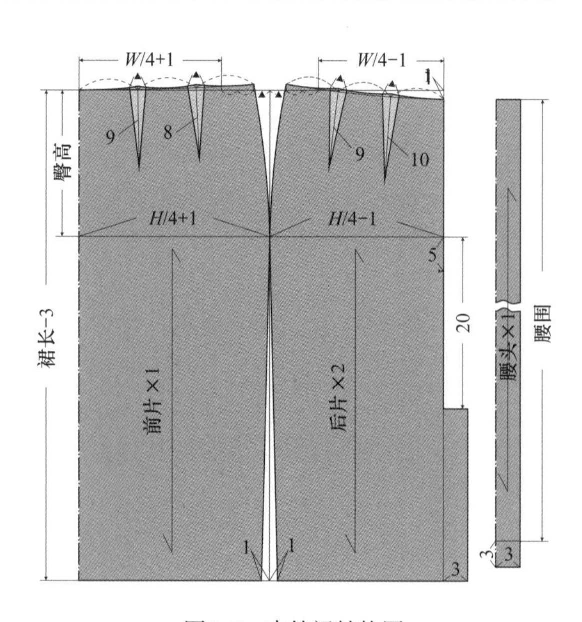

图5-2　直筒裙结构图

四、直筒裙放缝图（图5-3、图5-4）

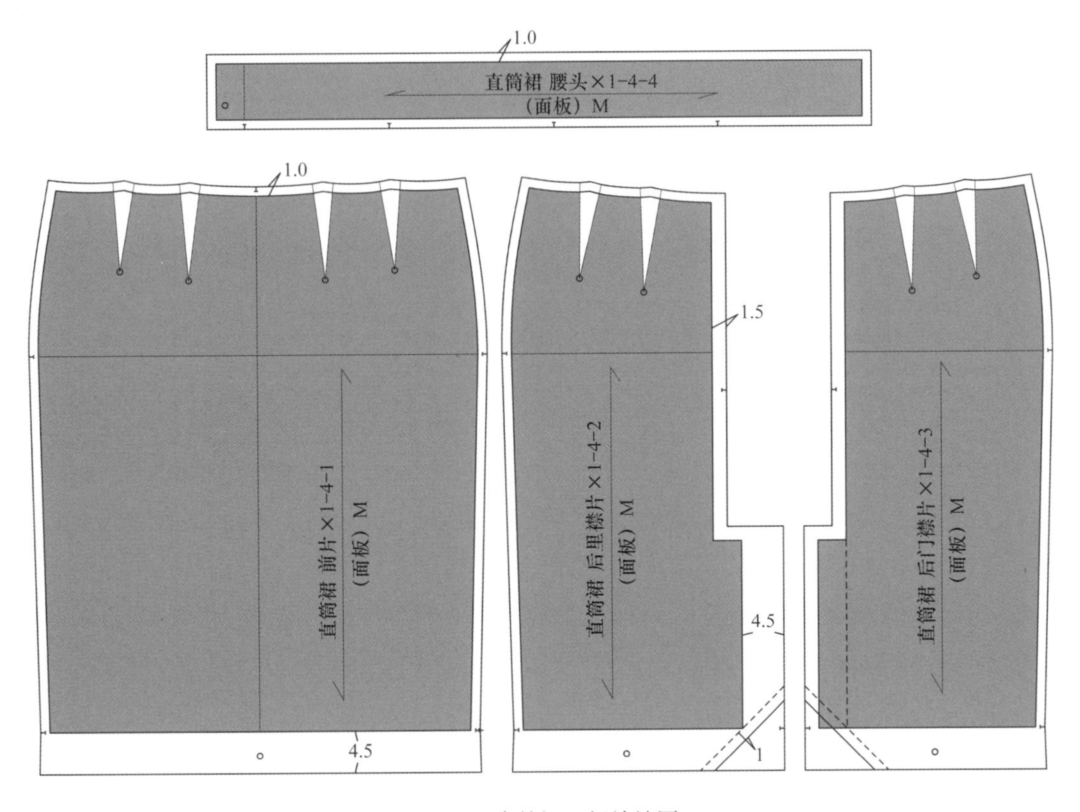

图5-3　直筒裙面板放缝图

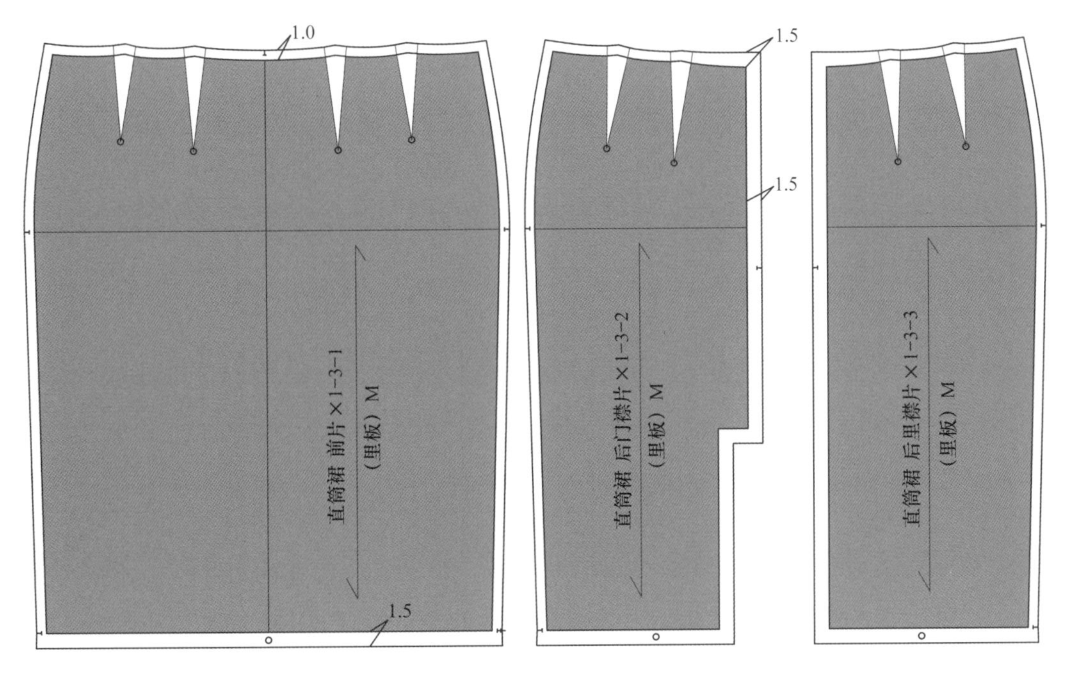

图5-4　直筒裙里板放缝图

五、直筒裙放码方向与放码量标示图（图5-5）

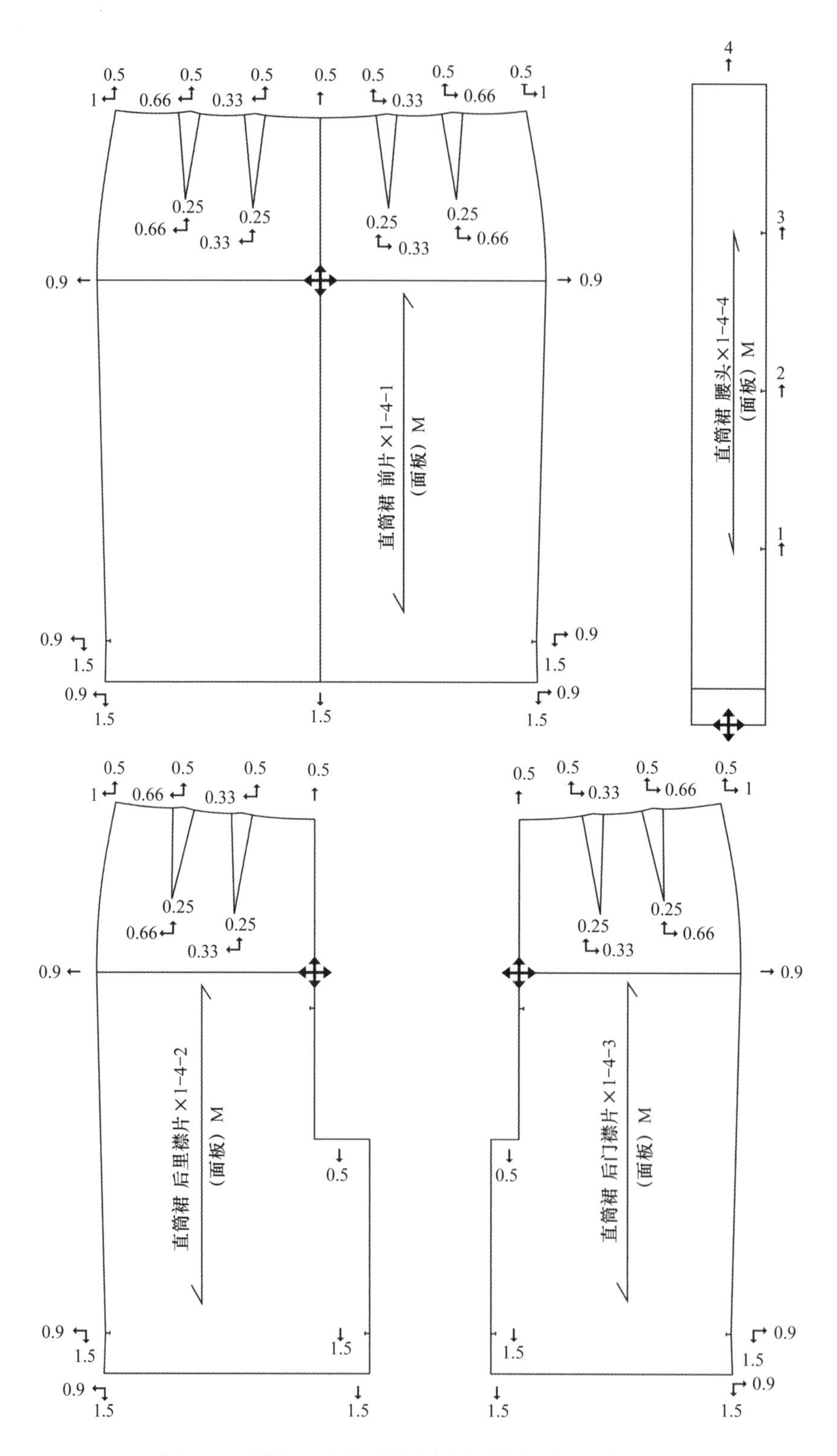

图5-5　直筒裙面板放码方向（放大）与放码量标示图

六、直筒裙放码网状图（图5-6）

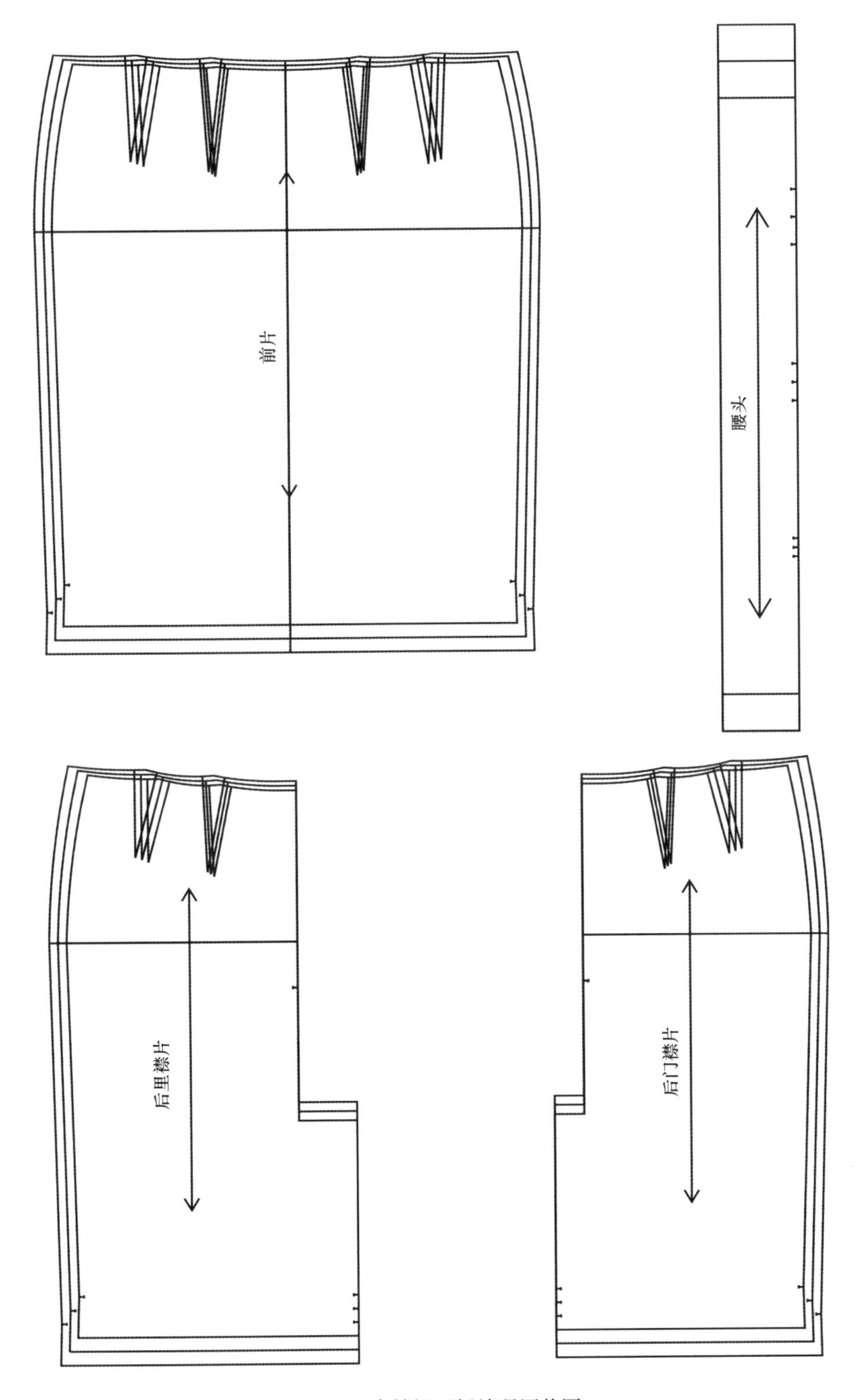

图5-6　直筒裙面板放码网状图

七、直筒裙CAD工业纸样设计

1. 结构制图

（1）双击桌面上的快捷图标，进入自由设计与放码系统的工作画面。

（2）选择【号型】菜单下的【号型编辑】命令，弹出【设置号型规格表】对话框。在对话框中以*M*码为基准码，建立如图5-7所示的号型规格表，并将其保存。

设置号型规格表

号型名	☑S	⊙M	☑L
裙长	58	60	62
腰围	64	68	72
臀围	88.4	92	95.6
衩长	19	20	21
臀高	16.5	17	17.5

图5-7　设定的直筒裙号型规格

（3）将输入法切换到英文输入状态，参照图5-2所示，利用【设计工具栏】中的【智能笔】工具、【角度线】工具和【对称】工具，画出直筒裙基本纸样结构图，如图5-8所示（考虑到篇幅，这里不做具体介绍，读者可参看光盘里的操作视频，那里有详细的介绍）。

（4）选中【对称】工具，以后中线为对称轴，将后片开衩对称到另一侧，然后用【剪断线】工具将底边线在*A*点位置剪断，如图5-9所示。

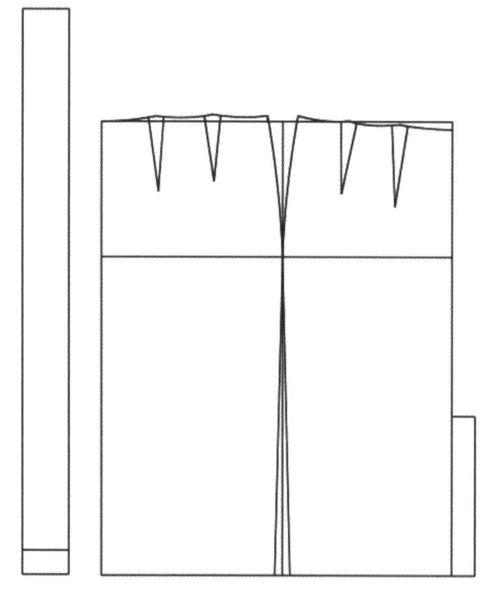

图5-8　直筒裙结构图

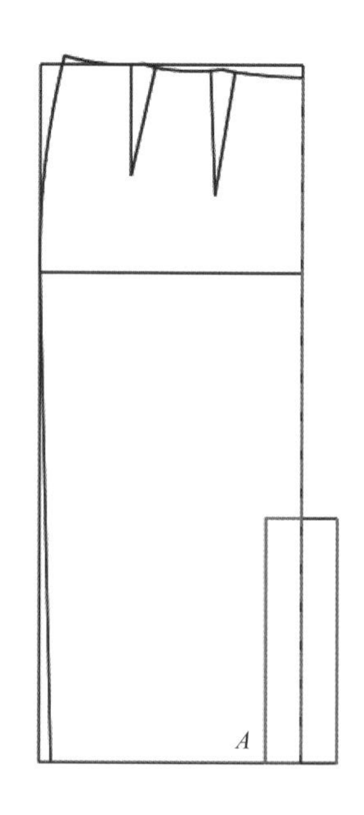

图5-9　对称后片开衩线

（5）选中【选项】菜单下的【系统设置】命令，弹出【系统设置】对话框，单击【缺省参数】选项卡，勾选【显示缝份量】和【自动加缝份】选项，并将自动加缝份值设为“10”，如图5-10所示；再单击【布纹设置】选项卡，选择布纹线的缺省方向为“双向_垂直”，如图5-11所示，单击【确定】按钮，完成设定。

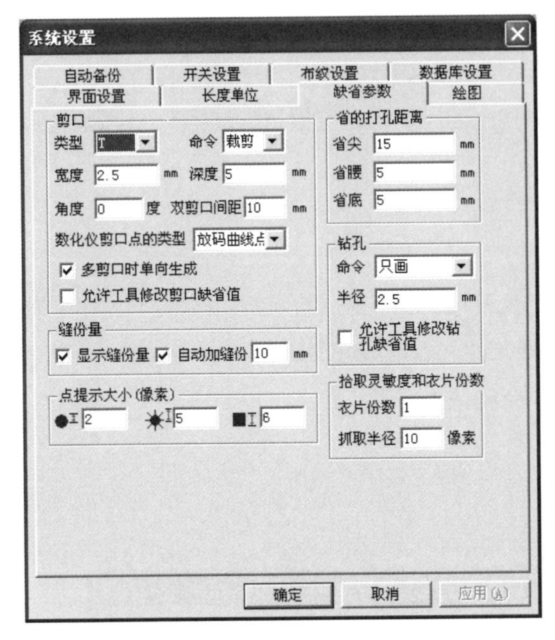

图5-10 设定缝份宽度

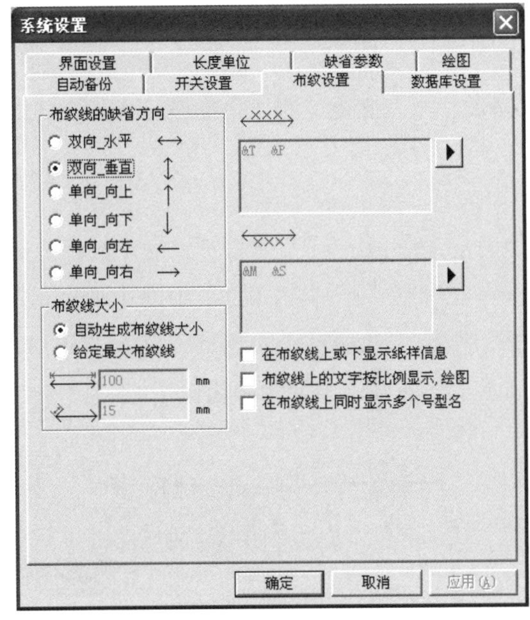

图5-11 设定布纹线缺省方向

（6）选中【剪刀】工具，生成直筒裙面料和里料纸样。

（7）选中【纸样工具栏】中的【选择纸样控制点】工具，按住键盘上的【Ctrl】键，鼠标依次单击生成的前、后片面料纸样，将其选中，然后选中【编辑】菜单下的【复制纸样】命令（或按【Ctrl+C】组合键），将选中的纸样复制一份，再选中【编辑】菜单下的【粘贴纸样】命令（或按【Ctrl+V】组合键），将复制的纸样粘贴到工作区。

（8）选中【纸样对称】工具，将两个前片纸样对称展开。

（9）选中【纸样工具栏】中的【水平垂直翻转】工具，按一下【Shift】键，切换到垂直翻转模式，鼠标在一块后片面料纸样上单击，将其垂直翻转，接着在里襟后片里料纸样上单击，也将其垂直翻转。

（10）鼠标移到纸样上，按一下键盘上的【空格】键，光标变成形后，松开鼠标移动纸样到合适位置再单击，移动纸样的位置。参照图5-3和图5-4所示，将面、里料样的位置摆放好。以上操作如图5-12所示。

2. **纸样编辑**

（1）修改缝份：

①按键盘上的【F7】键，显示纸样缝份，此时所有纸样的缝份按照之前的设定，统一

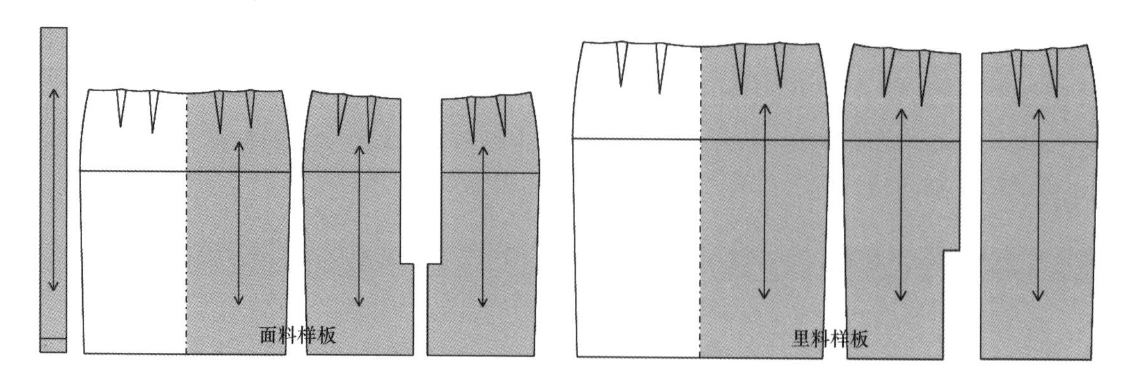

图5-12 移动摆放好面、里纸样的位置

为1cm。按【Ctrl+F】组合键，显示纸样放码点。

②选中【纸样工具栏】中的【加缝份】工具，鼠标在前片面板的底边线AB上单击，弹出【加缝份】对话框，选择起点缝型为“1”，输入起点缝份量值“4.5”，单击【确定】按钮，将底边缝份改为4.5cm，如图5-13所示。

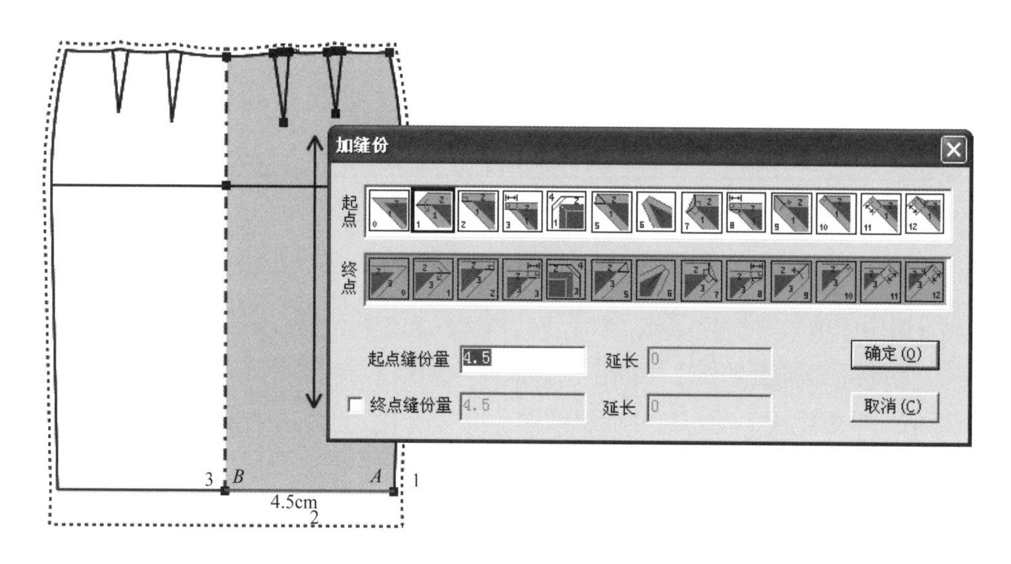

图5-13 设定并画出前片面板底边线的缝份

③鼠标移到后里襟片面板的后腰中点C上按下左键拖动到D点松开，在弹出的【加缝份】对话框中输入起点缝份量值“1.5”，单击【确定】按钮，将后中线的缝份改为1.5cm。然后鼠标移到后里襟片面板的D点上按下左键拖动到E点松开，在弹出的【加缝份】对话框中选择起点缝型为“0”，终点缝型为“1”，输入起点缝份量值“4.5”，单击【确定】按钮，将底边和开衩的缝份改为4.5cm，如图5-14所示。

④鼠标移到后门襟片里板的后腰中点G上按下左键拖动到H点松开，在弹出的【加缝份】对话框中输入起点缝份量值“1.5”，单击【确定】按钮，将后中线与底边的缝份改为1.5cm。鼠标移到后门襟片里板的后腰侧点F上按下左键拖动到后腰中点G松开，在弹出

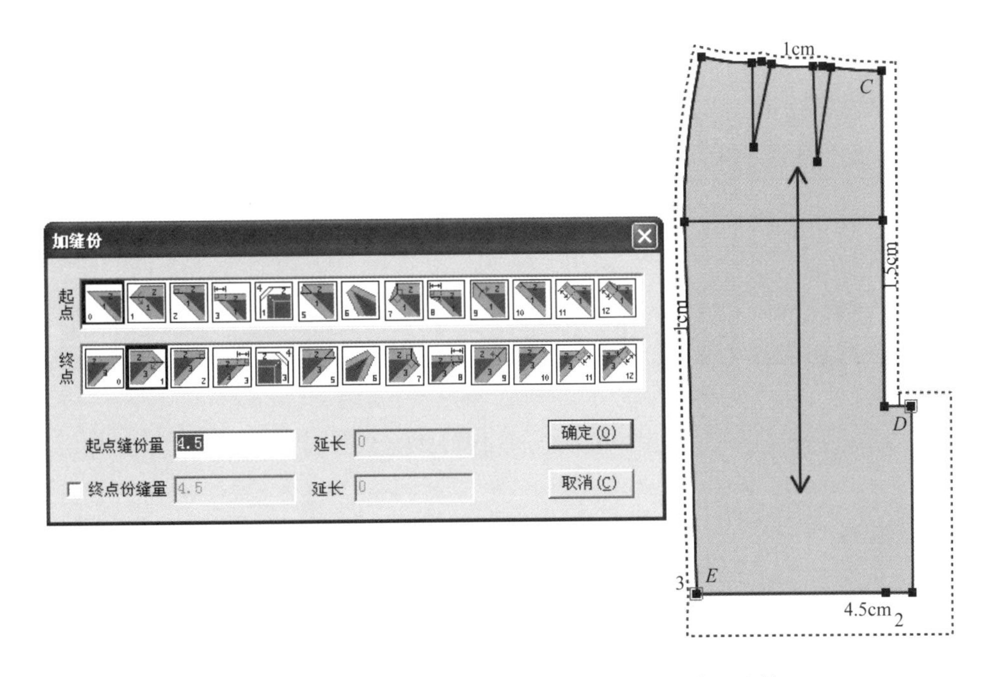

图5-14　设定并画出后里襟片面板开衩与底边线的缝份

的【加缝份】对话框中勾选【终点缝份量】选项，输入终点缝份量值“1.5”，单击【确定】按钮，完成后门襟片里板后腰缝份的修改，如图5-15所示。

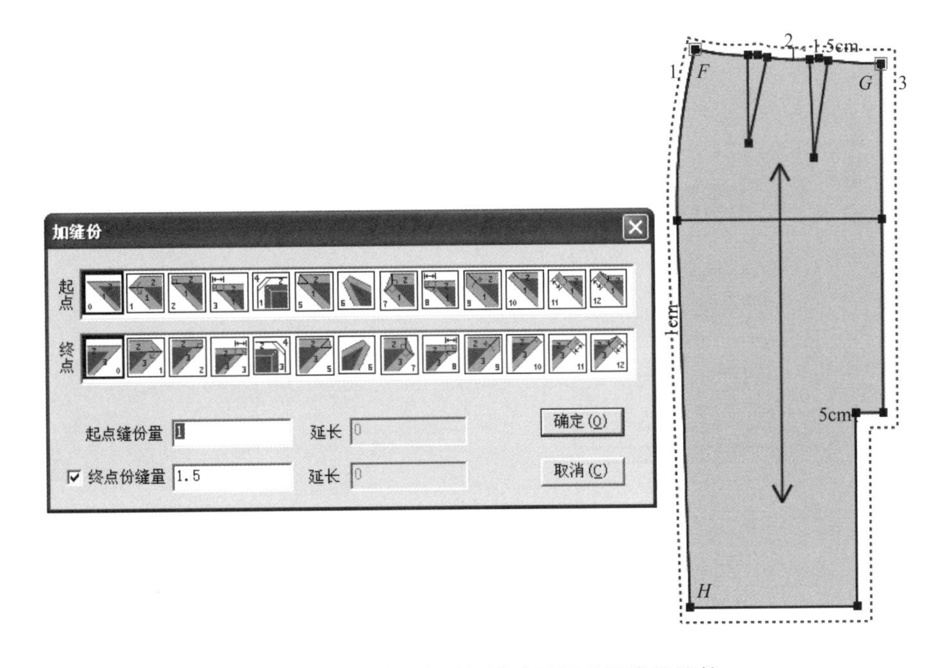

图5-15　设定并画出后门襟片里板后腰线的缝份

⑤参照图5-3、图5-4所示，完成直筒裙面、里纸样缝份的修改。按【Ctrl+F7】组合键，隐藏纸样缝份量；按【Ctrl+F】组合键，隐藏纸样放码点。直筒裙最终纸样加缝效果如图5-16所示。

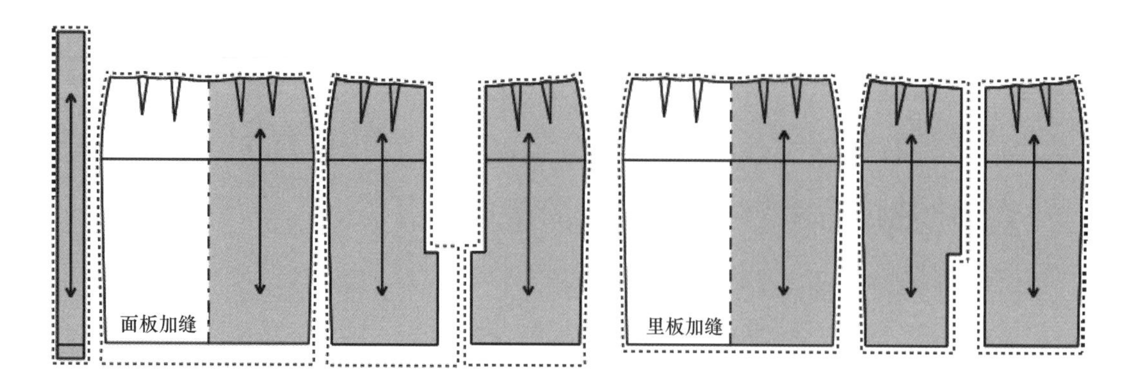

图5-16 直筒裙纸样加缝效果图

教师指导

如果后片面板的开衩要制作成直接缝合而不用修剪的形式，可按以下方式处理：

（1）选中【点】工具，鼠标在后门襟片面板的后中线L一端单击，弹出【线上加点】对话框，输入长度值“1.5”，勾选【放码点】选项，选择【转折点】选项，单击【确定】按钮，加出M点，如图5-17所示。

（2）选中【橡皮擦】工具，鼠标依次单击J点、K点和L点，将这三点删除，如图5-18所示。

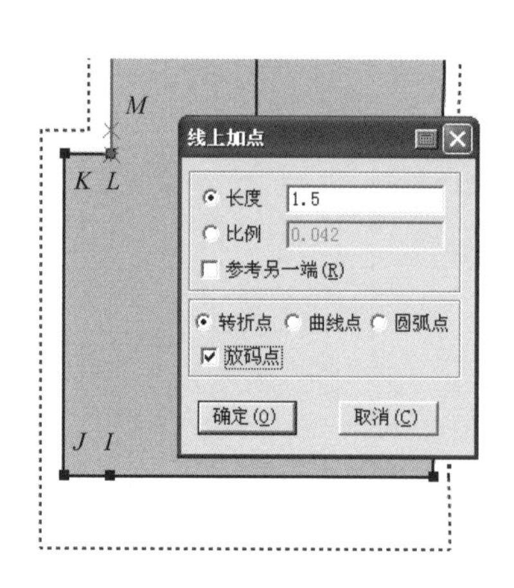

图5-17 加出M点

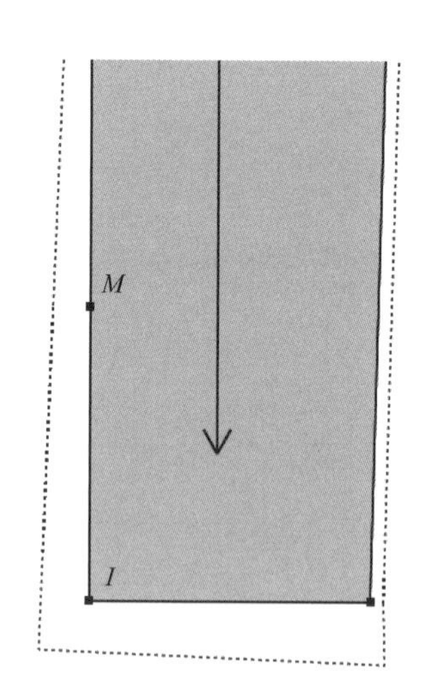

图5-18 删除J点、K点和L点

（3）选中【选择纸样控制点】工具，鼠标双击M点，弹出【点属性】对话框，选择【边线段端点】选项，如图5-19所示，单击【采用】按钮，之后将对话框关闭。

（4）选中【加缝份】工具，鼠标单击线段IM，在弹出的【加缝份】对话框中输入起点缝份量值“4.5”，取消【终点缝份量】选项的勾选，单击【确定】按钮，加出线段IM的缝份，如图5-20所示。

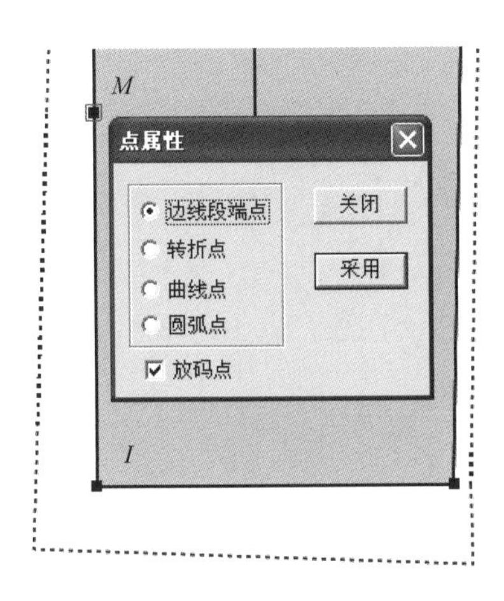

图5-19　改变M点属性

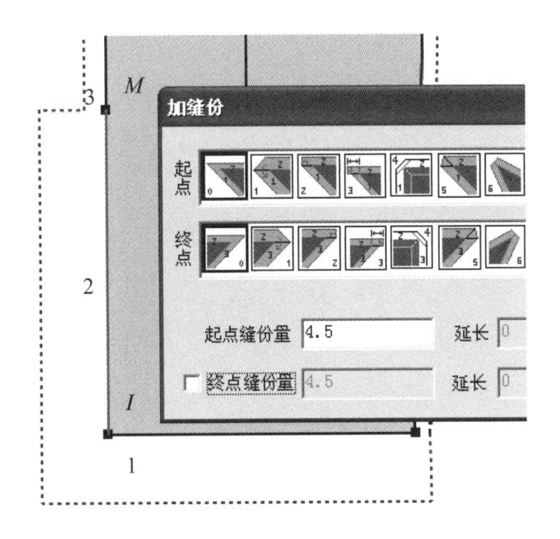

图5-20　修改线段IM缝份

（5）再次单击线段*IM*，在弹出的【加缝份】对话框中设置如图5-21所示，单击【确定】按钮，修改拐角*I*处的缝型。鼠标单击后里襟片面板的开衩线*NO*，【加缝份】对话框中设置如图5-22所示，修改拐角*N*处的缝型。

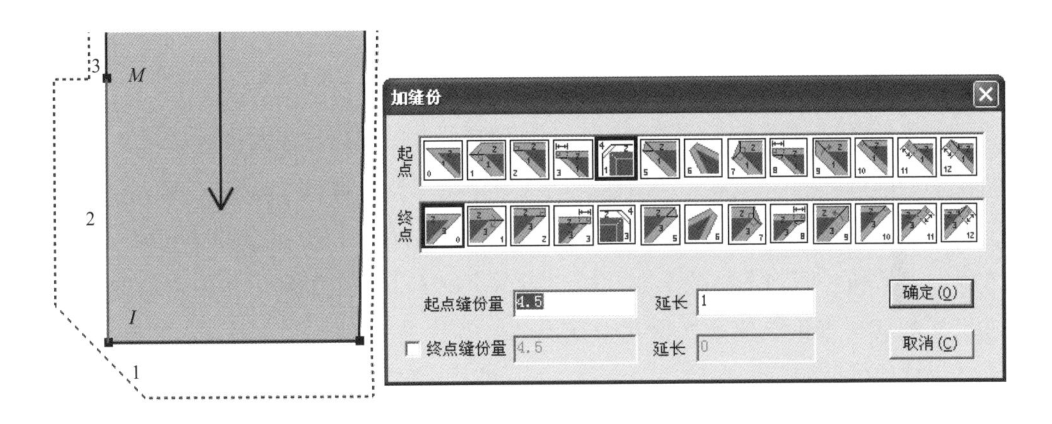

图5-21　修改拐角I处的缝型

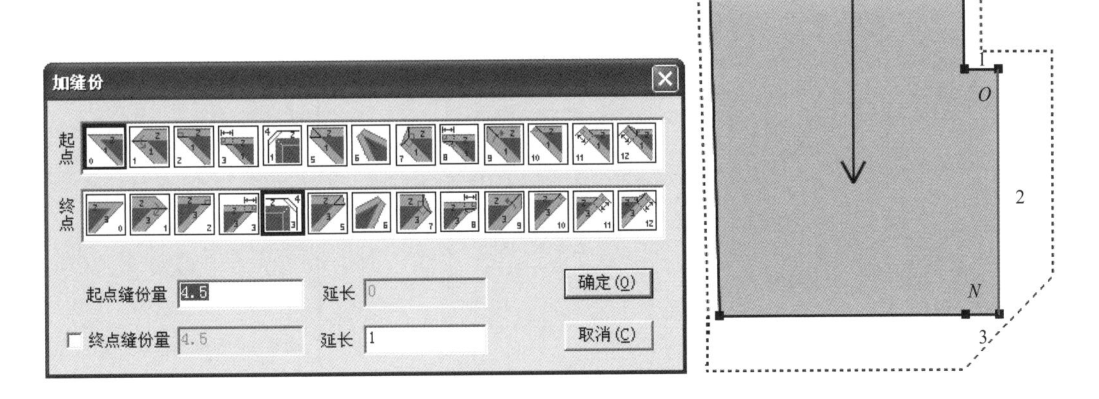

图5-22　修改拐角N处的缝型

（6）后片面板的最终加缝效果如图5-23所示。

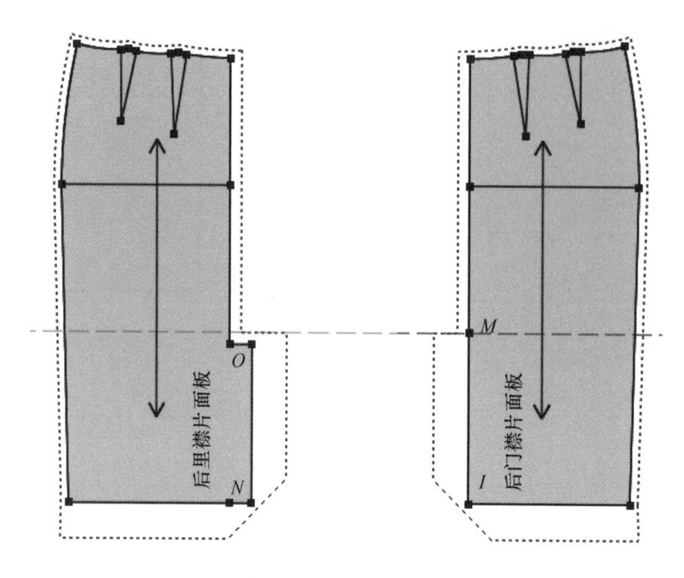

图5-23 直筒裙后片面板最终加缝效果

（2）钻孔与定纽位：

①按【Ctrl+F】组合键，显示纸样放码点。

②选中【纸样工具栏】中的【钻孔】工具，鼠标在前片面板的省尖点上单击，弹出【钻孔】对话框，如图5-24所示。在对话框中单击【钻孔属性】按钮，弹出【属性】对话框，如图5-25所示，在对话框中选择操作方式为“钻孔”，设定钻孔半径值“0.25”，单击【确定】按钮，回到【钻孔】对话框，单击【确定】按钮，画出省尖点位置的钻孔。鼠标在纸样的底边缝份上单击，钻孔半径值“0.5”，在缝份上画出挂纸样的钻孔。用同样方法完成其他纸样的钻孔。

③鼠标移到腰头纸样的左侧上端点*A*上单击（或按【Enter】键），弹出的【钻孔】对话框中设置如图5-26所示，半径值“0.75”，画出腰头纽扣的大小和位置。

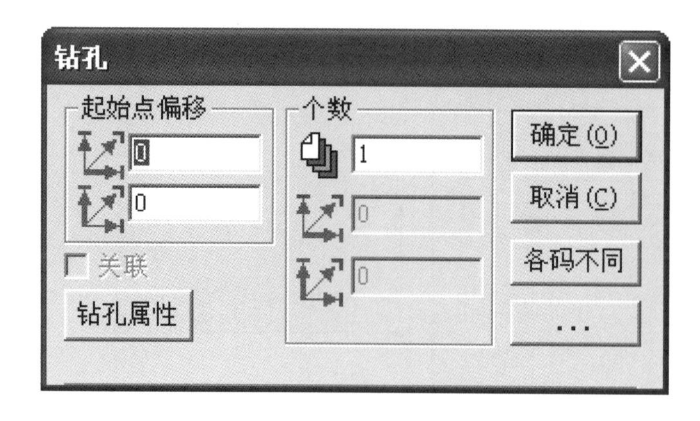

图5-24 【钻孔】对话框

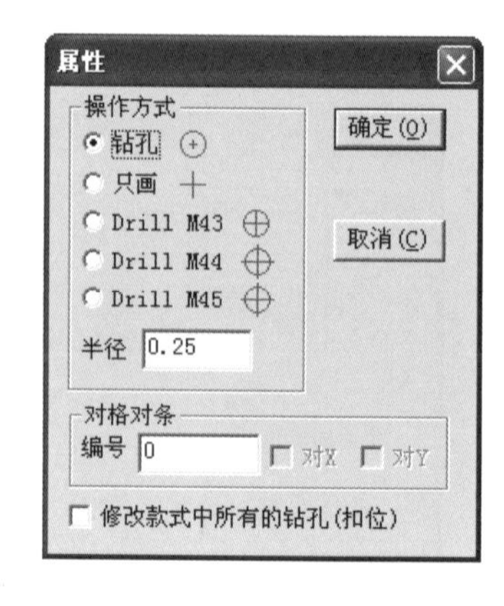

图5-25 【属性】对话框

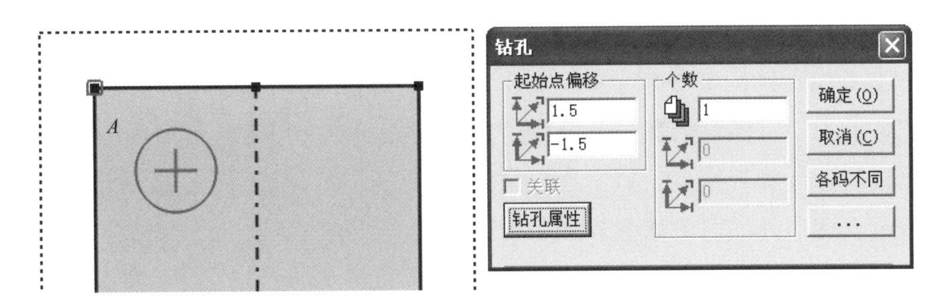

图5-26　设定腰头纽扣的位置和大小

④选中【纸样工具栏】中的【眼位】工具，鼠标单击腰头纸样的左侧下端点*B*，弹出的【加扣眼】对话框中的设置如图5-27所示，画出腰头扣眼的大小和位置。

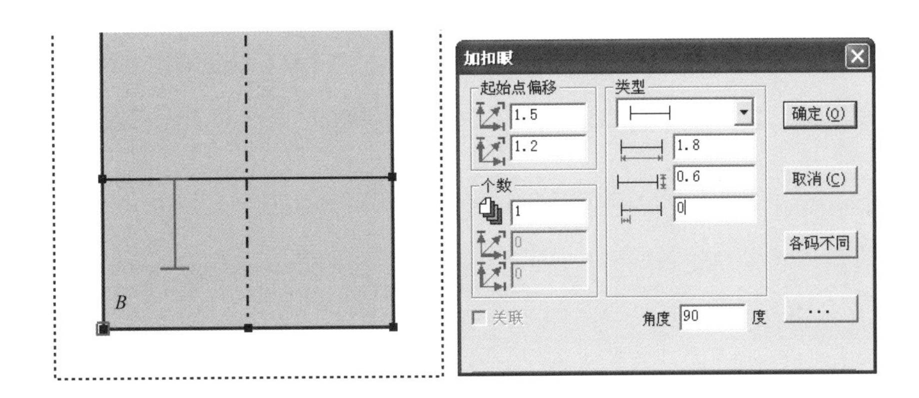

图5-27　设定腰头扣眼的位置和大小

⑤按【Ctrl+F】组合键，隐藏纸样放码点。直筒裙面板钻孔与定纽位效果如图5-28所示。

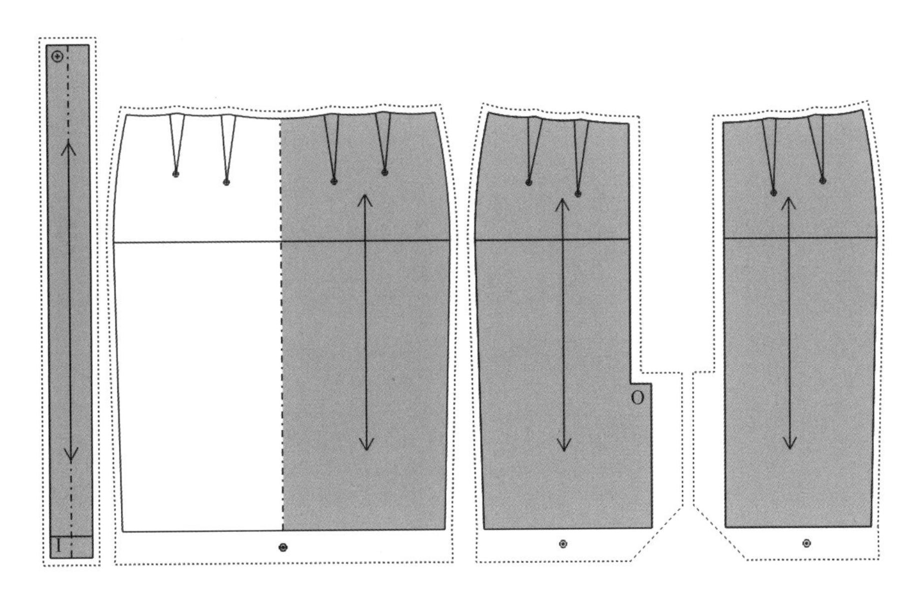

图5-28　直筒裙面板钻孔与定纽位效果

（3）打剪口：

①选中【纸样工具栏】中的【剪口】工具，鼠标依次在各纸样的省口点上单击，打出省口位置的剪口；然后依次在各纸样臀围线的外端点上单击，打出臀围位置的剪口；接着单击面板底边线的外端点，打出该部位的剪口。其中，前片面板省口与臀围处的剪口如图5-29所示，底边处的剪口如图5-30所示。

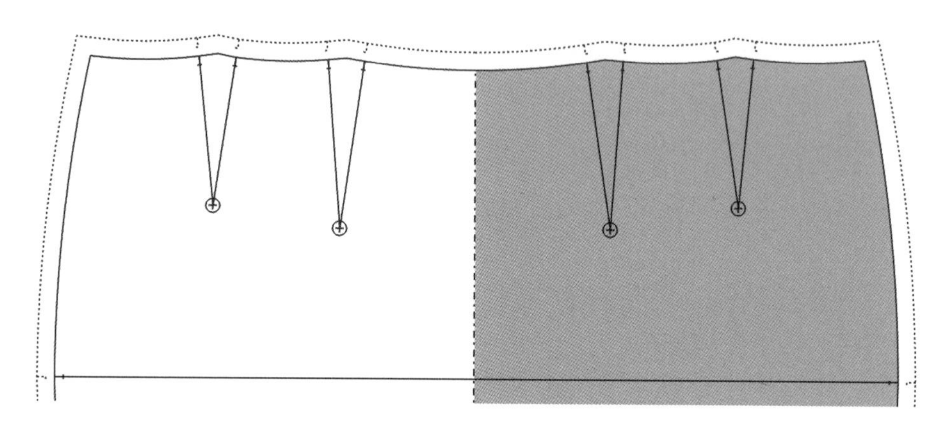

图5-29 前片面板省口与臀围处打剪口

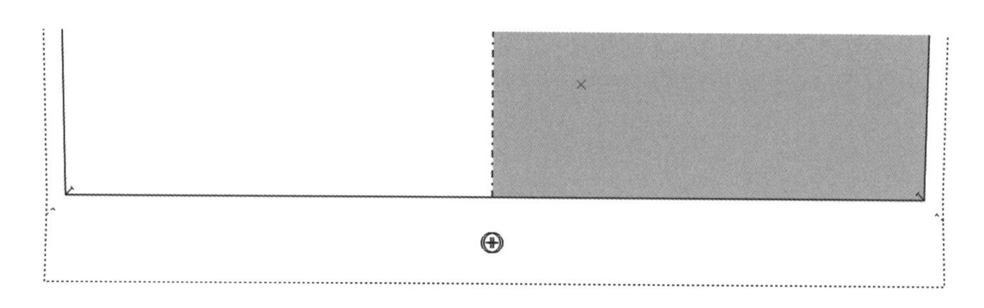

图5-30 前片面板底边处打剪口

②鼠标移到底边处打出的剪口上，按下左键拖出绿色的调整线，将线移到底边线上，出现红色的“×”号后单击，剪口调整到位，如图5-31、图5-32所示。

③鼠标在腰头纸样右侧线的下端单击，弹出的【剪口】对话框设置如图5-33所示，画出*D*点、*E*点、*F*点位置的剪口。*D*点、*E*点、*F*点分别对应右侧腰点、前腰点和左侧腰点。按这种方式设定剪口位，放码后，各码的对位剪口会自动生成，如图5-34所示。

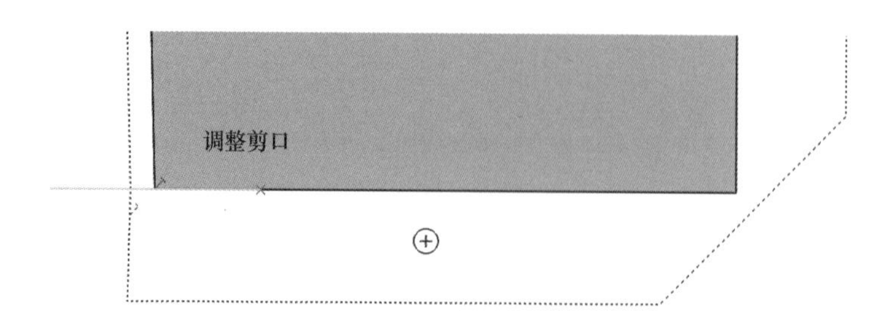

图5-31 拖线调整剪口

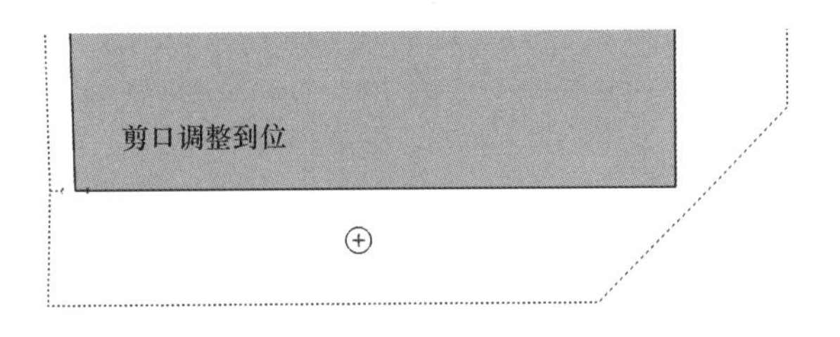

图5-32　剪口调整到位

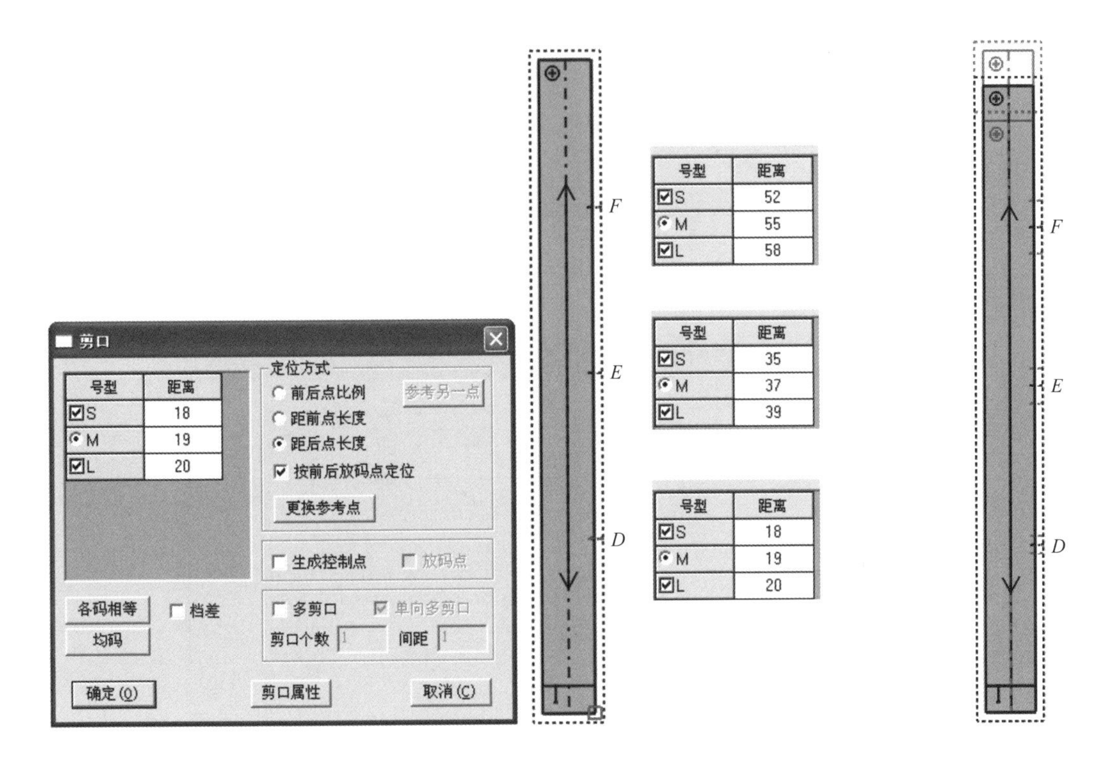

图5-33　设定并画出腰头上的对位剪口

图5-34　各码的对位剪口自动生成

（4）编辑款式与纸样基本信息：

①选中【纸样】菜单下的【款式资料】命令，弹出【款式信息框】对话框，在对话框中选择或输入款式名、客户名和定单号等信息，设定布料类型及其对应的颜色，选择一种布纹方向，并单击右侧对应的【设定】按钮，最后单击【确定】按钮，完成款式资料的编辑，如图5-35所示。

②鼠标移到【衣片列表框】的前片纸样上单击，或者用【选择纸样控制点】工具直接单击或框选工作区的纸样，将前片选中，然后选择【纸样】菜单下的【纸样资料】命令，弹出【纸样资料】对话框，如图5-36所示。在对话框中选择或输入纸样名称，选择面料类型，设定纸样份数，单击【应用】按钮，系统会自动选择下一块纸样，以同样方式进行纸样资料编辑，直到最后一块纸样，最后单击【关闭】按钮即可。

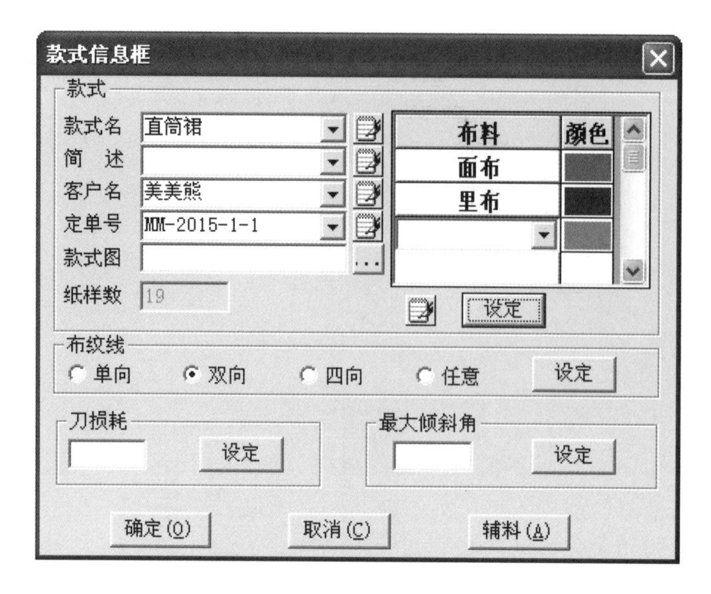

图5-35 【款式信息框】对话框

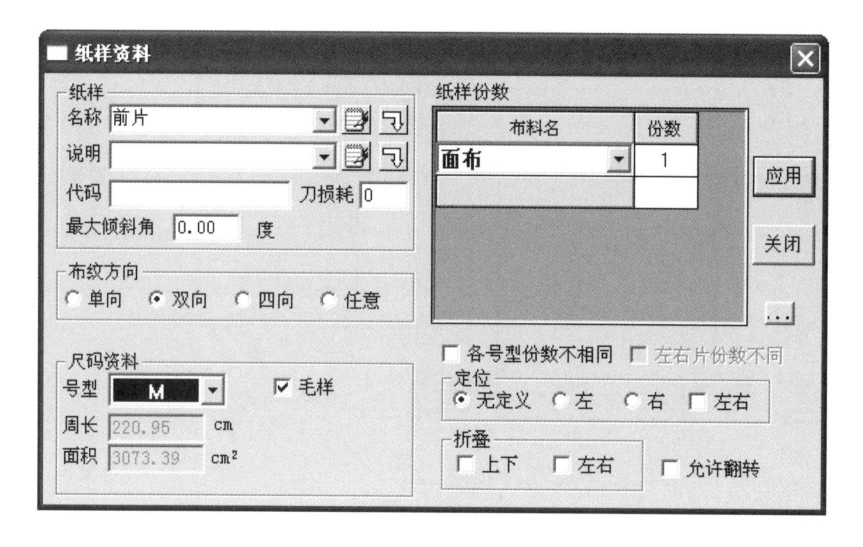

图5-36 【纸样资料】对话框

教师指导

（1）双击【衣片列表框】中的纸样，可直接打开【纸样资料】对话框。

（2）在【款式资料】与【纸样资料】对话框中设置的不同面料在排料系统中会自动分床。

（3）默认【款式资料】与【纸样资料】对话框中的各项设置不直接显示在纸样上，只有进入排料系统，载入文件，在弹出的【纸样制单】对话框中才可以看到相关的设置，如图5-37所示。当然，这些信息也可以在【纸样制单】对话框中直接设置，这里暂不介绍。

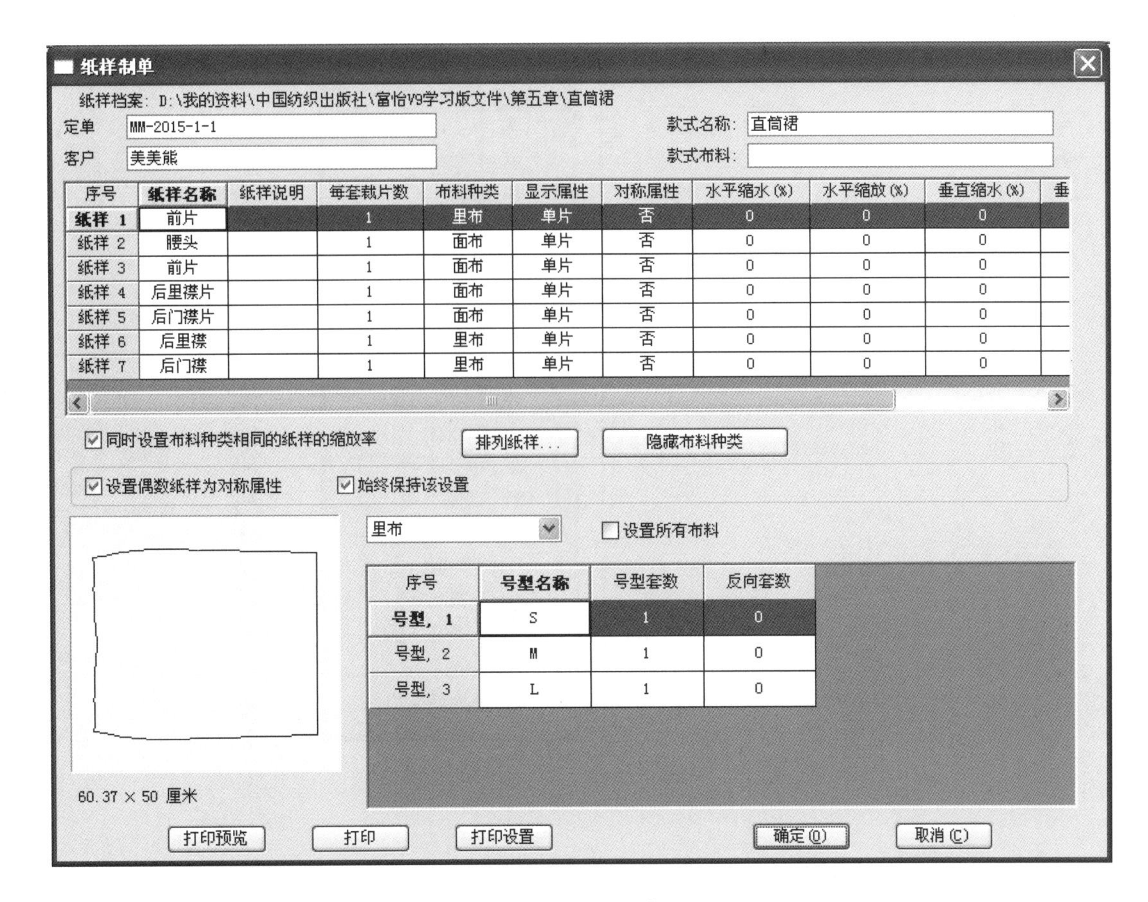

图5-37　【纸样制单】对话框

（4）款式资料和纸样资料编辑后，在所编辑的纸样上看不到任何显示，原因是没有对布纹线信息格式进行设置。布纹线信息格式设置的方法如下：

选中【选项】菜单下的【系统设置】命令，弹出【系统设置】对话框，在对话框中选择【布纹设置】选项卡，先勾选【在布纹线上或下显示纸样信息】和【布纹线上的文字按比例显示，绘图】选项，再单击【布纹线上方信息编辑输入框】右上角的【信息选择】按钮▶，弹出【布纹线信息】选择框，勾选"订单名"、"客户名"、"日期"、"款式名"、"纸样名"和"纸样份数"六项，然后单击【布纹线下方信息编辑输入框】右上角的【信息选择】按钮▶，在弹出的对话框中选择"号型名"和"布料类型"两项，选择的信息会自动进入【信息编辑输入框】，而且进入【信息编辑输入框】的内容可以编辑，具体如图5-38所示。

（5）布纹线信息格式设置后可一直保留，直到下一次修改设置为止。

（6）考虑到画面的简洁性，本书所有的纸样一般不做布纹线信息的标示。要去除纸样布纹线上信息的标示，只需在【布纹设置】选项卡的【信息编辑输入框】中将文字信息删除即可；要隐藏纸样布纹线上的信息，只需在【布纹设置】选项卡中取消【在布纹线上或下显示纸样信息】选项的勾选即可。

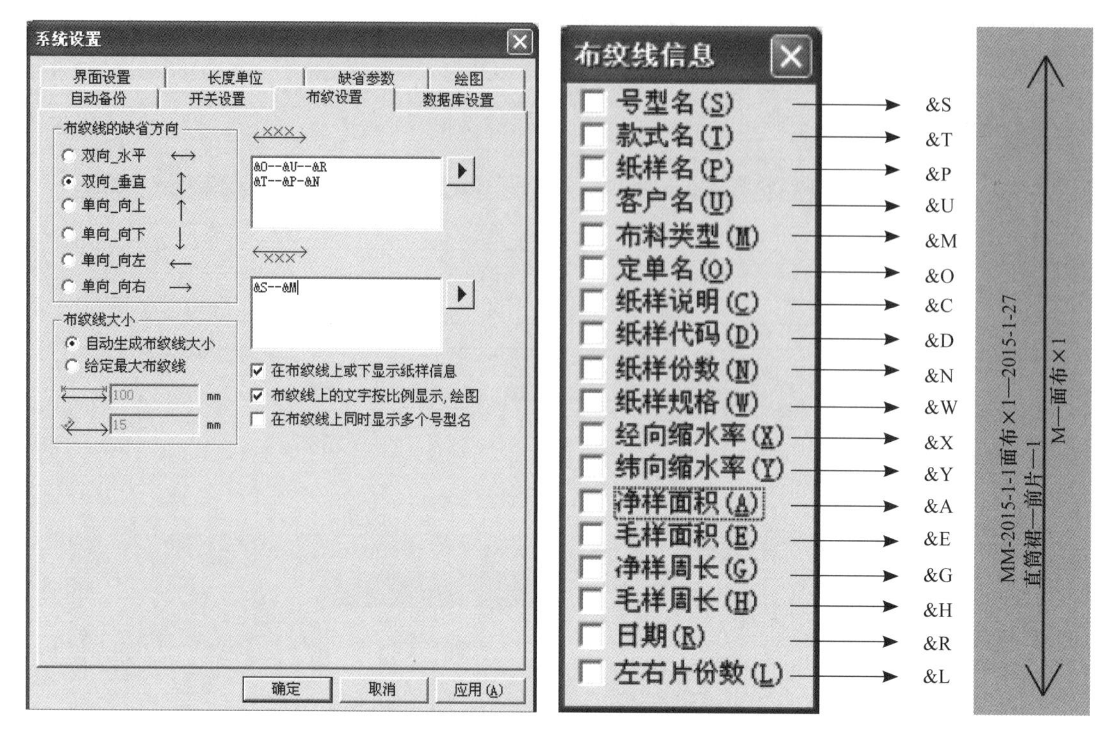

图5-38 布纹线信息格式设置与效果

（7）布纹线上的文字大小和字体可以修改。选中【选项】菜单下的【字体】命令，弹出如图5-39所示的【选择字体】对话框，在对话框中选择【布纹线字体】选项，单击【设置字体】按钮，弹出【字体】对话框，如图5-40所示，可对字体进行相关设置。

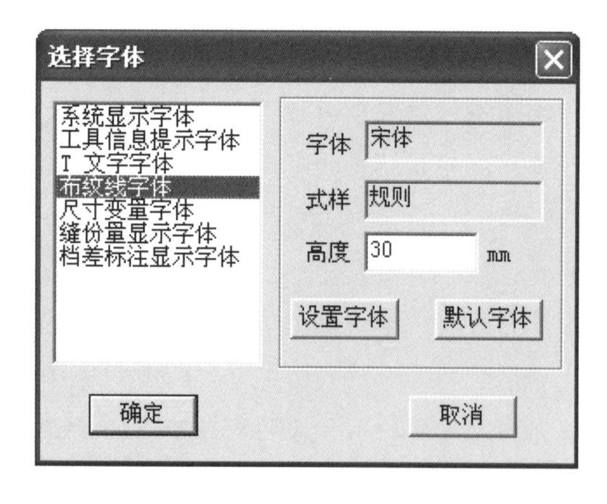

图5-39 【选择字体】对话框

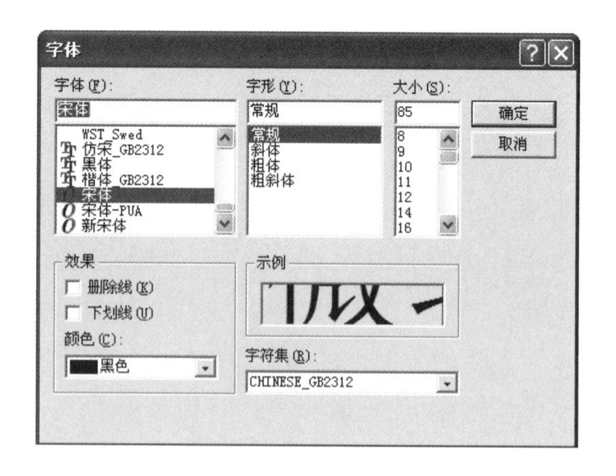

图5-40 【字体】对话框

3. 纸样放码

选中【选项】菜单下的【系统设置】命令，在弹出的【系统设置】对话框的【布纹设置】选项卡中取消【在布纹线上或下显示纸样信息】选项的勾选。按【F7】键，将缝份线隐藏。按【Ctrl+F】组合键，显示放码点。按【Ctrl+K】组合键，显示非放码点。

（1）逐点放码：

①鼠标单击【快捷工具栏】上的【点放码表】按钮，弹出【点放码表】对话框。单击按钮，将其按起，取消“自动判断放码量正负”的功能。

②选中【选择纸样控制点】工具，鼠标单击或框选，选中后里襟片面板的后腰中点，然后移到【点放码表】对话框S码的【*dy*】输入框内单击，输入数值“–0.5”，再单击按钮，完成该点放码量的输入，如图5–41所示。放码结果会自动显示，如图5–42所示。在空白处单击，取消对点的选择。

③鼠标框选后中线一侧省的右省口点，【点放码表】对话框S码的【*dx*】输入框内输入数值“0.33”，【*dy*】输入框内输入数值“–0.5”，再单击按钮，完成该点的放码，如图5–43所示。

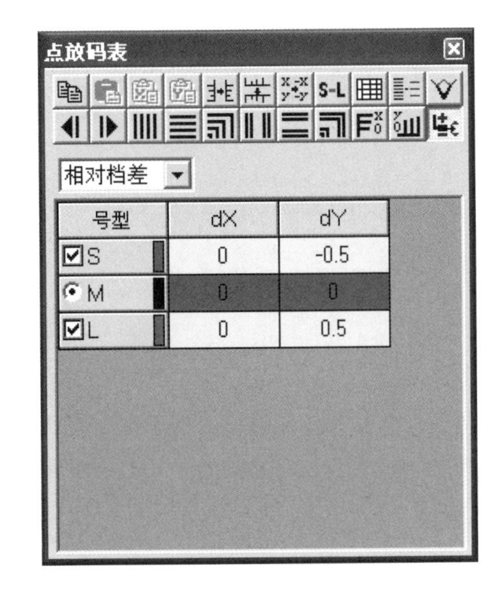

号型	dX	dY
S	0	-0.5
M	0	0
L	0	0.5

图5–41　在【点放码表】对话框中设置放码量

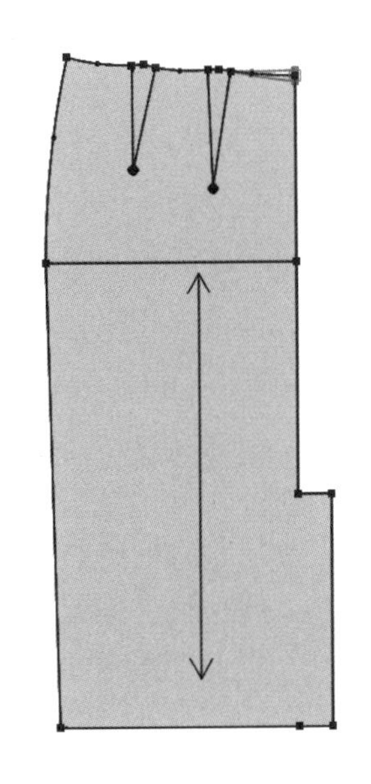

图5–42　后腰中点放码

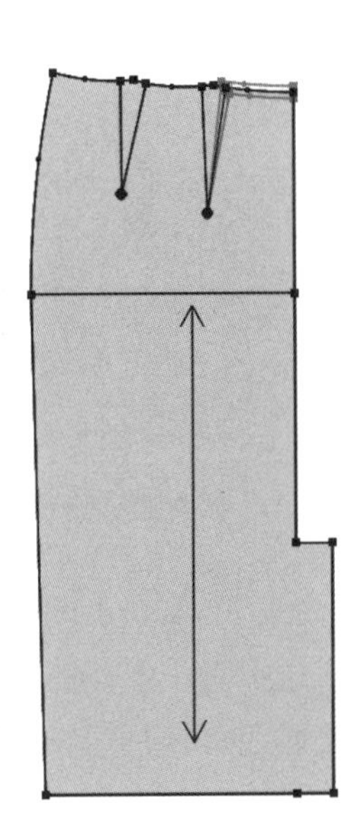

图5–43　右省口点放码

④后中线一侧省的右省口点在选中状态下，鼠标单击【点放码表】对话框中的按钮，在空白处单击，取消对点的选择。之后框选后中线一侧省的左省口点和省中点，再单击按钮，将右省口点的放码量复制到左省口点和省中点，如图5–44所示。在空白处单击，取消对点的选择。接着框选省尖点*A*，再单击按钮，将右省口点的*dx*方向的放码量复制到省尖点*A*上，之后在【*dy*】输入框内输入数值“–0.25”，单击按钮，完成该点的放码，如图5–45所示。在空白处单击，取消对点的选择。

⑤鼠标框选侧缝一侧省的省口点，【点放码表】对话框S码的【*dx*】输入框内输入数值“0.66”，【*dy*】输入框内输入数值“–0.5”，再单击按钮，完成该点的放码，如图5–46所示。

⑥鼠标单击按钮，于空白处单击，取消对点的选择。之后框选省尖点*B*，再单击按钮，将省口点的*dx*方向的放码量复制到省尖点*B*上。在空白处单击，取消对点的

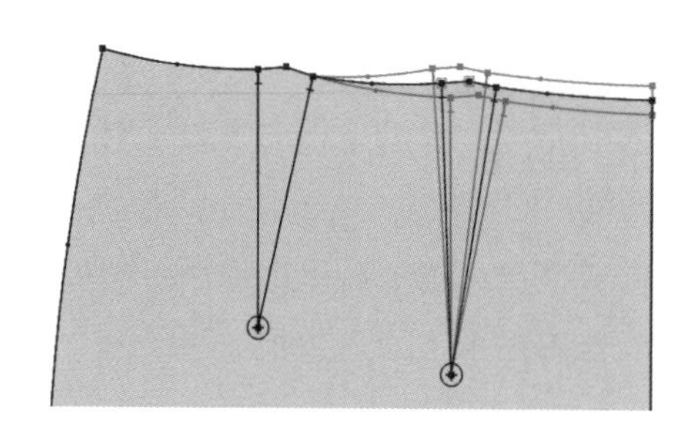

图5-44　左省口点和省中点放码

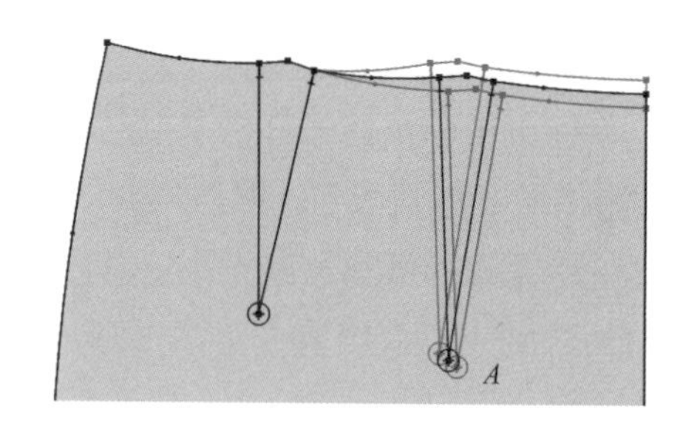

图5-45　省尖点*A*放码

选择。鼠标框选省尖点*A*，单击 按钮，于空白处单击，取消对点的选择。接着框选省尖点*B*，再单击 按钮，将*A*点*dy*方向的放码量复制到*B*点上。放码结果如图5-47所示。在空白处单击，取消对点的选择。

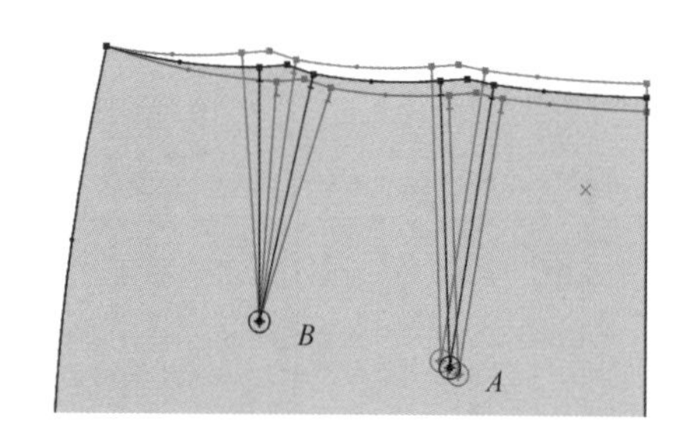

图5-46　侧缝一侧省的省口点放码

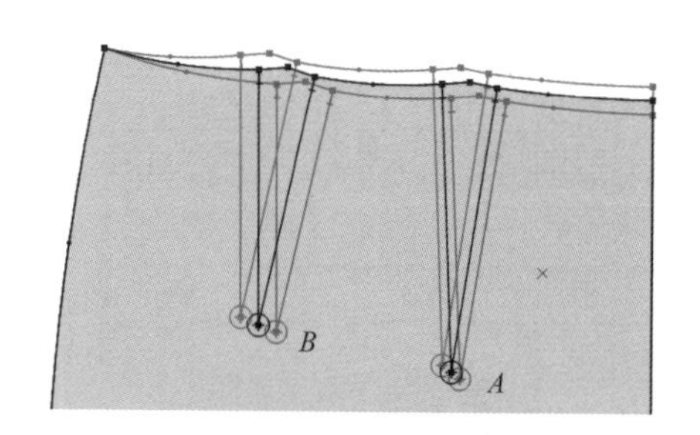

图5-47　省尖点*B*放码

⑦继续单击或框选，选择其他的放码点（也可以通过单击 按钮或 按钮依次向下选点），参照图5-5所示的放码量，完成其他各点的放码。直筒裙最终面、里板放码效果如图5-48、图5-49所示。

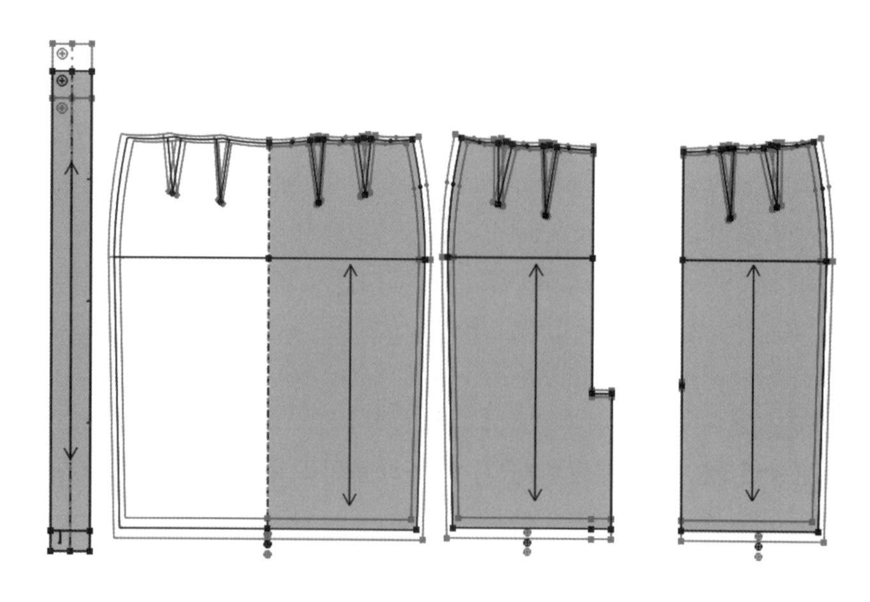

图5-48　直筒裙面板放码网状图

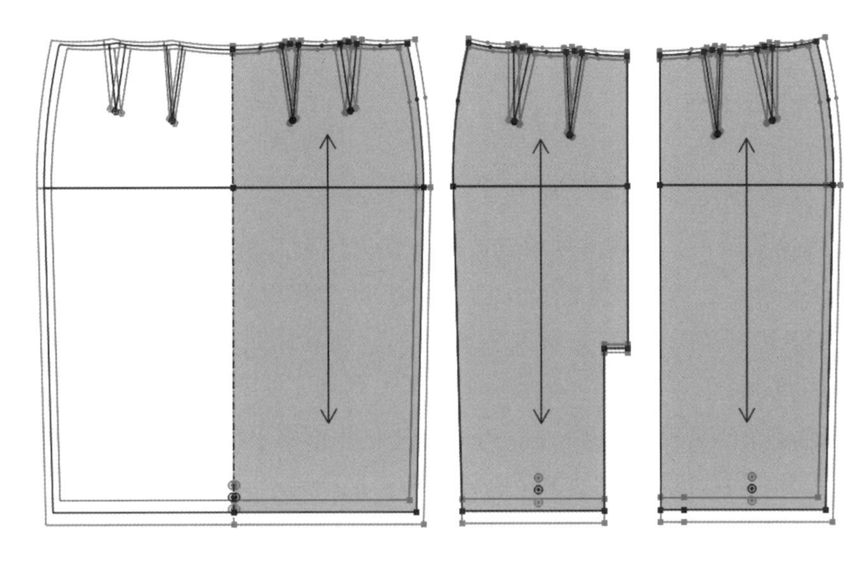

图5-49　直筒裙里板放码网状图

⑧按【F7】键，显示缝份线。直筒裙面、里板带缝份的放码效果如图5-50所示。

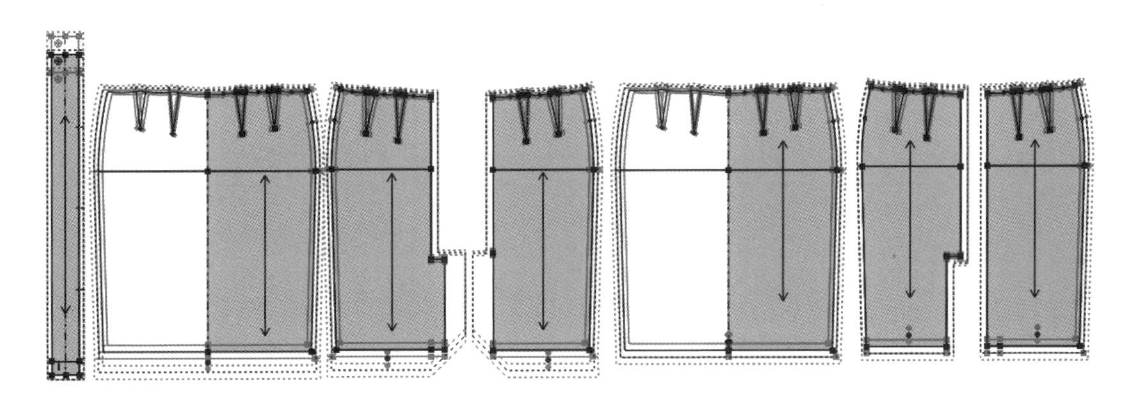

图5-50　直筒裙面、里板带缝份的放码网状图

⑨鼠标单击【保存】按钮，在弹出的【另存为】对话框中选择文件保存的目标文件夹，起文件名，单击【保存】按钮即可。

操作提示

● 逐点放码是手工放码的常见方式，在CAD系统中完全可以这样做，只需选择放码点，输入放码量，采取相应的放码方式即可。为了介绍【点放码表】中的各工具，本书中加入了复制、粘贴放码量的方式进行讲解。

● 在选择新的放码点之前，一定要在空白处单击，取消对已经选中的放码点的选择，否则，新设定的放码值会自动覆盖原有的放码值。

● 为方便观察放码效果，放码时建议隐藏缝份线。在基础码上加出的缝份类型和缝份量对所有码都有效。

● 点放码的关键是要熟悉【点放码表】各工具按钮的功能和用法，具体参见第三章、第五节中的表3-3。

（2）单方向点放码：

逐点放码简洁明了，是最常见的点放码方式，与手工操作的习惯完全一致，但速度慢，重复的工作多。在借助于服装CAD之后，完全可以用更快捷的方式来完成这项工作。这里以前、后片面板放码为例，具体介绍单方向点放码的操作方法。

①单Y方向放码：

a. 鼠标移到前、后片纸样上，按一下键盘上的【空格】键，光标变成形后，松开鼠标移动，将前、后片纸样对齐摆放。按【Ctrl+K】组合键，隐藏非放码点。

b. 选中【选择纸样控制点】工具，框选前、后片腰线上的所有放码点，如图5-51所示，S码【dy】输入框内单击，输入数值“-0.5”，再单击按钮，完成框选点Y方向的放码，如图5-52所示。在空白处单击，取消对点的选择。

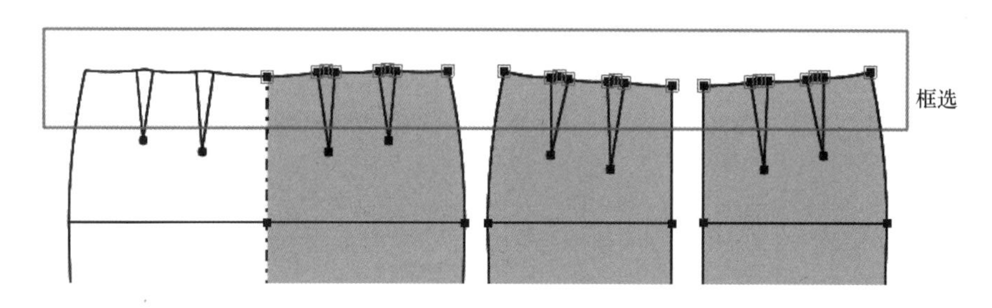

图5-51 框选前、后片腰线上的所有放码点

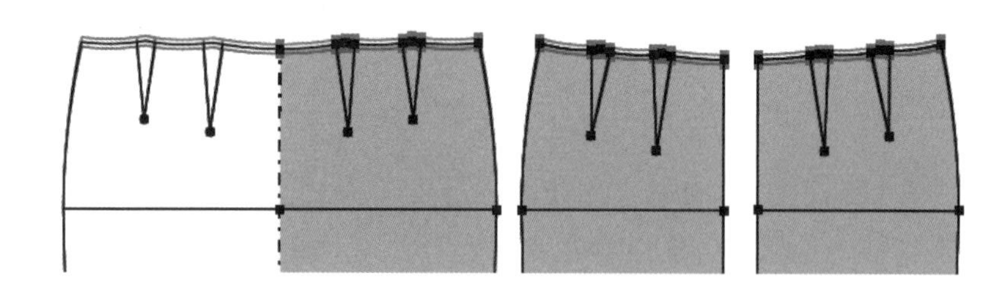

图5-52 前、后片腰线Y方向放码完成

c. 框选前、后片的所有省尖点，S码【dy】输入框内单击，输入数值“-0.25”，再单击按钮，完成省尖点Y方向的放码。在空白处单击，取消对点的选择。

d. 框选后片开衩的上端点，S码【dy】输入框内单击，输入数值“0.5”，再单击按钮，完成框选点Y方向的放码。在空白处单击，取消对点的选择。

e. 框选前、后片底边的所有放码点，如图5-53所示，S码【dy】输入框内单击，输入数值“1.5”，再单击按钮，完成底边所有点Y方向的放码，如图5-54所示。前、后片纸样Y方向的放码完成。在空白处单击，取消对点的选择。

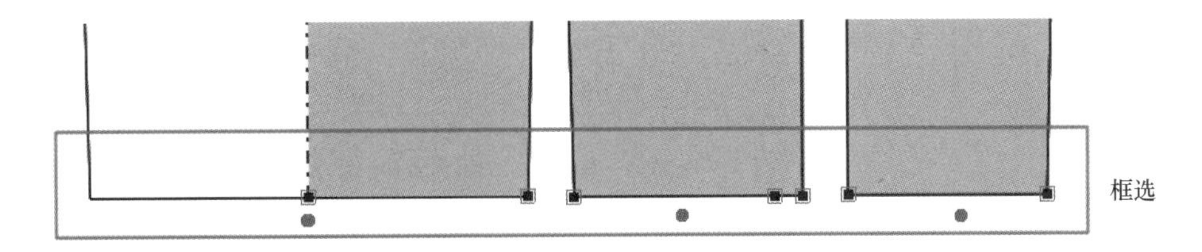

图5-53　框选前、后片底边的所有放码点

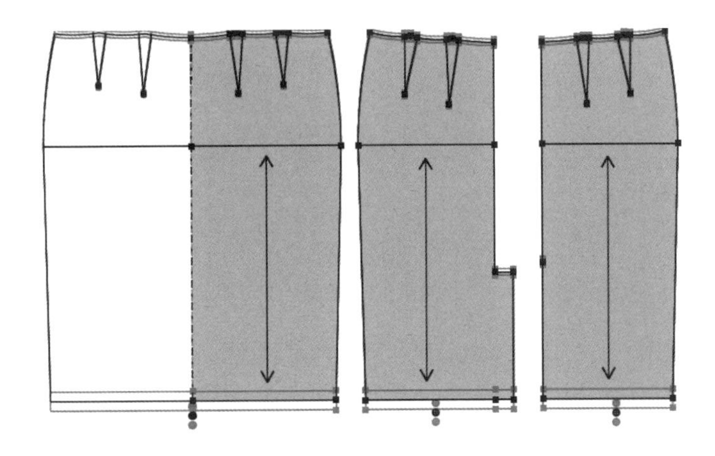

图5-54　前、后片底边*Y*方向放码完成

②单*X*方向放码：

a. 选中【水平垂直翻转】工具，按一下【Shift】键，切换到垂直翻转模式，鼠标在后片里襟纸样上单击，将其垂直翻转。

b. 选中【选择纸样控制点】工具，框选前、后片侧缝线上的臀围点和底边点，如图5-55所示，S码【*dx*】输入框内单击，输入数值“-0.9”，再单击按钮，完成框选点*X*方向的放码，如图5-56所示。在空白处单击，取消对点的选择。

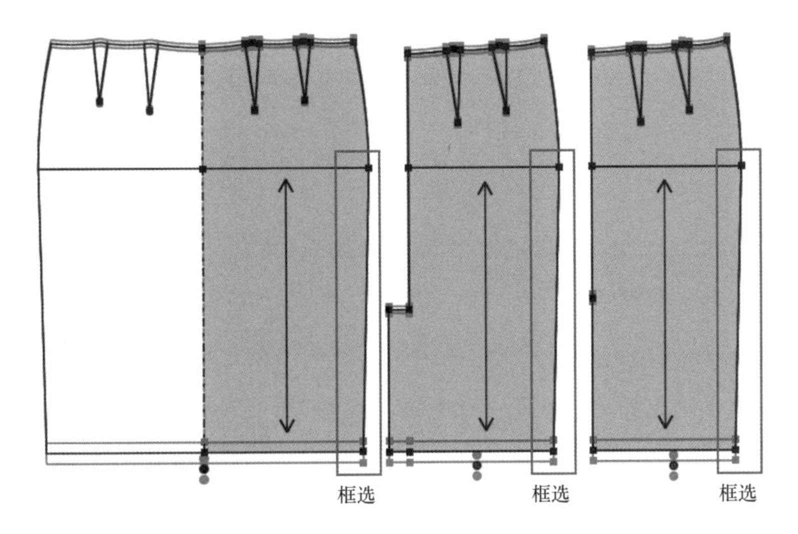

图5-55　框选前、后片侧缝线上的臀围点和底边点

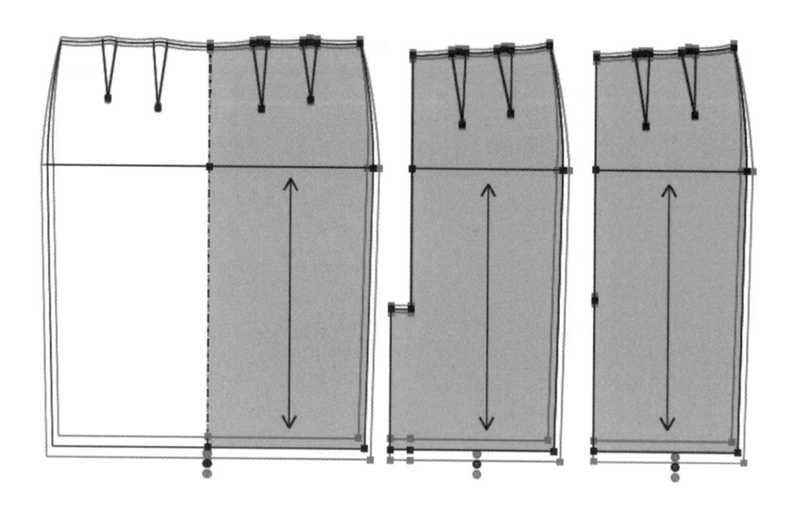

图5-56 前、后片侧缝线上的臀围点和底边点的X方向放码完成

c．框选前、后片侧缝线上的侧腰点，S码【 dx 】输入框内单击，输入数值“-1”，再单击按钮，完成框选点X方向的放码。在空白处单击，取消对点的选择。

d．框选前、后片侧缝线一侧的省，S码【 dx 】输入框内单击，输入数值“-0.66”，再单击按钮，完成框选点X方向的放码。在空白处单击，取消对点的选择。

e．框选前、后片中线一侧的省，如图5-57所示，S码【 dx 】输入框内单击，输入数值“-0.33”，再单击按钮，完成框选点X方向的放码。前、后片纸样X方向的放码完成。在空白处单击，取消对点的选择。

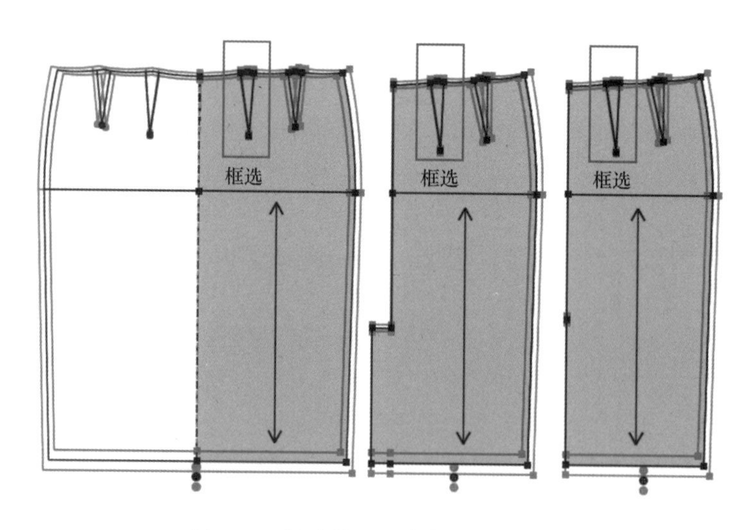

图5-57 框选前、后片中线一侧的省

f．选中【水平垂直翻转】工具，将后片里襟纸样垂直翻转。

（3）线放码：

线放码与点放码的基本原理是一样的，通过将纸样切开，在每条切开线中加入一定的放码量，累加以后，实现放码的目的。这里以前、后片里板放码为例，具体介绍线放码的操作方法。

①鼠标单击【快捷工具栏】上的【线放码表】按钮，弹出【线放码表】对话框。

②按【Ctrl+F】组合键，隐藏放码点。

③鼠标单击选中【线放码表】对话框中的【输入水平放码线】工具按钮，按左键单击画起点和终点，右键单击结束的方式，依次画出*A*、*B*、*C*、*D*共4条水平放码线。再选中【线放码表】对话框中的【输入垂直放码线】工具按钮，依次画出1、2、3、4、5、6、7、8、9、10、11、12共12条垂直放码线。以上操作如图5-58所示。

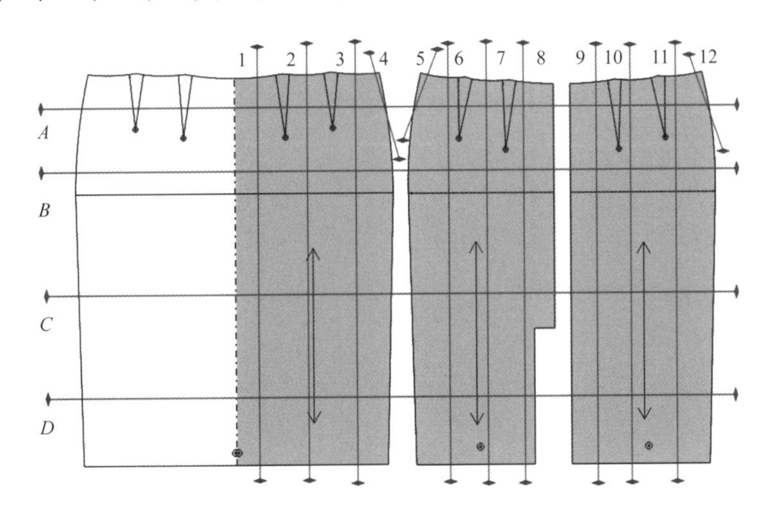

图5-58　画出水平和垂直放码线

④选中【选择放码线】工具按钮，鼠标框选垂直放码线1、2、7、8、9、10，q1、q2、q3各码的放码量输入框被激活。鼠标在S码的【q1】输入框内单击，输入数值“-0.33”，其他输入框中的放码量会按照均码的方式自动生成，如图5-59所示。鼠标单击【应用】按钮，完成框选线放码量的输入。

⑤鼠标框选垂直放码线3、6、11，然后在S码的【q1】输入框内单击，输入数值“-0.24”，如图5-60所示，单击【应用】按钮，完成框选线放码量的输入。

图5-59　输入线1、2、7、8、9、10的放码量

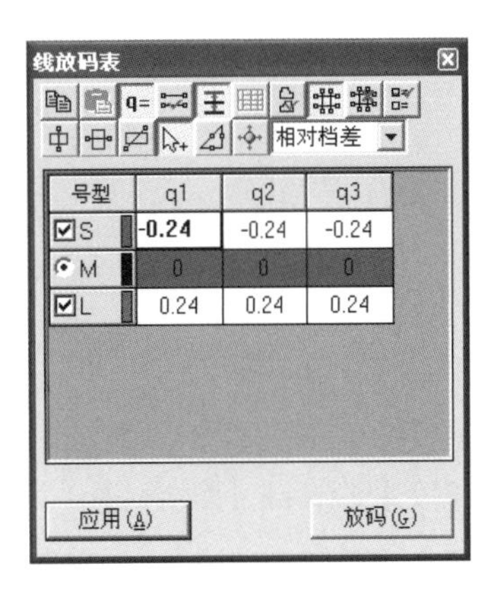

图5-60　输入线3、6、11的放码量

⑥鼠标框选垂直放码线4、5、12，然后在S码的【q1】输入框内单击，输入数值“–0.1”，如图5–61所示，单击【应用】按钮，完成框选线放码量的输入。

⑦鼠标框选水平放码线*A*、*B*，然后在S码的【q1】输入框内单击，输入数值“–0.25”，如图5–62所示，单击【应用】按钮，完成框选线放码量的输入。

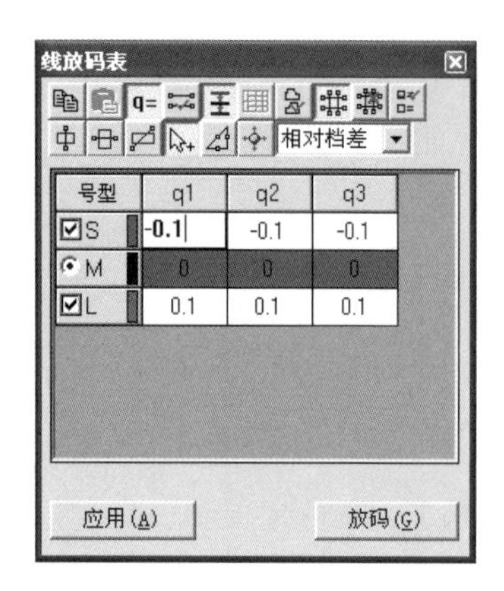

图5–61　输入线4、5、12的放码量

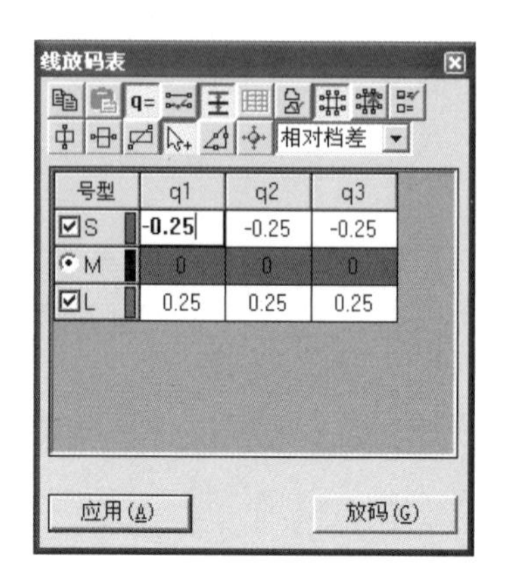

图5–62　输入线*A*、*B*的放码量

⑧用同样方法，数值分别为“–0.5”、“–1”，依次完成水平放码线*C*、*D*放码量的输入。

⑨鼠标单击【放码】按钮，完成直筒裙前、后片里板的放码，如图5–63所示。

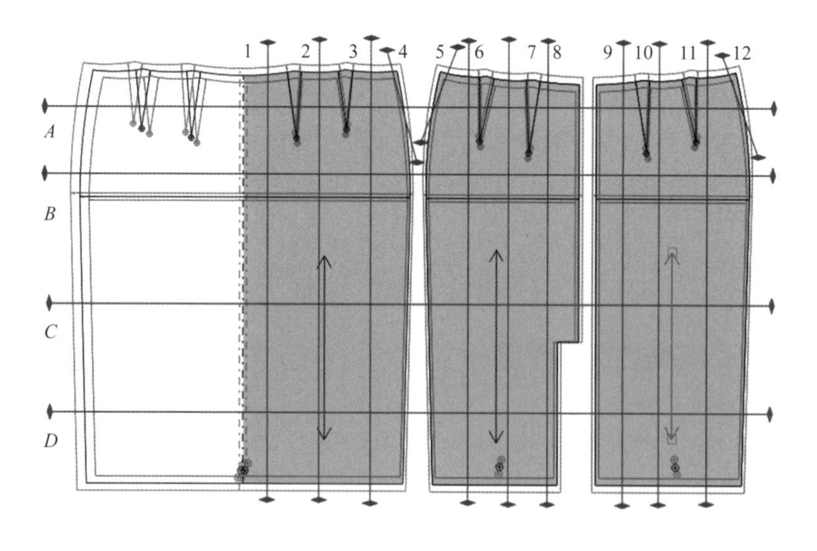

图5–63　直筒裙前、后片里板放码网状图

⑩鼠标单击【显示/隐藏放码线】按钮，将其按起，隐藏放码线，如图5–64所示。

⑪按【Ctrl+F】组合键，显示放码点。选中【放码工具栏】中的【各码对齐】工具，鼠标依次单击*X*、*Y*和*Z*点，以选择点为放码基准点，将直筒裙前、后片里板各码纸样对齐，如图5–65所示。直筒裙前、后片里板线放码完成。

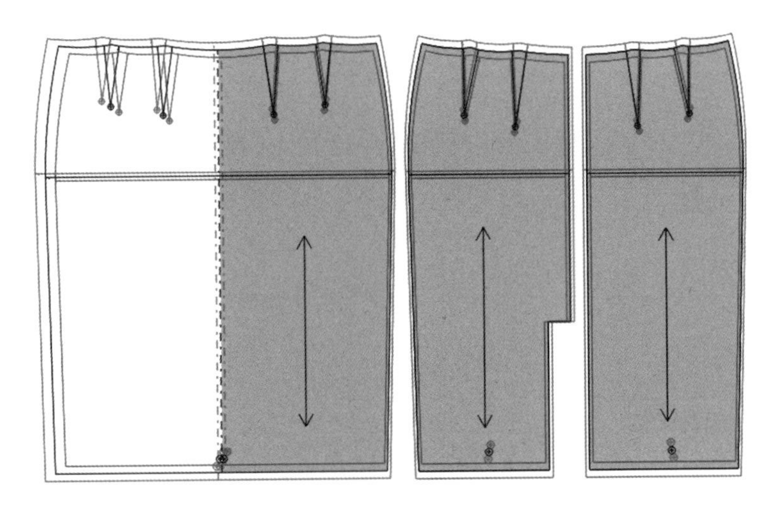

图5-64　隐藏放码线的放码网状图

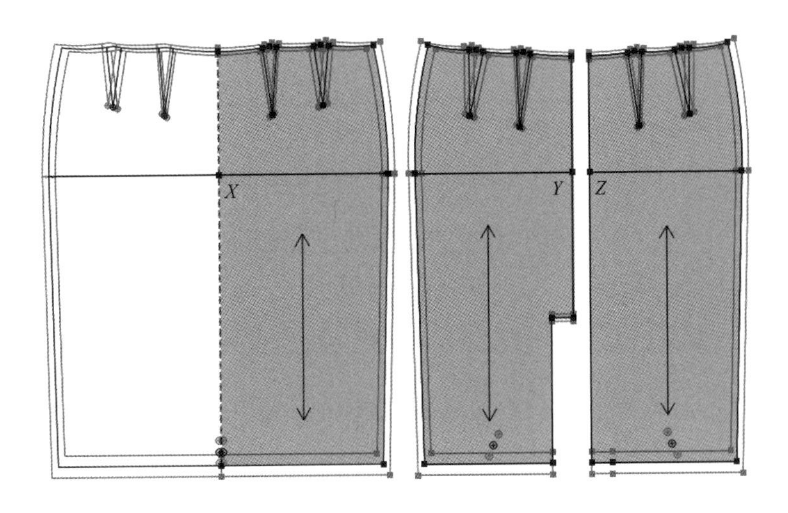

图5-65　各码分别以X、Y、Z为放码基准点对齐

操作提示

线放码的关键也是要熟悉【线放码表】各工具按钮的功能和用法，具体参见第三章、第五节中的表3-4。

（4）按方向键放码：

按方向键放码与点放码的基本原理和操作方法是一样的，不同点在于按方向键放码的放码量可以累加，点放码则不可以；按方向键放码仅限于水平和垂直方向放码，而点放码可在任意方向进行。这里以腰头纸样放码为例，具体介绍按方向键放码的操作方法。

①选中【旋转衣片】工具，将腰头纸样旋转90°，水平摆放。

②鼠标单击【快捷工具栏】上的【按方向键放码】工具，弹出【按方向键放码】对话框。

③选中【选择纸样控制点】工具，框选腰头左侧的放码点和纽扣，如图5-66所示。连续单击按钮两次，放码量为4cm，完成框选点和纽扣的放码，如图5-67所示。

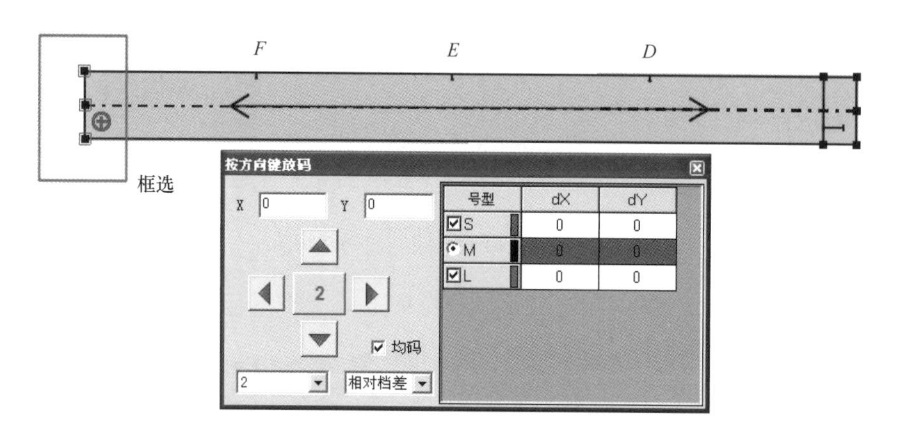

图5-66 框选放码点

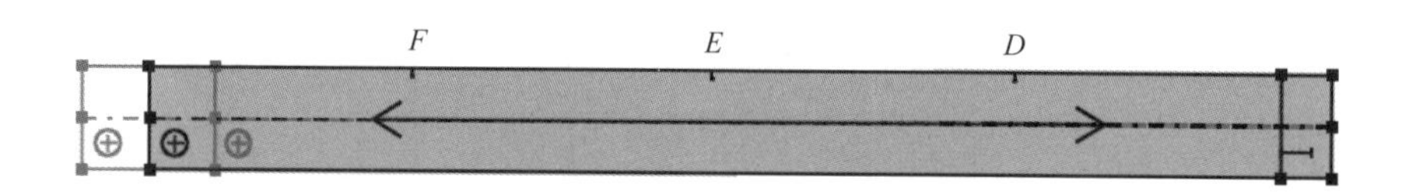

图5-67 完成放码

④选中【剪口】工具，鼠标移到剪口*D*上，右键单击，弹出的【剪口】对话框中将距离设为图5-68所示，单击【确定】按钮，完成剪口*D*的放码。以同样方法，参照图5-68所示，完成*E*、*F*两个剪口的放码。

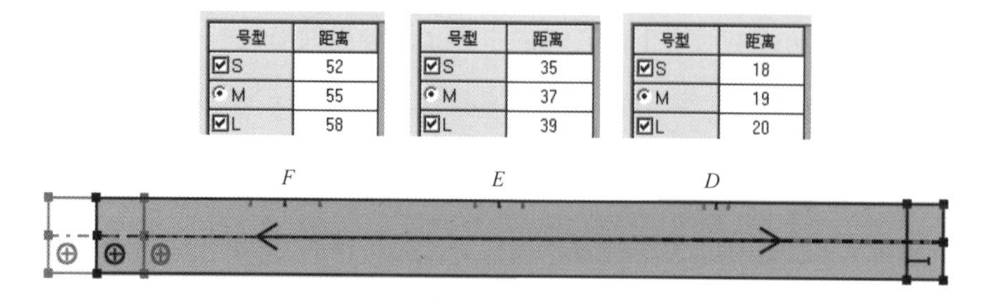

号型	距离
S	52
M	55
L	58

号型	距离
S	35
M	37
L	39

号型	距离
S	18
M	19
L	20

图5-68 剪口放码

教师指导

如果要在【按方向键放码】对话框中自行设定放码步长，可按如下方法操作：

（1）单击【步长选择框】中的下拉按钮，选择【…】选项，如图5-69所示，弹出【自定义步长】对话框，输入步长值“0.7”，如图5-70所示，单击【插入】按钮，输入的步长值自动出现在下面的【步长列表框】中。

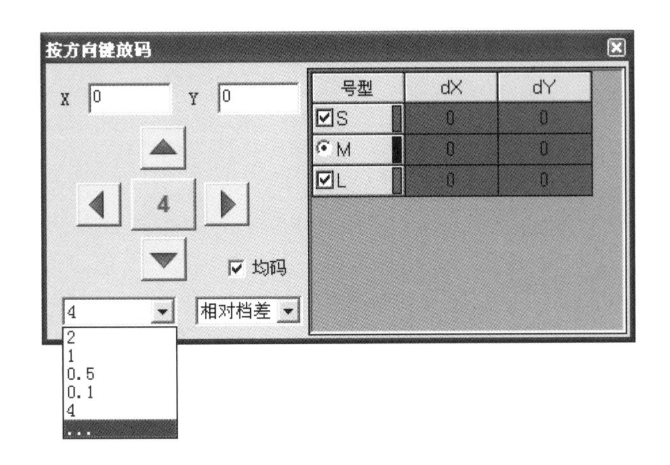

图5-69　选择【…】选项

图5-70　输入步长值“0.7”

（2）单击【确定】按钮，【步长选择框】和【步长选择】按钮同步显示该步长值，如图5-71所示。

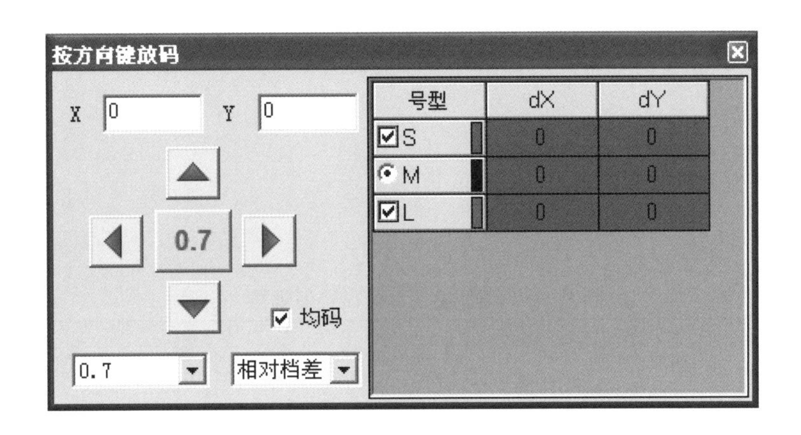

图5-71　【步长选择框】和【步长选择】按钮同步显示插入的步长值

另外，单击【步长选择】按钮，可循环选择【步长选择框】中的步长值。

第二节　女衬衫工业纸样设计

女衬衫是女装当中的常见式样，也是女性春秋季节搭配套装或夏季贴身穿着的主要服装，应用极为广泛，具有款式繁多、风格多变的特点。

一、女衬衫款式图（图5-72）

图5-72　女衬衫款式图

二、女衬衫号型规格（表5-2）

表5-2　女衬衫号型规格　　单位：cm

部位 号型	领围（N）	胸围（B）	腰围（W）	衣长	背长	袖长（SL）	肩宽（S）	袖口围
S	35	84	64	58	36.8	58.5	36.5	20
M	36	88	68	60	38	60	37.5	21
L	37	92	72	62	39.2	61.5	38.5	22
档差	1	4	4	2	1.2	1.5	1	1

三、女衬衫结构图（图5-73、图5-74）

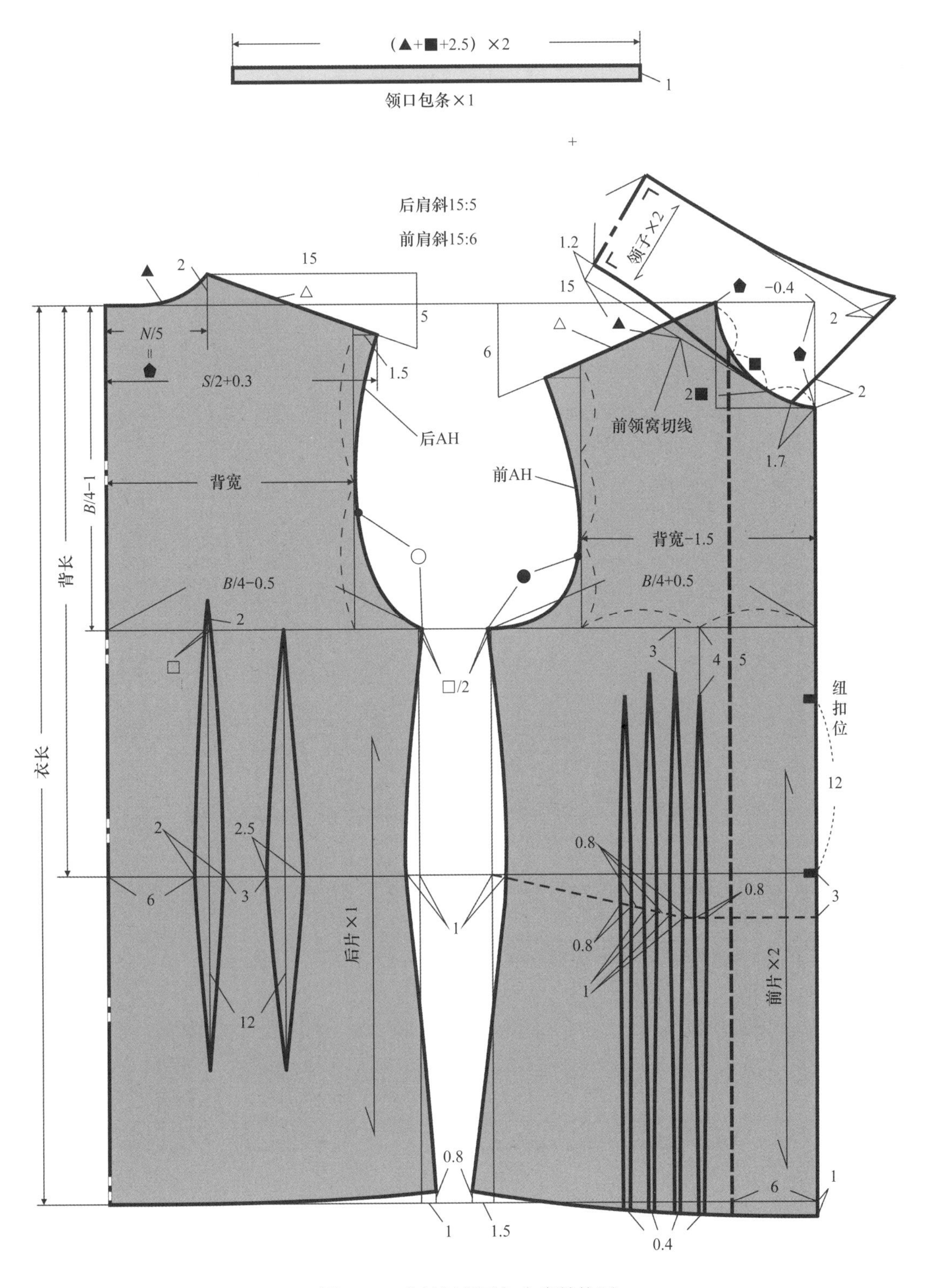

图5-73　女衬衫领子与大身结构图

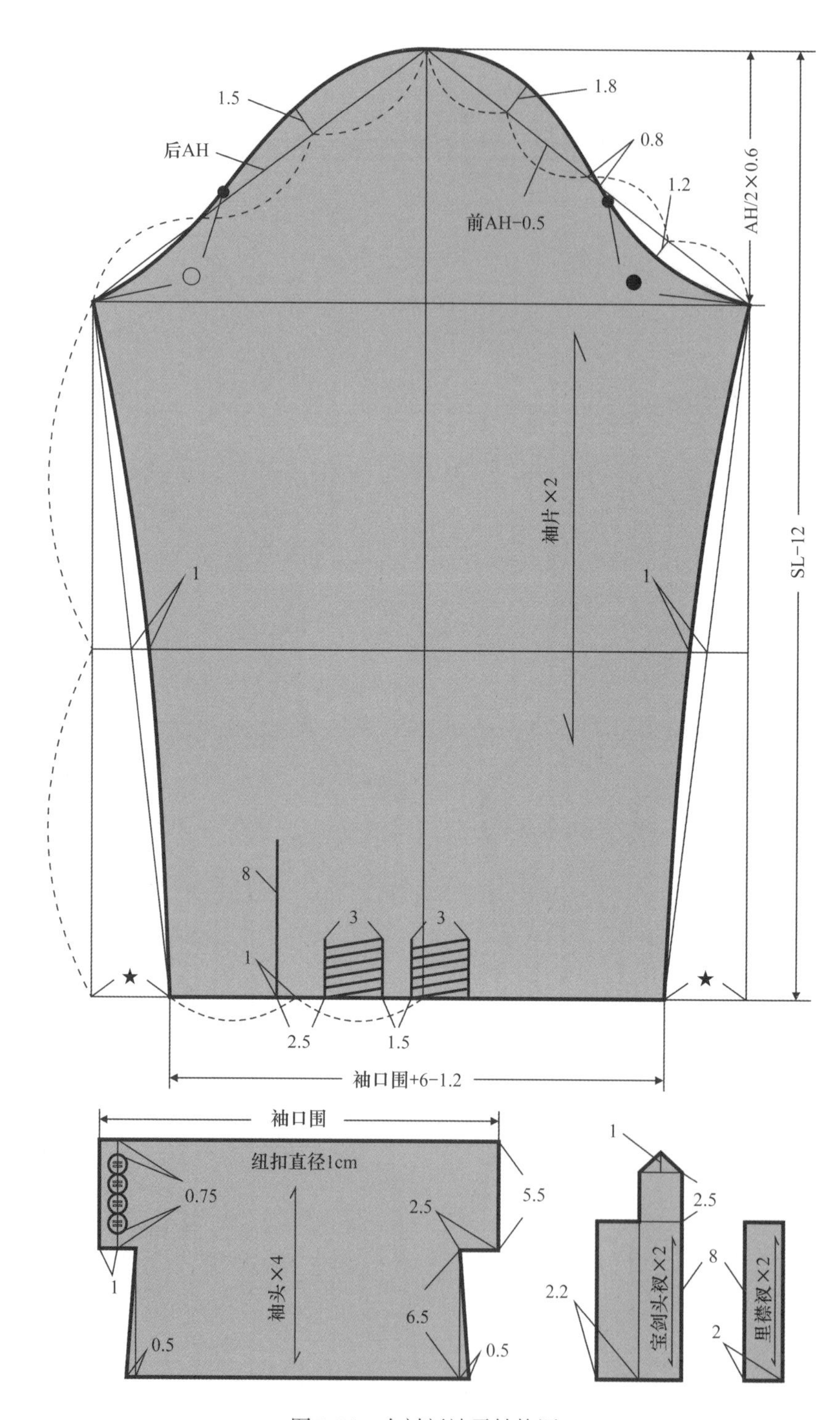

图5-74　女衬衫袖子结构图

四、女衬衫放缝图（图5-75）

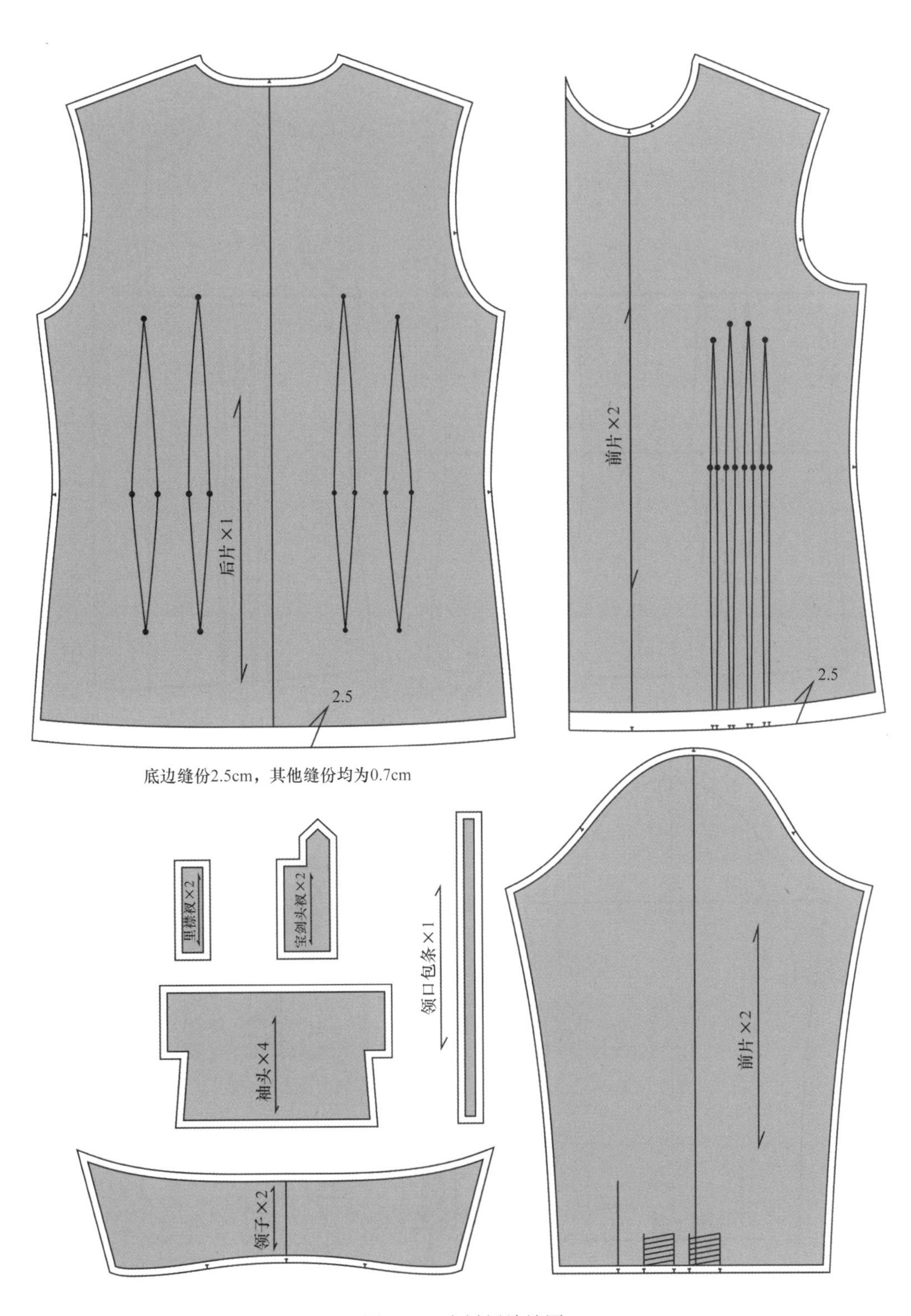

图5-75　女衬衫放缝图

五、女衬衫放码方向与放码量标示图（图5-76）

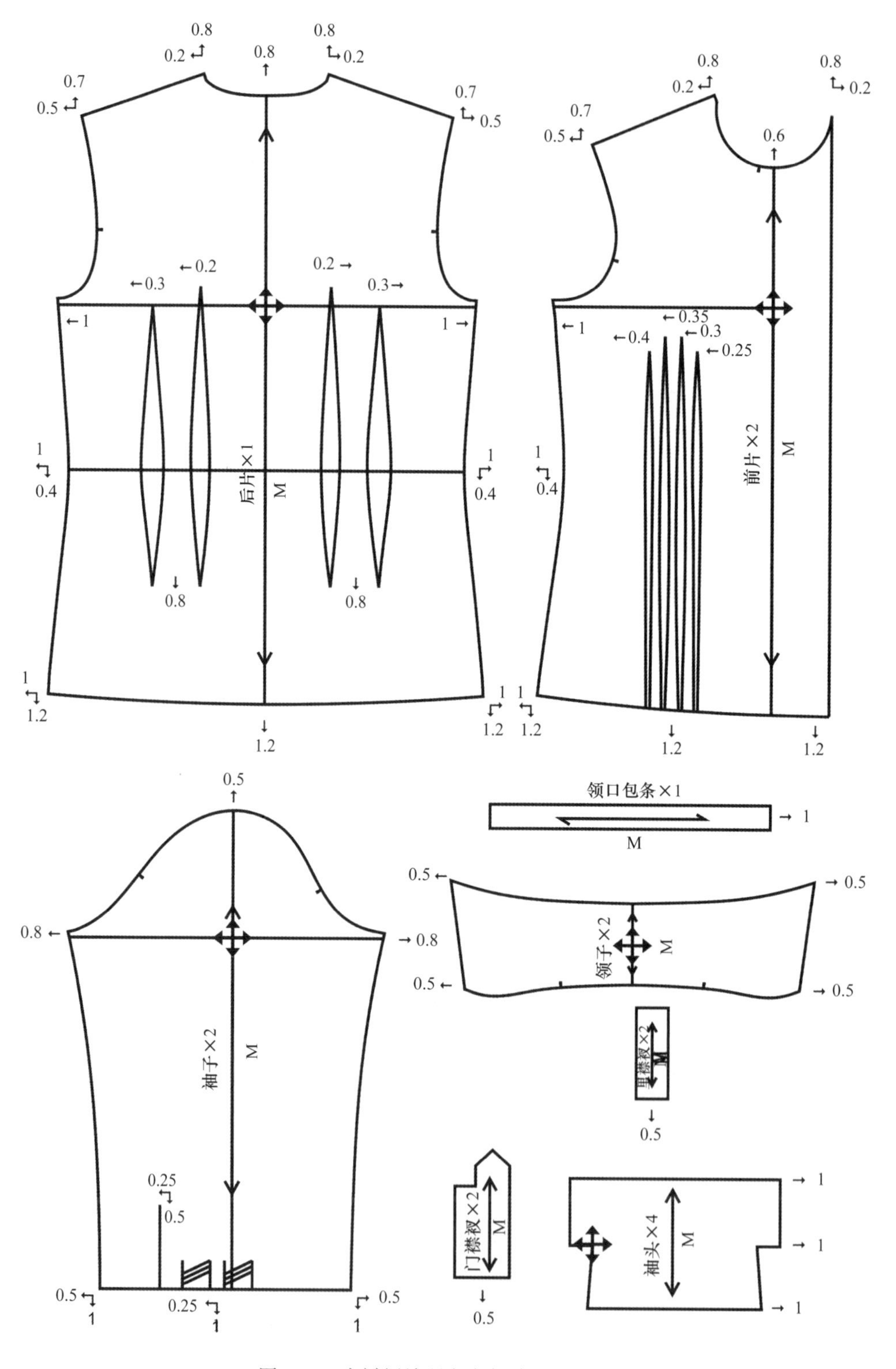

图5-76 女衬衫放码方向与放码量标示图

六、女衬衫放码网状图（图5–77）

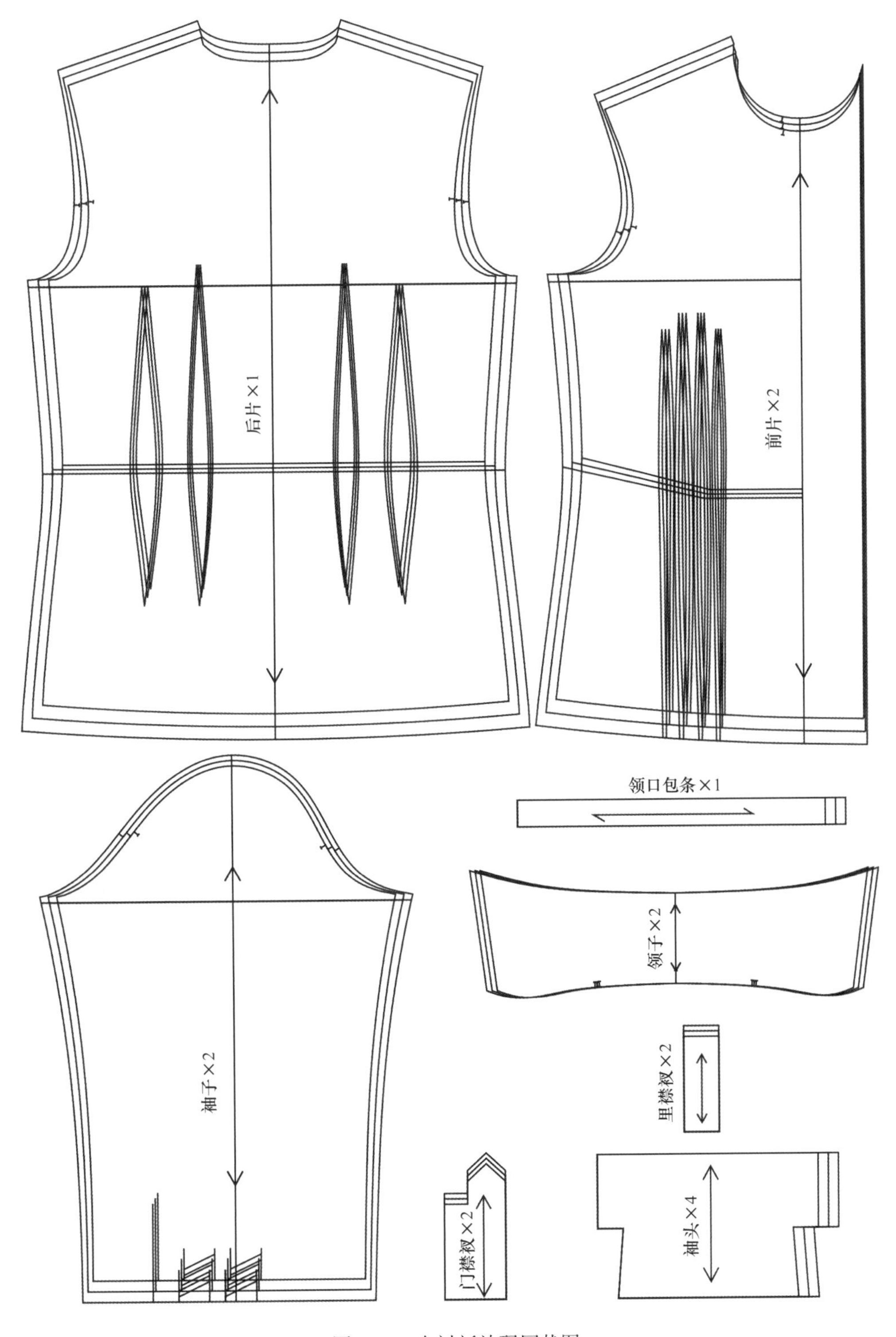

图5–77 女衬衫放码网状图

七、女衬衫CAD工业纸样设计

1. 结构制图

（1）进入自由设计与放码系统的工作画面，单击【新建】按钮，新建一个工作画面。

（2）选择【号型】菜单下的【号型编辑】命令，弹出【设置号型规格表】对话框。在对话框中以M码为基准码，建立如图5-78所示的号型规格表，并将其保存。

设置号型规格表

号型名	S	M	L
领围	35	36	37
胸围	84	88	92
腰围	64	68	72
衣长	58	60	62
背长	36.8	38	39.2
袖长	58.5	60	61.5
肩宽	36.5	37.5	38.5
袖口	20	21	22

图5-78　设定的女衬衫号型规格表

（3）将输入法切换到英文输入状态，参照图5-73、图5-74所示，画出女衬衫的结构图，如图5-79所示（结构制图过程可参看光盘里的操作视频）。

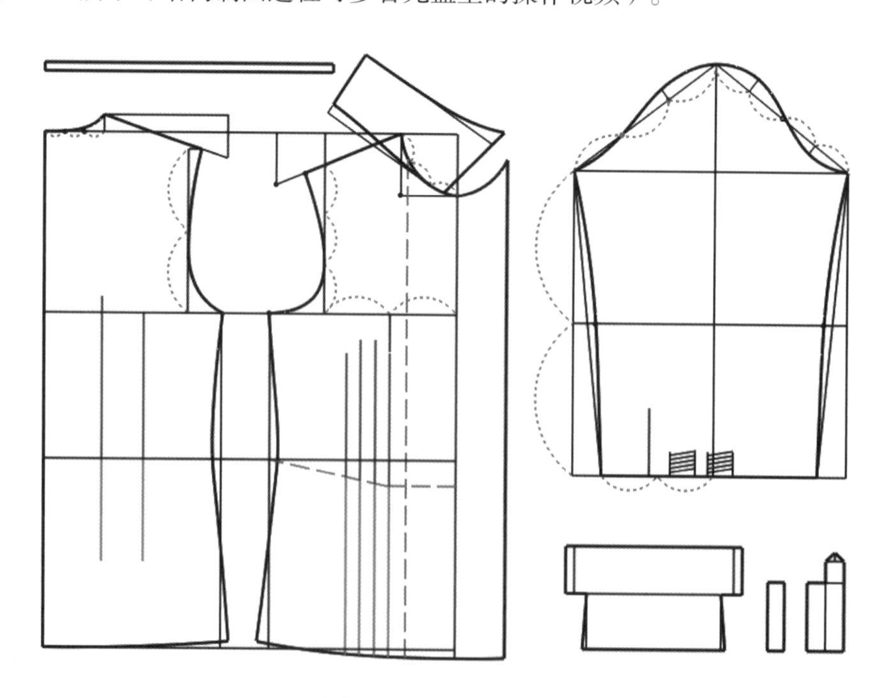

图5-79　女衬衫结构图

（4）选中【移动】工具，将领子的相关结构线复制一份。选中【橡皮擦】工具，将复制的结构线中除领子结构线以外的多余线删除。选中【剪断线】工具，将领脚线接成一条整线。选中【旋转】工具，将领子结构线以后中线为竖直线摆正。

（5）选中【剪刀】工具，生成女衬衫各片纸样。选中【纸样对称】工具，将领子和后片纸样关联对称展开。选中【布纹线】工具，将领口包条纸样的布纹线调成水平，将各纸样的布纹线移到合适位置。鼠标移到纸样上，按【空格】键，出现形后将各纸样移动摆放到合适位置，如图5-80所示。

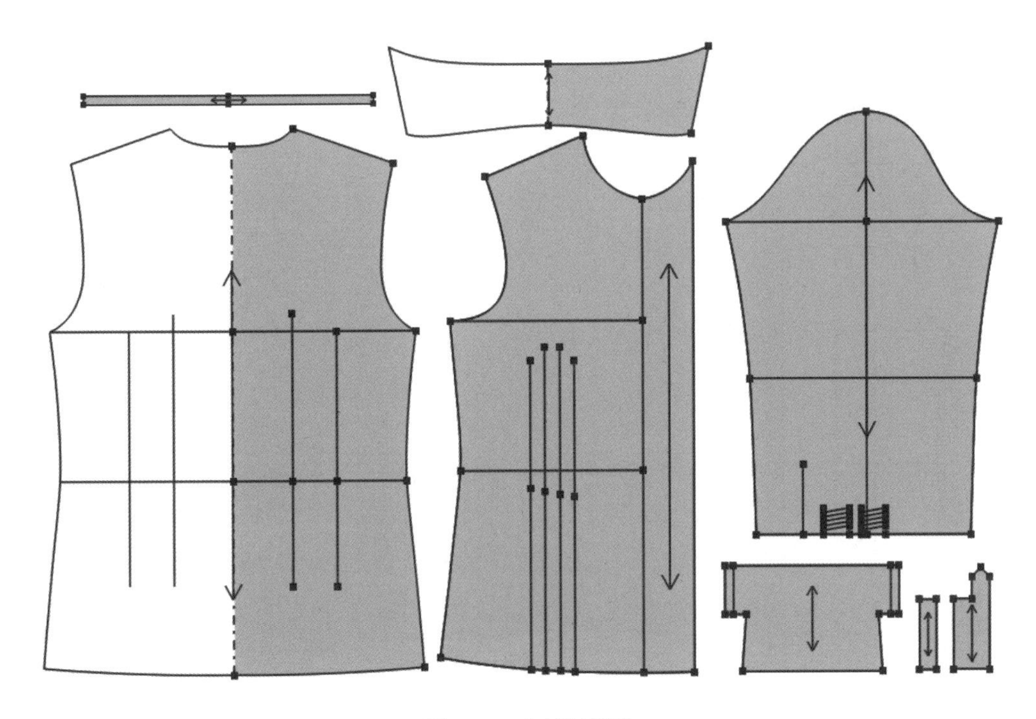

图5-80 女衬衫纸样

2. **纸样编辑**

（1）修改缝份：

①按键盘上的【F7】键，显示纸样缝份，此时所有纸样的缝份按照之前的设定，统一为1cm。

②选中【加缝份】工具，鼠标移到任一纸样的放码点上单击，弹出的【衣片缝份】对话框中设置如图5-81所示，将所有纸样的缝份统一调成0.7cm，之后将前、后片底边的缝份调成2.5cm，将前片折边的缝份调成0。鼠标单击后肩斜线，弹出的【加缝份】对话框中选择起点缝型为“2”，单击【确定】按钮，将后肩斜线在颈侧位置调成直角；鼠标单击前肩斜线，弹出的【加缝份】对话框中选择终点缝型为“2”，单击【确定】按钮，将前肩斜线在颈侧位置调成直角。前、后肩斜线在颈侧加缝效果如图5-82所示。

③按【Ctrl+F】组合键，隐藏放码点。女衬衫纸样最终加缝效果如图5-83所示。

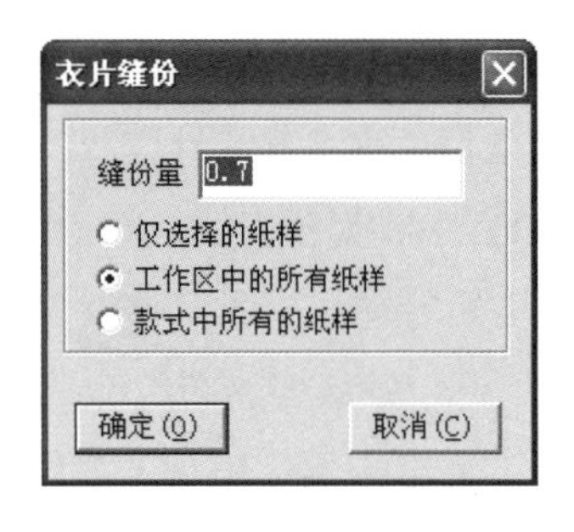

图5-81 【衣片缝份】对话框

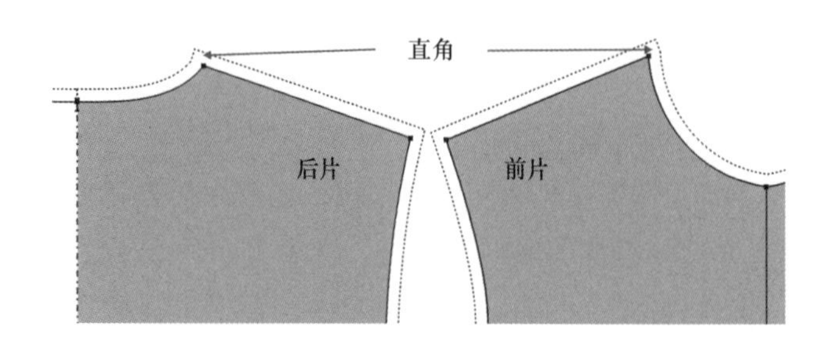

图5-82 前、后肩斜线在颈侧缝型调成直角

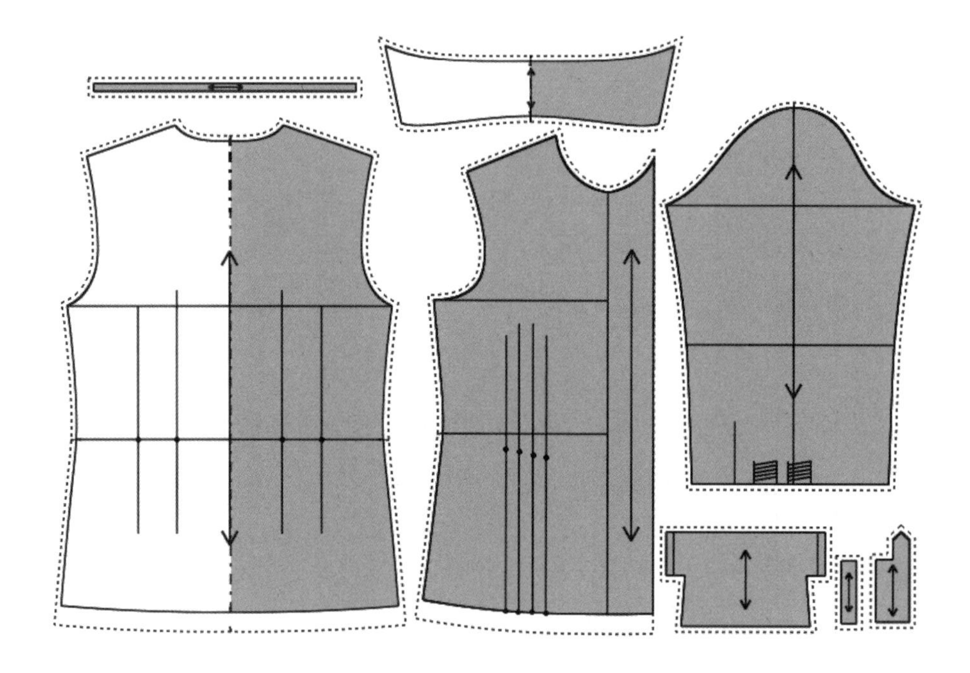

图5-83 女衬衫纸样加缝效果图

（2）开省：

①按【Ctrl+F】组合键，显示放码点；按【F7】键，隐藏缝份线。

②选中【纸样工具栏】中的【锥型省】工具，鼠标依次单击后片后中线一侧省中线的E点、F点和G点，弹出【锥型省】对话框，单击【钻孔属性】按钮，弹出【钻孔属性】对话框，对话框中设置如图5-84所示；单击【确定】按钮，回到【锥型省】对话框，M码的W2输入框中输入数值“2”，之后单击【各码相等】按钮，设定各码W2的值均为2，如图5-84所示；单击【确定】按钮，省开出，如图5-84所示。

③用同样方法，W2值为2.5，开出后片的另一个省。

④选中【调整】工具，鼠标单击选中刚开出的省线，之后单击右上侧省线（只能单击右侧，不能单击左侧），松开鼠标拖动省线到合适位置单击，鼠标在空白位置再单击，完成上侧省线的调整；以同样方法完成下侧省线的调整，具体如图5-85所示。

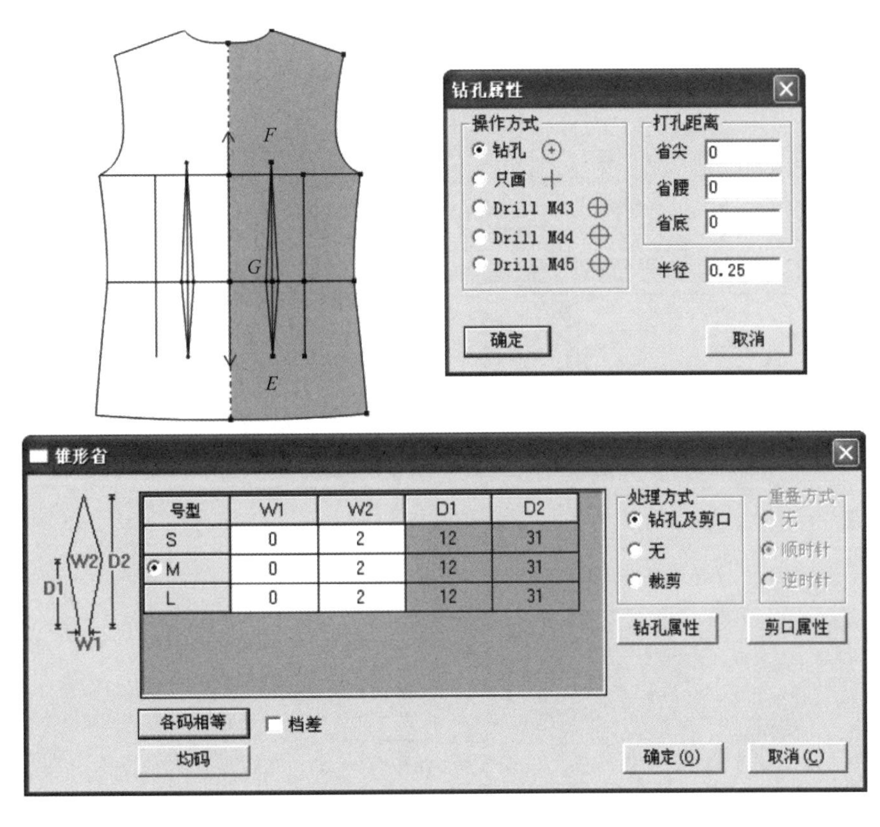

图5-84 设定并开出后腰省

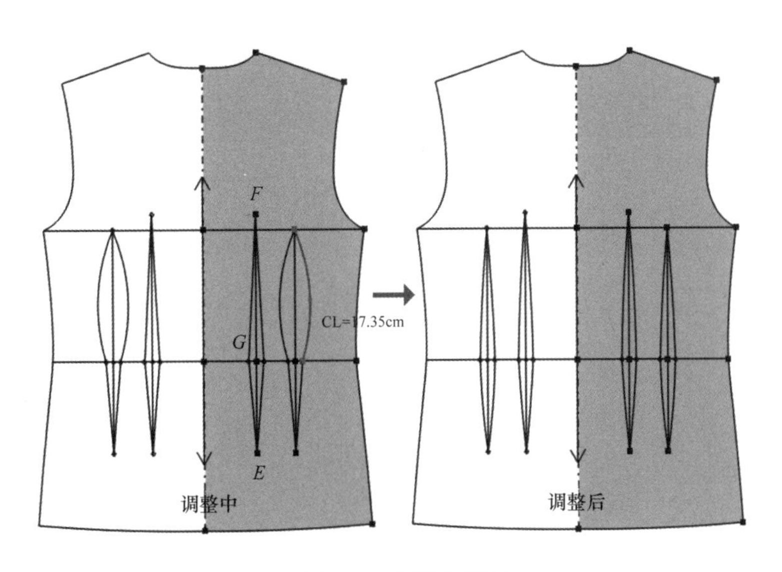

图5-85 调整后腰省

⑤选中【锥型省】工具，鼠标依次单击前片省中线的M点、N点和O点，弹出的【锥型省】对话框中设置如图5-86所示，【钻孔属性】对话框设置与后片开省相同，开出前片的第一个开口省。参照图5-73所示，以同样方法开出其他三个省，如图5-87所示。

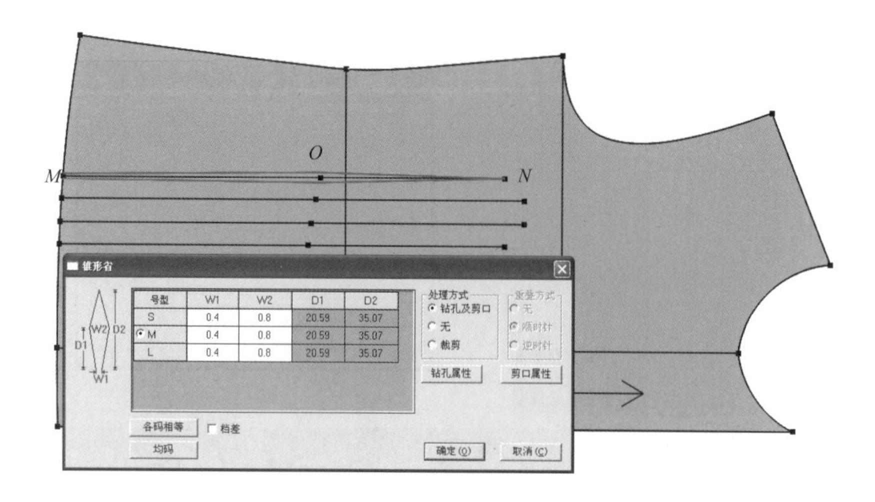

图5-86　设定并开出前腰省

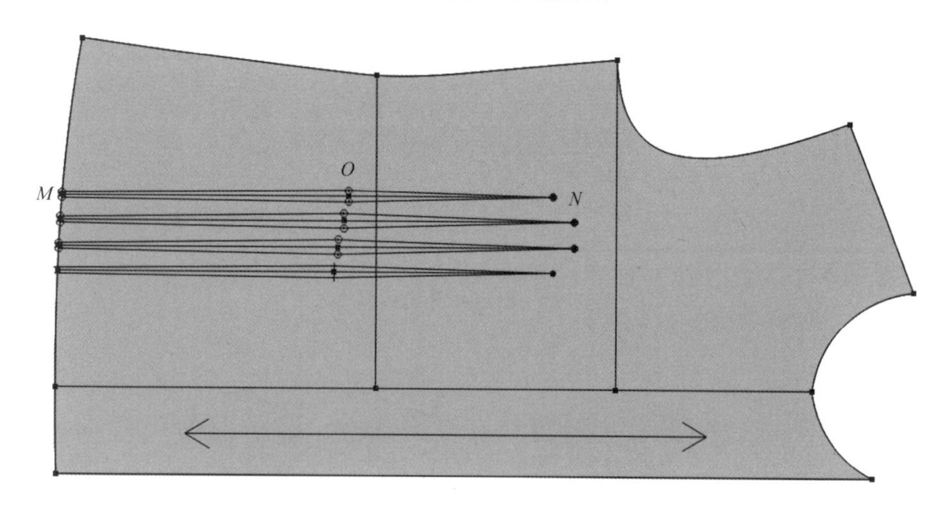

图5-87　开出前片所有腰省

教师指导

前、后片的腰省线也可以在结构制图时直接画，提取纸样时作为内线添加即可。

（3）钻孔与定纽位：

①选中【钻孔】工具，鼠标单击袖头纸样的内线AB，弹出的【线上钻孔】和【属性】对话框设置如图5-88所示，定出纽扣的位置和大小。

②选中【眼位】工具，鼠标单击袖头纸样的内线CD，弹出的【线上扣眼】对话框设置如图5-88所示，定出扣眼的位置和大小。

③选中【钻孔】工具，参照图5-73所示，定出前中装饰扣的位置。

（4）打剪口：

①选中【剪口】工具，打出除袖山、袖窿以外的所有剪口。

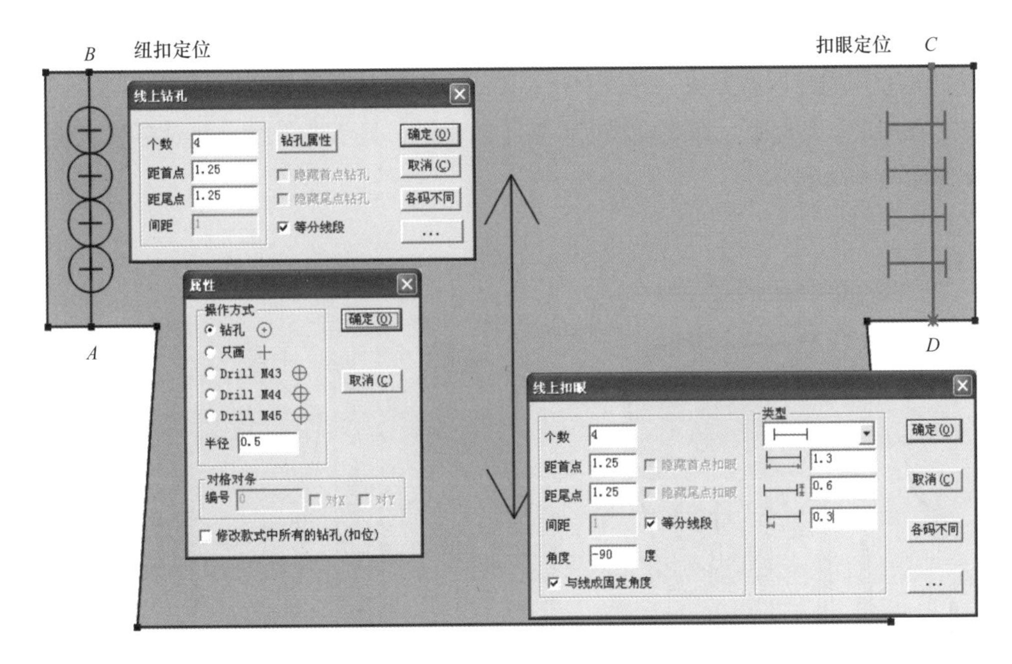

图5-88　设定并画出袖头纽扣与扣眼的位置和大小

②按【空格】键，出现 形后，后片在左、前片在右、袖子居中，将三块纸样移动摆放到合适位置。

③选中【纸样工具栏】中的【袖对刀】工具 ，按如下步骤完成袖窿曲线与袖山曲线的对刀设置：

a. 鼠标在靠近前袖窿弧线A端位置单击或框选，右键单击。

b. 接着在靠近前袖山弧线B端位置单击或框选，右键单击。

c. 然后在靠近后袖窿弧线C端位置单击或框选，右键单击。

d. 最后在靠近后袖山弧线D端位置单击或框选，右键单击，弹出【袖对刀】对话框。

e. 输入各码前、后袖窿的长度，如图5-89所示，单击【确定】按钮即可。

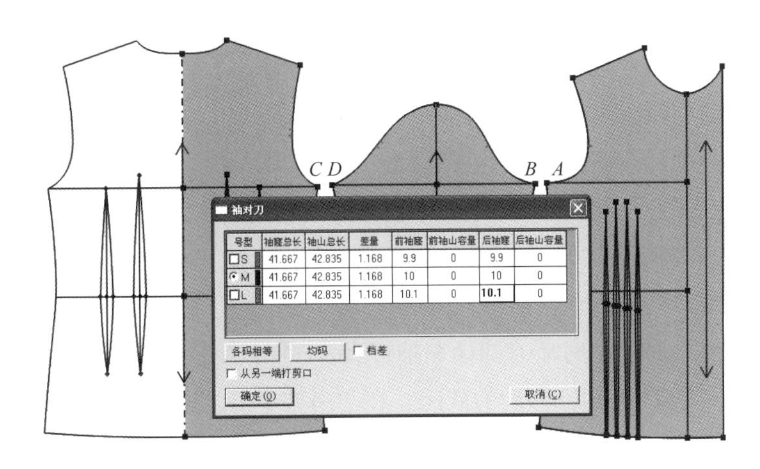

图5-89　袖对刀

（5）编辑款式与纸样基本信息：

按照与直筒裙相同的方法，完成女衬衫款式与纸样基本信息的编辑。

按【Ctrl+F】组合键，隐藏放码点；按【F7】键，显示缝份线。女衬衫基础纸样最终编辑效果如图5-90所示。

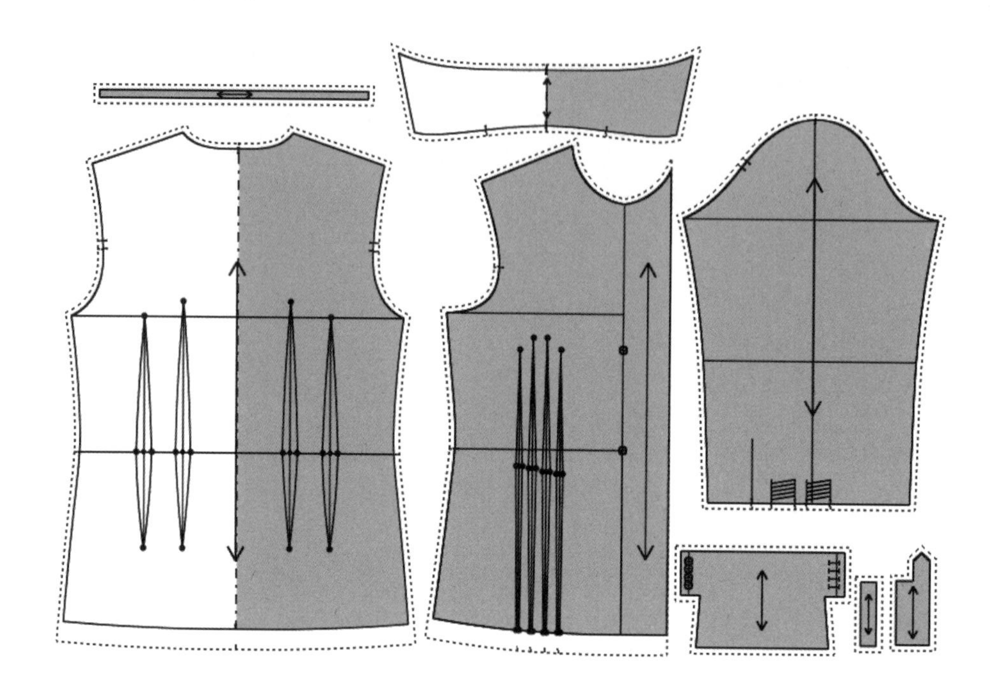

图5-90 女衬衫基础纸样最终编辑效果

3. 纸样放码

按【F7】键，将缝份线隐藏；按【Ctrl+F】键，显示放码点。

（1）单X方向放码：

①选中【水平垂直翻转】工具，按一下【Shift】键，切换到垂直翻转模式，鼠标在后片纸样上单击，将其垂直翻转。

②鼠标单击【点放码表】按钮，弹出【点放码表】对话框。单击按钮，将其按起，取消“自动判断放码量正负”的功能。

③选中【选择纸样控制点】工具，框选前、后片侧缝线上的所有点、领口包条的左侧点以及袖头左侧点和纽扣，S码【*dx*】输入框内单击，输入数值“1”，再单击按钮，完成框选点X方向的放码。放码效果如图5-91所示（如果没有显示放码效果，按【F4】键）。在空白处单击，取消对点的选择。

④鼠标框选前、后片左肩点与袖子左袖口点，S码【*dx*】输入框内输入数值“0.5”，再单击按钮，完成框选点X方向的放码。在空白处单击，取消对点的选择。

⑤鼠标框选袖子右袖口点和领子的领嘴各点，S码【*dx*】输入框内输入数值“-0.5”，再单击按钮，完成框选点X方向的放码。在空白处单击，取消对点的选择。

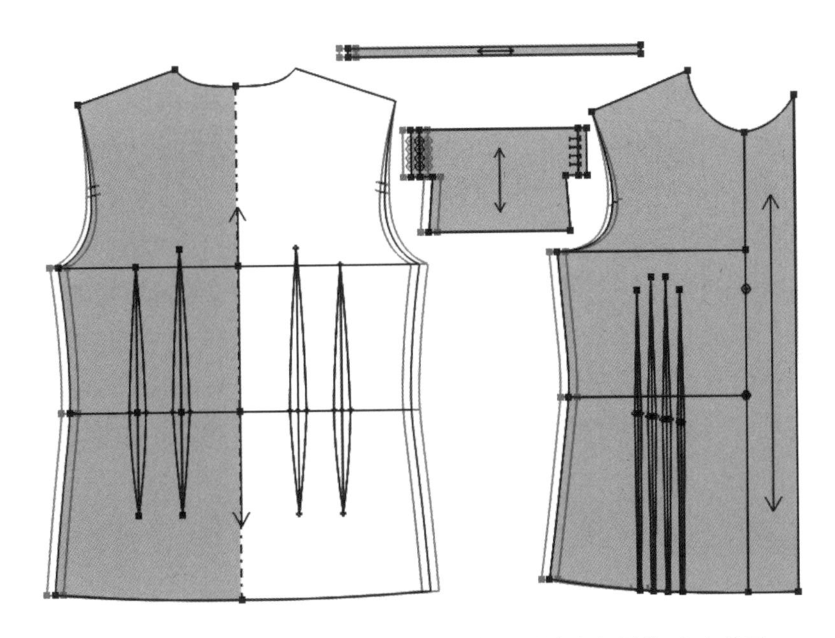

图5-91　前、后片侧缝线、领口包条左侧以及袖头左侧单X方向放码

⑥参照图5-76所示，完成其他各点X方向的放码。放码效果如图5-92所示。

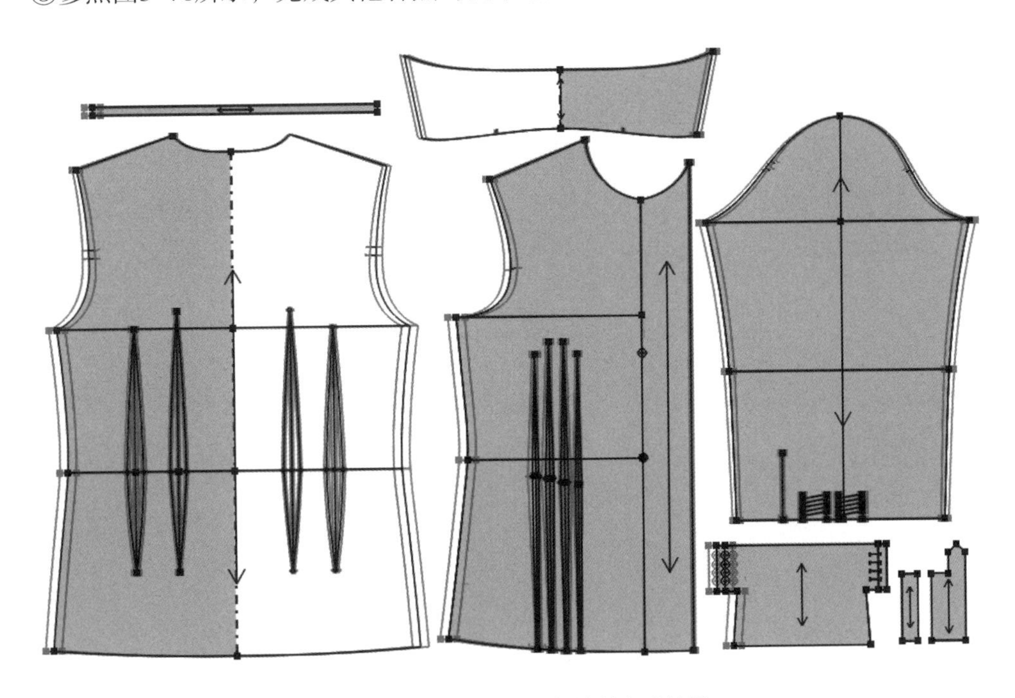

图5-92　女衬衫单X方向放码完成效果

（2）单Y方向放码：

①鼠标框选前、后片底边的所有点，S码【dy】输入框内单击，输入数值“1.2”，再单击 按钮，完成框选点Y方向的放码。在空白处单击，取消对点的选择。之后框选腰线上的所有点，S码【dy】输入框内单击，输入数值“0.4”，再单击 按钮，完成框选

点*Y*方向的放码。在空白处单击，取消对点的选择。接着框选后片的下省尖点，S码【*dy*】输入框内输入数值“0.8”，再单击 按钮，完成框选点*Y*方向的放码。在空白处单击，取消对点的选择。参照图5–76所示，完成前片、后片其他各点*Y*方向的放码。

②鼠标框选袖子袖口的所有点，S码【*dy*】输入框内单击，输入数值“1”，再单击 按钮，完成框选点*Y*方向的放码。在空白处单击，取消对点的选择。之后框选袖山点，S码【*dy*】输入框内输入数值“–0.5”，再单击 按钮，完成框选点*Y*方向的放码。在空白处单击，取消对点的选择。接着框选袖口开衩上端点和门、里襟袖衩的下端点，S码【*dy*】输入框内输入数值“0.5”，再单击 按钮，完成框选点*Y*方向的放码。在空白处单击，取消对点的选择。女衬衫*Y*方向放码完成，放码效果如图5–93所示。

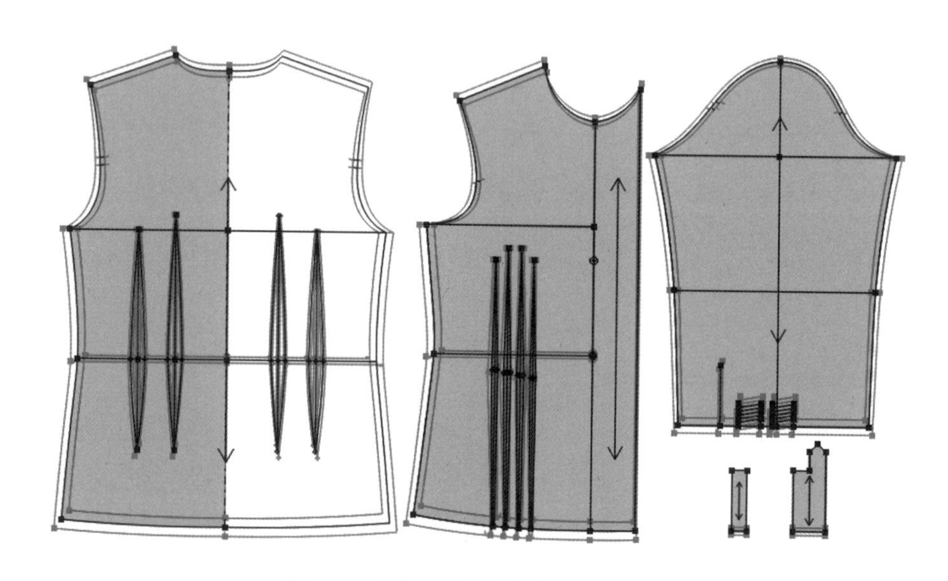

图5–93 女衬衫单*Y*方向放码完成效果

教师指导

放码完成后，前、后片肩斜线需要调成平行，前片底边省口部位的剪口、袖子袖口部位的剪口还需要手工微调位置，具体操作如下：

（1）前、后肩斜线调整：

①选中【放码工具栏】中的【肩斜线放码】工具 ，鼠标依次单击后片后中线的*A*点和*B*点，再单击肩点*C*，弹出【肩斜线放码】对话框，单击【确定】按钮即可。

②鼠标依次单击前片前中线的*D*点和*E*点，再单击肩点*F*，弹出的【肩斜线放码】对话框中选择【与后放码点平行】选项，单击【确定】按钮即可。如图5–94所示。

（2）前片底边省口部位剪口和袖子袖口部位剪口的调整：

放码完成后，前片底边省口部位的剪口如图5–95所示，袖子袖口部位的剪口如图5–96所示，均未达到要求。

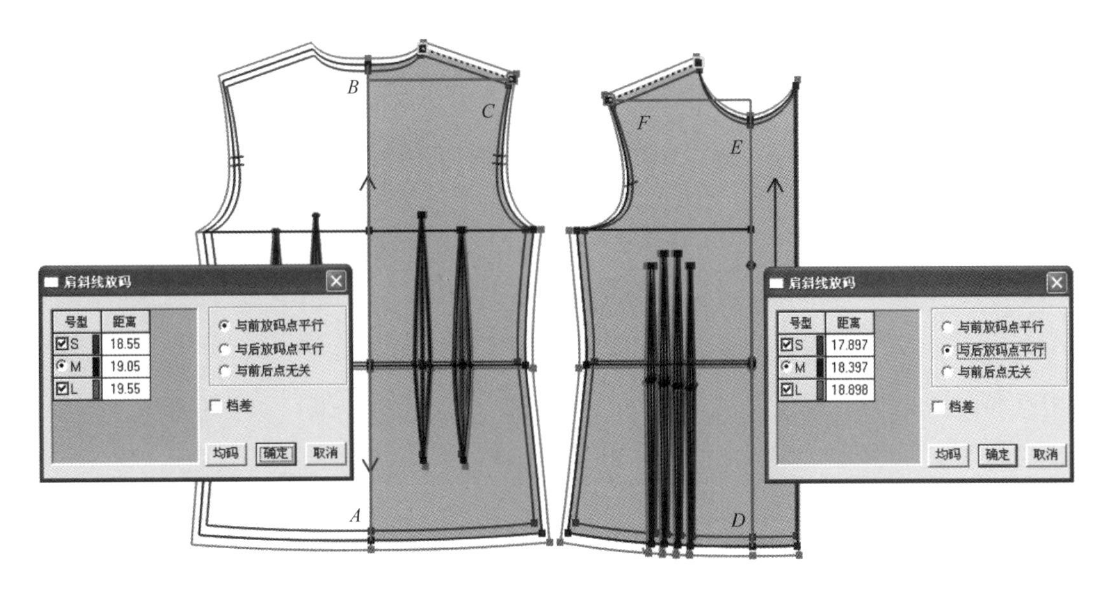

图5-94　前、后片肩斜线平行放码

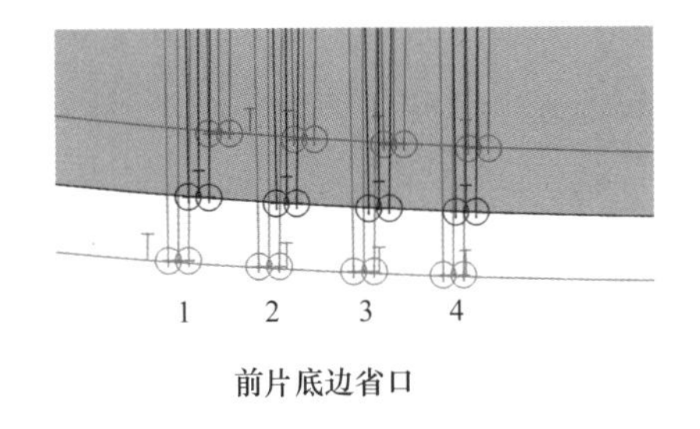

图5-95　前片底边省口的定位剪口

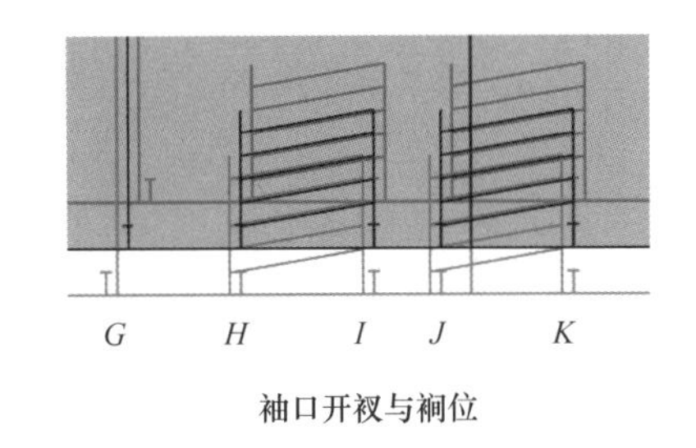

图5-96　袖子袖口的定位剪口

①选中【剪口】工具，鼠标移到前片底边1号位剪口上右键单击，弹出的【剪口】对话框中设置如图5-97所示，单击【确定】按钮，将定位剪口调整到位。按照图5-98的距离设置，定位方式不变，完成2、3、4号位剪口的调整。调整到位后的效果如图5-99所示。

②袖口*G*、*H*、*I*、*J*、*K*位置的【剪口】对话框中距离设置如图5-100所示，定位方式不变，将剪口调整到位，如图5-101所示。

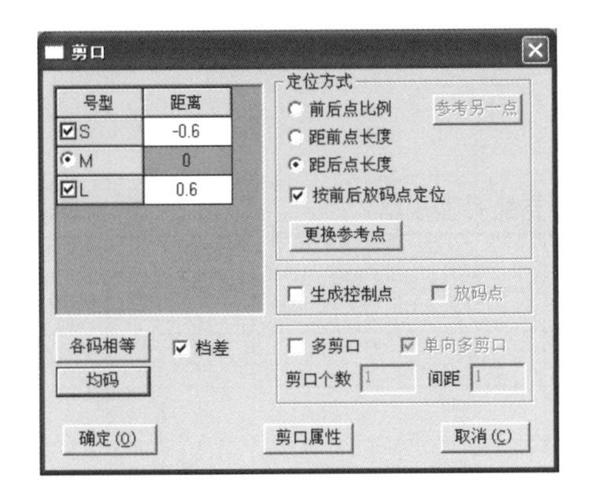

图5-97　【剪口】对话框

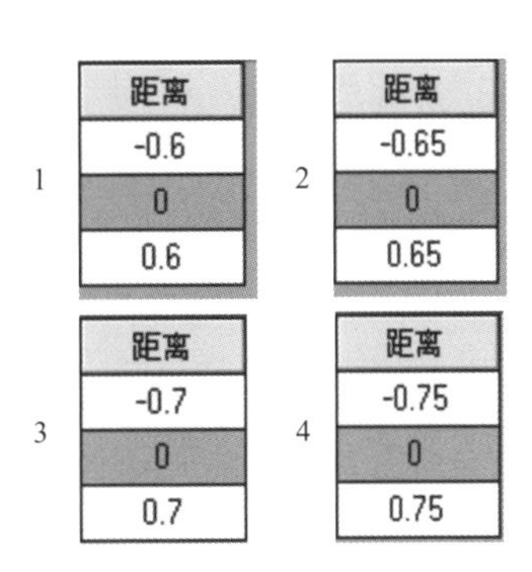

图5-98　1、2、3、4号位剪口的距离值

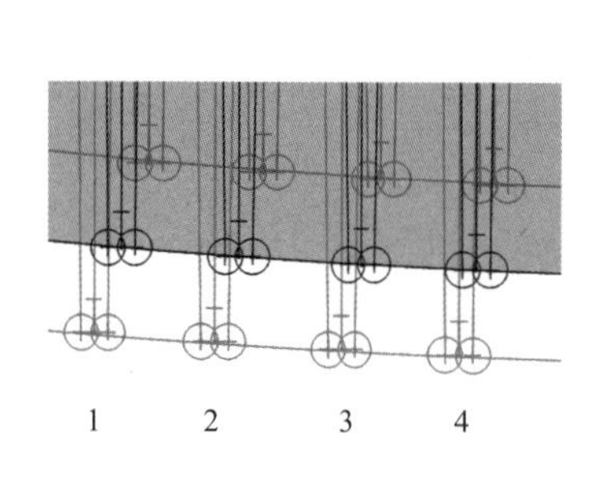

图5-99　前片底边剪口调整到位

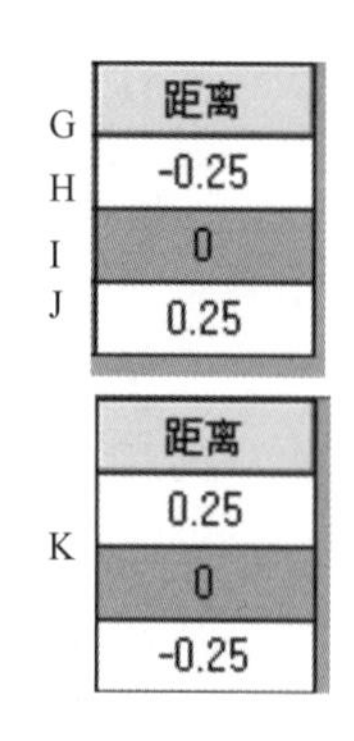

图5-100　距离设置

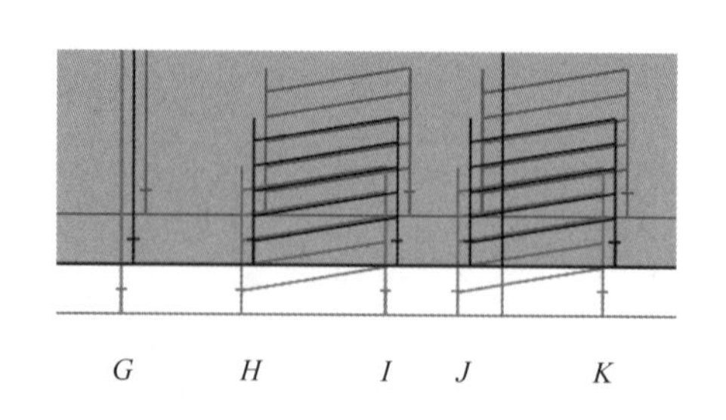

图5-101　袖口剪口调整到位

第三节　插肩袖夹克工业纸样设计

夹克是现代服装的常见式样，具有款式多变、轻松随意的风格特点，男女老少一年四季皆可穿用。

一、插肩袖夹克款式图（图5-102）

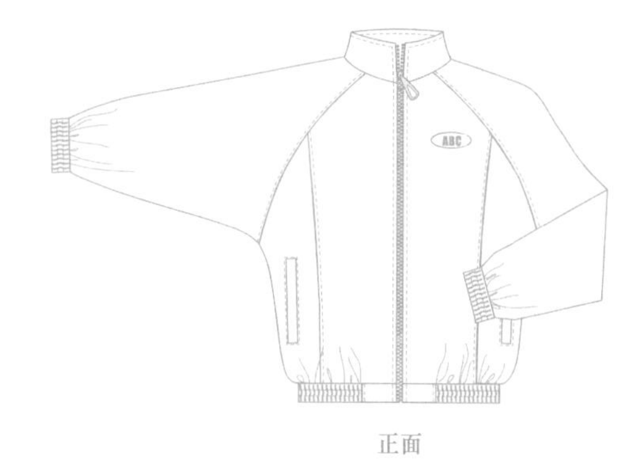

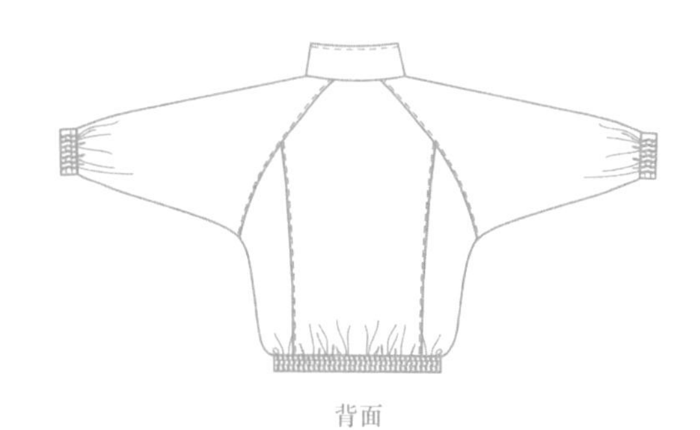

图5-102　插肩袖夹克款式图

二、插肩袖夹克号型规格（表5-3）

表5-3　插肩袖夹克的号型规格　　单位：cm

号型＼部位	领围（N）	胸围（B）	肩宽（S）	衣长	袖长（SL）	袖口大	袖肥	领宽
S	49	108	43.8	60	70	15.5	24.4	8
M	50	112	45	62	72	16	25.4	8
L	51	116	46.2	64	74	16.5	26.4	8
档差	1	4	1.2	2	2	0.5	1	0

三、插肩袖夹克结构图（图5-103）

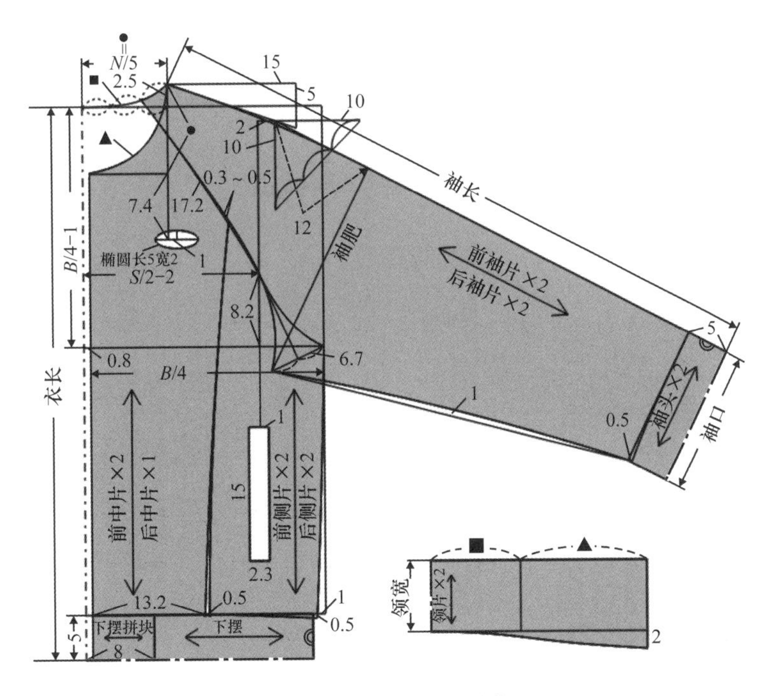

图5-103　插肩袖夹克结构图

四、插肩袖夹克放码方向与放码量标示图（图5-104）

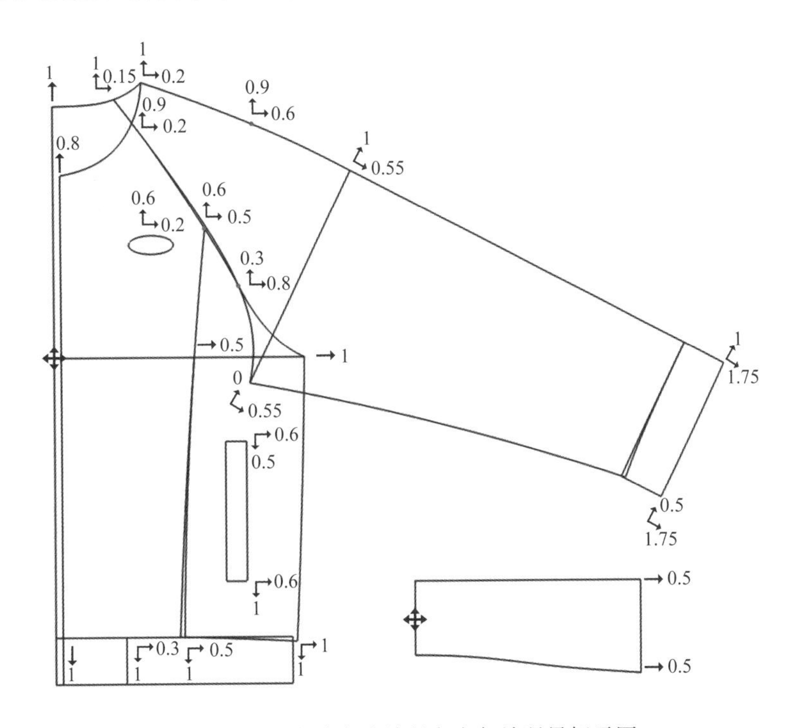

图5-104　插肩袖夹克放码方向与放码量标示图

五、插肩袖夹克放码网状图（图5-105）

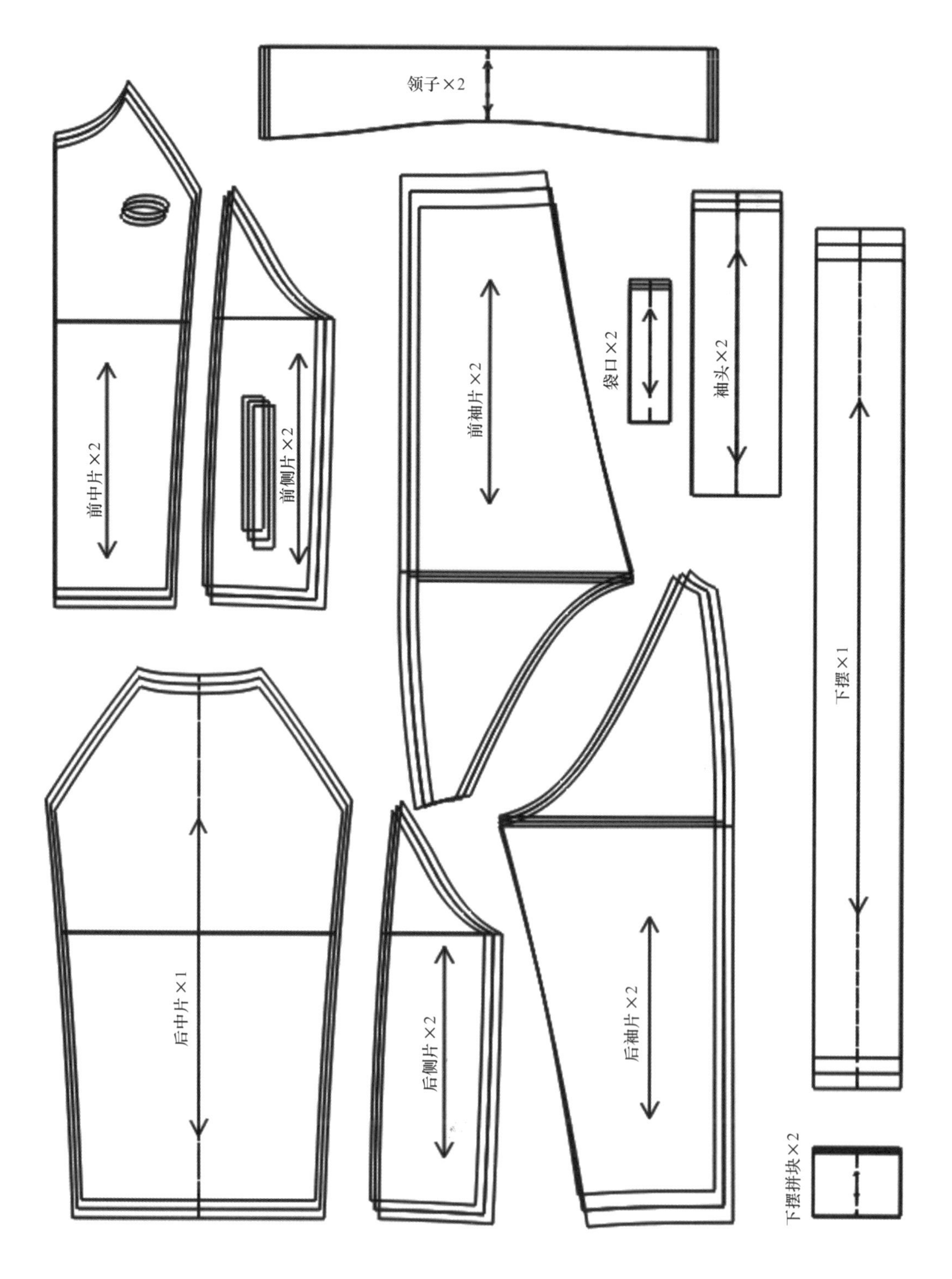

图5-105　插肩袖夹克放码网状图

六、插肩袖夹克CAD工业纸样设计

1. 结构制图

（1）单击【新建】按钮，新建一个工作画面。

（2）选择【号型】菜单下的【号型编辑】命令，弹出【设置号型规格表】对话框。在对话框中以*M*码为基准码，建立如图5-106所示的号型规格表，并将其保存。

设置号型规格表

号型名	S	M	L
领围	49	50	51
胸围	108	112	116
肩宽	43.8	45	46.2
衣长	60	62	64
袖长	70	72	74
袖口	15.5	16	16.5
袖肥	24.4	25.4	26.4
领宽	8	8	8

图5-106　设定的插肩袖夹克号型规格表

（3）将输入法切换到英文输入状态，参照图5-103所示，画出插肩袖夹克基本纸样结构图，如图5-107所示（结构制图过程可参看光盘里的操作视频）。

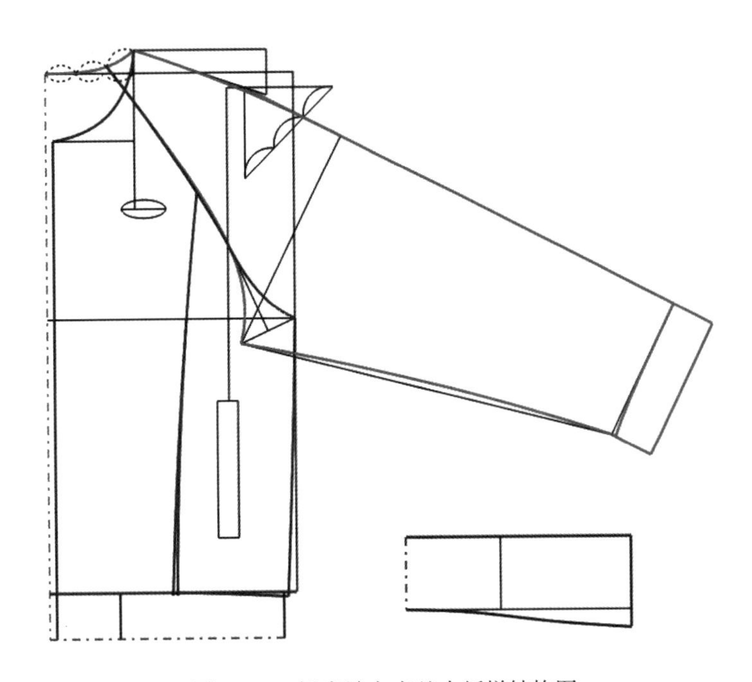

图5-107　插肩袖夹克基本纸样结构图

（4）选中【剪刀】工具，生成插肩袖夹克各片纸样。选中【拾取内轮廓】工具，开出前中片左胸贴标的位置。

（5）选中【旋转衣片】工具，将袖头纸样水平摆正。选中【调整】工具，鼠标移到袖头纸样的右侧端点*M*上，按一下【Enter】键，弹出的【偏移】对话框中输入水平偏移值“16”，单击【确定】按钮，将*M*点水平向右移16cm（袖口长），如图5-108所示。以同样方法将*N*点也水平向右移16cm。

（6）选中【选择纸样控制点】工具，鼠标单击选中前腰头纸样，按键盘上的【Ctrl+C】组合键，再按键盘上的【Ctrl+V】键，将该纸样复制、粘贴一份。鼠标移到需

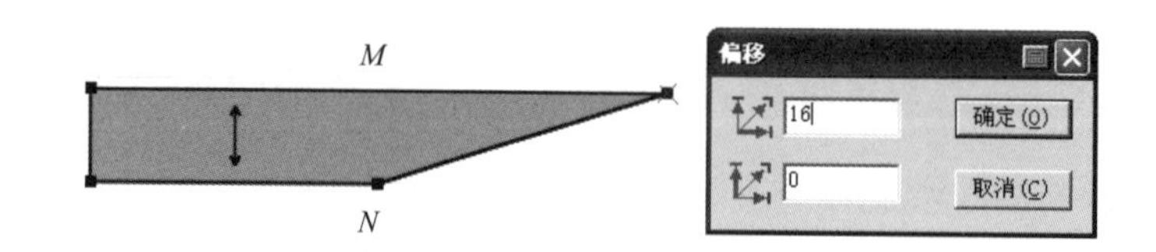

图5-108　设置并移动M点

要移动的纸样上，按【空格】键，出现形后，后下摆纸样居中，两块前下摆纸样分居左右，将三块纸样移动摆放到合适位置。

（7）选中【纸样工具栏】中的【合并纸样】工具，鼠标在左侧前下摆纸样上单击，松开鼠标移动到后下摆纸样上再单击，如图5-109（a）所示，前、后下摆合并。以同样方法完成右侧前下摆纸样与后下摆纸样的合并，合并后的下摆如图5-109（b）所示。

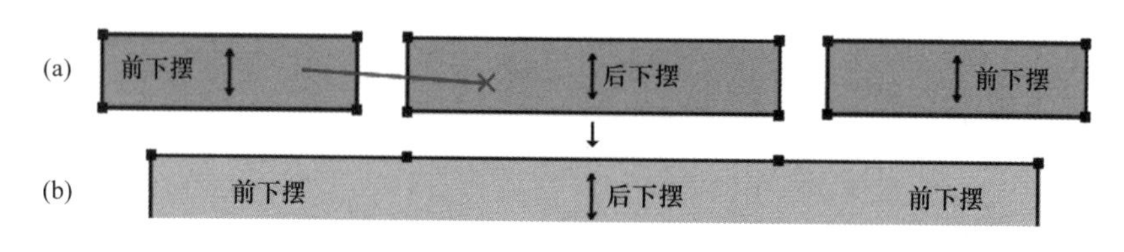

图5-109　下摆合并示意图

（8）选中【橡皮擦】工具，将合并后的下摆下侧的放码点删除。

选中【纸样对称】工具，将领子、后片、口袋、下摆、前下摆拼块和袖头纸样关联对称展开。

（9）选中【布纹线】工具，将袖头、下摆和前下摆拼块纸样的布纹线调成水平，再将领子、后片、口袋、袖头、下摆和前下摆拼块纸样的布纹线移到对称中线位置。鼠标依次单击前袖片的A、B两点，将布纹线调成与线段AB平行；以同样方法将后袖片的布纹线调成与线段CD平行。鼠标在布纹线的两端单击，松开鼠标移动，再单击，调整布纹线的长度。

（10）鼠标移到纸样上，按【空格】键，出现形后将各纸样移动摆放到合适位置，如图5-110所示。

2. **纸样编辑**

（1）修改缝份：

①按键盘上的【F7】键，显示纸样缝份，此时所有纸样的缝份按照之前的设定，统一为1cm。

②选中【加缝份】工具，鼠标移到任一纸样的放码点上单击，弹出的【衣片缝份】对话框中缝份量值设为“1.2”，将所有纸样的缝份统一调成1.2cm。再将前中片E点与前袖片F点的缝型调成如图5-111所示。以同样方法完成后中片与后袖片在对应位置缝型的调整。

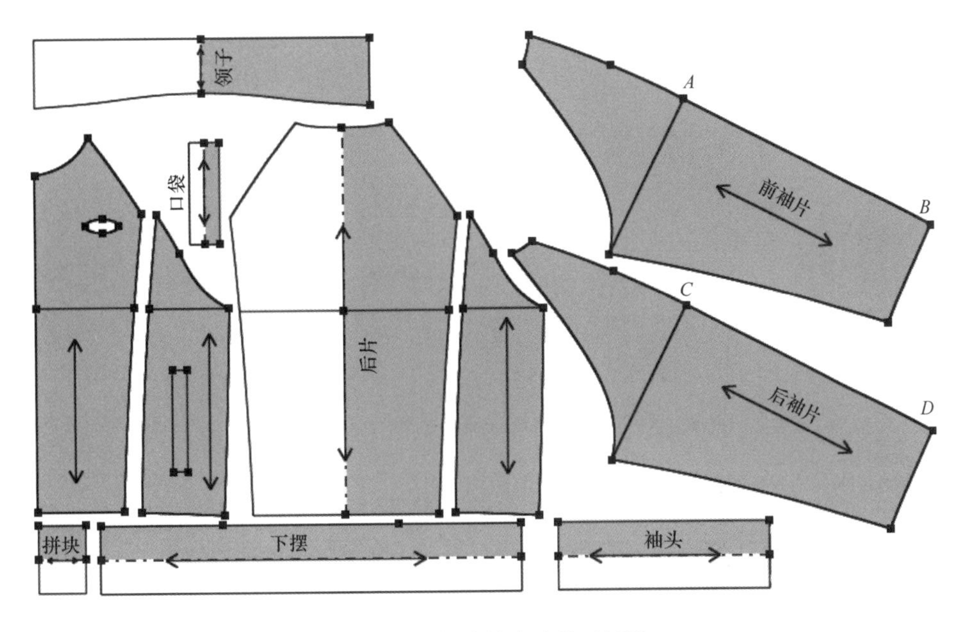

图5-110　插肩袖夹克基础纸样

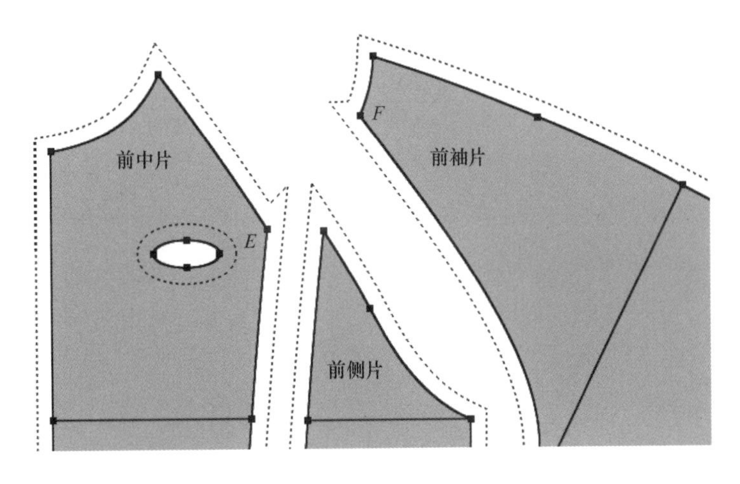

图5-111　调整E、F点的缝型

（2）钻孔与打剪口：选中【选项】菜单下的【系统设置】命令，在弹出的【系统设置】对话框中选中【缺省参数】选项卡，设定钻孔方式为“钻孔”，钻孔半径值为“05”，单击【确定】按钮。选中【钻孔】工具，开出各纸样的钻孔。选中【剪口】工具，打出相应部位的剪口。纸样钻孔与打剪口效果如图5-112所示。

（3）编辑款式与纸样基本信息：按照与直筒裙相同的方法，完成插肩袖夹克款式与纸样基本信息的编辑。

3. 纸样放码

按【F7】键，将缝份线隐藏。

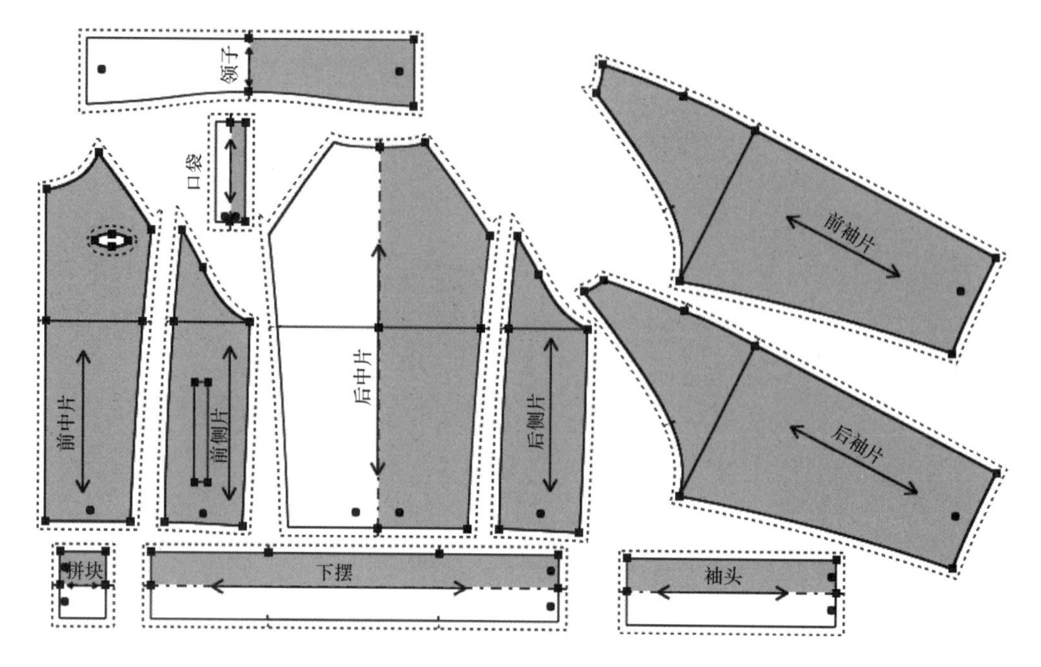

图5-112 纸样钻孔与打剪口效果

（1）参照图5-104所示，完成插肩袖夹克除前、后袖片以外的其他纸样的放码。

（2）参照图5-104所示，完成前袖片*E*、*F*、*G*三点的放码，如图5-113所示。

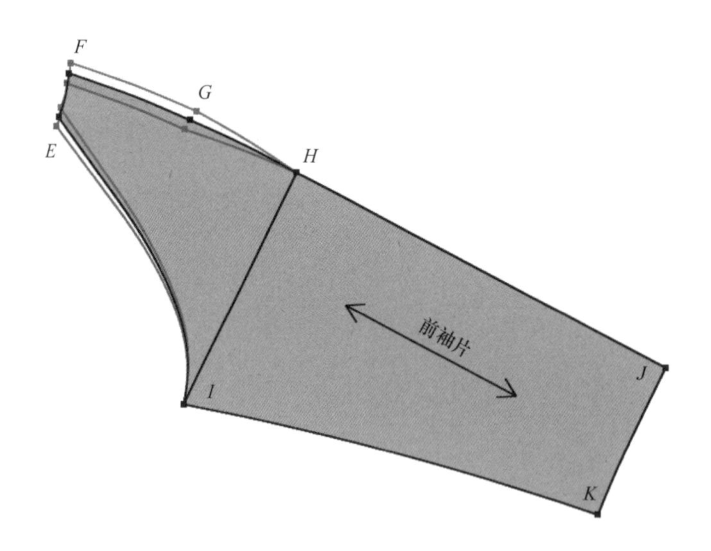

图5-113 完成*E*、*F*、*G*三点放码

（3）选中【选择纸样控制点】工具，鼠标框选*H*点，【点放码表】对话框中单击按下【角度放码】按钮，出现绿色的角度放码坐标，鼠标连续单击【角度设定框】0.00 中的上、下箭头，旋转坐标轴，直到*X*坐标与袖中线*HJ*重合，此时的角度值为“-25.33”，S码【*dx*】输入框内输入数值“-0.55”、【*dy*】输入框内输入数值“-1”，再单击按钮，完成*H*点的放码。如图5-114所示。

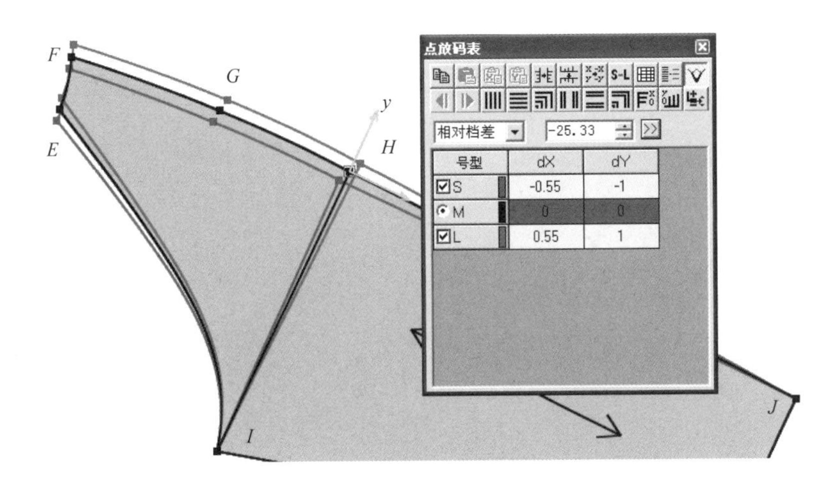

图5-114　设置并完成*H*点的角度放码

（4）*H*点选中状态下，单击【点放码表】对话框中的【复制放码量】按钮，在空白处单击，取消对点的选择。鼠标框选*I*点，再单击【点放码表】对话框中的【粘贴*X*】按钮，将*H*点*X*方向的放码量复制到*I*点上，如图5-115所示。

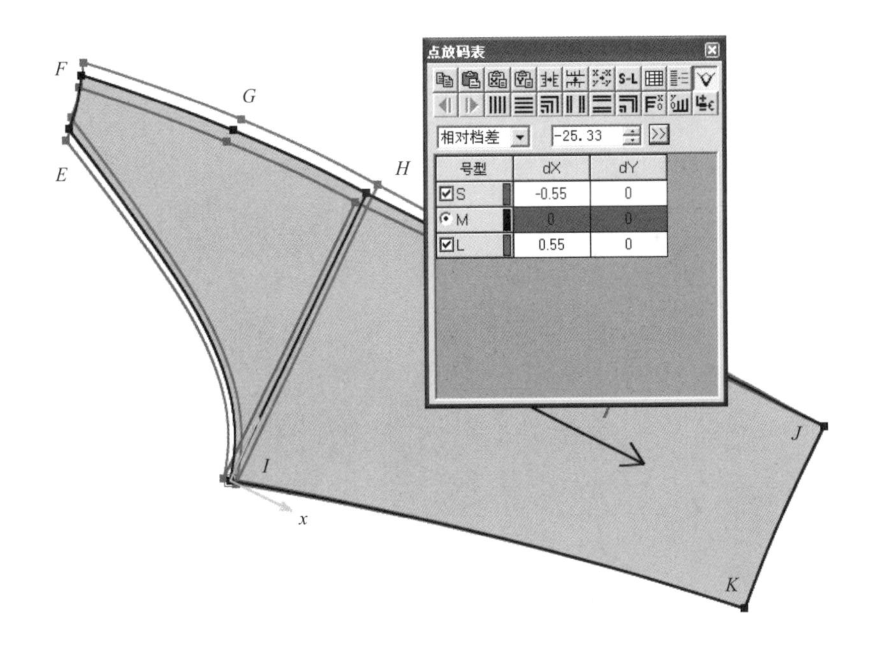

图5-115　设置并完成*I*点的角度放码

（5）用同样方法，S码【*dx*】、【*dy*】输入框内分别输入数值“-1.75”和“-1”、“-1.75”和“-0.5”，完成*J*、*K*两点的角度放码。前袖片最终放码效果如图5-116所示。

（6）参照图5-104所示和前袖片的放码方法，完成后袖片的放码。

（7）按【Ctrl+F】组合键，隐藏放码点。插肩袖夹克最终放码效果如图5-117所示。

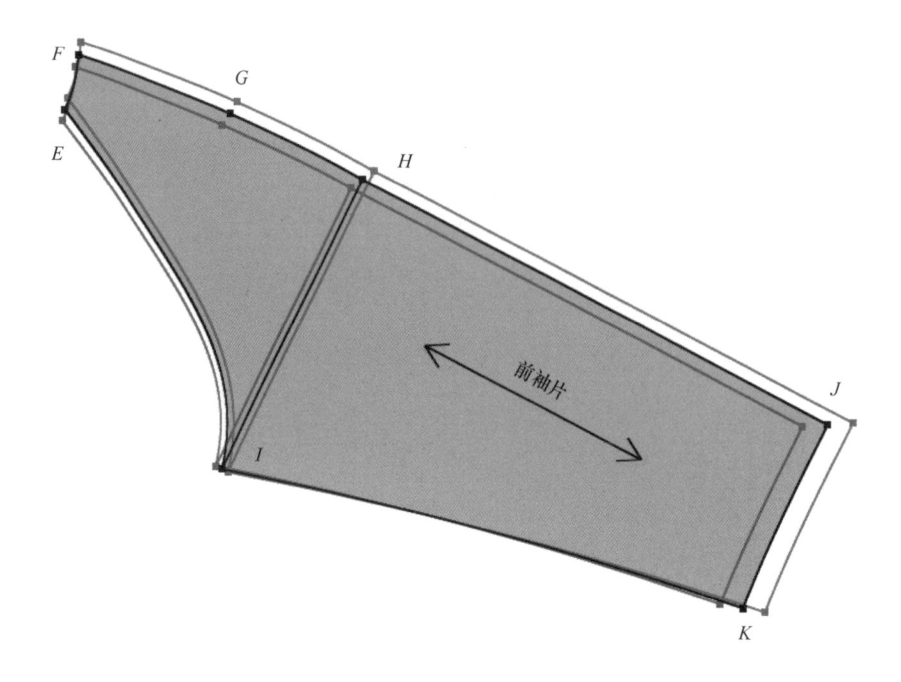

图5-116　前袖片最终角度放码效果

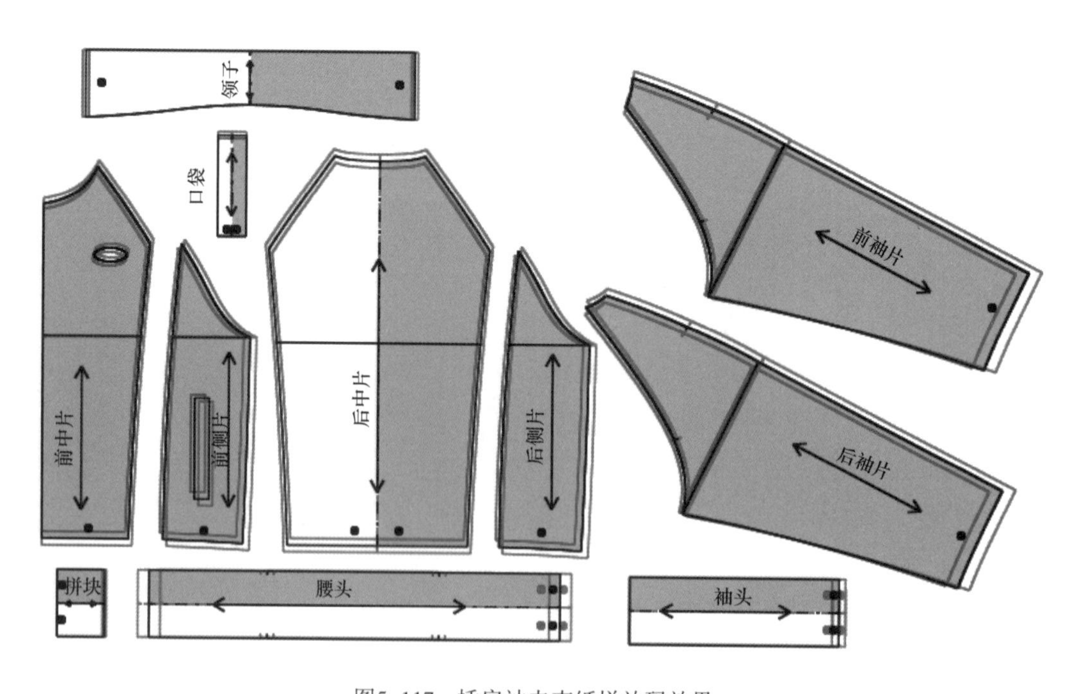

图5-117　插肩袖夹克纸样放码效果

教师指导

（1）放码完成后，需要用【比较长度】工具测量检验一下前、后片的插肩线长度档差是否一致，如果不一致，可微调袖肥线在*X*方向的放码量。

（2）之前介绍的直筒裙、女衬衫和插肩袖夹克的放码都是规则放码。如果是不规则放码，则需在【点放码表】对话框中各码对应的【*dx*】、【*dy*】输入框内输入档差值，然后根据放码要求选择单击【X不等距】按钮、【Y不等距】按钮或【XY不等距】按钮即可。

（3）放码完成后，如果需要增加号型，可打开【设置号型规格表】对话框，直接添加，单击【确定】按钮，系统会按照已设定的档差自动放码。

本章小结

通过典型案例的实践讲解，系统介绍服装CAD工业纸样设计的流程和方法，其中，纸样编辑的流程、方法和纸样放码是重点，缝份与缝型、剪口、钻孔的设定与调整和单方向放码、角度放码是难点。关键依然是实践。

思考与练习题

1. 纸样编辑的内容主要包括哪些？在CAD操作时是否有先后顺序？
2. 纸样轮廓线上，起点与终点缝份宽度不同时该如何设置？
3. 剪口没有打在预定的位置该如何调整？
4. 在基础码上打出剪口，放码后却没有对应到其他各码上，该如何调整？
5. 钉多个纽扣和扣眼时，纽扣与扣眼的大小、具体位置该如何设定？
6. 在布纹线上设置了相关信息却没有显示，是什么原因，该如何调整？
7. 单方向放码相比于逐点放码的优势在哪里？
8. 单方向放码与线放码在本质上有何差异，在操作时各应注意什么？
9. 插肩袖夹克的袖子放码时为什么要采取角度放码的方式，具体是如何做的，需要注意什么？
10. 将本章介绍的内容反复练习三遍。
11. 在本书内容的基础上，适当找一些有代表性的服装进行CAD工业纸样设计的拓展练习。

应用实践——

服装CAD排料

课题名称： 服装CAD排料

课题内容： 女衬衫单一排料

女衬衫、直筒裙与插肩袖夹克混合分床排料

男西服对条对格排料

教学课时： 8课时

重点难点： 1．排料设定。

2．混合分床排料。

3．对条对格排料。

学习目标： 1．能说出在排料系统中进行排料设定与操作的基本流程和方法。

2．能说出【唛架设定】对话框和【纸样制单】对话框设定的要点和注意事项。

3．能在排料系统中完成单一排料、混合分床排料和对条对格排料设定与排料的全过程。

4．能说出排料设定与实施过程中出现的常见问题和解决办法。

学习提示： 不同排料方式的设定和对条对格是重点，也是难点，按照书中介绍的流程和方法正确操作并灵活应用依然是关键。建议学习时将设计与放码系统中的相关设定与排料系统中的具体对应进行深入的对照梳理，充分利用在设计与放码系统中生成的不同类型的样板，在排料系统中进行各种排料方式的设定与实践，以达到熟悉工具、掌握技巧、提升排料水平的目的。

第六章　服装CAD排料

目前的服装CAD系统，其排料方式主要有三种：自动排料、手动排料和智能排料。从发展的趋势来看，智能排料将成为服装CAD排料的主流，这也使得在现代服装企业，电脑排料逐渐取代手工排料成为必然。

在富怡服装CAD排料系统中，通过人机交互或电脑自动排板，可以完成单一排料、混合排料、分床排料、混合分床排料和对条对格排料等多种方式的排料。

第一节　女衬衫单一排料

单一排料是指一个款式的单个、多个或所有号型的所有纸样在同一种面料上排板。其具体操作过程如下。

一、排料设定

（1）双击Windows桌面上的快捷图标，进入富怡服装CAD排料系统的工作画面。选中【唛架】菜单下的【单位选择】命令，弹出【量度单位】对话框，如图6-1所示。选择相关的量度单位，设定唛架的长度单位、宽度单位和显示格式，单击【确定】按钮，完成单位设定。

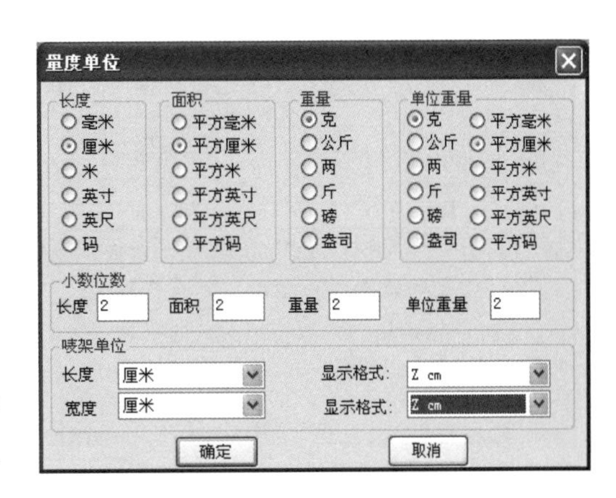

图6-1　【量度单位】对话框

（2）单击【主工具匣】上的【新建】工具，弹出【唛架设定】对话框，如图6-2所示。在对话框中设定唛架的宽度和长度、宽度和长度方向的缩水率、边界宽度以及面料的层数，选择料面模式是单向或相对，单击【确定】按钮，弹出【选取款式】对话框，如图6-3所示。

（3）单击【载入】按钮，弹出【选取款式文档】对话框。选中需要打开的款式文件“女衬衫.dgs”，单击【打开】按钮，弹出【纸样制单】对话框，如图6-4所示。

（4）单击【确定】按钮，回到【选取款式】对话框，如图6-5所示。

（5）单击【确定】按钮，纸样进入排料系统的【纸样窗】，排料设定完成。之后可以进行自动排料、手动排料或超级排料。

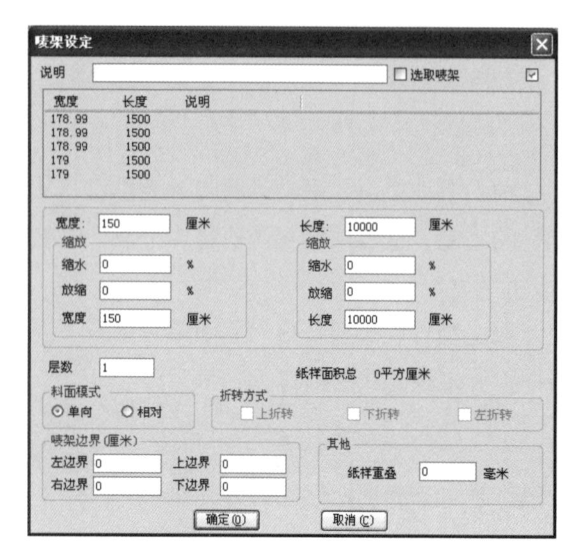

图6-2 【唛架设定】对话框

图6-3 【选取款式】对话框

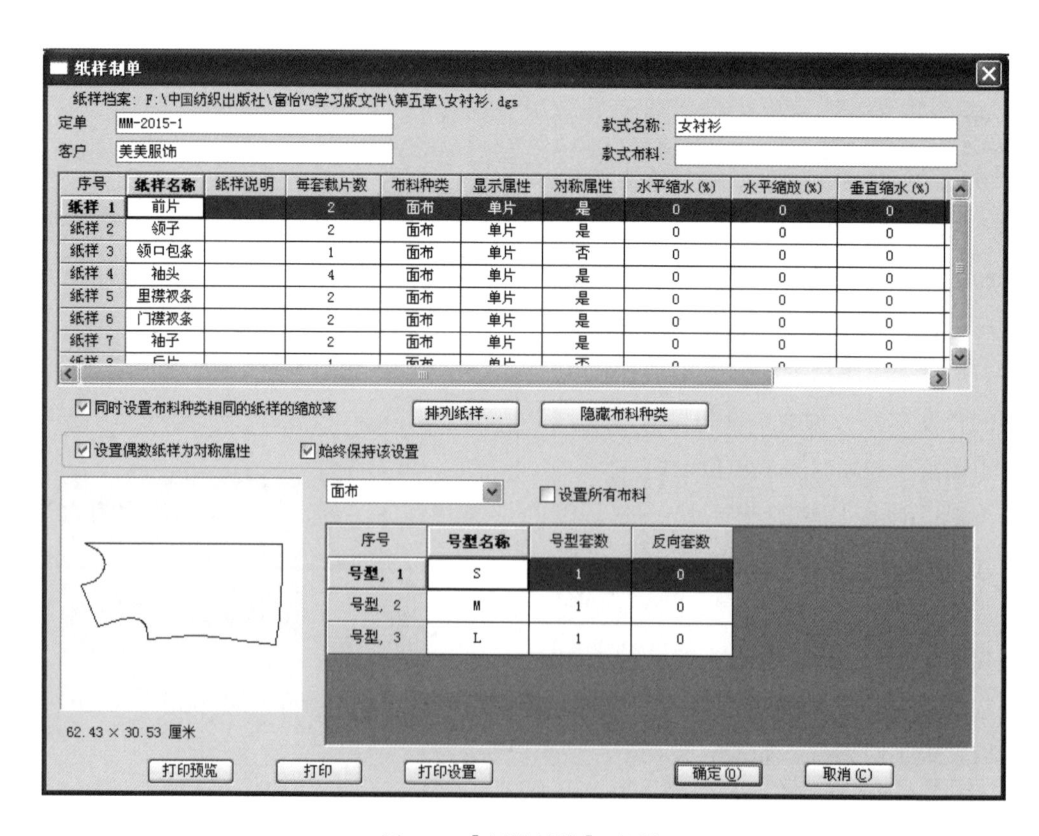

图6-4 【纸样制单】对话框

图6-5 【选取款式】对话框

教师指导

在排料设定过程中，【唛架设定】和【纸样制单】对话框的设定是关键。

（1）【唛架设定】对话框：

①幅宽与幅长：幅宽的设置以面料的实际幅宽为准，幅长的设置以大于排板的实际用料为准。

a. 如果设置的幅长小于实际排板用料的长度，则在排料时，只能对部分纸样进行排料，导致在排料时出现少排、漏排或不能将所有的纸样全部排下的现象。

b. 如果设置了唛架边界，则实际幅宽=唛架上边界宽度+唛架下边界宽度+可用幅宽，实际幅长=唛架左边界宽度+唛架右边界宽度+可用幅长，如图6-6所示。

c. 唛架边界与实际幅宽和实际幅长之间的位置对应关系如图6-7所示。

d. 面料在织造过程中，一般都需要留出布边，因此在进行唛架设定时，必须留出唛架的上、下边界，左、右边界则要视具体情况而定。

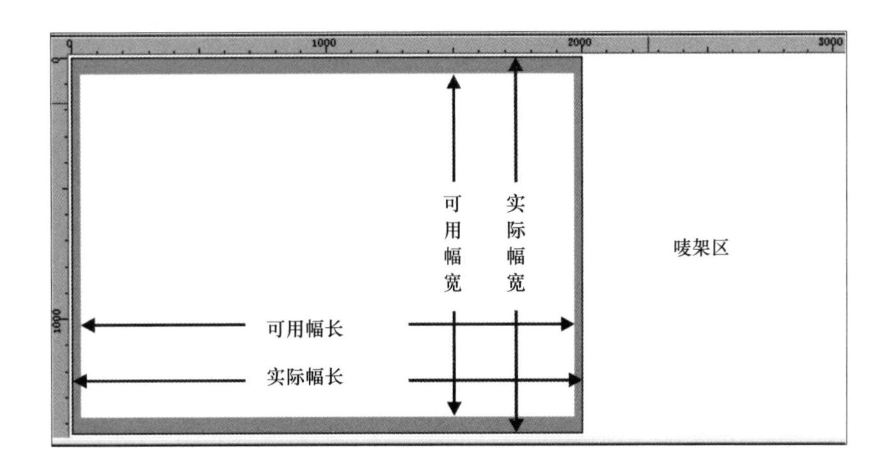

图6-6 设置唛架边界后的幅宽与幅长

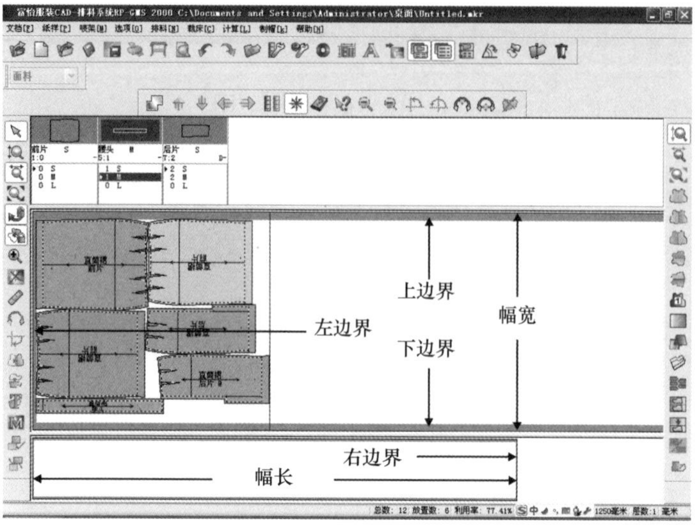

图6-7　唛架边界与实际幅宽和实际幅长之间的位置对应关系

②缩放：

a. 缩放包括两种形式：缩水和放缩。二者的区别在于，假定一块纸样的长和宽都是1000mm，如果缩水10%，则所需的面料长和宽均为1111.11mm，其放缩率为11.11%；如果放缩10%，则所需的面料长和宽均为1099.99mm，其缩水率为9.09%。缩水率与放缩率的对应关系如图6-8所示。

b. 假定面料的幅宽为1500mm、幅长为10204.08mm，幅宽的缩水率4%、幅长的缩水率2%，则在【宽度】输入框中输入“1440”、【长度】输入框中输入“10000”、宽度【缩水】输入框中输入“4”、长度【缩水】输入框中输入“2”即可达到设定效果，具体如图6-9所示。这时进入唛架区的所有纸样都会在经向加2%的缩水率，纬向加4%的缩水率，即如果纸样的长和宽都是1000mm，在进入排料区后其宽度变为1041.7mm，长度变为1020.4mm。

c. 在实际生产过程中，很多时候都要对面料进行缩水处理。这种处理过程一般不在打板系统中进行，而要在排料系统中进行。【唛架设定】对话框的缩水处理只适合于所有

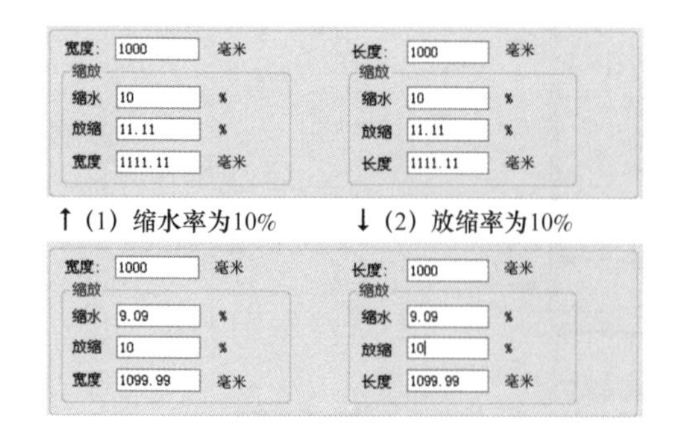

图6-8　缩水率与放缩率的对应关系

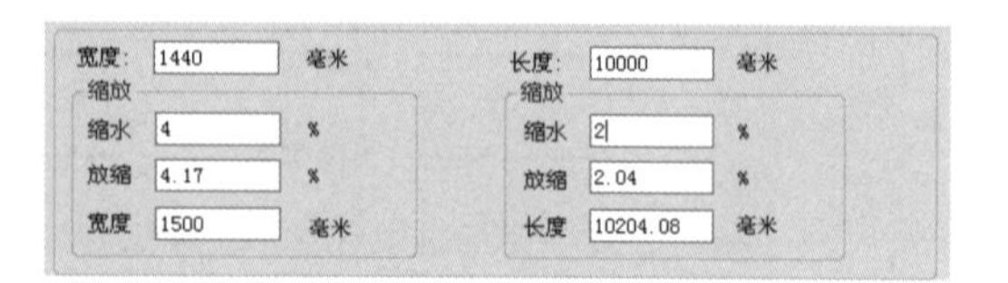

图6-9　缩水设置示意图

纸样缩水率相同的情况，如果用于排料的纸样缩水率各不相同，则要在【纸样制单】对话框中先取消【同时设置布料种类相同的纸样的缩放率】选项的勾选，之后逐一对每块纸样进行设置，如图6-10所示。

纸样制单

纸样档案：F:\中国纺织出版社\富怡V9学习版文件\第五章\女衬衫.dgs

定单 MM-2015-1　　款式名称：女衬衫

客户 美美服饰　　款式布料：

序号	纸样名称	纸样说明	每套裁片数	布料种类	显示属性	对称属性	水平缩水(%)	水平缩放(%)	垂直缩水(%)
纸样 1	前片		2	面布	单片	是	3	3.09	4
纸样 2	领子		2	面布	单片	是	2	2.04	3
纸样 3	领口包条		1	面布	单片	否	1	1.01	3
纸样 4	袖头		4	面布	单片	是	0	0	0
纸样 5	里襟衩条		2	面布	单片	是	0	0	0
纸样 6	门襟衩条		2	面布	单片	是	0	0	0
纸样 7	袖子		2	面布	单片	是	0	0	0
纸样 8	后片		1	面布	单片	否	0	0	0

□同时设置布料种类相同的纸样的缩放率　排列纸样...　隐藏布料种类

图6-10　【纸样制单】对话框中单独设置每块纸样的缩水率

③层数与套数：层数是指布料铺床的层数，层数量必须小于或等于号型套数，且套数必须是层数的正整数倍，否则将不能正常排料。

a. 假定布料的层数是“1”，如图6-11所示。用于排料的女衬衫各号型的套数皆为“1”，如图6-12所示。每套16块纸样，则纸样总数为48块。排料完成后，选中【排料】菜单下的【排料结果】命令，弹出的【排料结果】对话框中显示正常排料结果如图6-13所示。

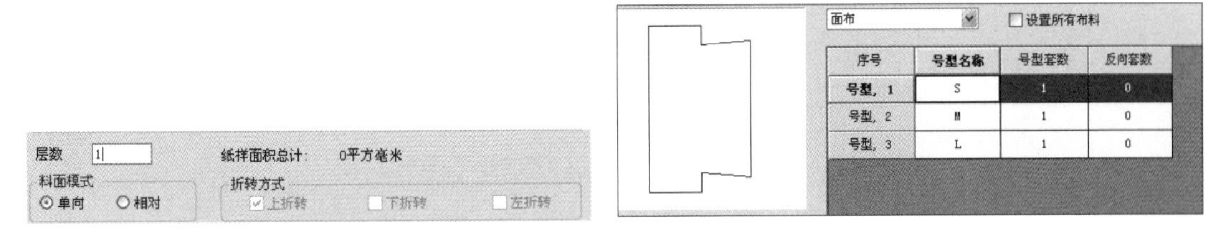

序号	号型名称	号型套数	反向套数
号型, 1	S	1	0
号型, 2	M	1	0
号型, 3	L	1	0

图6-11　设定布料层数为“1”　　图6-12　设定各号型套数均为“1”

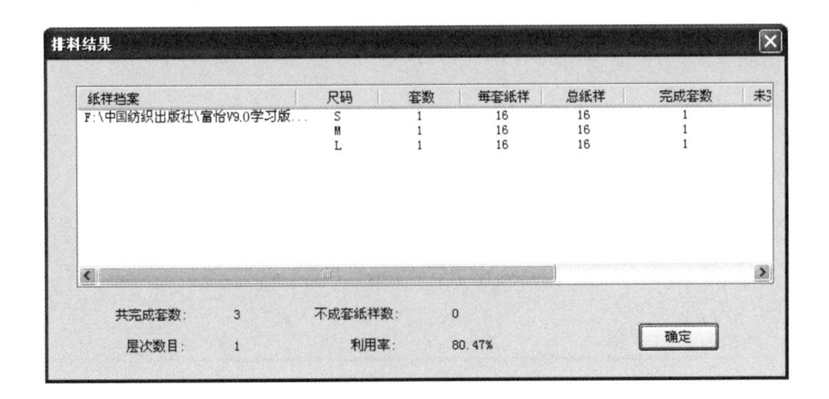

排料结果

纸样档案	尺码	套数	每套纸样	总纸样	完成套数
F:\中国纺织出版社\富怡V9.0学习版...	S	1	16	16	1
	M	1	16	16	1
	L	1	16	16	1

共完成套数：3　不成套纸样数：0

层次数目：1　利用率：80.47%

确定

图6-13　1层、每个号型各1套的正常排料结果

b. 假定布料的层数是“10”，用于排料的女衬衫各号型的套数皆为“10”，每套16块纸样，则纸样总数为480块，唛架区参加排料的各码纸样的套数为“1”，正常排料显示结果如图6-14所示。也就是说，不管层数是“1”、还是“10”，如果套数与层数的倍数关系相等，由于每套纸样的块数相等，其自动排料的结果都是一样的。

c. 当套数大于层数时可正常排料，但必须保证套数是层数的正整数倍。图6-15所示是层数为“10”、套数为“20”的正常排料结果。此时唛架区参加排料的各码纸样的套数为“2”。

d. 当套数小于层数或不是层数的整数倍时，则不能正常排料，且排料结果会自动显示，如图6-16所示。

④料面模式：料面模式有单向和相对。其中相对料面模式有三种折转方式：上折转、下折转和左折转。料面模式选择相对时，面料层数必须为偶数，且套数也必须是层数的倍数，只有这样才能正常排料。

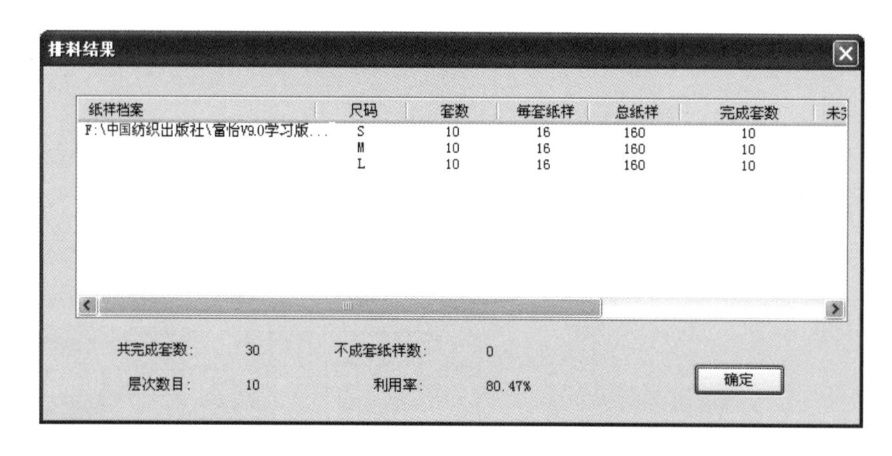

图6-14 10层、每个号型各10套的正常排料结果

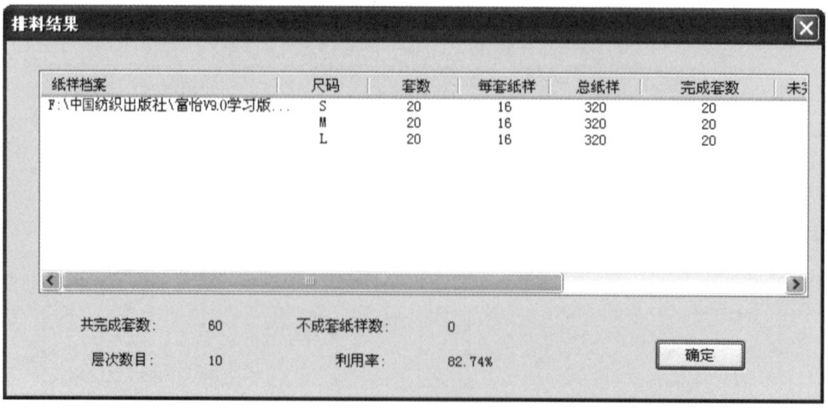

图6-15 10层、每个号型各20套的正常排料结果

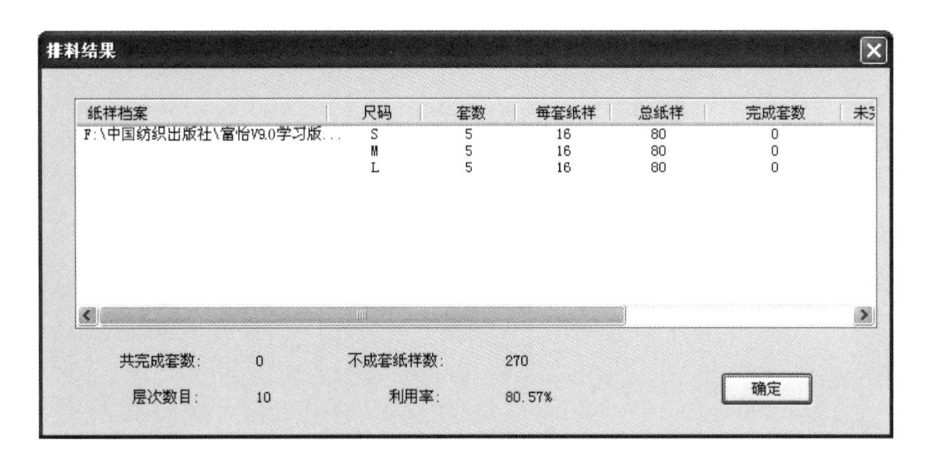

图6-16　10层、每个号型各5套的非正常排料结果

（2）【纸样制单】对话框：【纸样制单】对话框中的订单名、客户名、款式名称和纸样名称等内容在设计与放码系统的【款式信息框】和【纸样资料】对话框中已经设置好，进入排料系统后会自动生成。当然，这些基本信息也可以在【纸样制单】对话框中重新设定和修改。

a. 如果在【唛架设定】对话框中没有设定面料的缩水率或缩放率，也可以在【纸样制单】对话框中设定。

假定纸样的长和宽都是1000mm，在【纸样制单】对话框中将水平缩水率设定为“2%”（幅长方向），垂直缩水率设定为“4%”（幅宽方向），在进入排料区后其宽度变为1041.7mm，长度变为1020.4mm。

b. 【唛架设定】对话框中的面料缩放与【纸样制单】对话框中的纸样缩放略有差异。如果所有纸样的缩水率都相同，在【唛架设定】对话框中或在【纸样制单】对话框中都可以设置。如果纸样的缩水率不同，则只能在【纸样制单】对话框中设置。

c. 【唛架设定】对话框中是对面料进行缩放，与之相对应的是纸样会一起缩放；【纸样制单】对话框中是对纸样进行缩放，面料不进行缩放。

例如在【唛架设定】对话框中设定面料的幅宽为1440mm、幅长为10000mm，宽度缩水率为“4%”、长度缩水率为“2%”，在【纸样制单】对话框中则无须再对纸样进行设置，此时唛架区的幅宽为1500mm、幅长为10204.08mm，进入唛架区的所有纸样在宽度方向均加了“4%”的缩水率，在长度方向均加了“2%”的缩水率；如果在【唛架设定】对话框中设定面料的幅宽为1440mm、幅长为10000mm，且不给面料加缩水率，则在【纸样制单】对话框中需要对纸样进行缩水率设置，假定垂直缩水率为“4%”、水平缩水率为“2%”，此时唛架区的幅宽为1440mm、幅长为10000mm，进入唛架区的所有纸样在宽度方向均加了“4%”的缩水率，在长度方向加了“2%”的缩水率。

d. 在【纸样制单】对话框中，如果要使采用相同面料的纸样具有相同的缩水率，则要勾选【同时设置布料种类相同的纸样的缩放】选项，如果缩水率各不相同，则要取消勾选；勾选【设置偶数纸样为对称属性】选项，可将【纸样列表框】中的所有偶数纸样设为对称。

e. 另外，单击【排列纸样……】按钮，会弹出【排列纸样次序】对话框。在对话框中可选择纸样按不同的方式在【纸样列表框】中排列次序；单击【隐藏布料种类】按钮，可将所有纸样的布料属性隐藏，按钮变为【恢复布料种类】，再次单击该按钮，所有纸样的布料属性显示。

二、排料

1. 自动排料

（1）选中【排料】菜单下的【开始自动排料】命令，【纸样窗】中的所有纸样会自动排列在【主唛架】区，如图6-17所示。

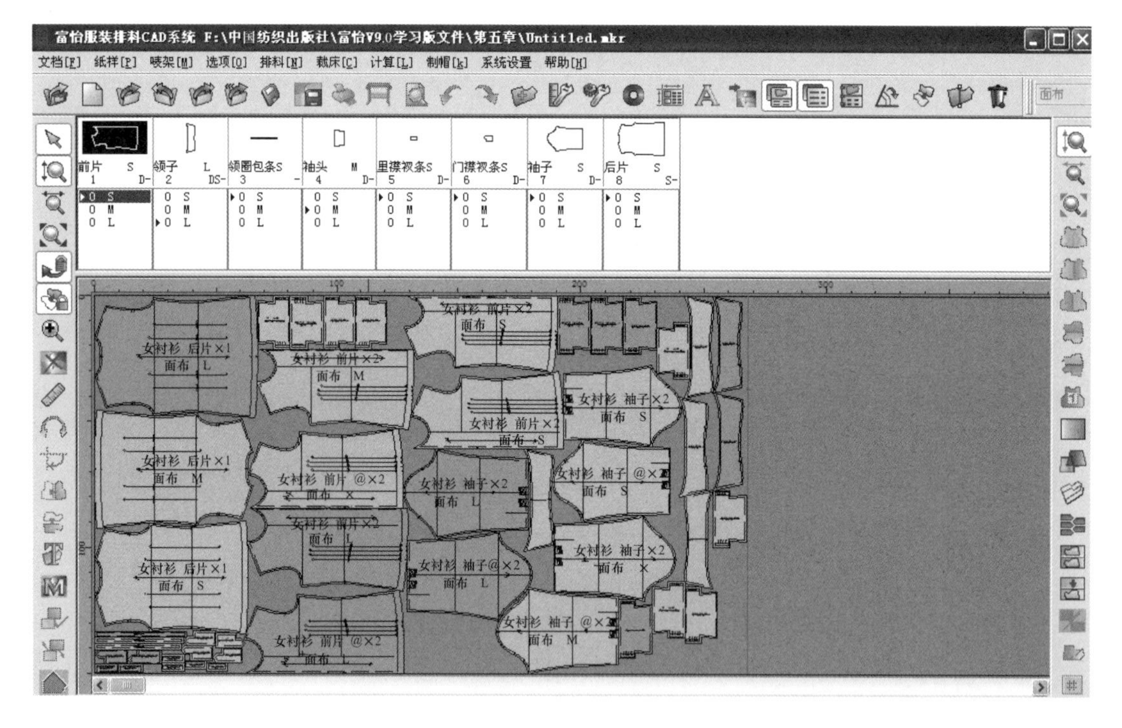

图6-17 自动排料图

（2）选中【排料】菜单下的【排料结果】命令，弹出【排料结果】对话框，对话框中会显示相关的排料信息。单击【确定】按钮，关闭该对话框，自动排料完成。

（3）单击【主工具匣】上的【保存】工具，弹出【另存唛架文件为】对话框，在对话框中选择文件保存的目标文件夹，起文件名，单击【保存】按钮，全自动排料过程结束。

2. 手动排料

手动排料的方式有两种：一是在自动排料结束后，通过手动的方式对排料图进行调整；二是纸样进入【纸样窗】后，鼠标在【纸样窗】各纸样对应的【尺码列表框】的尺码上双击，该尺码的纸样会自动进入【主唛架】区，且后进入的纸样会自动贴齐之前进入的纸样。

（1）纸样进入【主唛架】区后，单击可选择一块纸样，按住【Ctrl】键单击或框选可一次性选择多块纸样。

（2）在【主唛架】区，左键按住需要移动调整位置的纸样，将其移到需要摆放的位置后松开鼠标，即完成该纸样位置的移动。

（3）在排料过程中，如果需要旋转纸样，则要将【旋转限定】按钮按起。之后可用【旋转唛架纸样】工具、【中点旋转】工具、【边点旋转】工具、【顺时针90度旋转】工具、【逆时针90度旋转】工具以及【180度旋转】工具对纸样进行旋转处理。

（4）如果需要翻转纸样，则要将【翻转限定】按钮按起。之后可用【水平翻转】工具、【垂直翻转】工具以及【翻转纸样】工具对纸样进行翻转处理。

（5）如果需要将纸样贴紧就近的纸样或唛架边界，可用【向左滑动】工具、【向右滑动】工具、【向上滑动】工具和【向下滑动】工具进行处理。

（6）框选多块纸样后，可用【左对齐】工具、【右对齐】工具、【上对齐】工具和【下对齐】工具将选中的纸样以相应的方式对齐。

（7）如果需要将单块纸样放回【纸样窗】中，可在纸样上左键双击；按键盘上的【Ctrl+D】键，会弹出【富怡服装排料CAD系统】对话框，单击【是】按钮，可将【主唛架】区的所有纸样清空，全部放回【纸样窗】中。

（8）双击【尺码列表框】中的纸样尺码号，可将纸样重新放入【主唛架】区。鼠标按住纸样直接拖放，可将纸样在【主唛架】区与【辅唛架】区之间相互移动。

（9）在唛架区，左键按住纸样拖动鼠标，即可将纸样摆放在任意位置；按住右键拖选可使纸样自动紧靠排放。纸样内出现斜纹表示该纸样被选中，纸样轮廓变黑色表示该纸样重叠在其他纸样的上方，纸样轮廓变红色表示该纸样重叠在其他纸样的下方。

（10）手动排料结束后，单击【保存】工具，可将排料图保存。

教师指导

（1）系统默认【旋转限定】按钮和【翻转限定】按钮是按下的，即不允许纸样随意旋转或翻转，其目的是杜绝在排料过程中出现“偏斜”和“一顺跑”现象。其中，【旋转限定】是为了防止出现“偏斜”现象，【翻转限定】则是为了防止出现“一顺跑”现象。“偏斜”是指纸样的布纹方向与布料的经纬向不在一条直线上或不垂直；“一顺跑”是指在排料过程中，需要左右对称的纸样被排成只有两个左片或只有两个右片的现象。

（2）在实际操作过程中，考虑到节约成本，提高用布率，在不影响质量的前提下，可对纸样进行小幅度的偏斜。

（3）纸样的翻转操作过后，一定要仔细核对左右配对的纸样是否有“一顺跑”现象。当纸样很多、排料幅长很长的时候，这个过程将非常复杂，因此，不到万不得已，不要对纸样进行翻转操作。

（4）单击【参数设定】按钮，弹出【参数设定】对话框，选择【排料参数】选项卡，在【纸样移动步长】输入框中输入每次移动的距离，在【纸样旋转角度】输入框中输入旋转的角度，之后再按小键盘上的“2”、“4”、“6”、“8”键，被选中纸样可按照【纸样移动步长】输入框中设定的距离下、左、右、上移动；按小键盘上的“1”、“3”键，被选中纸样可按照【纸样旋转角度】输入框中设定的角度顺时针、逆时针旋转（前提是【旋转限定】按钮要按起）。

（5）按小键盘上的“←”、“↑”、“→”、“↓”键，被选中纸样可自动移动到最左、最上、最右和最下。

操作提示

● 排料时，以幅长最短、利用率最高为佳，二者相权取幅长。

● 排料过程中，系统的状态条上会同步动态显示最新的排料结果，如图6-18所示。通过查看该信息，可以准确估算服装的用料情况。

总数：48 放置数：48 利用率：80.47% 幅长：267.4厘米 幅宽：150厘米(150厘米) 层数：1 厘米

图6-18 状态条

3. 超级排料

（1）纸样进入【纸样窗】后，选中【排料】菜单下的【超级排料】命令，会弹出【超级排料设置】对话框，如图6-19所示。

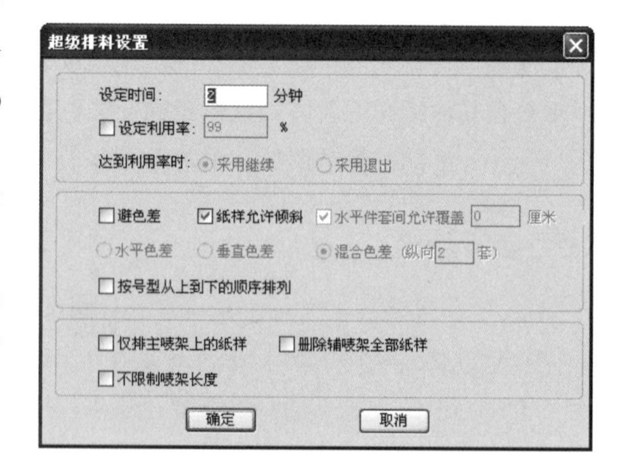

图6-19 【超级排料设置】对话框

（2）设定排料时间，根据排料需要，勾选相关排料设置选项，单击【确定】按钮，开始排料，并弹出【超级排料】对话框，系统会按照设定的时间，不断优化排料方案，如图6-20所示。

（3）设定时间到，超级排料结束。通常情况下，超级排料可以达到比自动排料更高的排料率，如女衬衫的自动排料用布率为80.47%，而超级排料的用布率则达到了86.54%。

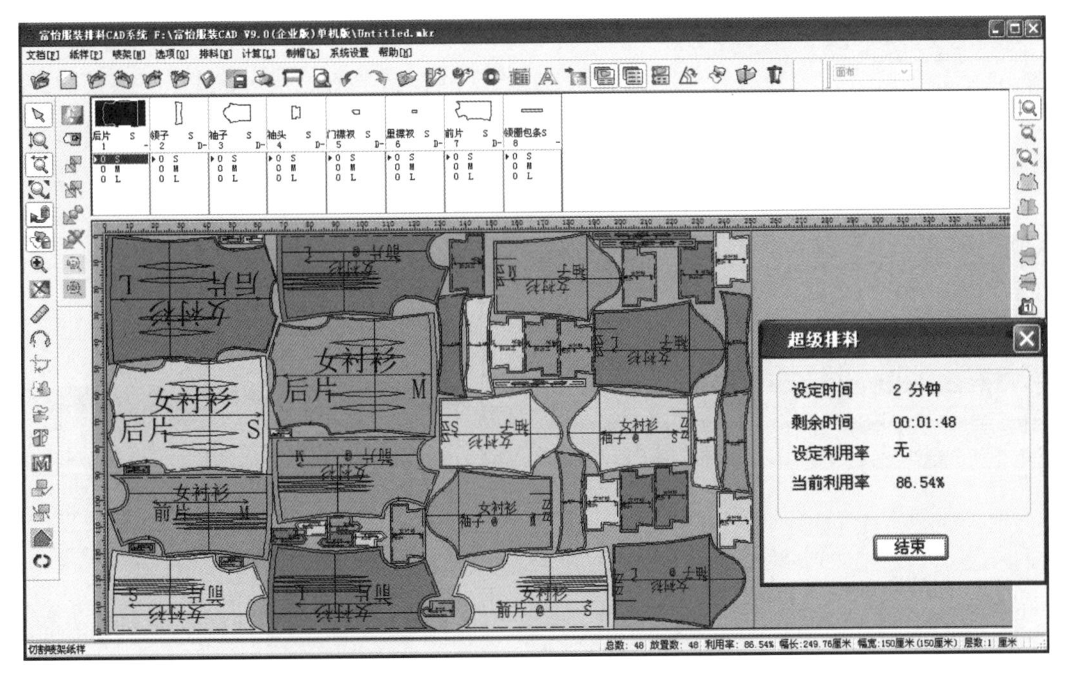

图6-20　超级排料

第二节　女衬衫、直筒裙与插肩袖夹克混合分床排料

混合分床排料是指两个或两个以上款式的单个、多个或所有号型的分属不同材料的所有纸样，分别在不同的面料上排板。

这里假定女衬衫采用面料1和面料2，直筒裙采用面料1和里料，插肩袖夹克采用面料2和面料3，将其进行混合分床排料。

（1）先在富怡服装CAD设计与放码系统中编辑好女衬衫、直筒裙与插肩袖夹克的款式资料与纸样资料，设置纸样的不同面料属性，并保存文件。

（2）进入富怡服装CAD排料系统的工作画面，新建文件，设定唛架（注意不要给幅宽和幅长加缩水率），载入款式——女衬衫，弹出【纸样制单】对话框，在对话框中单击【排列纸样...】按钮，弹出【排列纸样次序】对话框，在对话框中选择【按布料种类排列】的方式，回到【纸样制单】对话框，之后设定不同面料在水平方向和垂直方向的缩水率，如图6-21所示；单击【确定】按钮，回到【选取款

纸样制单

纸样档案：F:\中国纺织出版社\富怡V9.0学习版文件\第五章\女衬衫.dgs

定单　MM-2015-1　　款式名称：女衬衫

客户　美美服饰　　款式布料：

序号	纸样名称	纸样说明	每套裁片数	布料种类	显示属性	对称属性	水平缩水(%)	水平缩放(%)	垂直缩水(%)
纸样 1	前片		2	面料1	单片	是	2	2.04	3
纸样 2	里襟衩条		2	面料1	单片	是	2	2.04	3
纸样 3	门襟衩条		2	面料1	单片	是	2	2.04	3
纸样 4	袖子		2	面料1	单片	是	2	2.04	3
纸样 5	后片		1	面料1	单片	否	2	2.04	3
纸样 6	领子		2	面料2	单片	是	4	4.17	4
纸样 7	领口包条		1	面料2	单片	否	4	4.17	4

☑同时设置布料种类相同的纸样的缩放率　排列纸样...　隐藏布料种类

图6-21　设定女衬衫不同面料在水平方向、垂直方向的缩水率

图6-22 【选取款式】对话框

式】对话框，如图6-22所示。

（3）单击【载入】按钮，载入款式——直筒裙，弹出的【纸样制单】对话框设置如图6-23所示；单击【确定】按钮，回到【选取款式】对话框，如图6-24所示。

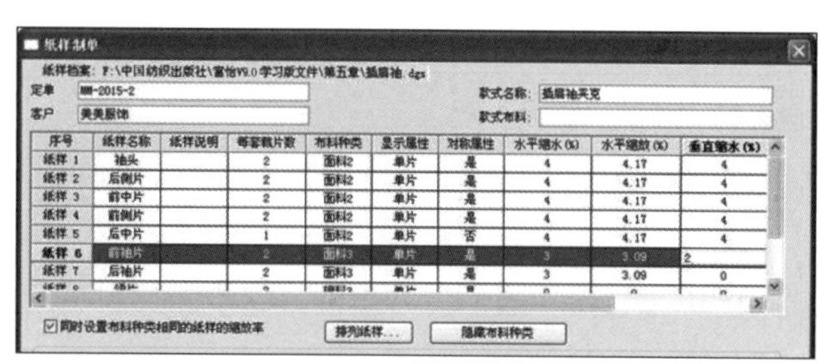

图6-23 设定直筒裙不同面料在水平方向、垂直方向的缩水率

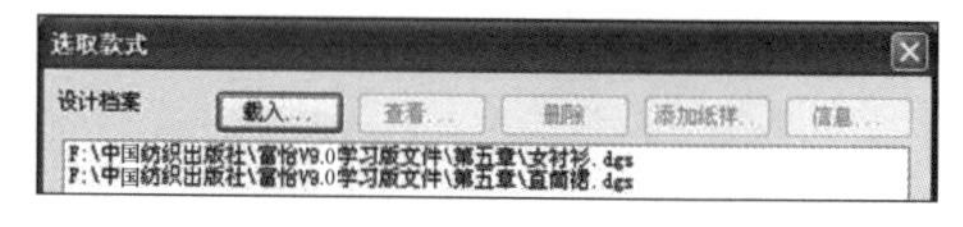

图6-24 【选取款式】对话框

（4）单击【载入】按钮，载入款式——插肩袖夹克，弹出的【纸样制单】对话框设置如图6-25所示；单击【确定】按钮，回到【选取款式】对话框，如图6-26所示。

图6-25 设定插肩袖夹克不同面料在水平方向、垂直方向的缩水率

图6-26 【选取款式】对话框

（5）单击【确定】按钮，三个款式的所有纸样进入排料系统的【纸样窗】。【布料工具匣】自动激活，其中会自动生成所有布料的列表。

（6）单击【布料工具匣】中的下拉按钮，选择一种面料，【纸样窗】中即可显示与之相对应的纸样，如图6-27所示。这些纸样可在与之相对应的面料的唛架区分床排料。之后的排料方式与单一排料完全相同。

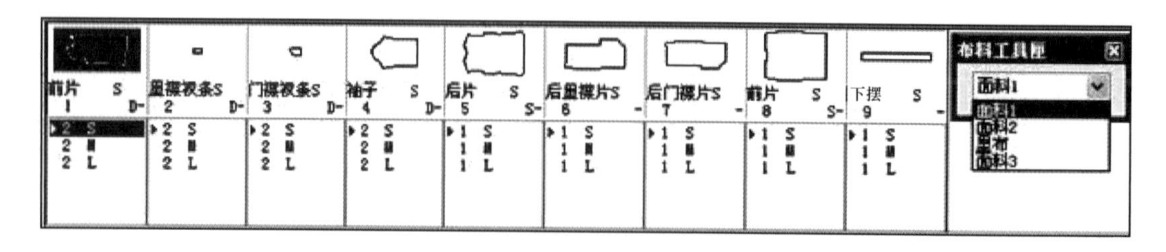

图6-27 【纸样窗】显示与选择面料相对应的纸样

（7）料排好后，单击【保存】工具，将文件保存，混合分床排料过程结束。

教师指导

（1）混合分床排料能成功实现的关键是参与排料的所有款式的款式资料与纸样资料的形式一定要相同。

（2）在【选取款式】对话框中，单击选中一个已经载入的款式，所有按钮被激活，如图6-28所示。单击【查看】按钮，可重新打开选择款式的【纸样制单】对话框；单击【删除】按钮，可将选择的款式删除；单击【添加纸样】按钮，会弹出【选取款式文档】对话框，在对话框中选取号型数与选择款式相同的款式文件，将其打开，会弹出【添加纸样】对话框，在对话框中选择需要添加的纸样，单击【确定】按钮，即可将另一个款式的部分或全部纸样添加到选择款式的纸样制单对话框中，一起进行排料。

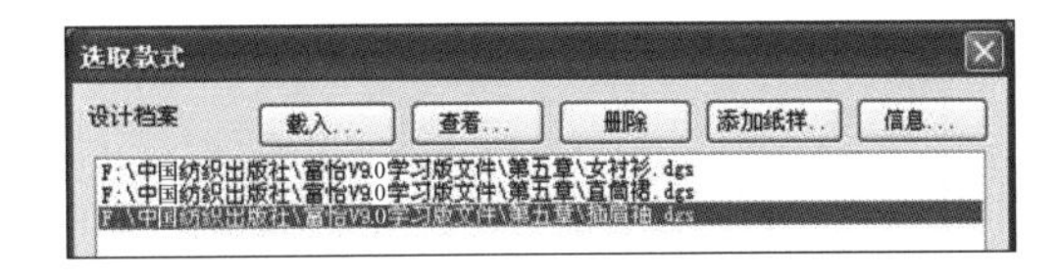

图6-28　【选取款式】对话框中的所有按钮被激活

第三节　男西服对条对格排料

（1）在设计与放码系统中做好男西服各纸样的对位标记（其中手巾袋和袋盖需钻孔，且与前片的钻孔要相对应，其他各纸样打对位剪口），确保各纸样的布纹方向一致（顺向）。

（2）进入排料系统，新建排料文件，载入男西服纸样。

（3）鼠标单击选中【纸样窗】中的后片纸样，选中【唛架】菜单下的【定义对格对条】命令，弹出【对格对条】对话框，如图6-29所示。

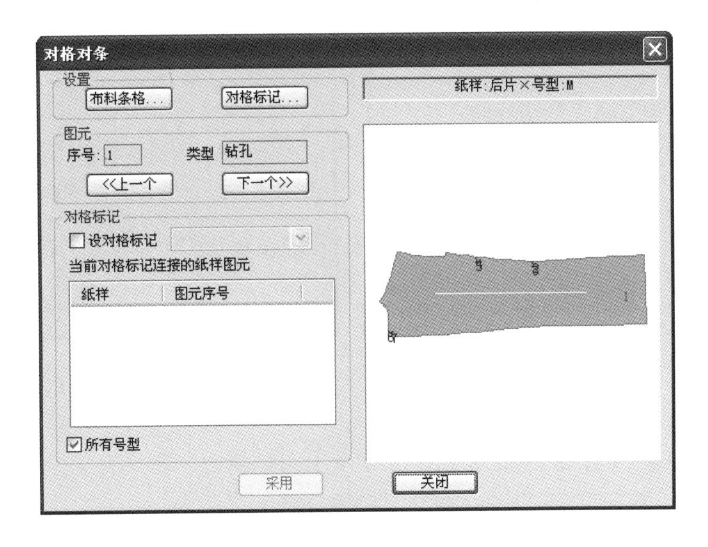

图6-29　【对格对条】对话框

（4）单击【布料条格...】按钮，弹出【条格设定】对话框，如图6–30所示。在对话框中设置水平条格和垂直条格重复距离，如果是斜纹格，可设定水平角α和垂直角β的角度，如图6–31所示，单击【确定】按钮，回到【对格对条】对话框。

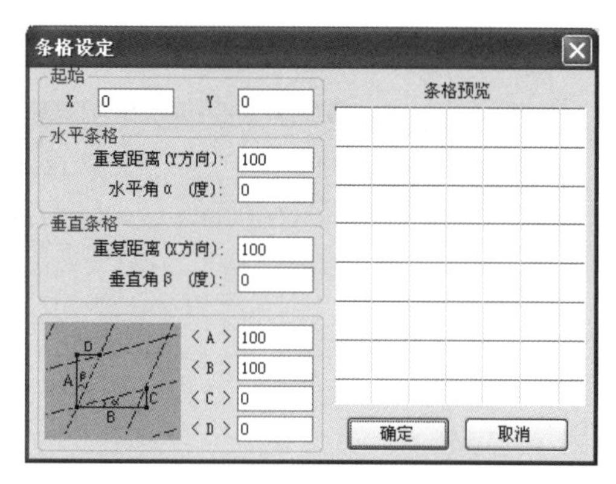

图6–30　设置水平条格和垂直条格

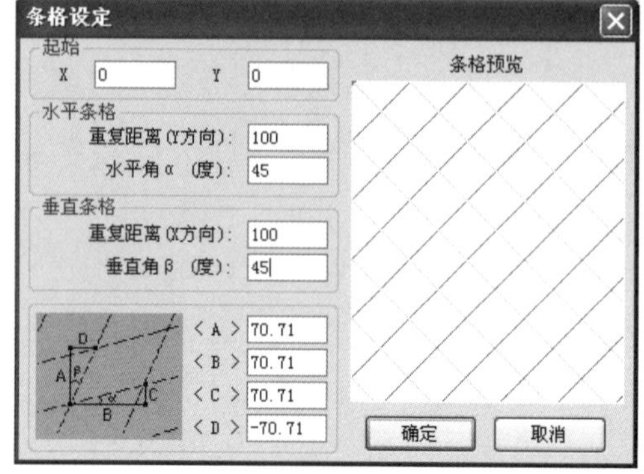

图6–31　设置斜纹格

（5）单击【对格标记...】按钮，弹出【对格标记】对话框，如图6–32所示。单击【增加】按钮，弹出【增加对格标记】对话框，如图6–33所示。输入标记名称，勾选【水平方向属性】与【垂直方向属性】的相关选项，单击【确定】按钮，对话框自动关闭，输入的标记名称出现在【对格标记】对话框的【名称】显示框中。如果需要设定多个对格标记，需在此一次性全部设定好。这里共设定了五处对格标记，分别是：后领中标记、窿底标记、手巾袋标记、袋盖标记和过面标记。如果要修改已增加的标记的属性，可单击【修改】按钮，在弹出的【增加对格标记】对话框中重新设置。

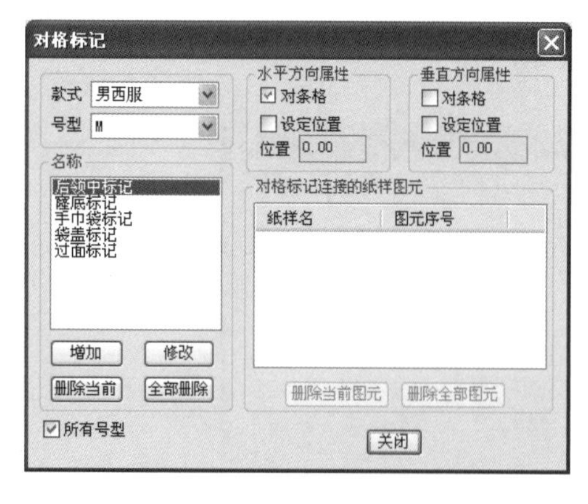

图6–32　【对格标记】对话框

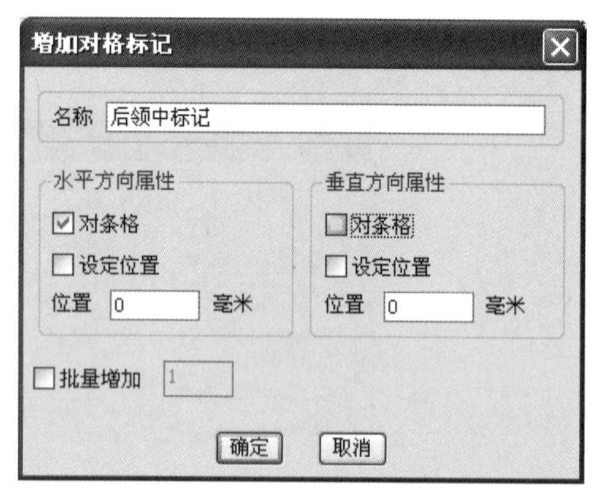

图6–33　【增加对格标记】对话框

（6）单击【关闭】按钮，回到【对格对条】对话框。

（7）连续单击 下一个>> 或 <<上一个 按钮，直到需要对条对格的标记选中变成红色，【图元】显示框中会显示选中标记的序号和类型。勾选【设对格标记】选项，鼠标

单击右侧对格标记选择下拉按钮，选择标记名称——后领中标记，勾选【所有号型】选项，单击【采用】按钮，该标记所属的纸样名称和图元序号会自动显示在【当前对格标记连接的纸样图元】显示框中，如图6–34所示。

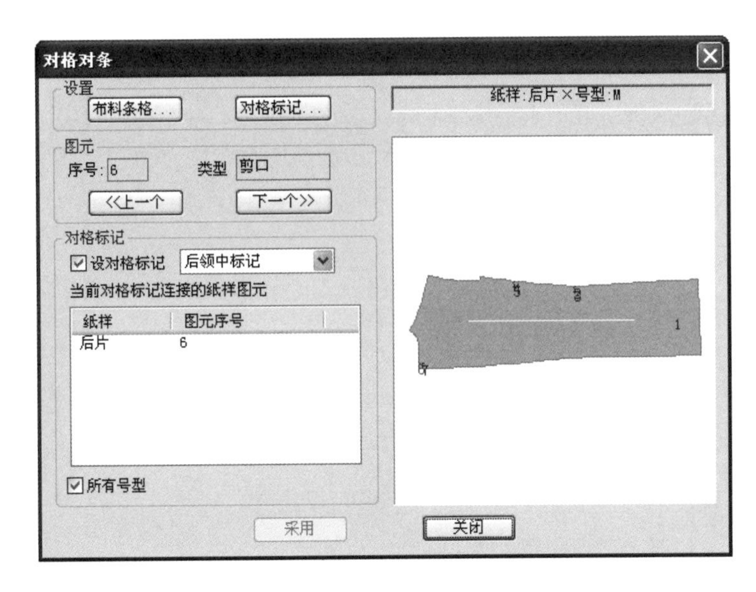

图6–34　设定后片6号对条对格标记为后领中标记

（8）按照与步骤7相同的方法，选中后片的4号标记，将其设为窿底标记，如图6–35所示。

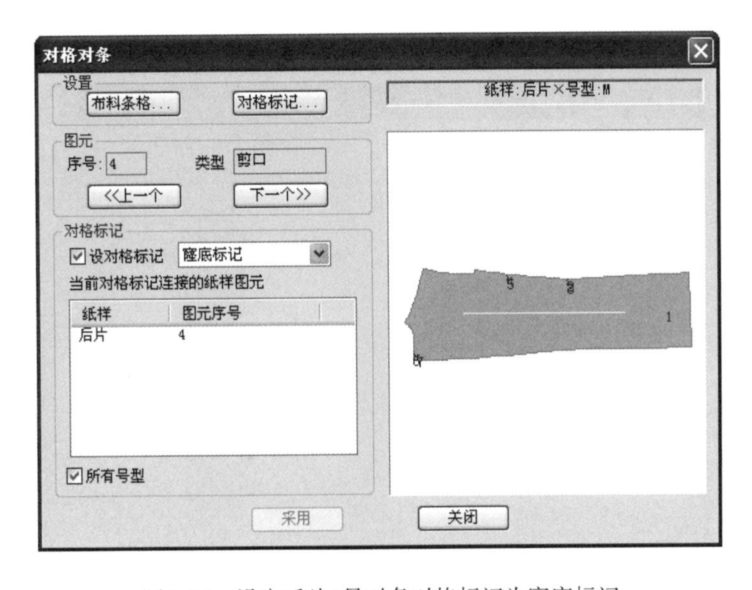

图6–35　设定后片4号对条对格标记为窿底标记

（9）鼠标单击选中【纸样窗】中的侧片纸样，连续单击 下一个>> 或 <<上一个 按钮，选中侧片的窿底对位剪口，勾选【设对格标记】选项，选择标记名称——窿底标记，单击【采用】按钮，设定侧片与后片的对条对格。

（10）按照与步骤9相同的方法，设定前片、大袖和小袖与后片的对条对格，如图6-36所示。

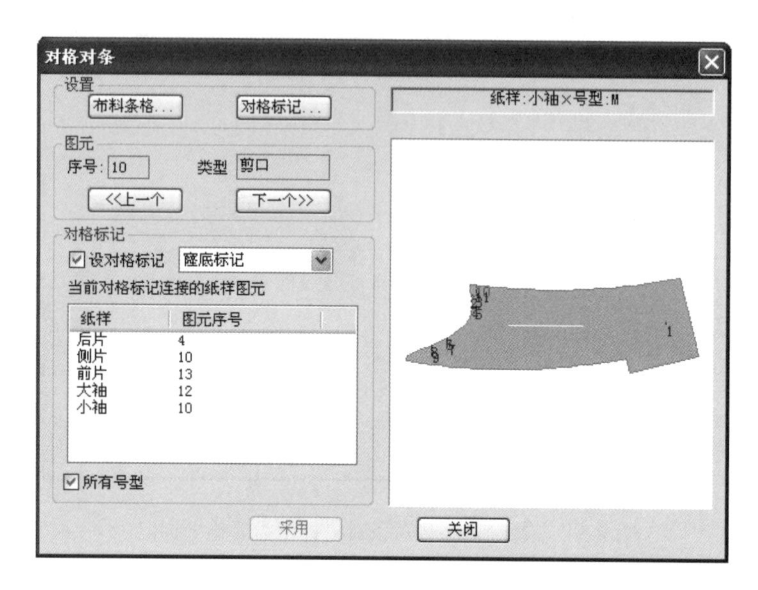

图6-36　设定侧片、前片、大袖和小袖与后片的窿底对条对格标记

（11）鼠标单击选中【纸样窗】中的领面纸样，连续单击 下一个>> 或 <<上一个 按钮，选中领面的后领中对位剪口，勾选【设对格标记】选项，选择标记名称——后领中标记，单击【采用】按钮，设定领面与后片的对条对格，如图6-37所示。

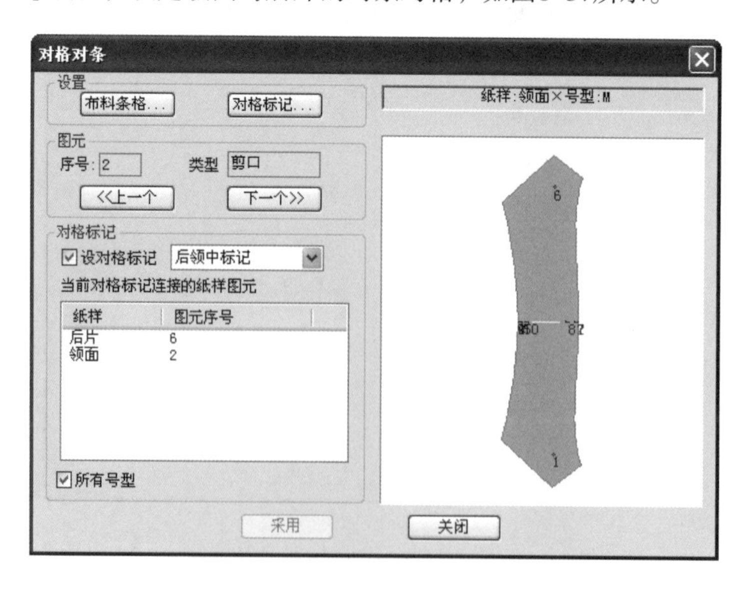

图6-37　设定领面与后片的后领中对条对格标记

（12）鼠标单击选中【纸样窗】中的前片纸样，依次将2号、15号和16号标记设为过面标记、袋盖标记和手巾袋标记。

（13）鼠标单击选中【纸样窗】中的过面纸样，勾选【设对格标记】选项，选择标记名称——过面标记，单击【采用】按钮，设定过面与前片的对条对格。以同样方法完成袋盖与前片、手巾袋与前片的对条对格。所有设置完成后单击【关闭】按钮。以上操作如图6-38所示。

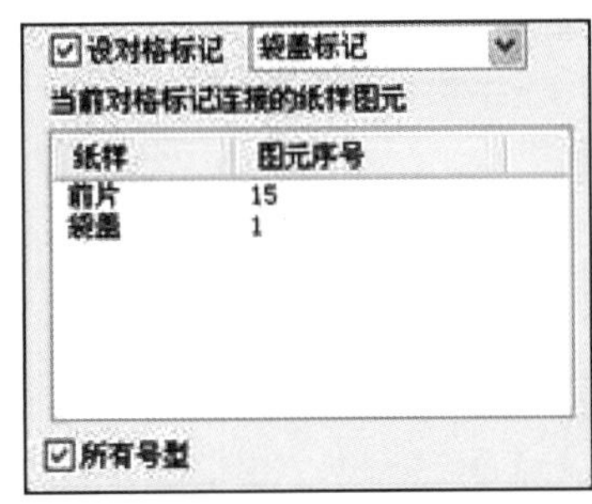

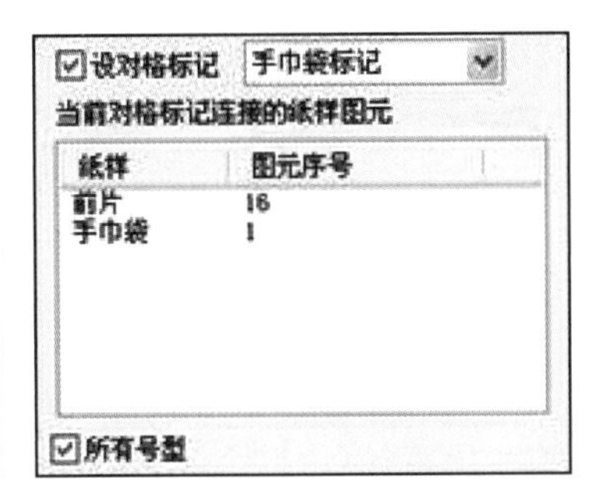

图6-38 设定过面、袋盖、手巾袋与前片对条对格标记

（14）勾选【选项】菜单下的【对格对条】和【显示条格】命令，【主唛架】显示设置的条格。

（15）双击【纸样窗】中的后片纸样，纸样自动进入主唛架区，摆放好后片纸样的位置，再双击其他纸样，这些纸样会按照之前的设置，自动进行对条对格，如图6-39所示。而且偶数片的纸样自身也会自动进行对条对格，如图6-40所示。

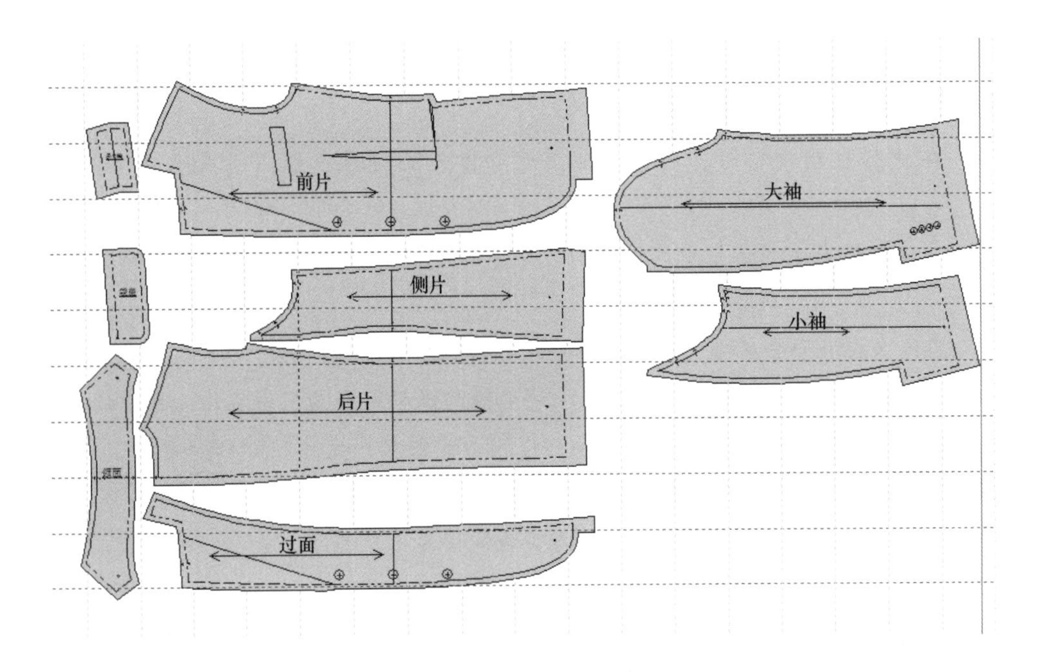

图6-39 对条对格示意

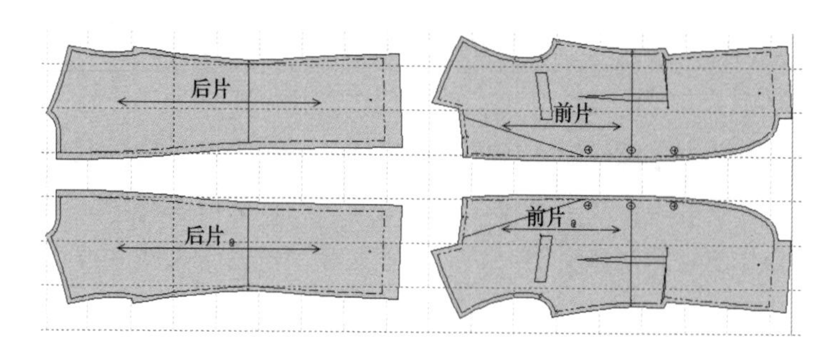

图6-40　偶数片纸样自动对条对格示意图

教师指导

（1）对条对格只能在一个号型的所有纸样之间进行，且一次只能设定一个号型。如果要每个号型的所有纸样都能对条对格，则需要分别设置。如M码设置并完成排料后，要再选中S码，按照与M码相同的设定方法完成设置，才能进行S码的对条对格排料，L码也是一样。否则，只有M码能进行对条对格排料。

（2）对条对格只适用于手动排料，不适合全自动排料和超级排料。

本章小结

详细介绍在富怡服装CAD排料系统中进行单一排料、混合分床排料和对条对格排料的具体操作流程和方法，其中排料设定、对条对格是重点，也是难点，严格按照本书介绍的流程操作依然是关键。

思考与练习题

1. 在执行自动排料时，为什么会出现少排、漏排等不能将所有纸样全部排下的现象？

2. 【唛架设定】对话框中的缩放功能与【纸样制单】对话框中的缩放功能有何区别与联系？

3. 为什么在混合分床排料时选择的款式有的能参与排料，有的却不能？

4. 男西服对条对格排料设定时，第一块选择的纸样是否必须为后片，为什么？

5. 为什么系统默认【旋转限定】按钮和【翻转限定】按钮是按下的，即不允许纸样随意旋转或翻转？

6. 将单一排料、混合分床排料设定与实施过程各反复练习三遍。

7. 将男西服对条对格排料设定与实施过程反复练习三遍。

8. 利用在设计与放码系统中生成的不同类型的纸样，在排料系统中进行各种排料方式的设定与实践。

应用实践——

纸样输入与输出

课题名称： 纸样输入与输出

课题内容： 纸样输入

纸样输出

教学课时： 8课时

重点难点： 1. 数字化仪和绘图机的设置。

2. 用数字化仪进行纸样输入。

学习目标： 1. 说出富怡服装CAD系统中数字化仪设置的主要流程、方法和内容。

2. 说出富怡服装CAD系统中绘图机设置的主要流程、方法和内容。

3. 完成数字化仪和绘图机的设置。

4. 在富怡服装CAD系统中进行纸样输入和输出。

5. 记录纸样输入、输出过程中出现的常见问题及其产生的原因，并寻求妥善解决的办法。

学习提示： 纸样输入与输出是实践性很强的工作，涉及的知识和内容较多，出现的问题和症状也千奇百怪，一定要多实践、多操作、多尝试、多思考、多总结，只有这样才能熟练掌握。

第七章　纸样输入与输出

目前，在国内服装企业中，采用手工打板、电脑放码的方式依然很普遍，这就使得纸样输入成为一项必不可少的工作。电脑打板只是将手工制板的方式转移到电脑上，并不能直接生成用于工业生产的纸样，要想得到用于实际生产的纸样，就必须输出。在现代服装企业中，用于纸样输入的设备主要是数字化仪，而用于纸样或排料图输出的设备主要是切割机和绘图机。

富怡服装CAD系统的纸样输入与输出都是在设计与放码系统中进行的，排料图则是在排料系统中输出。

第一节　纸样输入

一、数字化仪设置

1. 设备选择与端口连接

（1）在富怡服装CAD设计与放码系统中选中【文档】菜单下的【数化板设置】命令，弹出【数化板设置】对话框，如图7-1所示。

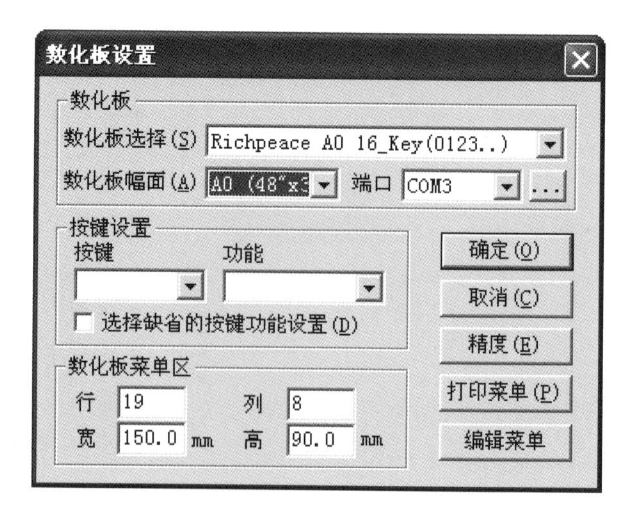

图7-1　【数化板设置】对话框

（2）鼠标单击【数化板选择】选择框右侧的下拉按钮，在弹出的下拉菜单中选择所连接的数字化仪的名称；再单击【数化板幅面】选择框右侧的下拉按钮，选择数化板的幅面宽度，一般在服装企业中常用的是A0幅面；然后单击【端口】选择框右侧的下拉按钮，选择数化板在电脑上的连接端口，通常选择COM1端口。

具体设置时，要以实际选择连接的设备和端口为准。本书在写作时，所选择的数化板是Richpeace A0 16-Key读图板，其幅面为A0，连接端口为COM3。

（3）单击【端口】选择框右侧的...按钮，弹出【密码】对话框，如图7-2所示，输入密码“56789”，单击【确定】按钮，弹出【数化板通讯配置】对话框，具体设置如图7-3所示，单击【确定】按钮，回到【数化板设置】对话框。

图7-2　【密码】对话框

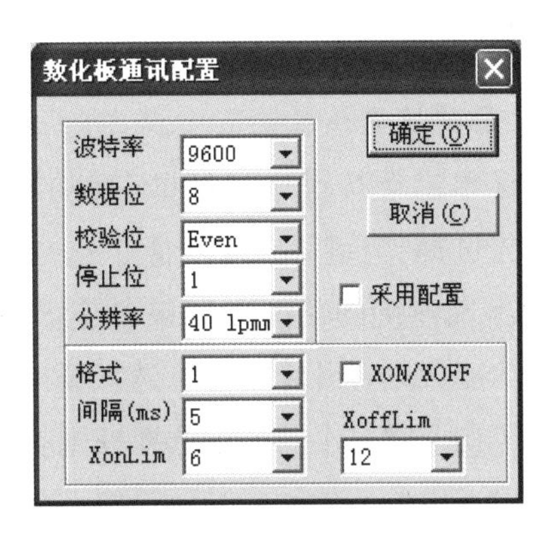

图7-3　【数化板通讯配置】对话框

【数化板通讯配置】对话框中的设置要与Windows的设置保持一致。右键单击桌面上“我的电脑”，在弹出的快捷菜单中选择【属性】命令，弹出【系统属性】对话框，选择【硬件】选项卡，再单击【设备管理器】按钮，弹出【设备管理器】对话框，单击端口（COM和LPT）左侧的展开按钮，显示端口类型，如图7-4所示；鼠标双击“Prolific USB-to-Serial Comm Port（COM3）”，弹出【Prolific USB-to-Serial Comm Port（COM3）属性】对话框，如图7-5所示。

（4）手工画一个100cm×50cm的矩形框，通过数化板在设计与放码系统中读入矩形，测出其长、宽值。然后打开【数化板设置】对话框，鼠标单击【精度】按钮，弹出【密码】对话框，输入密码“56789”，单击【确定】按钮，弹出【数字化仪精度校正】

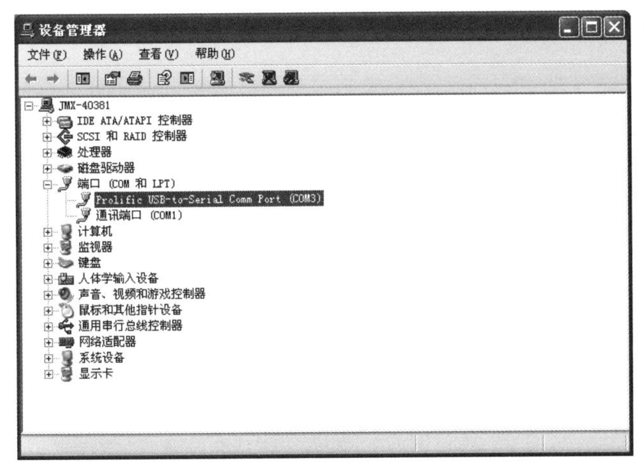

图7-4　【设备管理器】对话框

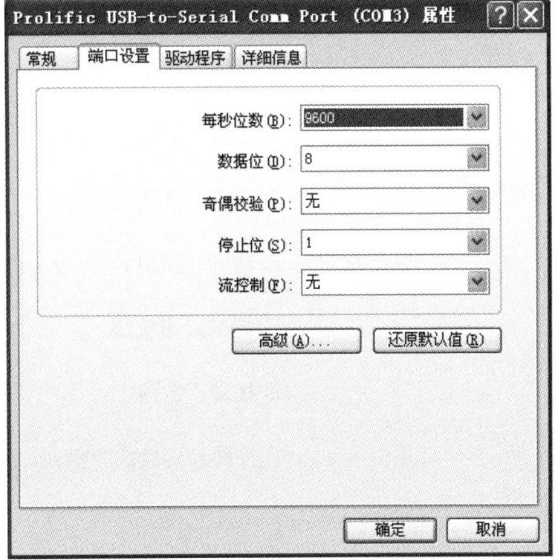

图7-5　【属性】对话框

对话框，如图7-6所示，填入测出的实际长、宽值，单击【确定】按钮即可。

通常情况下，设备在出厂前，厂商已经校正好了，因此一般不需要校正，除非读入的纸样确实有偏差。

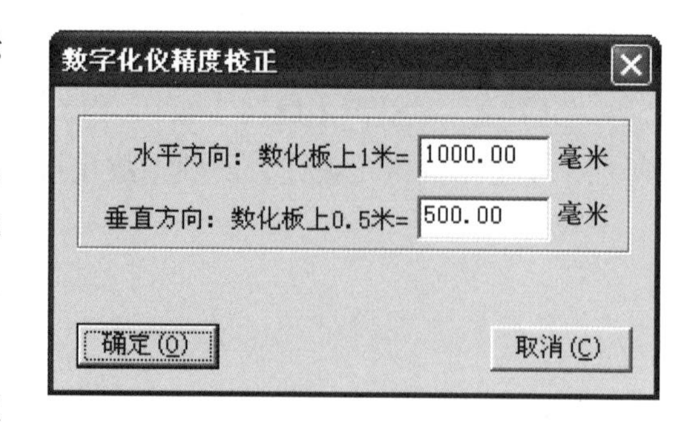

图7-6 【数字化仪精度校正】对话框

2. **按键设置**

鼠标单击【按键】选择框右侧的下拉按钮，先选择“1键”，【功能】选择框中会自动出现该键的功能，如果希望该键执行其他功能，则打开【功能】选择框中的下拉菜单，选择一种功能即可。【按键】选择框中定义了16个键，【功能】选择框则有与之相对应的16项功能。

如果不想修改软件的默认设置，只需将【选择缺省的按键功能设置】选项勾选即可。建议采用这种方式。通常情况下只需设置这两项即可。单击【确定】按钮，完成设置。

系统缺省的按键功能设置如图7-7所示。

0 按键：圆。

1 按键：放码转折点。

2 按键：闭合/完成。

3 按键：剪口点。

4 按键：非放码曲线点。

5 按键：省褶。

6 按键：钻孔点。

7 按键：放码曲线点。

8 按键：无定义。

9 按键：眼位。

A 按键：非放码转折点。

B 按键：读新纸样。

C 按键：撤消。

D 按键：布纹线。

E 按键：放码。

F 按键：切换读图模式。

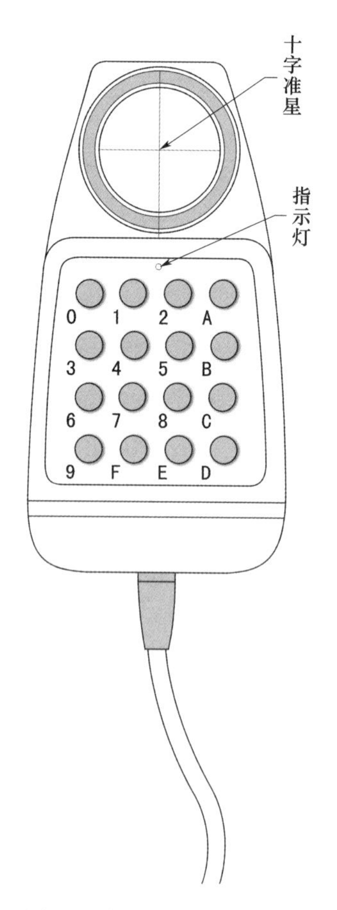

图7-7 缺省按键功能设置

3. 菜单设置

（1）将电脑与A4打印机连接好。

（2）在【数化板设置】对话框中单击【打印菜单】按钮，会打印出一张菜单，如图7–8所示。

边线	开口辅助线	闭合辅助线	内边线	数化板放码	V型省	内V型省	菱型省
锥型省	内锥型省	明刀褶	暗刀褶	明工字褶	暗工字褶	顺倒向	逆倒向
T	V	U	I	Box	读新纸样	重读纸样	结束读样
0	1	2	3	4	5	6	7
8	9	A	B	C	D	E	F
G	H	I	J	K	L	M	N
0	P	Q	R	S	T	U	V
W	X	Y	Z	+	–	*	/
~	!	@	#	$	%	&	空格键
(	)	,	”	|	,	.	回车键
纸样名	布料名	份数	左片	右片	纸样说明	纸样代码	客户名
款式名	定单号	款式简述	大写字母	小写字母	文字串		
前幅	后幅	袖	领	门襟	覆肩	育克	袋盖
前中	后中	大袖	翻领	里襟	前覆肩	前育克	前袋
前侧	后侧	小袖	底领	挂面	后覆肩	后育克	后袋
前腰头	后腰头	腰头	襻	袖衩	介英	贴	袋布
面	里	粘合衬	衬布	撞色	实样		

图7–8　读图菜单

（3）用剪刀将打印出来的菜单剪下，张贴在读图板读图区域的左上角。

（4）鼠标单击设计与放码系统【快捷工具栏】上的【读纸样】工具，弹出【读纸样】对话框，如图7–9所示。

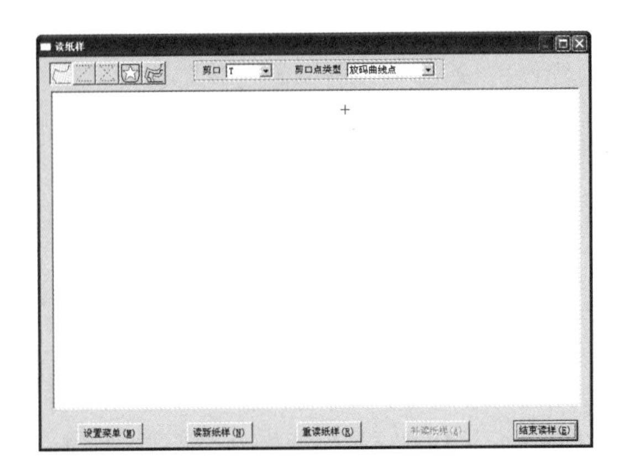

图7–9　【读纸样】对话框

（5）鼠标单击【设置菜单】按钮，弹出【盈瑞恒设计与放码CAD系统】对话框，如图7-10所示，单击【是】按钮；然后在读图板上用游标在贴上的菜单的左上角、左下角及右下角依次按①键，【读纸样】对话框工作区域的左上角会出现灰色矩形框，如图7-11所示，菜单设置完成。

图7-10 【盈瑞恒设计与放码CAD系统】对话框

图7-11 出现灰色矩形框

二、数字化仪输入说明

1. 游标的使用方法

在确保数字化仪正常工作（指示灯亮）并与计算机有效连接，【读纸样】对话框打开的情况下，将游标定位器的“+”字准星与需要输入的点对齐，按下按键进行输入。

2. 纸样的输入方法

（1）输入布纹线：在布纹线的起点与终点按Ⓓ键。

（2）直线：在直线的起点与终点按①键。

（3）连续直线：按①键指示各点。

（4）曲线：按①键或Ⓐ键，指示曲线端点；按④键或⑦键，依次指示曲线上中间各点；按①键或Ⓐ键，指示曲线终点。

（5）输入剪口：剪口可依附在放码转折点、放码曲线点、非放码转折点和非放码曲线点上，读图时先按①、⑦、Ⓐ或④键，之后再按③键即可；也可以单独读入，但必须在轮廓线输入结束后才可以。

（6）输入外轮廓线：按下【读纸样】对话框中的【读轮廓线】工具按钮，放码转折点按①键，非放码曲线点按④键，最后按②键结束。

（7）输入开口辅助线：按下【读纸样】对话框中的【读不闭合的纸样辅助线】工具按钮，或按Ⓕ键选中按钮，按照与读轮廓线相同的方法读入，最后按②键结束。

（8）输入闭合辅助线：按下【读纸样】对话框中的【读闭合的纸样辅助线】工具按钮，或按Ⓕ键选中按钮，按照与读轮廓线相同的方法读入，最后按②键结束。

（9）输入内边线：按下【读纸样】对话框中的【读内边线】工具按钮，或按Ⓕ键选中按钮，按照与读轮廓线相同的方法读入，最后按②键结束。

四种线形读入效果如图7-12所示。

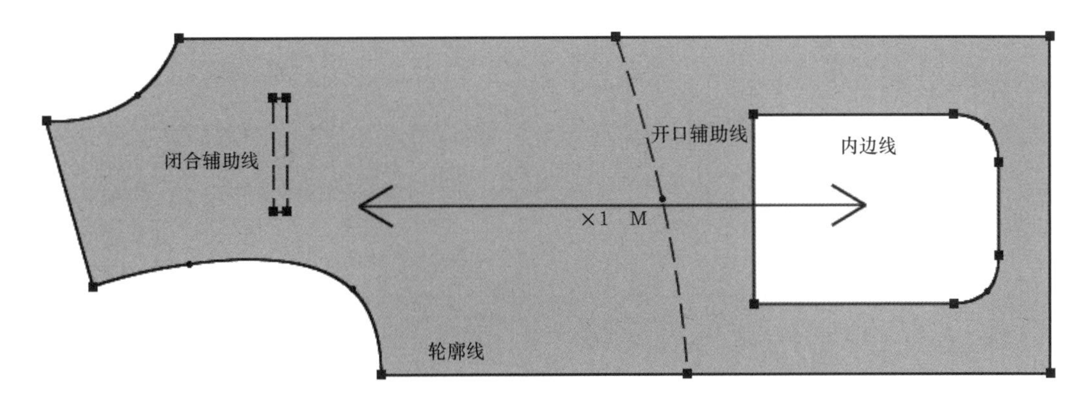

图7-12 四种线形读入效果

（10）输入放码网状图：先将基础码衣片外轮廓线输入完毕，然后在【读纸样】对话框中按下【读放码网状图】工具按钮，或按 F 键选中按钮，用游标 ① 键输入基码纸样的某一放码点，再用 E 键按从小到大的顺序读入与该点相对应的其他各码的点，基码除外，直到各点全部读入，最后按 ② 键结束。

（11）输入V 形省：读边线读到V 形省时，先用 ① 键单击在菜单上的“V形省”（软件默认为V 形省，如果没读其他省而读此省时，则不需要在菜单上选择），再按 ⑤ 键依次读入省口起点、省尖点、省口终点。如果省线是曲线，在读省口起点后按 ④ 键读入曲线点。由于省是对称的，读弧线省时，用 ④ 键读一边就可以了，具体如图7-13所示。

（12）输入锥形省：读边线读到锥形省时，先用 ① 键单击在菜单上的“锥形省”，再按⑤键依次读入省口起点、省腰、省尖、省口终点。如果省线是曲线，在读省口起点后按 ④ 键读入曲线点。由于省是对称的，读弧线省时，用 ④ 键读一边就可以了，具体如图7-13所示。

（13）输入内V形省：读完外轮廓线后，先用 ① 键单击菜单上的“内V形省”，再读操作同V形省。

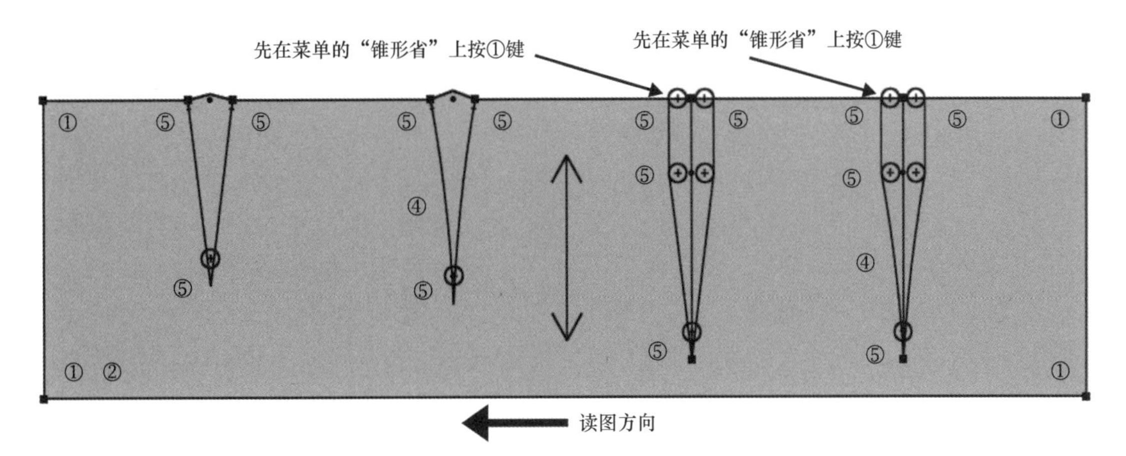

图7-13 输入V 形省和锥形省示意图

（14）输入内锥形省：读完外轮廓线后，先用 ① 键单击菜单上的“内锥形省”，再读操作同锥形省。

（15）输入菱形省：读完外轮廓线后，先用 ① 键单击菜单上的“菱形省”，再按 ⑤ 键，顺时针依次读省尖、省腰、省尖，最后按 ② 键闭合。如果省线是曲线，在读入省尖后可按 ④ 键读入曲线点。具体如图7–14所示。

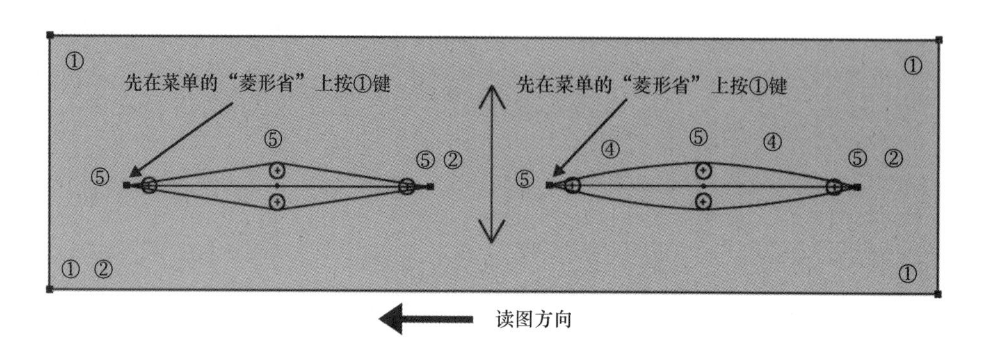

图7–14　输入菱形省示意图

（16）输入褶：读边线读到褶时，先用 ① 键单击菜单上的“褶”（包括明刀褶、暗刀褶、明工字褶、暗工字褶四种，其读图的操作方法完全相同），再按 ⑤ 键，顺时针依次读入褶底、褶深。具体如图7–15所示。

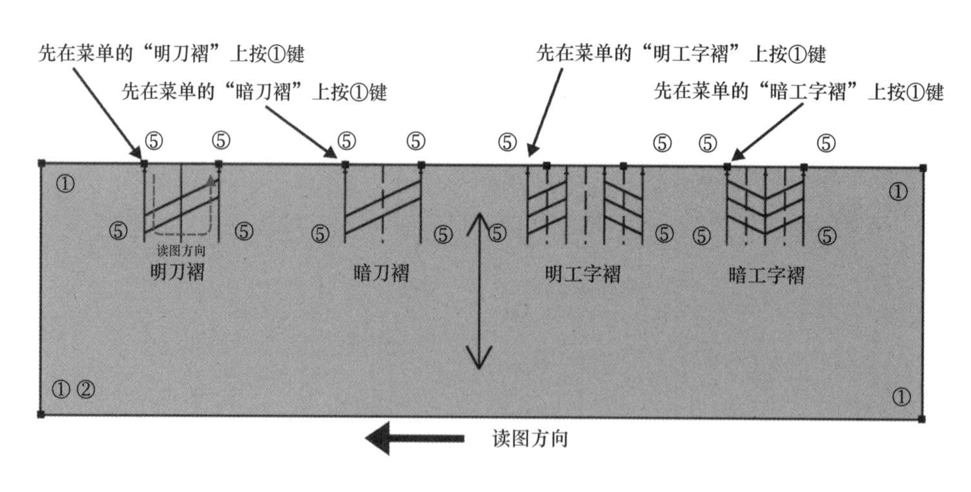

图7–15　输入褶示意图

（17）输入扣眼：轮廓线完成之前或之后，按 ⑨ 键输入扣眼的两个端点。

（18）输入钻孔：轮廓线完成之前或之后，在孔心位置按 ⑥ 键。

（19）输入圆：轮廓线完成之前或之后，按 ⓪ 键在圆周上定三个点。

（20）消除：当纸样读入错误时，按 Ⓒ 键依次向前返回，可多次撤消，一直到头。

（21）纸样闭合：读轮廓线时，按 ② 键，闭合纸样，完成一块纸样轮廓的输入。

（22）结束读内线：读内线时，按 ② 键，内线读入结束，可进行下一条内线的读入。

（23）重读纸样：如果前一块纸样输入有误，单击【重读纸样】按钮，将这一纸样重新读一遍。

（24）读下一块纸样：一块纸样读完后，按 Ⓑ 键，或单击【读新纸样】按钮，读下一块纸样。

（25）结束：所有纸样读完后，单击【结束读样】按钮，结束数字化仪输入。

操作提示

- 在用数字化仪输入纸样时，建议先关闭其他应用程序。
- 曲度小的曲线，输入时点距要大；曲度大的曲线，输入时点距要小。

三、纸样输入具体操作实例

1. 基本纸样输入

（1）用胶带把准备好的纸样贴在数字化仪的面板上（如果是带塑料盖板的，纸样放好后，盖上盖板即可，不需要用胶带贴），纸样可以以任何方向放置。

（2）打开数字化仪的电源，游标指示灯闪烁，并发出“滴滴”响声。

（3）鼠标单击设计与放码系统【快捷工具栏】上的【读纸样】工具，弹出【读纸样】对话框，如图7-16所示。此时【读轮廓线】工具按钮默认为按下状态。

（4）在对话框中选择剪口类型（软件默认是“T”型剪口）和剪口点类型，然后开始读图。

图7-16 【读纸样】对话框

操作提示

- 【读纸样】对话框中有五个工具按钮，分别控制五种不同的读图模式：其中工具按钮按下表示读轮廓线；工具按钮按下表示读不闭合的纸样辅助线；工具按钮按下表示读闭合的纸样辅助线；工具按钮按下表示读内边线；工具按钮按下表示读放码网状图。
- 五种读图模式用 Ⓕ 键切换。

（5）先读纸样的外轮廓，将游标的十字准星对齐需要输入的轮廓线上的点，按照顺时针的顺序依次读入。读图时，建议先从放码转折点开始，具体过程如图7-17所示。

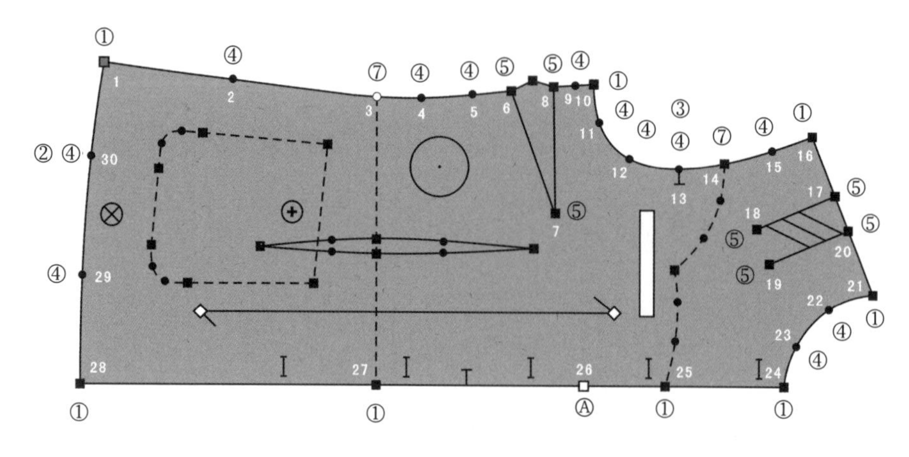

图7-17 读纸样外轮廓示意图

① 图7-17所示纸样的轮廓线上共设置了30个读入点，并按照读图的先后顺序依次编号。读图时先从1号点（红色点）开始，在该点上按下游标的 ❶ 键，移动游标到2号点按下 ❹ 键，然后到3号点按下 ❼ 键……一直到30号点上先按 ❹ 键，再按 ❷ 键，外轮廓线读入完成。

② 在图7-17中，1、10、16、21、24、25、27、28号点都为放码转折点，按 ❶ 键；2、4、5、9、11、12、13、15、22、23、29、30号点都为非放码曲线点，按 ❹ 键，其中13号点上打了剪口，按了 ❹ 键后，还要再按 ❸ 键；3、14号点都为放码曲线点，按 ❼ 键；26号点为非放码转折点，按 🅐 键。

③ 6、7、8、17、18、19、20号点是省褶点，按 ❺ 键。其中，在读17号点之前，要先用①键单击菜单上的“明刀褶”。

④ 3、14号点是多性质的点，可以是放码转折点，按 ❶ 键；可以是放码曲线点，按 ❼ 键，要视这几点的性质而定。

（6）在31、32号点上按 🅓 键，读入布纹线；在33号点上按 ❸ 键，读入前中线上的剪口。

（7）然后读入前门襟的扣眼位置，依次在34、35、36、37、38、39、40、41、42、43号点上按 ❾ 键。

（8）接下来读入钻孔和纽扣位，在44、45号点上按 ❻ 键，在46、47、48号点上按 ⓿ 键。

（9）在49、50、51号点上按 ⓿ 键，读入圆。

（10）先用 ❶ 键单击菜单上的“菱形省”，然后52、53、54、55、56号点上依次按 ❺、❹、❺、❹、❺键，最后按 ❷ 键，系统会自动完成菱形省的输入。

步骤（6）~（10）的操作如图7-18所示。

（11）游标在57号点上按 ❶ 键，在58号点上按 ❶ 键，再按 ❷ 键，完成前片腰线的读入；在59号点上按 ❶ 键，在60号点上按 ❹ 键……最后在65号点上按 ❶ 键，再按 ❷

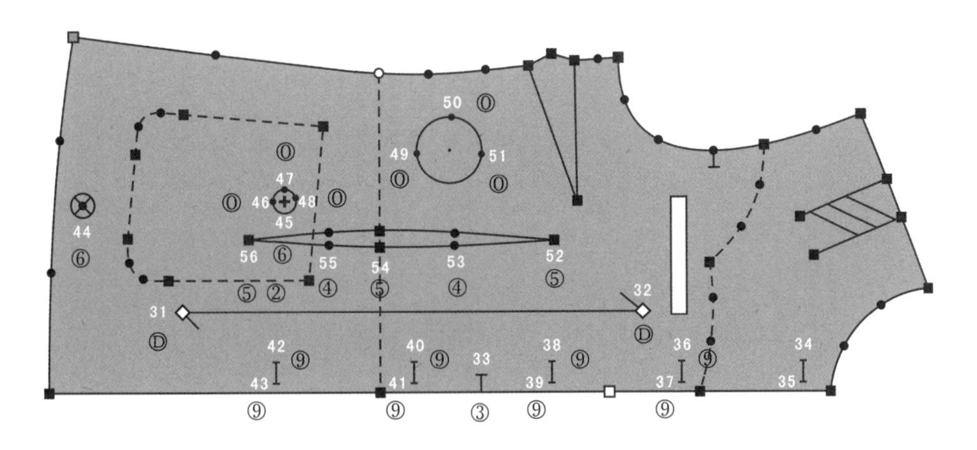

图7-18　读布纹线、扣眼、钻孔、纽扣位和菱形省示意图

键，完成前片育克线的读入。

（12）按 Ⓕ 键，切换到【读闭合的纸样辅助线】工具按钮。游标在66号点上按 ① 键，在67号点上按 ① 键……最后在75号点上按 ① 键，再按 ② 键，完成前片贴袋的读入。

（13）按 Ⓕ 键，切换到【读内边线】工具按钮。游标在76号点上按 ① 键，在77号点上按 ① 键……最后在79号点上按 ① 键，再按 ② 键，完成前片内边线的读入。

步骤（11）~（13）的操作如图7-19所示。至此，第一块纸样的读入操作完成。

（14）按 Ⓑ 键，或单击【读纸样】对话框中的【读新纸样】按钮，以同样方法进行第二块纸样的读入，完成后再单击【读新纸样】按钮，读第三块……直到所有纸样都读完。

（15）所有纸样都输入完成后，单击【结束读样】按钮，结束读板。

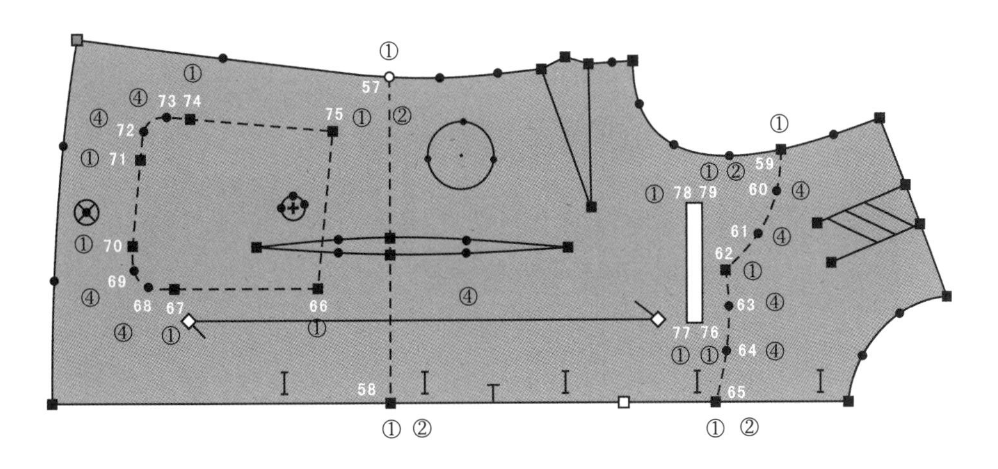

图7-19　读开口辅助线、闭合辅助线和内边线示意图

操作提示

- 读纸样时，建议首先读外轮廓线，之后再读其他内容如剪口、布纹线、纽扣、辅助线等，这些内容在读的时候没有先后顺序。
- 要充分利用张贴在读图板上的菜单表。菜单表上列出的需要读入时，只要先用 ① 键在菜单上单击将其选中，之后读入即可。
- 当纸样读入错误时，可按 Ⓒ 键依次向前返回。
- 如果前一块纸样输入有误，可单击【重读纸样】按钮，将这一纸样重新读一遍。

2. **网状图输入**

（1）将各码纸样按从小到大的顺序，以某一边为基准，整齐地交叠在一起，并将之固定在数字化仪面板上。

（2）选中设计与放码系统中【号型】菜单下的【号型编辑】命令，在弹出的【设置号型规格表】对话框中对纸样的号型进行编辑，要求编辑的号型数量与读入的放码网状图的号型数量一致。

（3）按读图的规则先读入基码纸样，然后在【读纸样】对话框中按下【读放码网状图】工具按钮，或使用 Ⓕ 键切换。

（4）按 ① 键输入基码纸样的某一放码点，再用 Ⓔ 键按从小到大的顺序读入与该点相对应的其他各码的点，基码除外。参照此方法，输入各码其他放码点，直到最后一点设置完成，如图7–20所示，最后按 ② 键。

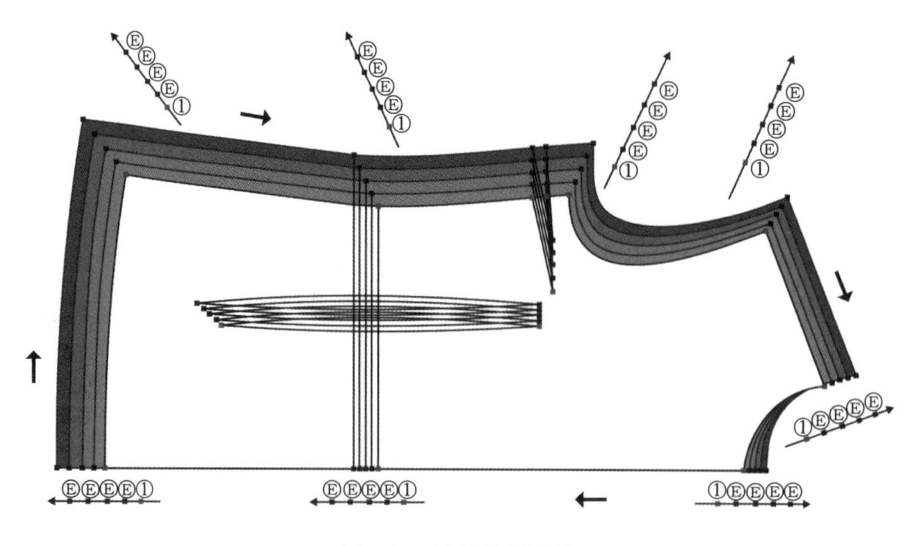

图7–20　读网状图示意

（5）单击【结束读样】按钮，纸样进入【衣片列表框】。

（6）鼠标单击选中纸样，纸样以网状图的形式出现在工作区。

（7）打开【点放码表】，选中纸样的放码点，放码表中可显示该点的放码量。

操作提示

- 图7-20所示的红色点为基础码的轮廓点，读图时按①键，黑色点为各码的放码网格点，读图时按Ⓔ键，整个一组点的读入键顺序是由内向外①ⒺⒺⒺⒺ。
- 如果基码不是最小码，则基码读图完成并切换到读放码网状图模式后，依然是先在基码的放码点按①键，之后与基码放码点对应的其他各点的读入键顺序由小到大依次是ⒺⒺⒺⒺ（假设有五个码）。

3. **超大范围纸样的输入**

当纸样太大，超过数字化仪的读图范围时，可采用以下步骤将纸样输入：

（1）在纸样上画临时分割线，把大纸样分割成几个小纸样。在每个小纸样上画上与大纸样相同的布纹方向。

（2）按读图规则分别将各小纸样读入。

（3）各纸样输入后，在设计与放码系统中用【合并纸样】工具将各小纸样拼合成大纸样。

第二节 纸样输出

一、喷墨绘图机设置

1. **安装驱动程序**

（1）在确保绘图机与电脑正确连接并准备就绪、软件正确安装的情况下，打开驱动程序所在的文件夹，将文件全部选中，如图7-21所示。

（2）按【Ctrl+C】键，复制文件。之后找到软件安装的根目录，按【Ctrl+V】组合键，粘贴文件，驱动程序安装完成。

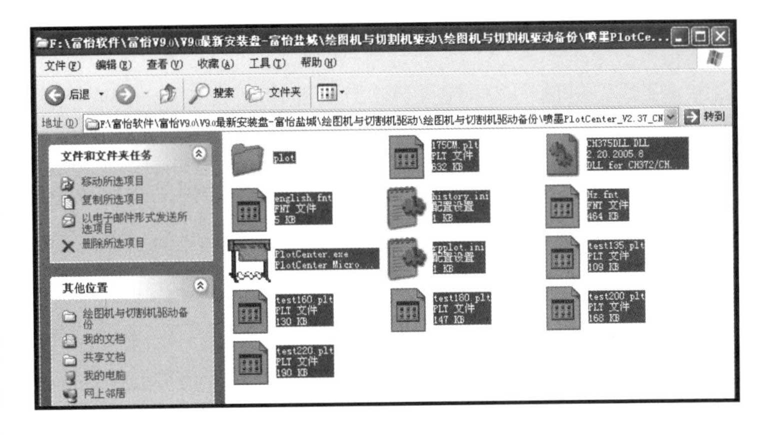

图7-21 选中全部文件

操作提示

本书在写作时，电脑连接了两个输出设备，一个是RP MJ Plotter喷墨绘图机，一个是RP TM Cutting Plotter切绘一体机，它们所采用的驱动程序是不一样的。考虑到避免程序覆盖和输出方便，需将两个设备的驱动程序放在不同的文件夹中，并在【绘图仪】对话框中设定不同设备对应的工作目录，如图7–22所示。

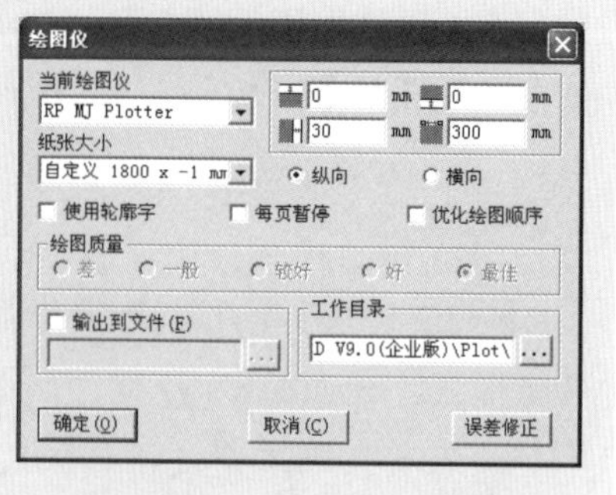

图7–22 【绘图仪】对话框

2. **选择设备、设置输出方式**

（1）确保绘图机与电脑正确连接并准备就绪、驱动程序正确安装的情况下，在富怡服装CAD的设计与放码系统中单击【快捷工具栏】上的【纸样绘图】工具，弹出【绘图】对话框，如图7–23所示。

（2）鼠标单击【设置】按钮，弹出【绘图仪】对话框，如图7–24所示。

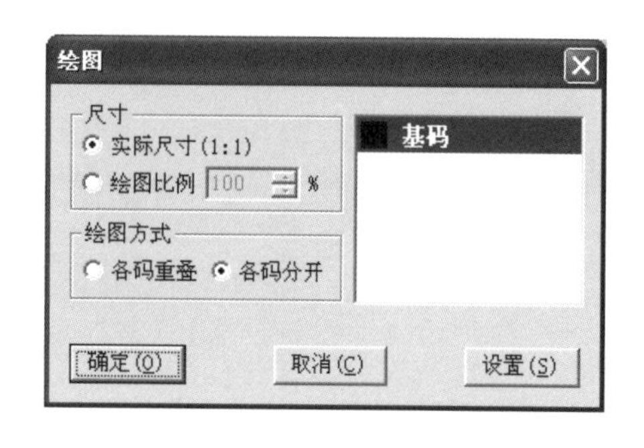

图7–23 【绘图】对话框

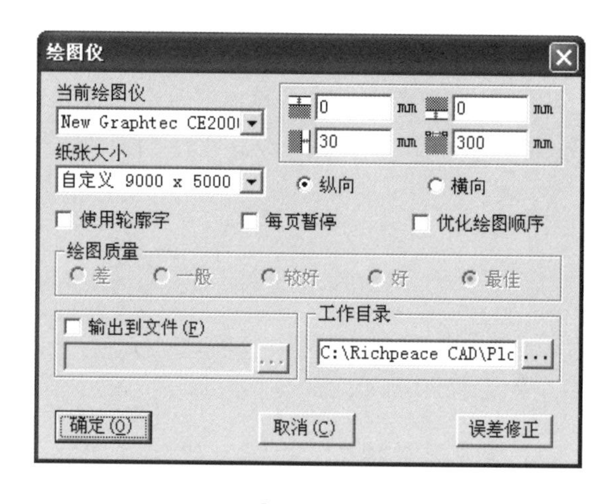

图7–24 【绘图仪】对话框

（3）在对话框中根据绘图要求确定是否勾选【使用轮廓字】和【每页暂停】。【优化绘图顺序】选项勾选后，可以选择绘图质量的等级。

（4）鼠标单击【当前绘图仪】选择框右侧的下拉按钮，选择“RP MJ Plotter”绘图机，【纸张大小】选择框中会自动显示与之相匹配的纸张类型。

（5）如果装入的纸张与默认纸张不一致，可单击【纸张大小】选择框右侧的下拉按钮，选择“自定义”，弹出【页大小】对话框，设置如图7–25所示。其中纸宽“1800”，是实际装入的纸宽，纸长“–1”，表示纸长可以无限长（因为使用的绘图纸是卷纸）。单击【确定】按钮，回到【绘图仪】对话框，自定义的纸长、纸宽会在【纸张大小】选择框中显示出来，如图7–26所示。

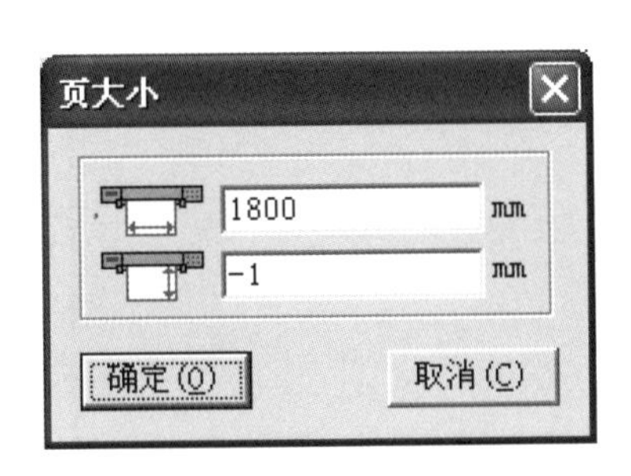

图7-25 【页大小】对话框

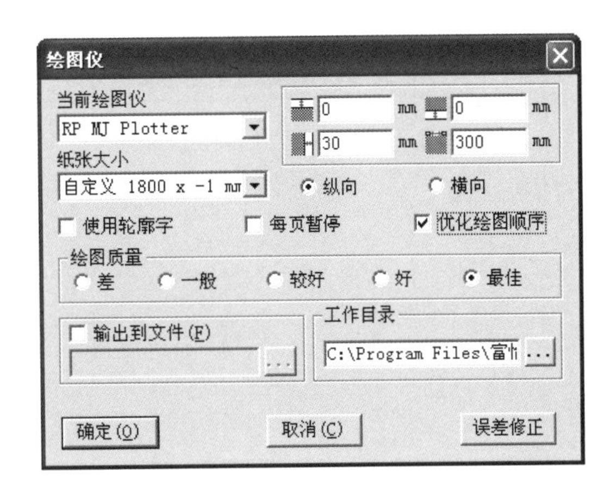

图7-26 【绘图仪】对话框

（6）如果鼠标单击【绘图仪】对话框中【工作目录】右侧的...按钮，会弹出【选择绘图工作目录】对话框，如图7-27所示。

（7）鼠标单击C盘前面的目录展开按钮，按照C:\Program Files\富怡服装CAD V9.0（企业版）\Plot的路径找到驱动程序所在的文件夹，如图7-28所示。单击【确定】按钮，回到【绘图仪】对话框，完成绘图仪工作路径的设定。

图7-27 【选择绘图工作目录】对话框

图7-28 找到驱动程序所在的文件夹

（8）如果将【输出到文件】复选框选中，再单击...按钮，会弹出【输出文件名】对话框，如图7-29所示。可将文件只以“.plt”格式保存，但不输出。“.plt”格式文件可以在任何一台绘图机上输出。

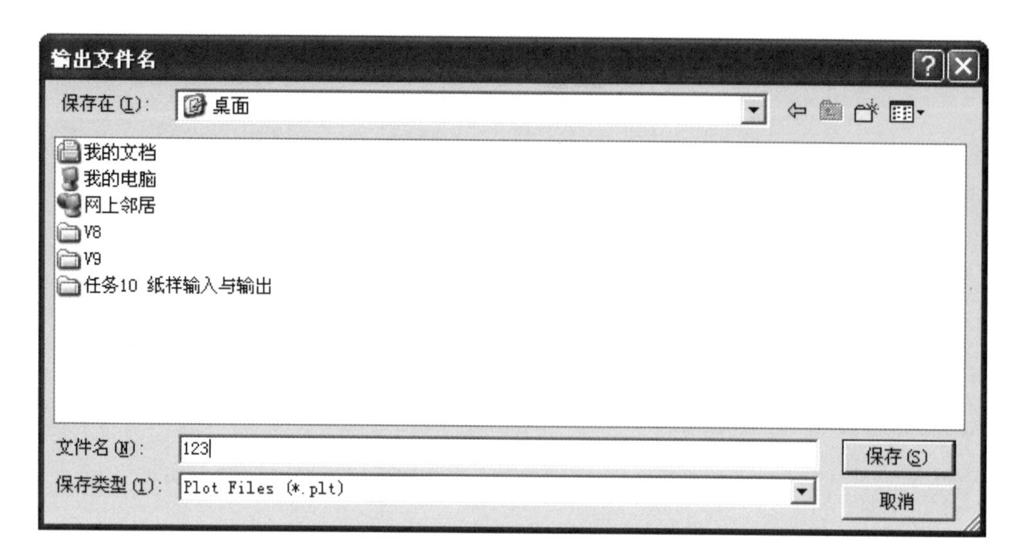

图7-29 【输出文件名】对话框

（9）“.plt”格式文件保存后，回到【绘图仪】对话框，单击【确定】按钮，回到【绘图】对话框，单击【确定】按钮，关闭【绘图】对话框即可。

（10）如果需要将保存的“.plt”格式文件输出，可在软件安装的根目录下找到可执行文件 PlotCenter.exe，双击该图标即可打开【新喷墨绘图中心（V2.37）】对话框，如图7-30所示。选择【文件】菜单下的【打开】命令，弹出【打开】对话框，如图7-31所示。

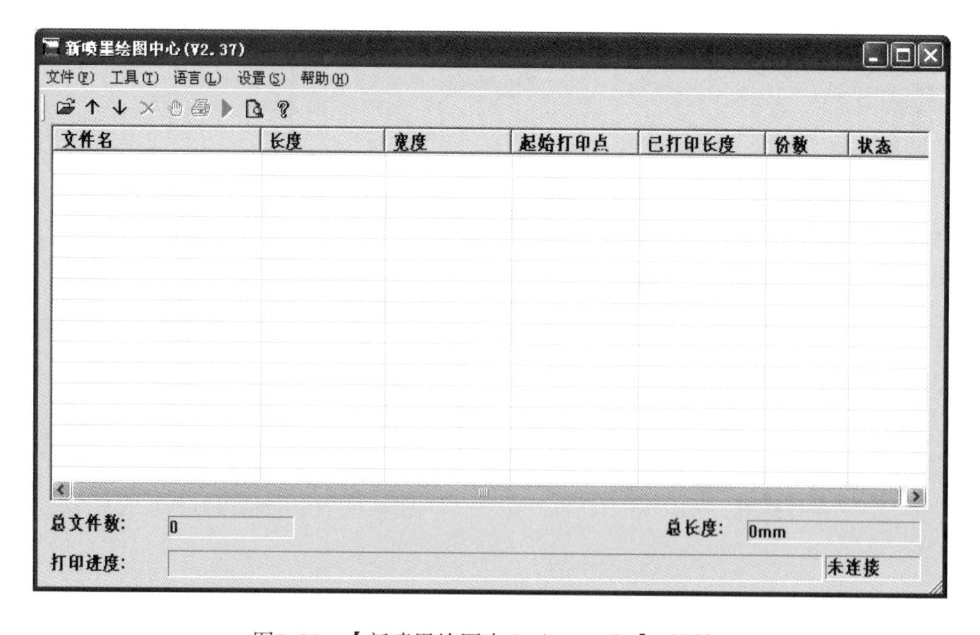

图7-30 【新喷墨绘图中心（V2.37）】对话框

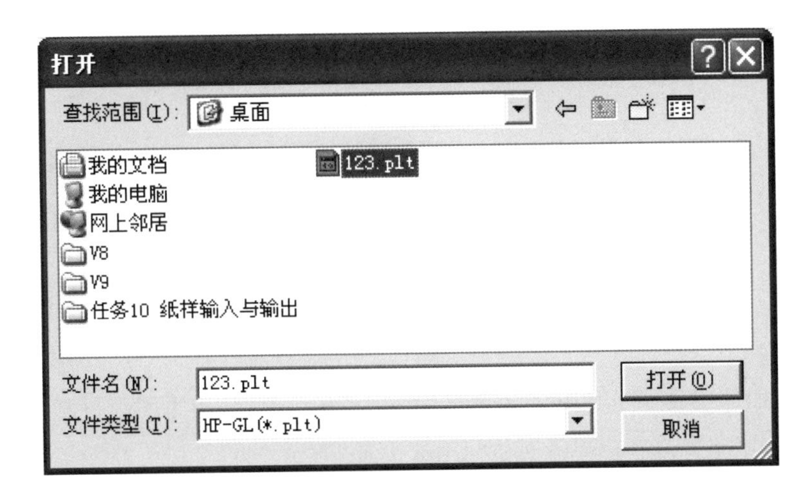

图7-31　【打开】对话框

（11）将保存的“.plt”格式文件选中，单击【打开】按钮，弹出图形绘制对话框，如图7-32所示，输入份数，单击【绘制】按钮，即可进行绘图输出（前提是绘图机已经完成连接设置）。

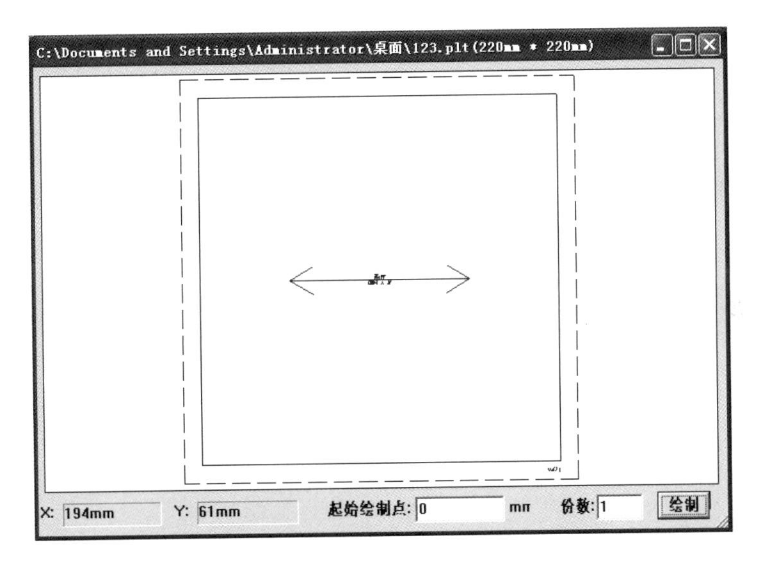

图7-32　图形绘制对话框

3. **端口与绘图设置**

（1）在【新喷墨绘图中心（V2.37）】对话框中选中【设置】菜单下的【通讯设置】中的USB选项，选定绘图机的连接端口，如图7-33所示。

图7-33　选择USB端口

（2）选中【文件】菜单下的【建立连接】命令，将绘图机与电脑接通，如图7-34所示。

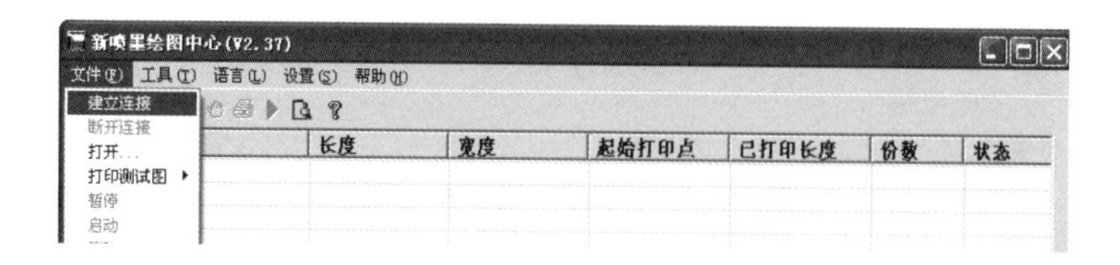

图7-34　选中【建立连接】命令

（3）选中【设置】菜单下的【图形设置】命令，会弹出【图形设置】对话框。可在对话框中进行纸张宽度、边界及对位间距的设置。

（4）选中【设置】菜单下的【绘图仪设置】命令，弹出【绘图仪设置】对话框，如图7-35所示。可在对话框中进行打印模式和喷头的选择，还可以进行各种误差修正，具体操作方法参见该设备的使用手册。

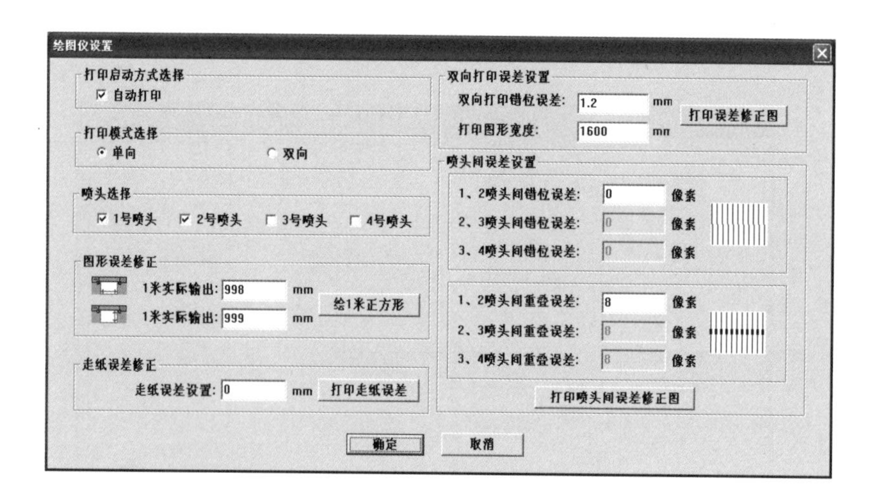

图7-35　【绘图仪设置】对话框

操作提示

绘图机第一次绘图前，一定要在【绘图仪设置】对话框中进行各种误差的修正。其中图形误差修正的方法是：

• 单击【绘1米正方形】按钮，绘图机绘出一个正方形。

• 用尺量出绘制的正方形的实际长、宽值，填入【图形误差修正】1米实际输出的长、宽值输入框中，单击【确定】按钮，完成修正。

• 在实际出图过程中，如果还存在绘图误差，可在系统中先绘制一个1000mm×1000mm的纸样，将其绘图输出，测量出其实际的长、宽值。然后在【绘图仪】对话框中单击【误差修正】按钮，弹出【密码】对话框，如图7-36所示；输入密码“56789”，单击【确定】按钮，弹出【绘图误差修正】对话框，如图7-37所示，在对话框中1米实际绘出的长、宽值输入框中填入实测数值，单击【确定】按钮，完成修正。

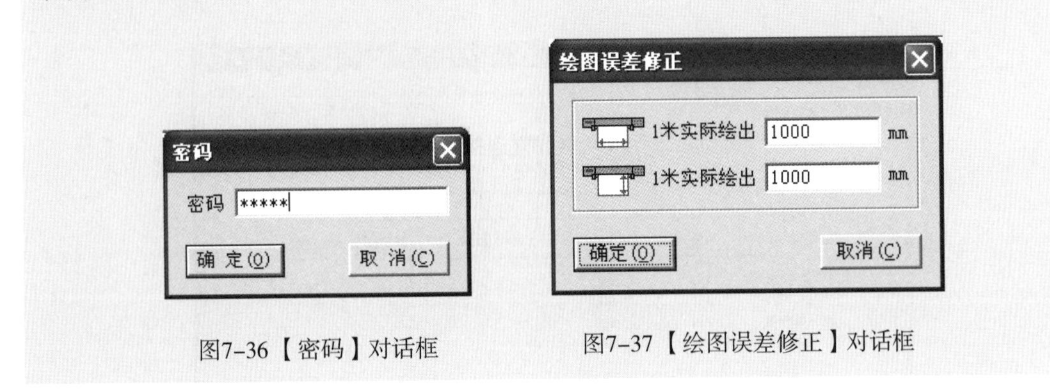

图7-36【密码】对话框　　图7-37【绘图误差修正】对话框

二、切绘一体机设置

1. **安装驱动程序**

安装方法与喷墨绘图机完全相同，只是注意不要与喷墨绘图机的驱动程序放在同一个文件夹，以免将上一个驱动程序覆盖。

2. **选择设备、设置输出方式**

（1）在【绘图仪】对话框中进行设置，如图7-38所示。

（2）在设计与放码系统中选中【选项】菜单下的【系统设置】命令，弹出【系统设置】对话框，选中【绘图】选项卡，勾选【切割轮廓线】命令，如图7-39所示。

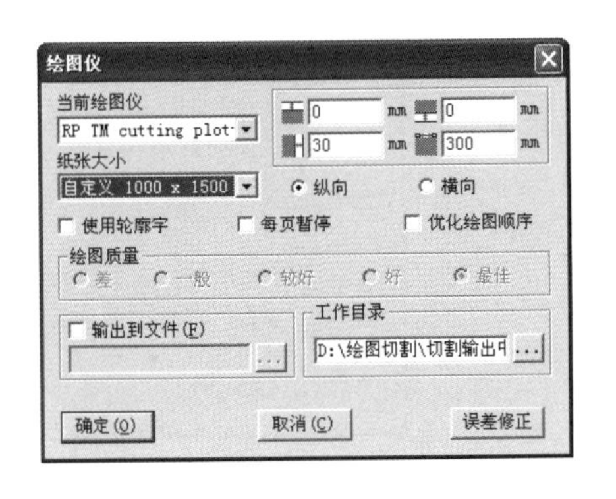

图7-38　在【绘图仪】对话框中进行设置

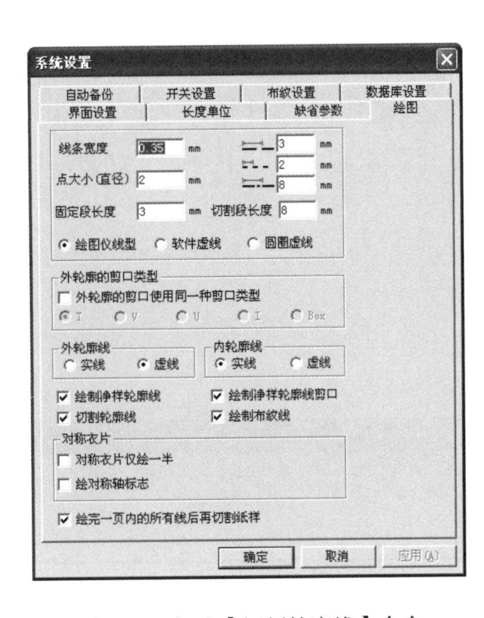

图7-39　勾选【切割轮廓线】命令

（3）如果是在排料系统中，则是选中【选项】菜单下的【参数设定】命令，弹出【参数设定】对话框，如图7-40所示。选中【绘图打印】选项卡，按输出要求进行相关设置即可。

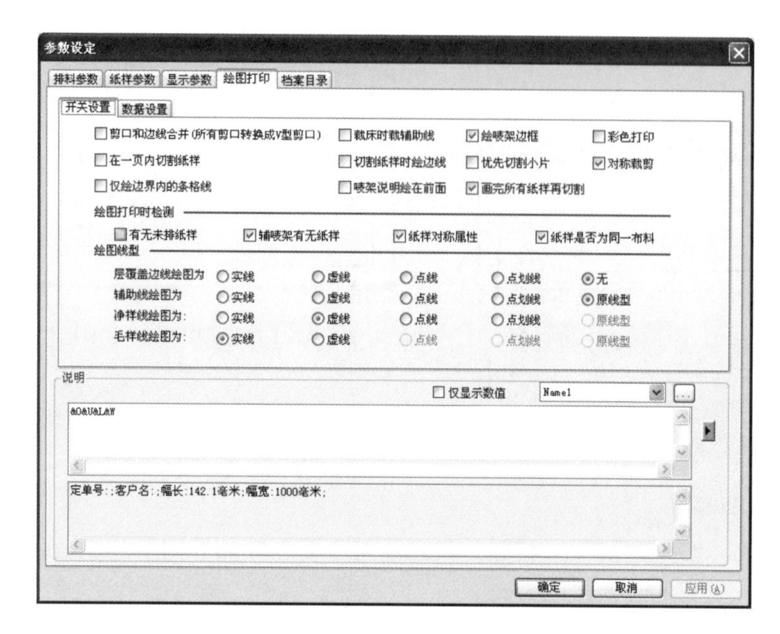

图7-40　【参数设定】对话框

3．通讯设置

（1）在程序安装的目录下找到可执行文件，双击该图标即可打开【绘图中心】对话框，如图7-41所示。

（2）选中【选项】菜单下的【通讯设置】命令，弹出【通讯设置】对话框，在对话框中选择端口为COM1，其他设置如图7-42所示，单击【确定】按钮即可。

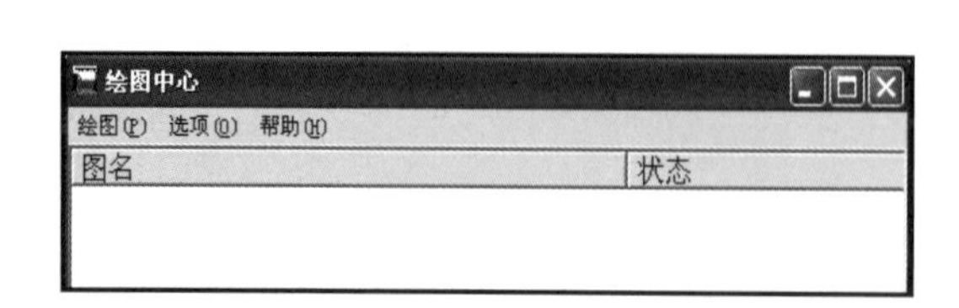

图7-41　【绘图中心】对话框

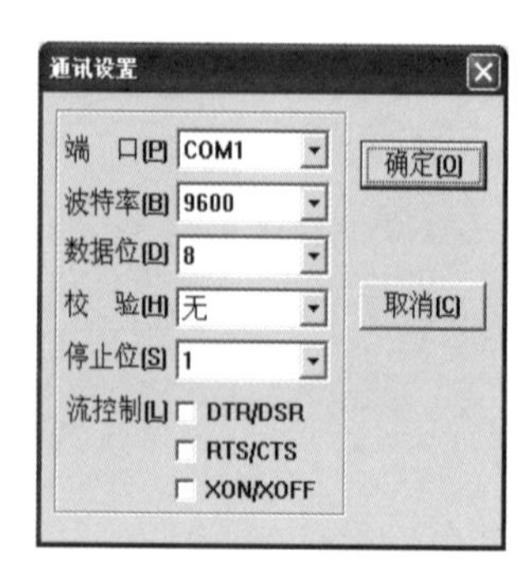

图7-42　【通讯设置】对话框

三、纸样绘图

1. 喷墨绘图机输出

（1）将喷墨绘图机打开，准备就绪。

（2）双击可执行文件 PlotCenter.exe，打开【新喷墨绘图中心（V2.37）】对话框。

（3）在设计与放码系统中打开需要输出的纸样文件，或者在排料系统中打开排料图，鼠标单击【纸样绘图】工具按钮，在弹出的【绘图】对话框中单击【设置】按钮，弹出【绘图仪】对话框，选择“喷墨绘图机”为当前绘图仪，单击【确定】按钮，回到【绘图】对话框。

（4）设定绘图尺寸，选择绘图方式，单击【确定】按钮，即可执行绘图。【新喷墨绘图中心（V2.37）】对话框会显示打印进度，如图7–43所示。

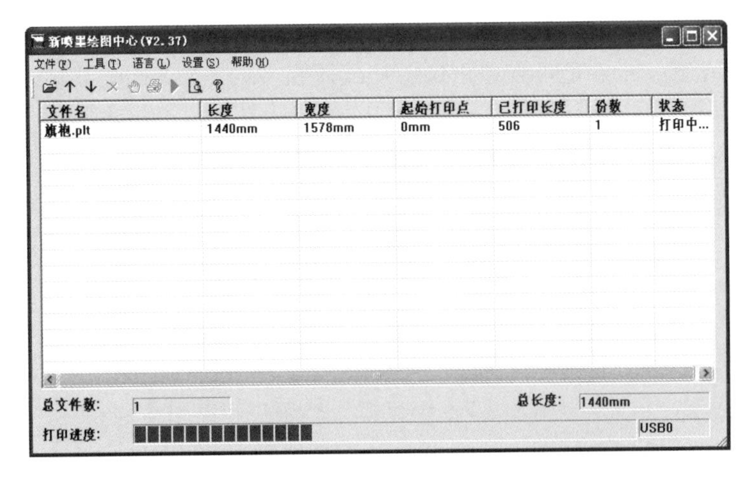

图7–43　【新喷墨绘图中心（V2.37）】对话框会显示打印进度

2. 切绘一体机输出

（1）将切绘一体机打开，准备就绪。

（2）双击可执行文件 PlotCenter.exe，打开【绘图中心】对话框。

（3）在设计与放码系统中打开需要输出的纸样文件，或者在排料系统中打开排料图，鼠标单击【纸样绘图】工具按钮，在弹出的【绘图】对话框中单击【设置】按钮，弹出【绘图仪】对话框，选择“切绘一体机”为当前绘图仪，单击【确定】按钮，回到【绘图】对话框。

（4）设定绘图尺寸，选择绘图方式，单击【确定】按钮，【绘图中心】窗口显示数据传输进度，数据传输完成即执行绘图，如图7–44所示。

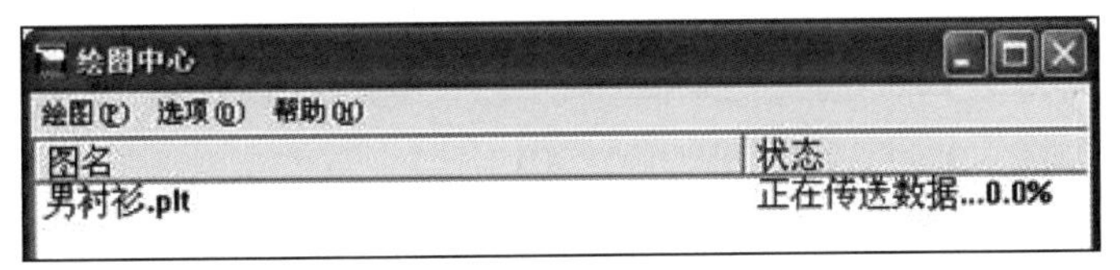

图7–44　【绘图中心】窗口显示数据传输进度

操作提示

- 在切换喷墨绘图机和切绘一体机输出纸样或排料图时，需要重新启动电脑。
- 在【绘图中心】和【新喷墨绘图中心（V2.37）】，可以打开“.plt”格式的文件，并将其输出。
- 多数服装CAD软件都自带【绘图中心】，用以控制纸样或排料图的输出。但不同的服装CAD系统，其【绘图中心】的功能不尽相同。如日升天辰服装CAD系统，其【绘图中心】只支持输出从该系统传输的文件，而富怡服装CAD系统的【绘图中心】则是一个相对独立的模块，只要是.plt格式的文件，都可以在该中心输出。

本章小结

主要介绍了富怡服装CAD系统中纸样输入、输出的具体流程和方法。重点是数字化仪和绘图机的设置，难点是用数字化仪进行纸样输入，关键在于实践！

思考与练习题

1. 富怡服装CAD系统中数字化仪设置主要有哪些内容？
2. 富怡服装CAD系统中绘图机设置主要有哪些内容？
3. 对照本书，将数字化仪和绘图机设置的具体流程和方法反复练习三遍。
4. 对照本书，在富怡服装CAD系统中进行纸样输入和输出。
5. 登录专业的服装CAD网站，查找与数字化仪和绘图机相关的技术资料和视频文件。

参考文献

［1］陈义华. NAC2000服装制板实用教程[M]. 北京：人民邮电出版社，2009.

［2］陈义华. 服装CAD实用教程——富怡VS日升[M]. 北京：人民邮电出版社，2012.

［3］鲍卫君，张芬芬. 服装裁剪实用手册.袖型篇[M]. 上海：东华大学出版社，2005.

［4］华天印象. 服装CAD制版从入门到精通[M]. 北京：人民邮电出版社，2014.

［5］罗春燕. 服装CAD制板实用教程 [M]. 3版. 北京：人民邮电出版社，2014.

［6］胡迪·利普森，梅尔芭·库曼. 3D打印：从理想到现实［M］. 赛迪研究院专家组译. 北京：中信出版社，2013.

［7］盈瑞恒科技有限公司. 富怡服装CAD系统使用手册（V9.0）. 深圳：盈瑞恒科技有限公司，2014.